# Nicht-elektrischer Explosionsschutz

Frank Engelmann • Sabrina Herbst
Thorsten Arnhold • Clife Hermanowski

# Nicht-elektrischer Explosionsschutz

## Grundlagen – Zündgefahrenbewertung – Zündschutzarten

Springer Vieweg

Frank Engelmann
Wirtschaftsingenieurwesen
Ernst-Abbe-Hochschule Jena
Jena, Deutschland

Sabrina Herbst
Wirtschaftsingenieurwesen
Ernst-Abbe-Hochschule Jena
Jena, Deutschland

Thorsten Arnhold
R. STAHL Aktiengesellschaft
Waldenburg, Deutschland

Clife Hermanowski
DELTEC Automotive GmbH & Co. KG
Seckach, Deutschland

ISBN 978-3-662-67886-2 ISBN 978-3-662-67887-9 (eBook)
https://doi.org/10.1007/978-3-662-67887-9

Die Deutsche Nationalbibliothek verzeichnet diese Publikation in der Deutschen Nationalbibliografie; detaillierte bibliografische Daten sind im Internet über https://portal.dnb.de abrufbar.



Planung/Lektorat: Michael Kottusch
Springer Vieweg ist ein Imprint der eingetragenen Gesellschaft Springer-Verlag GmbH, DE und ist ein Teil von Springer Nature.
Die Anschrift der Gesellschaft ist: Heidelberger Platz 3, 14197 Berlin, Germany

Das Papier dieses Produkts ist recyclebar.

# Vorwort

In zahlreichen Prozessen unterschiedlichster Industriezweige werden Medien eingesetzt, die in Kombination mit einem Oxidationsmittel, häufig der Sauerstoff in der Luft, eine explosionsfähige Atmosphäre bilden können. Die fachgerechte Anwendung geeigneter sicherheitstechnischer Maßnahmen des Explosionsschutzes gewährleistet einen sicheren Umgang mit diesen explosionsfähigen Medien und minimiert die Explosionsgefahr auf ein vertretbares Restrisiko. Der Explosionsschutz, als Fachgebiet der Sicherheitstechnik, ist aufgrund des breiten Anwendungsspektrums sehr vielfältig. Generell hat sich eine Gliederung in den primären, den sekundären und den tertiären Explosionsschutz bewährt. Der Schwerpunkt des vorliegenden Fachbuchs liegt auf dem sekundären Explosionsschutz, also auf der Verhinderung von Entzündungen explosionsfähiger Atmosphären. Dieser wird in den Explosionsschutz für elektrische und nicht-elektrische Geräte unterschieden. Der elektrische Explosionsschutz charakterisiert sich durch ein umfassendes Normen- und Regelwerk mit exakten Hinweisen zur Realisierung der explosionsschutzgerechten technischen Lösungen, u. a. den Zündschutzarten. Demgegenüber steht der nicht-elektrische Explosionsschutz, der durch eine Vielfalt von spezifischen Konstruktionen und Wirkprinzipien geprägt ist und infolgedessen eine Standardisierung insbesondere in der methodischen Vorgehensweise zur Entwicklung explosionsschutzgerechter Lösungen aufweist. Daneben existieren auch hier Zündschutzarten, deren Anwendung aufgrund der spezifischen Lösungen jedoch mit Herausforderungen für Konstrukteure verbunden sein kann.

Die Besonderheiten bei der Erarbeitung von Lösungen des nicht-elektrischen Explosionsschutzes zeigten sich auch in zahlreichen Industrie- und Forschungsprojekten, an denen das Autorenteam beteiligt war. Dabei entstand die Idee zum vorliegenden Fachbuch. Dessen Ziel ist es, die Transparenz und Verständlichkeit speziell für den nicht-elektrischen Explosionsschutz zu erhöhen und seine korrekte Anwendung zu fördern.

Die derzeitig bestehende Fachliteratur umfasst vorrangig die Themen des allgemeinen Explosionsschutzes und des elektrischen Explosionsschutzes. Das vorliegende Fachbuch behandelt die bedeutsamsten Themen für die praktische Anwendung des nicht-elektrischen Explosionsschutzes. Dies sind u. a. Themen wie die grundlegende Definition einer Explosion, die allgemeinen Grundlagen des Explosionsschutzes, die Herausforderungen des nicht-elektrischen Explosionsschutzes, die Zündgefahrenbewertung, die möglichen Maßnahmen zur Vermeidung von wirksamen Zündquellen, Hinweise zur Instandhaltung im Bereich des nicht-elektrischen Explosionsschutzes und der Rechtsrahmen, der zu berücksichtigen ist.

Mithilfe dieses Fachbuchs soll Ingenieuren, Konstrukteuren und anderen Projektmitarbeitern der praktische Einstieg in die Themen des nicht-elektrischen Explosionsschutzes erleichtert werden. Sie sollen ausführliche Anleitungen und geeignete Hinweise erhalten, um die Methoden und Prinzipien des nicht-elektrischen Explosionsschutzes anzuwenden. Es eignet sich außerdem für die Weiterbildung von befähigten Personen und Sachkundigen. Ebenso richtet sich dieses Fachbuch an Studierende und weitere Interessierte.

Bedingt durch die Globalisierung agieren Unternehmen zunehmend auf internationaler Ebene. Daher werden vorwiegend die international gültigen Normen im Fachbuch benannt. Existiert keine Norm auf internationaler Ebene, wird auf die europäische Norm bzw. die nationale Norm verwiesen. Zur Erstellung des Buchs dienten vorrangig die deutschen Versionen der internationalen und europäischen Normen, siehe Angaben in den Quellenverzeichnissen.

Im deutschsprachigen Raum werden zwei unterschiedliche Schreibweisen verwendet: nichtelektrischer und nicht-elektrischer Explosionsschutz. Nach Empfehlung des aktuellen Duden (28. Auflage von 2020) lautet die korrekte Schreibweise nichtelektrischer Explosionsschutz. In den Normen wird jedoch vorrangig die Schreibweise nicht-elektrischer Explosionsschutz genutzt. Diese Schreibweise hat sich im Fachgebiet etabliert. Durch die Nutzung des Bindestrichs erfolgt außerdem eine visuelle Hervorhebung des Fachbegriffs. Ebenso könnte auch ein Zusammenhang zum englischen Begriff non-electrical bestehen, da auch hier der Bindestrich zum Einsatz kommt. In diesem Buch wird aktuell die Schreibweise nicht-elektrischer Explosionsschutz verwendet.

Aus Gründen der besseren Lesbarkeit wird im Buch auf die Nutzung der gendergerechten Sprache verzichtet. Personenbezeichnungen und personenbezogene Wörter werden in der männlichen Form verwendet. Diese Begriffe gelten im Sinne der Gleichbehandlung grundsätzlich für alle Geschlechter.

Für die Hilfe und Unterstützung bei der Erstellung des Buchs möchten wir uns bei allen Beteiligten bedanken. Besonderer Dank für die Unterstützung bei Fragen zur Historie des nicht-elektrischen Explosionsschutzes gebührt Michael Beyer, Heino Bothe, Rainer Grätz und Dirk-Hans Frobese. Bei Michael Kottusch und Lisa Burato bedanken wir uns für die Betreuung beim Springer-Verlag.

Hinweise, Anregungen und Kritik können Sie uns gerne per E-Mail an sabrina.herbst@eah-jena.de zusenden.

Wir hoffen, dass dieses Fachbuch einen Beitrag zum Verständnis des nicht-elektrischen Explosionsschutzes leistet und dessen Berücksichtigung bei der Entwicklung von explosionsgeschützten Produkten bzw. Maschinen fördert.

Jena, Deutschland
Waldenburg, Deutschland
Seckach, Deutschland
November 2023

Frank Engelmann
Sabrina Herbst
Thorsten Arnhold
Clife Hermanowski

# Inhaltsverzeichnis

# Einleitung

1

Frank Engelmann, Sabrina Herbst, Thorsten Arnhold
und Clife Hermanowski

## Inhaltsverzeichnis



Katastrophale Unfälle, bedingt durch Explosionen, sind in unserer heutigen Zeit mit dem bestehenden Stand der Technik, den Sicherheitsanforderungen und dem Sicherheitsbewusstsein schwer vorstellbar. Dennoch passieren solche Ereignisse mit schwerwiegenden Folgen, wie das Unglück im Entsorgungszentrum Leverkusen-Bürrig am 27.07.2021 mit sieben Toten und 31 Verletzten [1], die Explosion im Lager des Düngemittelhändlers West Fertilizer Company am 17.04.2013 mit 15 Toten und mehr als 200 Verletzten [2] oder die Explosion auf der Ölplattform Deepwater Horizon am 20.04.2010 mit elf Toten und 17 Verletzten [3] zeigen.

In vielfältigen Prozessen innerhalb der unterschiedlichsten Branchen werden Medien in den verschiedenen Aggregatzuständen eingesetzt, die explosionsfähig sind und unter der Berücksichtigung definierter Kennwerte eine explosionsfähige Atmosphäre erzeugen können. Das Spektrum reicht von klassischen Anwendungsbereichen wie der Öl- und Gasbranche oder der chemischen Industrie über spezielle Anwendungen, u. a. in der Pharmaindustrie, Nahrungsmittelbranche, dem Maschinen- und Sondermaschinenbau, bis hin zu neuen Anwendungen wie beispielsweise dem Einsatz von Wasserstoff als innovativen Energieträger. So kann es notwendig sein, eine Abfüllanlage für Flüssigkeiten als explosionsgeschützte Variante zu entwickeln, da ein flüssiges Reinigungsmittel mit Lösungsmittel abgefüllt werden soll, das bei der geplanten Menge in der Anlage und bei Raumtemperatur eine gefährliche explosionsfähige Atmosphäre bilden kann. In diesem Fall sollten sowohl der Hersteller als auch der spätere Betreiber der Abfüllanlage umfangreiche



F. Engelmann et al., *Nicht-elektrischer Explosionsschutz*,
https://doi.org/10.1007/978-3-662-67887-9_1

Kenntnisse im Explosionsschutz vorweisen – ebenso im elektrischen als auch im nicht-elektrischen Explosionsschutz. Besonders im Bereich des nicht-elektrischen Explosionsschutzes soll dieses Fachbuch unterstützen.

Der Explosionsschutz stellt ein Teilgebiet der Sicherheitstechnik dar. Seine Aufgabe ist der Schutz vor der Entstehung einer Explosion und, falls die Vermeidung nicht möglich ist, der sichere Umgang mit den Auswirkungen einer Explosion. Nach den Anforderungen der Maschinenrichtlinie 2006/42/EG sind weiterhin die Grundsätze für die Integration der Sicherheit zu beachten. Dazu zählt auch die Anwendung der unmittelbaren, mittelbaren und hinweisenden Sicherheitstechnik in dieser genannten Reihenfolge (vgl. Maschinenrichtlinie EG 2006/42/EG, Anhang I, Abs. 1.1.2 [4]). Hier ist jedoch darauf zu achten, dass die hinweisende Sicherheitstechnik ergänzend zu nutzen ist. Ebenso fordern Normen, beispielsweise die Norm DIN EN ISO 12100, die Anwendung dieser Grundsätze und festigen somit diese Vorgehensweise als Stand der Technik [5]. Diese Grundsätze wurden in den Explosionsschutz übertragen und sind im Prinzip des intergierten Explosionsschutzes verankert, siehe ATEX-Richtlinie 2014/34/EU, Anhang II, Abs. 1.0.1 [6].

Das Prinzip des integrierten Explosionsschutzes beabsichtigt, im ersten Schritt die Entstehung einer explosionsfähigen Atmosphäre zu vermeiden. Ist dies nicht vollständig realisierbar, soll die Entzündung der vorhandenen explosionsfähigen Atmosphäre verhindert werden. Kann auch diese Maßnahme nicht vollumfänglich umgesetzt werden, so ist die Explosion umgehend zu stoppen bzw. sind die Auswirkungen auf ein sicheres Maß zu begrenzen. Die jeweiligen Maßnahmen der einzelnen Schritte werden dem primären, sekundären und tertiären Explosionsschutz zugeordnet. Zum sekundären Explosionsschutz zählen insbesondere die Zündschutzarten. Diese sind durch Normen standardisierte technische Lösungskonzepte, durch die der Explosionsschutz bei jeglichen Geräten bzw. Betriebsmitteln gewährleistet werden kann. Daher ist es auch möglich, diesen Umfang als geräteorientierten Explosionsschutz zu definieren.[1] Die Zündschutzarten werden zwischen elektrischen und nicht-elektrischen Zündschutzarten unterschieden. Infolge dieser Differenzierung wird der Explosionsschutz für Geräte in den Explosionsschutz für elektrische Geräte und Explosionsschutz für nicht-elektrische Geräte unterteilt. Abb. 1.1 verdeutlicht die Zusammenhänge der einzelnen Prinzipien.

Die Entwicklung der Zündschutzarten wurde durch die Historie des Explosionsschutzes bedingt. Der Ursprung des systematischen Explosionsschutzes ist im Bergbau und Schlagwetterschutz zu finden. Mit der Industrialisierung und dem Einsatz der Elektrizität stieg die Explosionsgefahr unter Tage an. Ab 1884 starteten erste wissenschaftliche Untersuchungen der Zündgefahren durch die Elektrizität im Bergbau, die in Deutschland ab

[1] Ebenso wäre eine Definition mit den Begriffen *Betriebsmittel* oder *Produkt* denkbar. Die ATEX-Richtlinie 2014/34/ EU richtet sich allgemein an *Produkte*, zu denen u. a. *Geräte* und *Schutzsysteme* zählen. Gemäß der Definition des Begriffs *Geräte* werden sowohl *Maschinen* als auch *Betriebsmittel* umfasst. Die Normreihe 60079 greift die Begriffe *Betriebsmittel* und *Geräte* auf. Die Normreihe 80079 verwendet vorrangig den Begriff *Geräte*. Aufgrund der vornehmlichen Verwendung des Begriffs *Geräte* wurde die Bezeichnung *Geräteorientierter Explosionsschutz* gewählt.

**Abb. 1.1** Prinzipien des Explosionsschutzes und ihre Zusammenhänge

1894 in der dafür gegründeten Berggewerkschaftlichen Versuchsstrecke (BVS) intensiviert wurden. 1912 erschien die erste Fassung der VDE 170 „Leitsätze für die Ausführung von Schlagwetter-Schutzvorrichtungen an elektrischen Maschinen, Transformatoren und Apparaten" als erstes verpflichtendes Regelwerk. In dieser Zeit erfolgten die umfangreiche Sammlung und Erarbeitung von Erkenntnissen und Lösungen für die explosionssichere Gestaltung von elektrischen Betriebsmitteln. Dieses Wissen wurde auf Anwendungsfälle in der übertägigen Industrie übertragen. Aus dieser Zeit stammen auch die Grundlagen für die noch heute bekannten Zündschutzarten des elektrischen Explosionsschutzes (siehe Kap. 3). [7]

Die historische Entwicklung des nicht-elektrischen Explosionsschutzes gestaltet sich auf andere Art und Weise. Anders als beim elektrischen Explosionsschutz lag die Verantwortung für den nicht-elektrischen Explosionsschutz im 19. und 20. Jahrhundert vorrangig auf der Betreiberseite. Europaweit wurde durch jeweils nationale Vorschriften die Sicherheit für den Arbeitnehmer gefordert. Es existierten punktuell exakte gesetzliche Vorschriften, wie beispielsweise im Bereich der Tankstellen, und themenspezifische Richtlinien durch die Berufsgenossenschaften (z. B. Veröffentlichung 1939 – Richtlinien zur Verhütung von Bränden und Explosionen durch statische Elektrizität, Richtlinie Nr. 4 der Berufsgenossenschaft der chemischen Industrie). Mit der Veröffentlichung der ATEX-Richtlinie 94/9/EG erfolgte erstmalig die Regelung der Anforderungen für elektrische und nicht-elektrische Geräte und Schutzsysteme für die Verwendung in explosionsgefährdeten Bereichen gesamtheitlich für Europa. Ebenso neu war die Konkretisierung der Richtlinie durch harmonisierte Normen. Die sehr allgemeinen Formulierungen der Sicherheitsanforderungen in der Richtlinie bedingen diesen Zusatz. Im Bereich des elektrischen Explosionsschutzes lag bereits durch die Historie ein umfangreicher Stand der Technik in Form der elektrischen Zündschutzarten vor. Auf diese Basis konnten die europäischen Normungsorganisationen CEN und die CENELEC, die von der Europäischen Kommission mit der Erarbeitung der Normen beauftragt wurden, zurückgreifen. Durch die Anwendung der Normen soll es den Geräteherstellern möglich sein, die Konformitätsvermutung zu nutzen – sowohl für elektrische als auch für nicht-elektrische

Geräte. Für den nicht-elektrischen Explosionsschutz existierten jedoch, bis auf einige Ausnahmen, noch keine vollumfänglich abgestimmten Lösungsprinzipien. Trotzdem wurden u. a. Ventilatoren, Rührwerke und Pumpen zuvor sicher betrieben. Das im elektrischen Explosionsschutz bewährte Prinzip der weitgehend standardisierten Zündschutzarten sollte aber hier fortgeführt werden. Dies stellte aufgrund der vielen individuellen Lösungen eine extrem große Herausforderung dar. Aufgrund der spezifischen Funktionen und Umgebungsbedingungen der nicht-elektrischen Geräte führte ein präskriptiver Anforderungskatalog durch umfangreiche Vorgaben innerhalb der Zündschutzarten nicht zu einem realisierbaren und anwendbaren Ziel. Die Ergebnisse, gebündelt in der Normreihe EN 13463, sind daher die Einführung der Zündgefahrenbewertung, als grundlegende Methodik des nicht-elektrischen Explosionsschutzes, und die ausgewählten Zündschutzarten, wie u. a. die konstruktive Sicherheit, die Zündquellenüberwachung oder die Flüssigkeitskapselung, die heute noch zur Anwendung kommen. Durch diese Normen war es möglich, die ab dem 01.07.2003 in der EU verpflichtenden Forderungen der ATEX-Richtlinie 94/9/EG zu erfüllen. Außerhalb der EU galten diese Vorgaben nicht – entweder bestanden spezifische nationale Vorgaben oder es gab keine Vorgaben für den nicht-elektrischen Explosionsschutz. Erst mit der Einführung der Normen ISO 80079-36 und ISO 80079-37 im Jahr 2016 wurde eine internationale Grundlage für den nicht-elektrischen Explosionsschutz geschaffen. Diese Normen basieren weitgehend auf den Erkenntnissen der Normreihe EN 13463. [8–12]

Erst seit dem Anfang des 21. Jahrhunderts wird der nicht-elektrische Explosionsschutz ganzheitlich standardisiert. Die Anwendung der Anforderungen und die konkrete Umsetzung der Hinweise stellen jedoch in der Praxis bis heute eine Herausforderung dar. Dieser Aspekt war ein wesentlicher Faktor für die Entstehung dieses Fachbuchs. Das Ziel dieses Werks ist die strukturierte und transparente Vermittlung der Grundlagen des nicht-elektrischen Explosionsschutzes und die Darstellung der in der Praxis realisierbaren Anwendung in kompakter Art und Weise. Durch das Fachbuch sollen beispielsweise folgende Zielgruppen Unterstützung erhalten:

- Projektleitung und -ingenieure, bei der Planung und Projektbetreuung von explosionssicheren nicht-elektrischen Betriebsmitteln
- Konstrukteure, bei der Entwicklung von explosionssicheren nicht-elektrischen Betriebsmitteln
- Prozessingenieure und Qualitätsmanager, in der Produktion von explosionssicheren nicht-elektrischen Betriebsmitteln
- Einkäufer, für die Beschaffung von explosionssicheren nicht-elektrischen Betriebsmitteln;
- Betreiber inkl. Wartung und Instandhaltung, für den explosionssicheren Betrieb der explosionssicheren nicht-elektrischen Betriebsmitteln
- Fachkräfte und Studierende zur Weiterbildung im Bereich des nicht-elektrischen Explosionsschutzes

Dieses Fachbuch ist für die Anwendung in der Praxis ausgelegt. Aus diesem Grund werden die Inhalte kompakt und für Praktiker verständlich dargestellt. Nach der Einleitung erfolgt im zweiten Kapitel die Definition des im Buch behandelten Explosionsbegriffs. Mit dem dritten Kapitel wird die Historie des Explosionsschutzes geschildert, um Verständnis für die aktuellen Strukturen zu schaffen. Anschließend werden mit dem vierten Kapitel die allgemeinen Grundlagen des Explosionsschutzes vermittelt. Darauf aufbauend stellt das fünfte Kapitel die Herausforderungen des nicht-elektrischen Explosionsschutzes explizit dar. Im sechsten Kapitel wird die grundlegende Methodik des nicht-elektrischen Explosionsschutzes, die Zündgefahrenbewertung, vorgestellt. Die ausführliche Erklärung der dabei einzusetzenden Maßnahmen erfolgt im siebten Kapitel. Die Instandhaltung ist Inhalt des achten Kapitels. Abschließend thematisiert das neunte Kapitel transparent den rechtlichen Rahmen des nicht-elektrischen Explosionsschutzes. Abb. 1.2 verdeutlicht die Inhalte und den Aufbau im Zusammenhang mit den Schwerpunkten, die bei der Gestaltung eines explosionsschutzgerechten nicht-elektrischen Produkts zu berücksichtigen sind.

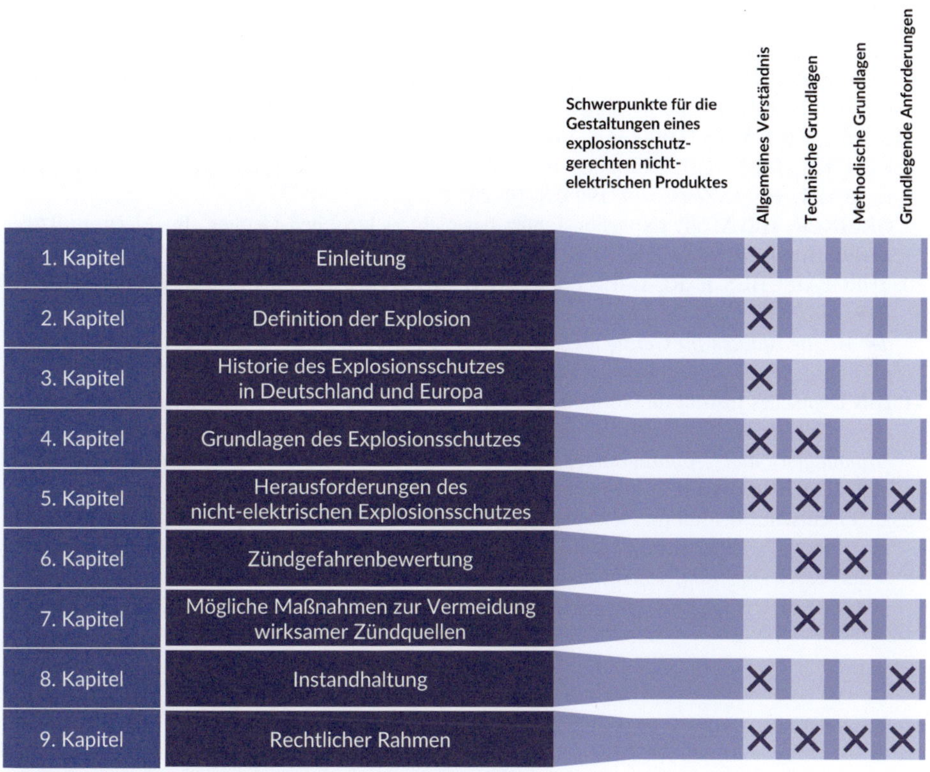


**Abb. 1.2** Inhalt und Aufbau des Fachbuchs

## Literatur

1. Currenta GmbH & Co. OHG: Informationen zur Explosion in Bürrig, https://www.currenta-info-buerrig.de/, abgerufen am 22.09.2021.
2. U. S. Chemical Safety and Hazard Investigation Board: Investigation Report West Fertilizer Company Fire and Explosion, Report 2013-02-I-TX, file:///C:/Users/herbst/Downloads/West_Fertilizer_FINAL_Report_for_website_0223161.pdf, abgerufen am 22.09.2021.
3. bp: Deepwater Horizon Accident Investigation Report; https://www.bp.com/content/dam/bp/business-sites/en/global/corporate/pdfs/sustainability/issue-briefings/deepwater-horizon-accident-investigation-report.pdf, abgerufen am 22.09.2021.
4. EUROPÄISCHES PARLAMENT UND RAT. *RICHTLINIE 2006/42/EG DES EUROPÄISCHEN PARLAMENTS UND DES RATES vom 17. Mai 2006 über Maschinen und zur Änderung der Richtlinie 95/16/EG (Neufassung). 2006/42/EG,* 17. Mai 2006.
5. DIN Deutsches Institut für Normung e. V., *DIN EN ISO 12100 Berichtigung 1:2013-08, Sicherheit von Maschinen – Allgemeine Gestaltungsleitsätze – Risikobeurteilung und Risikominderung (ISO 12100:2010); Deutsche Fassung EN ISO 12100:2010, Berichtigung zu DIN EN ISO 12100:2011-03.* Berlin: Beuth Verlag GmbH.
6. EUROPÄISCHES PARLAMENT UND RAT. *RICHTLINIE 2014/34/EU DES EUROPÄISCHEN PARLAMENTS UND DES RATES vom 26. Februar 2014 zur Harmonisierung der Rechtsvorschriften der Mitgliedstaaten für Geräte und Schutzsysteme zur bestimmungsgemäßen Verwendung in explosionsgefährdeten Bereichen (Neufassung). ATEX 2014/34/EU,* 29. März 2014.
7. THEDENS, MARTIN; VON PIDOLL, ULRICH; WITTLER, MICHAEL; LOSERT, OSWALD; GRÄTZ, RAINER; SCHENDLER, THOMAS; SCHRÖDER, VOLKMAR; BEYER, MICHAEL und HORN, THOMAS. 200 Jahre Explosionsschutz [online]. Bytes/PTB-Mitteilungen. Band 126 (2016), Heft 1. ISSN 0030-834X, 2016. Verfügbar unter: https://doi.org/10.7795/310.20160199
8. KLOSKA, MICHAEL. Normung im Bereich des nichtelektrischen Explosionsschutzes. In: R. STAHL, Hg. *ExZeitschrift,* 1999, S. 14–20.
9. GREINER, HELMUT. Explosionsschutz bei nicht-elektrischen Geräten. In: *Elektropraktiker.* Berlin: Huss-Medien GmbH, 2005, S. 46–51.
10. EUROPÄISCHES PARLAMENT UND RAT. *RICHTLINIE 94/9/EG DES EUROPÄISCHEN PARLAMENTS UND DES RATES vom 23. März 1994 zur Angleichung der Rechtsvorschriften der Mitgliedstaaten für Geräte und Schutzsysteme zur bestimmungsgemäßen Verwendung in explosionsgefährdeten Bereichen. ATEX 94/9/EG,* 20. November 2003.
11. DIN Deutsches Institut für Normung e. V. DIN EN ISO 80079-36, *Explosionsfähige Atmosphären – Teil 36: Nicht-elektrische Geräte für den Einsatz in explosionsfähigen Atmosphären – Grundlagen und Anforderungen (ISO 80079-36:2016); Deutsche Fassung EN ISO 80079-36:2016.* Berlin: Beuth Verlag.
12. DIN Deutsches Institut für Normung e. V. DIN EN ISO 80079-37, *Explosionsfähige Atmosphären – Teil 37: Nicht-elektrische Geräte für den Einsatz in explosionsfähigen Atmosphären – Schutz durch konstruktive Sicherheit „c", Zündquellenüberwachung „b", Flüssigkeitskapselung „k" (ISO 80079-37:2016); Deutsche Fassung EN ISO 80079-37:2016.* Berlin: Beuth Verlag.

# Definition der Explosion

# 2

Frank Engelmann, Sabrina Herbst, Thorsten Arnhold
und Clife Hermanowski

## Inhaltsverzeichnis



## 2.1 Begriffsbestimmung und -eingrenzung

Im Allgemeinen ist unter einer Explosion das plötzliche Freisetzen großer Energie zu verstehen [1, S. 30]. Im Duden werden die Explosion eines Dampfkessels, die Explosion von Gefühlen oder die Explosion von Kosten als Beispiele zur Begriffserklärung benannt. Auch Beispiele aus dem alltäglichen Leben, wie die Explosion eines Reifens, stehen in Verbindung mit diesem Begriff. Gemäß Hauptmanns können physikalische Energie, chemische Energie oder nukleare Energie eine Explosion bedingen [1, S. 30].

Im Fokus dieses Fachbuchs stehen Explosionen, die durch chemische Energie verursacht werden und den Verbrennungsreaktionen zuzuordnen sind. Andere als Explosion bezeichnete Prozesse, wie beispielsweise die Explosion eines Reifens und Explosionen durch Sprengstoffe, werden nicht thematisiert.

Neben den Definitionen werden in diesem Kapitel die chemischen Grundlagen für eine Explosion vorgestellt. Dieses Wissen kann zum einen bei der Entwicklung von explosionsschutzgerechten Betriebsmitteln auf der Herstellerseite und zum anderen bei dem Betrieb, der Instandhaltung und der Wartung auf der Betreiberseite unterstützen.



F. Engelmann et al., *Nicht-elektrischer Explosionsschutz*,
https://doi.org/10.1007/978-3-662-67887-9_2

## 2.2 Definition nach Norm

Gemäß der Norm ISO 8421-1 „Brandschutz; Begriffe; Teil 1: Allgemeine Benennungen und Branderscheinungen"[1] (Stand: 1987) wird eine Explosion als „abrupt oxidation or decompostion reaction producing an increase in temperature, pressure or in both simultaneously" [2] definiert. In der Europäischen Norm EN 13237 „Explosionsgefährdete Bereiche – Begriffe für Geräte und Schutzsysteme zur Verwendung in explosionsgefährdeten Bereichen" (Stand: 2013) [3] erfolgt die Übernahme dieser Definition inkl. Verweis auf die internationale Norm. Die Norm EN 1127-1 „Explosionsfähige Atmosphären – Explosionsschutz – Teil 1: Grundlagen und Methodik" [4] verweist generell auf die Begriffsdefinitionen der Norm EN 13237. Demzufolge ist eine Explosion, gemäß den einschlägigen Normen, eine „plötzliche Oxidations- oder Zerfallsreaktion mit Anstieg der Temperatur, des Druckes oder beider gleichzeitig" [3].

## 2.3 Definition „Explosion"

Die durch den Explosionsschutz betrachtete Explosion zählt zu den Verbrennungsprozessen und ist eine exotherme Redoxreaktion. Bei einer Explosion läuft der Prozess schlagartig, mit sehr hohen Geschwindigkeiten und einer hohen Drucksteigerung ab. Voraussetzung ist die Zündung einer explosionsfähigen Atmosphäre, welche aus einem definierten Gemisch des Brennstoffs und des Oxidationsmittels besteht. Kenngrößen, welche die Explosionsfähigkeit eines Brennstoffs definieren, wie der Explosionsbereich, die Zündtemperatur, die Mindestzündenergie oder die Grenzspaltweite, werden detailliert in Kap. 4 dargestellt.

Explosionen können in thermische Explosionen (Wärmeexplosionen) und Kettenverzweigungsexplosionen gegliedert werden. Eine Einordnung ist anhand des sehr komplexen Reaktionsmechanismus möglich. Hier bestehen jedoch bis heute offene Fragen in der Forschung. Beispielsweise können bei der Knallgasreaktion von Wasserstoff und Sauerstoff beide Explosionsarten beobachtet werden. Weiterführende Informationen können u. a. Atkins & de Paula [5] und Steen [6] entnommen werden.

## 2.4 Chemische Reaktionen und ihre Zusammenhänge

### 2.4.1 Exotherme und endotherme Reaktionen

Explosionen, wie sie im vorliegenden Fachbuch betrachtet werden, sind chemische Reaktionen. Grundsätzlich werden im Zuge von chemischen Reaktionen „aus Ausgangsstoffen (Edukte) neue Stoffe (Produkte) mit anderen Eigenschaften" gewandelt [7, S. 5].

[1] Originaltitel: ISO 8421-1:1987-03 Fire protection; Vocabulary; Part 1: General terms and phenomena of fire Bilingual edition.

Der in der Naturwissenschaft vorherrschende Grundgedanke der Systematisierung ist auch auf diesen Sachverhalt übertragbar. In der physikalischen Chemie, insbesondere im Bereich der chemischen Thermodynamik, wird in das System und in die Umgebung unterschieden. Das System wird anhand der Systemgrenzen definiert und ist damit ein definierter Bereich in einem Raum, beispielsweise ein Reagenzglas oder eine elektrochemische Zelle. Die Systemgrenze trennt die Umgebung ab. Von der Umgebung aus erfolgen die Betrachtung des Systems und die Messung von Eigenschaften. Zwischen dem System und der Umgebung kann ein Austausch stattfinden. Daher erfolgt die Unterscheidung von Systemen in offene, geschlossene und abgeschlossene Systeme, siehe Tab. 2.1 [5, S. 29 f.; 8, S. 4 f.; 9, S. 103].

Systeme besitzen Energie. Die Gesamtenergie eines Systems wird in der Thermodynamik als innere Energie $U$ bezeichnet. Diese setzt sich aus der potenziellen Energie (Energie aufgrund der Lage) und der kinetischen Energie (Energie aufgrund der Bewegung) der Moleküle zusammen [5, S. 31]. Die innere Energie ist eine Zustandsfunktion und nicht direkt messbar. Der erste Hauptsatz der Thermodynamik sagt aus, dass die in-

**Tab. 2.1** Systemarten in der chemischen Thermodynamik [5, S. 29 f.; 8, S. 4 f.; 9, S. 103] – Darstellung in Anlehnung an [5, S. 30]

| Systemart | Definition | Beispiele |
|---|---|---|
| **Offene Systeme** | System und Umgebung können sowohl Materie als auch Energie austauschen<br>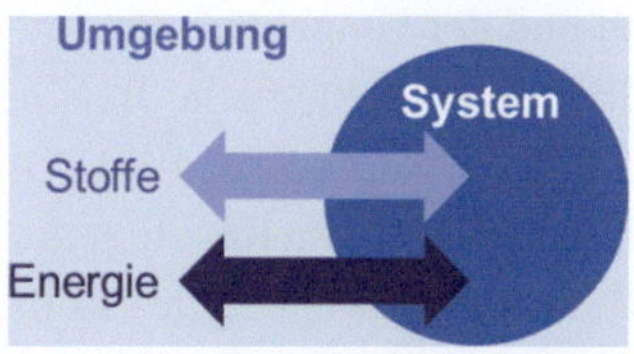<br> | • Pflanzen<br>• Lagerfeuer<br>• Offener Kochtopf |
| **Geschlossene Systeme** | System und Umgebung können Energie, aber keine Materie austauschen<br>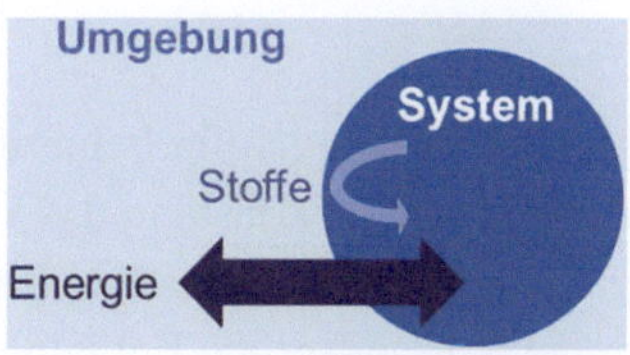<br> | • Verschlossenes Reaktionsgefäß<br>• Solarzelle<br>• Druckkochtopf |
| **Abgeschlossene Systeme (isoliertes System)** | System und Umgebung können keine Materie und Energie austauschen<br>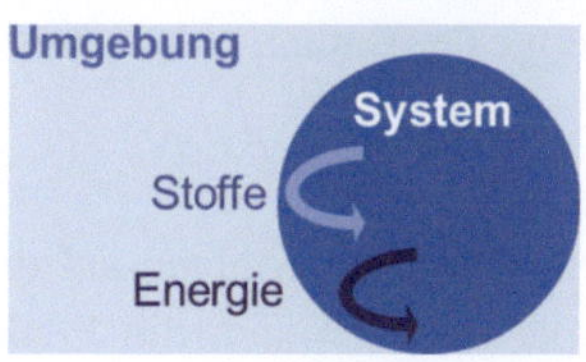<br> | • Thermoskanne<br>• Kalorimeter |

nere Energie eines abgeschlossenen Systems konstant ist. Änderungen der inneren Energie können bei offenen und geschlossenen Systemen möglich sein. Hierbei resultiert die Änderung der Energie aus der Überführung des Systems von Anfangszustand $A$ mit einer inneren Energie $U_A$ in den Endzustand $E$ mit einer inneren Energie $U_E$ [5, S. 31]. Die Energieänderung $\Delta U$ ist durch Verrichtung von Arbeit bzw. Austausch von Wärme mit der Umgebung möglich. Diese Änderungen sind messbar. Insbesondere bei chemischen Reaktionen ändert sich die innere Energie zwischen den Ausgangsstoffen und den Reaktionsprodukten. Unter anderem sind Verbrennungsprozesse mit einem intensiven Energieumsatz verbunden, der durch eine hohe Wärmeentwicklung gekennzeichnet ist [5, S. 31 f.; 9, S. 106]:

- Verbrennung von Kohle: $C + O_2 \rightarrow CO_2$ + Wärme
- Verbrennung von Erdgas (Methan): $CH4 + 2\ O_2 \rightarrow CO_2 + 2\ H_2O$ + Wärme

Demzufolge stellen die Arbeit $W$ und die Wärme $Q$ eine Art Energietransfer dar und es entsteht folgender Zusammenhang:

$$\Delta U = Q + W$$

Die Ausführung einer Bewegung entgegen einer Kraft ist Arbeit. Beispielsweise verrichtet ein System Arbeit, wenn durch die Ausdehnung eines Gases ein Kolben bewegt wird oder das Fließen von Strom durch einen Widerstand einen Motor antreibt. Führt eine Temperaturdifferenz zwischen dem System und der Umgebung zur Änderung der Energie, wurde die Energie in Form von Wärme übertragen. Alltägliche Beispiele dafür sind die Funktionen der Heizung oder des Kühlschranks [5, S. 30; 9, S. 103].

Wird in einem System durch eine chemische Reaktion die Arbeit in Form von Volumenänderungsarbeit verrichtet, z. B. bei der Bewegung des Kolbens durch die Explosion eines Benzin-Luft-Gemischs, so ergibt sich folgender Zusammenhang für die Änderung der inneren Energie:

$$\Delta U = Q - p * \Delta V$$

Natürliche und technische Prozesse erfolgen häufig bei atmosphärischem Druck auf der Erdoberfläche. Der vorherrschende Druck ist konstant, das Volumen des Systems variiert. In diesen Fällen wird die Energieänderung in Form von Volumenarbeit mit der Umgebung ausgetauscht und kann mithilfe der Zustandsgröße Enthalpie $H$ beschrieben werden. Die Enthalpie beschreibt den Wärmeenergiegehalt eines Systems und wird beeinflusst von der inneren Energie und der Volumenarbeit. Vereinfacht gilt demzufolge, dass bei konstantem Druck die übertragene Wärmemenge der Enthalpieänderung entspricht:

$$\Delta H = \Delta U + p * \Delta V$$

Häufig beziehen sich Werte für Enthalpieänderungen auf die Standardenthalpie. Bei der Betrachtung der Standardenthalpie befinden sich die Edukte und Produkte jeweils im

Standardzustand bei einem Druck von $10^5$ Pa bzw. 0,1 MPa. Dies entspricht dem Luftdruck der Erdatmosphäre.

Bei der Betrachtung von chemischen Reaktionen wird diese Energieänderung als Reaktionsenthalpie bezeichnet. Sie stellt die Wärme dar, die bei der Reaktion unter konstantem Druck aufgenommen bzw. abgegeben wird. Dies bedeutet, dass sich bei einer chemischen Reaktion der Energieinhalt zwischen den Edukten und den Produkten ändert. Die Reaktionsenthalpie ist von unterschiedlichen Bedingungen abhängig. Mithilfe der Reaktionsenthalpie kann die Energiebilanz eines Systems analysiert werden. Wird bei einer chemischen Reaktion Energie in Form von Wärme an die Umgebung abgegeben und nimmt der Energieinhalt des Systems ab, so handelt es sich um eine exotherme Rektion. Die Reaktionsenthalpie ist negativ, da Wärme frei wird. Muss bei einer chemischen Reaktion Energie in Form von Wärme zugeführt werden und nimmt der Energieinhalt des Systems zu, so handelt es sich um eine endotherme Reaktion. Die Reaktionsenthalpie ist positiv, da Wärme zugeführt wird [5, S. 30 f., 42 f.; 7, S. 125; 9, S. 103].

### 2.4.2 Aktivierungsenergie

Spätestens in der Vorweihnachtszeit halten viele Menschen Streichhölzer in den Händen, um Kerzen zu entzünden. Es ist ein alltäglicher Gegenstand, in dem sehr viel chemisches Wissen steckt. Das Holzstäbchen wird in Ammoniumphosphat und Paraffin getränkt und muss zur Aufnahme dieser Stoffe eine definierte Porosität aufweisen. Durch das Ammoniumphosphat wird das Weiterglühen nach der Löschung des Streichholzes verhindert. Paraffin ist notwendig, um ein gleichmäßiges Abbrennen des Streichholzes zu gewährleisten – es wirkt flammhemmend. Des Weiteren ist eine definierte Härte für die Verarbeitung und die Funktion des Anreißens erforderlich. Der Streichholzkopf besteht aus einer Mischung der Stoffe Schwefel (oder Antimonsulfid), Kaliumchlorat und Zusätzen wie Leim oder Paraffin. Die Reibfläche an der Streichholzpackung enthält roten Phosphor und Glaspulver. Der Schwefel dient als Brennmittel und das Kaliumchlorat als brandförderndes Oxidationsmittel. Diese beiden Stoffe reagieren in einer chemischen Reaktion, einer Redoxreaktion, miteinander, aber nicht ohne Aktivierung. Aus dem Umgang mit Streichhölzern ist bekannt, dass sich diese erst durch das Streichen des Streichholzes über die Reibfläche entzünden. Durch die geriebenen Spuren des roten Phosphors und des Kaliumchlorats entsteht die armstrongsche Mischung. Die durch die Reibung erzeugte Wärme entzündet diese hochexplosive Mischung. Diese chemische Reaktion wäre nicht ausreichend, das Holz zu entzünden, jedoch kann mit dieser Energie die chemische Reaktion zwischen dem Schwefel (bzw. Antimonsulfid) und dem Sauerstoff der Luft ausgelöst werden. Der Streichholzkopf entflammt und die Energie reicht aus, um das Paraffin des Schafts zu entzünden. Nun könnte berechtigterweise die Frage aufkommen, warum in alten Filmen, insbesondere des Genres Western, die Streichhölzer beispielsweise an Schuhsohlen oder anderen rauen Oberflächen entzündet wurden. Grundsätzlich sollte sich kein roter Phosphor an den Schuhsohlen befinden. Hintergrund ist die Unterscheidung in Sicherheits- und Überallstreichhölzer. Heutzutage werden vorrangig Sicherheitsstreichhölzer eingesetzt, die eine höhere Energie zur Aktivierung benötigen. Der Streichholzkopf von Überallstreichhölzern enthält Tetraphosphortrisulfid und Kaliumchlorat. Diese Stoffe reagieren bereits durch die einfache Reibung miteinander. Die erforderliche Aktivierungsenergie ist sehr gering. Demzufolge können sich diese Streichhölzer auch bereits durch das Gegeneinanderpressen in der Schachtel oder in der Hosentasche entzünden. Derzeitig finden diese Streichhölzer noch im Outdoor-Bereich ihren Einsatz [10, 11].

Anhand dieses Beispiels lässt sich die Definition der Aktivierungsenergie praxisnah darstellen. Bei chemischen Reaktionen besteht eine Reaktionshemmung durch eine energetische Barriere, die durch das Einbringen zusätzlicher Energie, der Aktivierungsenergie, überwunden wird. Dies gilt für exotherme und endotherme Reaktionen. Stoffe können reaktionsträge oder -freudig sein. Reaktionsträge Stoffe befinden sich in einem stabilen Energiezustand und benötigen hohe Aktivierungsenergien. Reaktionsfreudige Stoffe besitzen einen energetisch hohen, jedoch nicht sehr stabilen Energiezustand und brauchen demzufolge eine geringe Aktivierungsenergie. Durch die chemischen Reaktionen ändern sich die Energiegehalte. Bei exothermen Reaktionen wird Energie in Form von Wärme freigesetzt. Die Reaktionsprodukte, die entstehenden Stoffe nach der chemischen Reaktion, sind energieärmer als die Edukte, die Eingangsstoffe. Bei einer endothermen Reaktion muss Energie in Form von Wärme zugeführt werden. Die Reaktionsprodukte sind energiereicher als die Edukte. Abb. 2.1 verdeutlicht diese Zusammenhänge schematisch. Durch den Einsatz von Katalysatoren, ausgewählte Stoffe, kann die Reaktionswahrscheinlichkeit einer chemischen Reaktion durch Senkung der Aktivierungsenergie erhöht werden [7, S. 129].

Auf das Beispiel der Streichhölzer übertragen, bedeutet dies, dass die durch die Reibung erzeugte Wärme die Aktivierungsenergie ist, um die exotherme Reaktion zwischen dem roten Phosphor und dem Kaliumchlorat auszulösen. Die dadurch frei werdende

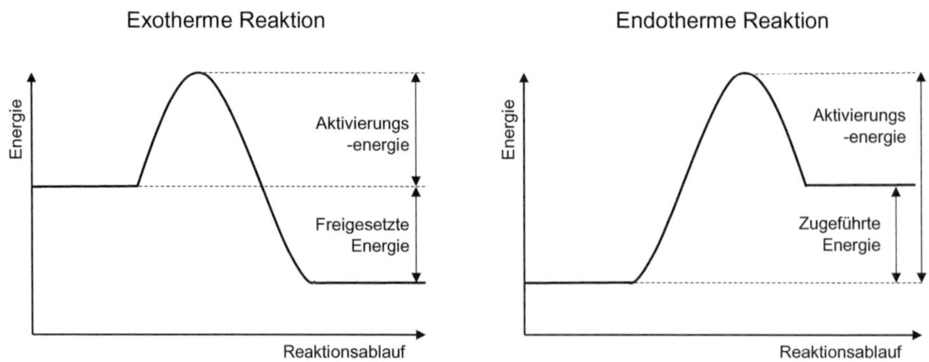


**Abb. 2.1** Schematische Darstellung der Zusammenhänge für die Aktivierungsenergie bei exo- und endothermen Reaktionen in Anlehnung an [7, S. 129]

Wärme aktiviert die chemische Reaktion am behandelten Holzstäbchen zwischen dem Schwefel (bzw. Antimonsulfid) und dem Sauerstoff.

### 2.4.3 Redoxreaktion

Chemisch betrachtet sind Verbrennungs- und Explosionsvorgänge in der Regel exotherme Redoxreaktionen. Eine Redoxreaktion ist eine Elektronenübertragungsreaktion und umfasst die chemische Reaktionen der Oxidation und der Reduktion, die gleichzeitig ablaufen [5, 7]:

- Die Oxidation führt zur Elektronenabgabe. Ein Stoff gibt Elektronen ab und ist dadurch das Reduktionsmittel, welches oxidiert.
- Die Reduktion führt zur Elektronenaufnahme. Ein Stoff nimmt Elektronen auf und ist dadurch das Oxidationsmittel, welches reduziert wird.

Demzufolge kann das Reduktionsmittel auch als Elektronendonator und das Oxidationsmittel als Elektronenakzeptor bezeichnet werden. Eine transparente Erklärung dieses Zusammenhangs ist am Beispiel des Natriumchlorids möglich. Natrium und Chlor reagieren zu Natriumchlorid, bekannt als Kochsalz. Natrium ist der Elektronendonator und wird oxidiert. Es ist das Reduktionsmittel. Chlor ist der Elektronenakzeptor und wird reduziert. Es ist das Oxidationsmittel. Abb. 2.2 verdeutlicht die Zusammenhänge.

Ein weiteres Beispiel aus der alltäglichen Praxis ist die elektrochemische Korrosion von Metallen mit Sauerstoff, deren Produkt Eisen(III)-oxidhydroxid ist, welches umgangssprachlich als Rost bekannt ist. Der erforderliche Prozess für diese Produktbildung mit dem Sauerstoff aus Luft und Wasser setzt sich aus mehreren Redoxreaktionen zusammen und lässt sich vereinfacht wie folgt darstellen:

- Eisen, als unedles Metall, gibt Elektronen ab und oxidiert zu Eisen(II)-oxid. Sauerstoff dient dabei als Oxidationsmittel. Der Sauerstoff wird selbst zu Hydroxidionen reduziert. In der Gesamtreaktion bilden dann die entstandenen Eisen(II)-Kationen und die Hydroxidionen zusammen den schwer löslichen Stoff Eisen(II)-hydroxid, welcher sich als Feststoff auf dem Eisen ablagert. Abb. 2.3 verdeutlicht diese Reaktionen [12, S. 66–71, 13, S. 342–351].
- Das auf dem Eisen abgelagerte Eisen(II)-hydroxid reagiert anschließend in Form einer Redoxreaktion mit dem Sauerstoff der Luft weiter. Der Sauerstoff dient dabei wieder

**Abb. 2.2** Reaktion von Natrium und Chlor – Bildung von Natriumchlorid

Oxidation $$2\,Na \rightleftarrows 2\,Na^{+} + 2\,e^{-}$$

Reduktion $$Cl_2 + 2\,e^{-} \rightleftarrows 2\,Cl^{-}$$

$$2\,Na + Cl_2 \rightleftarrows 2\,NaCl$$

Oxidation $2\,Fe \rightleftarrows 2\,Fe^{2+} + 4\,e^-$

Reduktion $O_2 + 2\,H_2O + 4\,e^- \rightleftarrows 2(OH)^-$

$$2\,Fe^{2+} + 2\,(OH)^- \rightleftarrows 2\,Fe(OH)_2$$

**Abb. 2.3** Rosten – Teilprozess: Reaktion von Eisen und Sauerstoff – Bildung von Eisenhydroxid

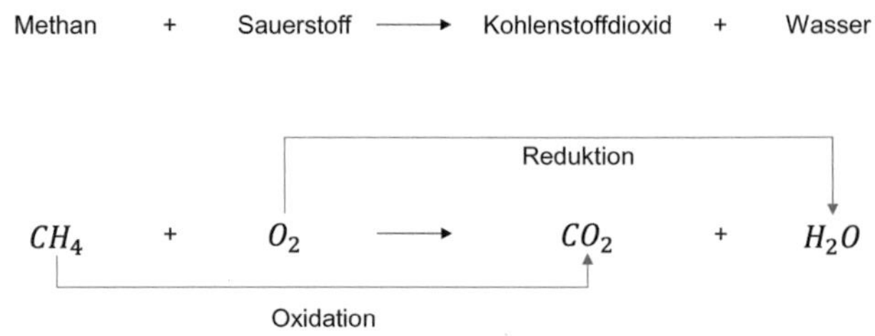


**Abb. 2.4** Verbrennung von Methan mit Sauerstoff

als Oxidationsmittel. Mit einer weiteren Oxidation durch Sauerstoff bildet sich schwer lösliches Eisen(III)-hydroxid. Durch die Abspaltung des Wassers entsteht das Eisen(III)-oxidhydroxid, welches rötlich und unlöslich ist und als Rost bezeichnet wird [12, S. 66–71, 13, S. 342–351].

Der gesamte Prozess der Korrosion ist sehr komplex. Die Reaktionen zeigen, dass Eisen unterschiedliche Oxidationsstufen besitzt, daher zählt das Rosten auch zu den langsamen Oxidationen. Die Korrosion kann durch unterschiedliche Maßnahmen verhindert werden [12, 13].

Redoxreaktionen bilden für zahlreiche energieliefernde und -speichernde Prozesse die Grundlage und sind daher sehr bedeutsam für unterschiedliche Industriezweige. Beispielsweise sind Verbrennungen Redoxreaktionen. Bei der Verbrennung von Methan mit Sauerstoff wird Methan oxidiert und Sauerstoff reduziert. Methan und Sauerstoff sind ein Redoxpaar. Abb. 2.4 verdeutlicht die Zusammenhänge. Bei der vollständigen Verbrennung von Methan wird eine Wärmemenge (Enthalpie) von rund 890 kJ pro Mol Methan frei [7, S. 128, 14].

Hervorzuheben ist jedoch, dass nicht jede Redoxreaktion eine Verbrennung oder Explosion ist. Ebenso ist zu betonen, dass neben Sauerstoff viele weitere Stoffe als Oxidationsmittel agieren können. Dazu zählen beispielsweise Chlor, Schwefel oder auch Wasserstoffperoxid. Beispielsweise brennt eine Kerze auch in Chlorgas. Neben dem Knallgas, welches aus Wasserstoff und Sauerstoff besteht, ist auch Chlorknallgas, eine Mischung aus Wasserstoff und Chlor, ein explosives Gemisch [5, 7].

## 2.5 Verbrennungsprozesse

Verbrennungsprozesse sind chemische Vorgänge. Stoffe werden durch chemische Reaktionen umgewandelt. Durch Abschn. 2.4 ist bereits bekannt, dass Verbrennungen exotherme Redoxreaktionen sind. Es sind komplexe Kettenreaktionen mit Spaltprodukten

(u. a. Radikalen), die teilweise nur sehr kurzzeitig auftreten. Voraussetzungen für eine Verbrennung sind drei Faktoren:

- ausreichende Menge des Brennstoffs,
- erforderliche Aktivierungsenergie (Mindestzündenergie/Zündtemperatur)
- ausreichende Menge des Oxidationsmittels – häufig Sauerstoff, demzufolge ausreichende Menge an Luft

Bei Verbrennungen treten Flammen auf. Sie sind ein charakteristisches Merkmal für Feuer. Ein Beispiel aus der alltäglichen Praxis ist eine brennende Kerze. Die Kerze besteht aus Wachs und einem Docht. Wachs ist ein Gemisch verschiedener Kohlenwasserstoffe und damit der Brennstoff. Mithilfe der Flamme eines Streichholzes bzw. Feuerzeugs wird das Wachs am Docht flüssig. An der Dochtspitze ändert sich der Aggregatszustand erneut. Das flüssige Wachs verdampft und wird gasförmig. Ist dann der Flammpunkt, die niedrigste Temperatur, welche zur Zündung der Entflammung erforderlich ist, erreicht, brennt das Wachs. Durch Kettenreaktionen verläuft der Prozess selbstständig weiter. Es wird Energie in Form von Wärme frei. Die Kerzenflamme bildet sich aus. Diese Flamme ist kein Stoff, welcher entsteht. Die Moleküle der unterschiedlichen Zwischenprodukte werden durch die chemischen Reaktionen angeregt und übertragen ihre zusätzliche Energie in Form von elektromagnetischer Strahlung, deren Wellenlängen sich u. a. im Bereich des sichtbaren Lichts befinden. Das Wachs reagiert mit dem Sauerstoff in der Luft zu Kohlenstoffdioxid und Wasser. In diesem Fall dient Sauerstoff als Oxidationsmittel und das Wachs, das Gemisch aus Kohlenwasserstoffen, als Reduktionsmittel [7, S. 10].

Verbrennungsprozesse können sich unterschiedlich gestalten. Die Unterscheidung dafür zeigt sich in der Literatur bezüglich des Detailierungsgrads sehr unterschiedlich. Tab. 2.2 gibt einen Überblick. Prinzipiell erfolgt die Unterscheidung zwischen Brand und

**Tab. 2.2** Zusammenfassung der relevanten Verbrennungsprozesse

| Verbrennungsprozesse | | |
|---|---|---|
| **Brand** | | „nicht bestimmungsgemäßes Brennen (z. B. Schadenfeuer), das sich unkontrolliert ausbreiten kann“ gemäß DIN 14011 (Feuerwehrwesen – Begriffe) [18] |
| **Verpuffung** | | „eine an der Explosionsgrenze ablaufende, schnelle Verbrennung mit in der Regel dumpfem Knall“ gemäß Weber [19, S. 403] |
| **Explosion** | **allgemein** | „plötzliche Oxydationsreaktion eines zündfähigen Gemisches, die eine Temperatur- und/oder Druckerhöhung bewirkt“ gemäß DIN 14011 (Feuerwehrwesen – Begriffe) [18] |
| | **Deflagration** | Explosion, bei der die chemische Reaktion mit einer Ausbreitungsgeschwindigkeit unterhalb der Schallgeschwindigkeit und Druckwirkung stattfindet in Anlehnung an [6, 14–16] |
| | **Detonation** | Explosion, bei der die chemische Reaktion mit einer Ausbreitungsgeschwindigkeit oberhalb der Schallgeschwindigkeit und extremer Druckwirkung (Stoßwelle) erfolgt<br>In Anlehnung an [6, 14–16] |

Explosion [1, S. 11 ff.]. Darüber hinaus ist eine Einteilung in Brand, Verpuffung und Explosion möglich [14, S. 699]. Bei Explosionen wird zusätzlich in Deflagration und Detonation unterschieden [1, S. 31; 6, S. 322]. Teilweise wird die Verpuffung auch der Explosion zugeordnet [15, S. 51]. Nach Hinweisen der Berufsgenossenschaft Rohstoffe und chemische Industrie ist der Begriff der Verpuffung nicht definiert [16]. Des Weiteren können Verbrennungsprozesse auch entsprechend anhand des Mischungstyps und des Strömungstyps der Flammen unterschieden werden [17, S. 4 f.]. Welche Art von Verbrennungsprozess eintritt, ist von unterschiedlichsten Faktoren abhängig. Von hoher Bedeutung sind dabei u. a. die chemische Reaktion selbst und die dabei frei werdende Energie in Abhängigkeit zur Zeit und Volumen, die Dispergierung des Brennstoffs in der Luft (Mischung des Brennstoff-Oxidationsmittel-Gemischs), Turbulenzen sowie Strömungsbedingungen [6, S. 2; 14, S. 699].

## Literatur


1. HAUPTMANNS, ULRICH. *Prozess- und Anlagensicherheit.* Berlin, Heidelberg: Springer Berlin Heidelberg, 2013. ISBN 978-3-642-37252-0.
2. ISO Internationale Organisation für Normung. ISO 8421-1, *Fire protection; Vocabulary; Part 1: General terms and phenomena of fire Bilingual edition.* Verfügbar unter: https://www.iso.org/obp/ui/#iso:std:iso:8421:-1:ed-1:v1:en
3. DIN Deutsches Institut für Normung e. V. DIN EN 13237, *Explosionsgefährdete Bereiche – Begriffe für Geräte und Schutzsysteme zur Verwendung in explosionsgefährdeten Bereichen; Deutsche Fassung EN 13237:2012.* Berlin: Beuth Verlag GmbH.
4. DIN Deutsches Institut für Normung e. V. DIN EN 1127-1, *Explosionsfähige Atmosphären – Explosionsschutz – Teil 1: Grundlagen und Methodik; Deutsche Fassung EN 1127-1:2019.* Berlin: Beuth Verlag GmbH.
5. ATKINS, PETER W. und DE PAULA, JULIO. *Physikalische Chemie.* 4. vollständig überarbeitete Auflage. Weinheim: WILEY_VCH Verlag gmbH & Co. KGaA, 2006. ISBN 978-3-527-31546-8.
6. STEEN, HENRIKUS, Hg. *Handbuch des Explosionsschutzes.* Weinheim: Wiley-VCH, 2000. ISBN 9783527624997.
7. KURZWEIL, PETER. *Chemie.* Wiesbaden: Springer Fachmedien Wiesbaden, 2020. ISBN 978-3-658-27502-0.
8. ADAM, GEROLD; LÄUGER, PETER und STARK, GÜNTHER. *Physikalische Chemie und Biophysik.* Berlin, Heidelberg: Springer Berlin Heidelberg, 2009. ISBN 978-3-642-00423-0.
9. KEMNITZ, ERHARD und SIMON, RÜDIGER, Hg. *Duden Abiturwissen Chemie.* Mannheim, Berlin: Bibliographisches Institut F. A. Brockhaus AG und DUDEN PAETEC GmbH, 2007. ISBN 978-3-411-00254-2.
10. SCHWARZ, RAINER. *Streichholz* [online] [Zugriff am: 3. Juni 2022]. Verfügbar unter: https://brand-feuer.de/index.php/Streichholz
11. FREIE UNIVERSITÄT BERLIN, FACHBEREICH BIOLOGIE, CHEMIE, PHARMAZIE. *Warum zündet ein Streichholz nur an der Reibefläche?* [online] [Zugriff am: 3. Juni 2022]. Verfügbar unter: https://www.bcp.fu-berlin.de/studium-lehre/studiengaenge/chemie/bachelor/Interessen_loesungen/streichholz.html

12. BARGEL, HANS-JÜRGEN und SCHULZE, GÜNTER, Hg. *Werkstoffkunde.* 12., bearbeitete Auflage, korrigierter Nachdruck. Berlin, Germany: Springer Vieweg, 2018. Springer-Lehrbuch. ISBN 3662486288.
13. WORCH, HARTMUT; POMPE, WOLFGANG UND SCHATT, WERNER, Hg. *Werkstoffwissenschaft.* 10. vollständig überarbeitete Auflage. Weinheim, Germany: WILEY-VCH Verlag GmbH & Co. KGaA, 2011. MASTER. ISBN 978-3-527-32323-4.
14. HOPP, VOLLRATH. *Grundlagen der chemischen Technologie.* 4., erw. und überarb. Aufl. Weinheim: Wiley-VCH, 2001. ISBN 9783527299980.
15. PORTZ, HENRY. *Brand- und Explosionsschutz von A-Z:* Springer Fachmedien Wiesbaden, 2005. ISBN 978-3-322-80198-2.
16. BERUFSGENOSSENSCHAFT ROHSTOFFE UND CHEMISCHE INDUSTRIE. *Grundlagen zum Explosionsschutz für Einsteiger – (1* [online] [Zugriff am: 7. März 2023]. Verfügbar unter: https://www.bgrci.de/fileadmin/BGRCI/Downloads/DL_Praevention/Explosionsschutzportal/Wissen/Grundlagen/Grundlagen_zum_Explosionsschutz_Teil_1_V_2-1.pdf
17. WARNATZ, JÜRGEN; DIBBLE, ROBERT W. und Maas, Ulrich. *Verbrennung. Physikalisch-chemische Grundlagen, Modellierung und Simulation, Experimente, Schadstoffentstehung.* Softcover repr. der 3., aktualisierten und erw. Aufl. Berlin: Springer, 2001. ISBN 9783642626586.
18. DIN Deutsches Institut für Normung e. V. DIN 14011, *Feuerwehrwesen – Begriffe.* Berlin: Beuth Verlag GmbH.
19. WEBER, KLAUS H., *Engineering verfahrenstechnischer Anlagen.* Berlin, Heidelberg: Springer Berlin Heidelberg, 2016. ISBN 978-3-662-52896-9.

# Historie des Explosionsschutzes in Deutschland und Europa

3

Sabrina Herbst und Thorsten Arnhold

**Inhaltsverzeichnis**



## 3.1 Ursprünge des Explosionsschutzes

Die Wurzeln des Explosionsschutzes liegen im Bergbau und in der Industrialisierung. 1664 kam es in den Hallstätter Salzbergen zu einer Explosion. Dies soll eine der ersten urkundlich überlieferten Explosionen gewesen sein. Die erste dokumentierte und ausgewertete Explosion fand am 14.12.1785 in Turin statt. Diese Mehlstaubexplosion in einer Lagerhalle wurde durch ein offenes Feuer ausgelöst, welches zur Beleuchtung diente. Die Turiner Akademie der Wissenschaften analysierte das Unglück. Unter Tage stellte offenes Feuer die einzige Möglichkeit zur Beleuchtung dar.

Explosionen traten sowohl über als auch unter Tage auf. Die Gesellschaft der vorindustriellen Zeit begründete diese Unglücke häufig als disziplinarische Strafe von Gott oder Heimsuchung des Bösen [1]. Der technische Fortschritt führte zur Wissenserweiterung. Bergleute kannten die Gefahr einer Explosion durch eine explosionsfähige Atmosphäre. Präventive Maßnahmen im Bergbau waren zu dieser Zeit das Vorschicken eines Kameraden mit einer brennenden Lanze, um das Gasgemisch „kontrolliert abzubrennen“, oder der Einsatz von Kanarienvögeln, die rechtzeitig Sauerstoffmangel in der Luft signalisierten [2, 3].

Mitte des 18. Jahrhunderts begann von England ausgehend eine rasante industrielle Entwicklung, die sich im Laufe des 19. Jahrhunderts auf den gesamten europäischen



F. Engelmann et al., *Nicht-elektrischer Explosionsschutz*,
https://doi.org/10.1007/978-3-662-67887-9_3

Kontinent, Nordamerika und später auch auf weite Teile Asiens ausdehnte und heute als erste industrielle Revolution bezeichnet wird. Die Erfindung der Dampfmaschine löste die Entwicklung vieler Maschinen und Technologien aus. Im Zuge dieser Umwälzungen stieg der Bedarf an Rohstoffen wie Kohle, Grafit, Eisenerz und anderen Metallen sprunghaft an, wodurch es zu einer Intensivierung des untertägigen Bergbaus kam.

Zunächst wurde der Abbau der Rohstoffe fast ausschließlich durch die Muskelkraft der Bergleute realisiert. Von dieser rein menschlichen Energiequelle gingen nur vereinzelt Gefahren der Entzündung von Grubengasen, den sogenannten Schlagwettern aus. Beispielsweise konnten unbeabsichtigt mechanisch erzeugte Funken bei der Handarbeit entstehen. Darüber hinaus waren die Bergleute mit einem sehr hohen Gefahrenpotenzial in Form der Beleuchtung konfrontiert. Wie bereits beschrieben, standen zu dieser Zeit nur offene Flammen von Kerzen, Kienspänen oder Petroleumleuchten als Beleuchtung zur Verfügung. Diese ständige Anwesenheit von sehr wirksamen Zündquellen, kombiniert mit einer relativ häufig vorkommenden Anwesenheit des hochexplosiven Grubengases Methan oder Kohlenstaub im Fall eines Steinkohlebergbaus, führten zu einer sehr hohen Gefährdung. Die ebenso bereits erläuterten Maßnahmen waren nicht sicher. Regelmäßig ereigneten sich Schlagwetterexplosionen – teilweise mit Hunderten von Todesopfern. Der Arbeitsschutz und das Niveau für Restrisiken hatten zu jener Zeit einen anderen gesellschaftlichen Stellenwert als in der heutigen Zeit. Die Maßnahmen zur Vermeidung von Unfällen und des Verlusts von Menschenleben, insbesondere von einfachen Arbeitern, waren gering. Jedoch stiegen die häufig durch tödliche Unglücksfälle entstehenden sozialen Spannungen an, und diese Thematik konnte nicht länger negiert werden, denn im Zuge der industriellen Entwicklung standen geeignete Werkstoffe und Technologien zur Verfügung, um wirksamere technische Lösungen zum Schutz der Arbeiter zu entwickeln. Die Fabrikbesitzer standen unter dem Druck der Gesellschaft, die Änderungen forderte [4, S. 15 f.].

Die schwere Explosion im Jahr 1812 mit 92 Toten in der Grube Felling Main in Durham, England, ausgelöst durch eine offene Grubenlampe, war der Startschuss für einen Entwicklungswettbewerb der Royal Society in London. Ein Preisgeld in Höhe von 1000 Pfund, entspricht aktuell ca. 65.000 €, wurde für die Entwicklung einer zündsicheren Sicherheitsleuchte für die Arbeit unter Tage ausgerufen. Der Gewinner war Sir Humphry Davy. Dieser hatte im Herbst 1815 mit Unterstützung seines Laborgehilfen George Stevenson die gegenüber Grubengasen nicht zündwirksame Davy-Lampe erfunden. Der prinzipielle Aufbau bestand aus einer Öllampe, um die ein dichter Drahtkorb montiert war. Somit wurde zum einen die Luftzufuhr zur Flamme ermöglicht und zum anderen der Flammendurchschlag nach außen verhindert. Die Erprobung der Davy-Lampe im Januar 1816 in der Zeche Hebburn Colliery bei Newcastle, England, war erfolgreich. Historisch betrachtet, wird die Davy-Lampe als erstes explosionsgeschütztes Betriebsmittel definiert. Die Davy-Lampe wurde auf unterschiedliche Art und Weise weiterentwickelt, beispielsweise verkaufte der Drahtzieher Bernhard Boecker ab 1817 selbst hergestellte Sicherheitslampen auf Basis der Davy-Lampe [5]. William Reid Clanny entwickelte die Davy-Lampe weiter und stellte 1839 seine Clanny-Lampe vor. Im Gegensatz zur Davy-Lampe konnte die Lichtausbeute optimiert werden. Bei dieser Lampe wurde der untere Teil des Drahtkorbs mit einem Glaszylinder ersetzt, der entsprechend abgedichtet war. Bei dieser Gestaltung bestand jedoch die Gefahr, dass das Glas aufgrund der Hitze barst. Eine erfolgreiche Weiterentwicklung kam 1884 aus Zwickau von Carl Wolf. Seine Benzin-Sicherheitsgrubenlampe erzeugte ein Licht, welches ausreichend hell und gleichzeitig sicher war. Mit dieser Innovation entwickelte sich die Firma Friemann & Wolf zu einem der größten internationalen Grubenlampenhersteller [6]. [2, 3, 7]

Im Zuge der weiteren Industrialisierung hielten moderne technische Produkte und Systeme wie Dampfmaschinen bzw. später die Elektrizität Einzug in den Bergbau. Damit erhöhte sich auch die Anzahl möglicher Zündquellen deutlich. Neben den offenen Flammen führten nun weitere Zündquellen wie heiße Oberflächen oder elektrische Zündquellen zur Entzündung von untertägigen Schlagwettern und Kohlenstaubaufwirbelungen. Aufgrund der wesentlich höheren eingesetzten Energiemengen erhöhte sich auch die Wahrscheinlichkeit des Auftretens von mechanischen Schlagfunken. In der Folge dieser Entwicklung wurden nach wie vor regelmäßig Explosionen mit zahlreichen Todesopfern verzeichnet. Um diese Situation wirksam und nachhaltig zu verändern, reagierten die Staaten, insbesondere die führenden Kohle fördernden Länder Frankreich (1877), Belgien (1879), England (1879) und Sachsen (1880), in der zweiten Hälfte des 19. Jahrhunderts mit der Gründung sogenannter Schlagwettercommissionen. Ihre Aufgaben waren die systematische Untersuchung von Explosionsereignissen und die Entwicklung von wirksamen Gegenmaßnahmen. Dieses Ziel wurde auch erreicht. Beispielsweise empfahl die Preußische Schlagwettercommission auf Basis ihrer Ursachenauswertung von Explosionen im Zeitraum 1861 bis 1884 das Verbot von offenen Grubenlampen, welches durch die Übernahme in Bergpolizeiverordnungen durchgesetzt wurde. Ein Rückgang der Explosionen war spürbar. Die Erforschung weiterer Einflüsse und Auswirkungen auf bzw. von Explosionen war ebenfalls eine Empfehlung. Dies wurde nicht nur in Preußen erkannt. Spezielle Versuchsstrecken wurden Ende des 18. Jahrhunderts u. a. in Zwickau, Mährisch-Ostrau, Segengottes/Brünn und Neuenkirchen/Saar gegründet. In diesem Zusammenhang erfolgte auch 1894 die Gründung der bedeutsamen Berggewerkschaftlichen Versuchsstrecke (BVS) in Gelsenkirchen. Hervorzuheben ist auch der fachliche Austausch in diesem Gebiet der Sicherheitstechnik. Im Rahmen der Grubensicherheitskonferenz in Pittsburgh (USA) trafen sich 1912 die Vertreter der einzelnen Versuchsstrecken auf internationaler Ebene. [3, 8, 9]

Ein weiterer Aspekt zur Förderung des Sicherheitsbewusstseins war die Entwicklung der Sozialversicherung. Die Krankenversicherung (1883), die Unfallversicherung (1884), die Alters- und Invalidenversicherung (1889) im deutschen Kaiserreich wurden in die Grundprinzipien einer Sozialgesetzgebung eingeführt, die in vielen weiteren Staaten als Vorbild dienten. Durch diese öffentlich-rechtlichen Regelungen sollen die sozialen Spannungen in der Gesellschaft reduziert werden. Zur Realisierung dieser Neuerungen war die Schaffung neuer Strukturen notwendig – u. a. erfolgten 1885 die Gründungen zahlreicher Berufsgenossenschaften. Ein wesentliches Ziel der gesetzlichen Unfallversicherung war die Unfallverhütung. Bereits 1886 wurde die erste Unfallverhütungsvorschrift von einer Berufsgenossenschaft erlassen, nur ein Jahr nach ihrer Gründung. Die Thematik des Explosionsschutzes war sehr präsent. Am 28.04.1886 führte die Berufsgenossenschaft der chemischen Industrie ihre zweite Sitzung durch, und der erste Entwurf der allgemeinen

Unfallverhütungs-Vorschriften wurde diskutiert. „Räume, in welchen sich explosive oder brennbare Gase befinden oder entwickeln können, dürfen nur von [a]ußen beleuchtet werden“ [10] ist unter dem Punkt 5 im Protokoll vermerkt. [11]

Eine Unterscheidung zwischen elektrischem und nicht-elektrischem Explosionsschutz erfolgte zu diesem Zeitpunkt nicht. Das sich entwickelnde Sicherheitsbewusstsein, der technologische Fortschritt und das Interesse in der Gesellschaft führten zu einem Wissensdrang und der Gewinnung vieler Erkenntnisse. Unfälle zeigten, dass die Gefahr einer Explosion nicht nur unter Tage bestand. Somit galt es, Sicherheit für die Bereiche unter Tage und über Tage zu schaffen. Bekannt war die Gefahr, die von Zündquellen ausgingen, jedoch waren erst wenige Zündquellen identifiziert. Dies zeigt exemplarisch die dritte Polizeiverordnung über den Verkehr mit Mineralölen und Mineralmischungen vom 15.09.1929 auf. Hier werden insgesamt nur folgende vier Zündquellenarten benannt: offene Flammen, elektrische Einrichtungen, elektrische Aufladungen und Blitzschlag [10]. Die Gefährdungen durch offene Flammen und Blitzschlag waren bereits sehr lange durch die Erfahrungen im Bergbau identifiziert. Die Einflüsse durch die Elektrizität und die elektrischen Aufladungen wurden erkannt, stellten jedoch eine umfangreiche Herausforderung dar. Beispielsweise analysierte 1892 der Direktor der größten Hamburger Wäscherei, Dr. M. M. Richter, dass bei aufgetretenen Bränden elektrostatische Entladungen häufig die Ursache darstellten. Auf Basis dieser Erkenntnisse konnte er 1906 feststellen, dass Explosionen in der chemischen und der Sprengstoffindustrie aufgrund von Entladungsprozessen ungeerdeter Metallteile verursacht wurden. Diese Erkenntnisse wurde noch im selben Jahr in die Unfallverhütungsvorschrift der chemischen Industrie für die Sprengstoffindustrie und 1907 in die allgemeine Unfallverhütungsvorschrift für die chemische Industrie integriert. [3, 8, 12]

Schwerpunkt der Forschungsarbeiten waren demnach die aktuellen Herausforderungen im täglichen Umgang mit explosionsfähigen Stoffen und der Elektrizität. Aufgrund dieser Zusammenhänge entwickelten sich der elektrische und der nicht-elektrische Explosionsschutz aus historischer Sicht unterschiedlich. Für die Generierung von Wissen wurde vorrangig der Bereich des elektrischen Explosionsschutzes fokussiert, um einen sicheren und unfallfreien Umgang mit der Elektrizität zu gewährleisten, da hier ein umfangreiches Gefahrenpotenzial gesehen wurde. Dabei konnten auch Erkenntnisse im Bereich des nicht-elektrischen Explosionsschutzes gesammelt werden. Eine spezifische Differenzierung zwischen den Bereichen erfolgte kaum. Die nachfolgenden Abschnitte zeigen die historische Entwicklung dieser beiden Themengebiete des Explosionsschutzes auf.

## 3.2 Weitere Entwicklung des elektrischen Explosionsschutzes

Die Industrialisierung und die Elektrifizierung führten zu ganzheitlichen und fundamentalen Veränderungen in der Gesellschaft und der Arbeitswelt. Wie bereits im vorhergehenden Abschnitt beschrieben, wurden durch die Elektrifizierung vielfältigste Gefahrenpotenziale bereits erkannt und weitere vermutet. Diese Hypothesen wurden durch umfangreiche Versuchsreihen der einzelnen Versuchsstrecken bestätigt. Beispielsweise bewies die BVS durch ihre Versuche an Betriebsmitteln wie Lampen, Apparaten und kleinen Motoren, dass Funken oder heiße Oberflächen, die durch den Betrieb bedingt werden, grundsätzlich das Potenzial besitzen, Schlagwetter zu entzünden [13]. Die Hersteller von elektrischen Betriebsmitteln reagierten mit spezifischen schlagwettergeschützten Konstruktionen. In Kooperationen mit Firmen wie Siemens & Halske, AEG, Helios, Schuckert oder Voigt & Haeffner wurden Prototypen dieser Konstruktionen im Zeitraum von 1903 und 1905 unter der Leitung von Carl Beyling, Leiter der BVS, systematisch erprobt und geprüft [14]. Ziel dieser Schutzkonzepte waren gleichzeitig die Reduzierung des entstehenden Explosionsdrucks im Inneren der Betriebsmittel und die Verhinderung der Zündung der explosionsfähigen Atmosphäre außerhalb. Die grundlegenden Konzepte konnten in folgende Ansätze gegliedert werden [9]:

| | |
|---|---|
| • Geschlossene Kapselung | • Rohrschutz-Kapselung |
| • Plattenschutz-Kapselung | • Flanschenschutz-Kapselung |
| • Drahtgewebe-Kapselung | • Ölkapselung |
| • Labyrinth-Kapselung | |

Als zielführend wurden die Ideen der geschlossenen Kapselung, der Drahtgewebe-Kapselung und der Plattenschutz-Kapselung eruiert und dienten als Grundlage zur Entwicklung zahlreicher schlagwettergeschützter Betriebsmittel. Die Konzepte wurden als Methoden zum Zündschutz betrachtet und folglich als Zündschutzarten bezeichnet. Dieses Wissen wurde vom 1893 gegründeten Verband der Elektrotechniker Deutschlands (Umbenennung 1894 in Verband deutscher Elektrotechniker [VDE]) mit der ersten Fassung des VDE-Leitsatzes 0170 „Vorschriften für schlagwettergeschützte elektrische Betriebsmittel" von 1912 standardisiert. Damit wurde die BVS erste Prüfstelle für Geräte für den Einsatz im Bergbau. 1935 wurde eine weitere Handlungsempfehlung zum Explosionsschutz veröffentlicht, die VDE 0165 „Leitsätze für die Errichtung elektrischer Anlagen in explosionsgefährdeten Bereichen". Mit diesen Leitsätzen wurde der Explosionsschutz auf einer allgemeineren Ebene manifestiert. Dies wurde 1943 ergänzt durch die Veröffentlichung der VDE 0171 „Vorschriften für explosionsgeschützte elektrische Betriebsmittel" als Ergänzung zur VDE 0170. Der erste Entwurf dieser Vorschrift wurde bereits 1938 veröffentlicht. In der VDE 0171 wurde auch erstmals darauf hingewiesen, dass neben der BVS, welche zuvor Betriebsmittel nur auf Schlagwettersicherheit prüfte, auch die Chemisch-Technische Reichsanstalt (CTR) Betriebsmittel auf die Explosionssicherheit prüfen darf. Die entsprechende „Polizeiverordnung über elektrische Betriebsmittel in explosionsgefährdeten Räumen und Betriebsanlagen sowie schlagwettergefährdeten Grubenbauen" vom 13.10.1943 regelte die Vorgehensweise der nun erforderlichen Baumusterprüfungen und die Kennzeichnung der geprüften Geräte. Sie richtete sich vorrangig an die Hersteller elektrischer Geräte. Bereits seit 1932 führten Hersteller in Zusammenarbeit mit der BVS freiwillige Baumusterprüfungen durch. Des Weiteren regelte die Anordnung zur Durchführung der Polizeiverordnung über elektrische Betriebsmittel in explosionsgefährdeten Räumen und Betriebsanlagen sowie schlagwettergefährdeten Grubenbauen, dass das zuständige Gewerbeaufsichtsamt in Kooperation mit der zuständigen Berufsgenossenschaft den Umfang eines explosionsgefährdeten Bereichs in einem Betrieb bzw. einem Raum bestimmt. Dadurch wurden auch die Betreiber explosionsgefährdeter Anlagen inkludiert. [3, 8, 9]

Die VDE 0171 benannte u. a. auch konkret die Zündschutzarten druckfeste Kapselung und erhöhte Sicherheit. Viele der heute bekannten Zündschutzarten haben ihren Ursprung in dieser Zeit des Umbruchs. Die Wurzeln der Zündschutzart Eigensicherheit liegen in England. Im Jahr 1913 ereignete sich in Wales ein schweres Grubenunglück mit 439 Toten. Veranlasst durch den Untersuchungsbericht über das Unglück, in dem ein elektrischer Funke innerhalb einer Signalisierungsanlage als wahrscheinliche Ursache identifiziert wurde, begann man sich im Vereinigten Königreich mit den Grundlagen der Eigensicherheit zu beschäftigen und entsprechende Geräte zu bauen. 1936 erfolgte die Zertifizierung der ersten Stromversorgung nach dem Prinzip der Eigensicherheit in England und 1945 folgte die erste Norm, die British Standard 1259. [9, 15]

Die „Verordnung über elektrische Anlagen in explosionsgefährdeten Räumen (ExVO)“ vom 15.08.1963 ersetzt die Polizeiverordnung aus dem Jahr 1943. Durch diese Verordnung wird die Physikalisch-Technische Bundesanstalt mit der Begutachtung der explosionsgeschützten Geräte beauftragt. Darüber hinaus ist eine Zulassung der Bauart durch die Behörde des zuständigen Bundeslandes erforderlich. Ähnliche Vorgehensweisen mit nationalen Prüfstellen wurden in anderen Ländern eingeführt. [16]

Die Gründung der Europäischen Wirtschaftsgemeinschaft (EWG) durch die Unterzeichnung der Römischen Verträge 1957 legte das Fundament der Bestrebungen nach Harmonisierung innerhalb von Europa. Neben neuen fachlichen Erkenntnissen führte dieser Gedanke 1969 zum Entschluss des Fachausschusses „Chemie“ der Berufsgenossenschaft der chemischen Industrie, das Fachgebiet des Explosionsschutzes vollumfänglich neu zu regeln. Von 1969 bis 1973 erfolgte daraufhin die Erarbeitung der „Richtlinie für die Vermeidung der Gefahren durch explosionsfähige Atmosphäre mit Beispielsammlung – Explosionsschutz-Richtlinien (EX-RL)“. 1973 stellte die Berufsgenossenschaft die Idee eines gesamtheitlichen Konzepts für den Explosionsschutz und den ersten Entwurf der EX-RL auf der Messe ACHEMA vor. Der Explosionsschutz beschränkt sich in diesem Entwurf nicht auf die elektrischen Zündquellen. Auch nicht-elektrische Gefahren wurden berücksichtigt. Am 01.01.1976 trat die Richtlinie in Kraft. Die Standardisierung schritt mit großen Schritten voran. 1972 veröffentlichte die Internationale Elektrotechnische Kommission (IEC) die Publikation 79/10 „Einteilung der explosionsgefährdeten Bereiche in Zonen“. Mit der Rahmenrichtlinie 76/117/EWG der EWG „Richtlinie des Rates vom 18. Dezember 1975 zur Angleichung der Rechtsvorschriften der Mitgliedstaaten betreffend elektrische Betriebsmittel zur Verwendung in explosibler Atmosphäre“ [17] wird der freie Warenverkehr für explosionsgeschützte elektrische Geräte geregelt. [4, S. 17 ff., 8, 12]

Auf internationaler Ebene gab es ebenfalls umfangreiche Aktivitäten. In den 1960er-Jahren wurden, unter der Leitung der IEC, Empfehlungen zum elektrischen Explosionsschutz erarbeitet. Diese Dokumente, für die bereits damals das IEC Technical Committee

TC 31 zuständig war, können als Vorläufer der heutigen IEC-Normen betrachtet werden. Die erste Sitzung des TC 31 fand 1948 in London statt, jedoch durften deutsche Vertreter daran nicht teilnehmen. Einige Jahre später lagen die ersten sogenannten IEC-Publikationen der Reihe 60079 für die wichtigsten Zündschutzmethoden vor. Beispielsweise erschien 1967 die IEC-Norm IEC 79 für die Zündschutzart druckfeste Kapselung. Jedoch lag zu dieser Zeit der Schwerpunkt auf der Erarbeitung von nationalen bzw. europäischen Standards. Die Vorgaben des IEC wurden zu dieser Zeit als Empfehlung eingestuft. Als Ergänzung zur Rahmenrichtlinie folgte in den 1970er-Jahren die Erarbeitung der harmonisierten Europäischen Normen der Reihe EN 50014–50020, die im März 1977 veröffentlicht wurden. Sie basieren vorrangig auf erarbeiteten Wissensständen aus Frankreich, Großbritannien und Deutschland. Die Inhalte der IEC-Normen und EN-Normen wichen zu dieser Zeit noch stark voneinander ab. Allerdings wurden die Europäischen Normen 1978 als neue VDE-Normen VDE 0170/0171 Teil 1 bis 7 in die nationale Gültigkeit in Deutschland übernommen. Gleiches vollzog sich in den übrigen Mitgliedsländern der EG. Die Anwendung der Normen regelt europaweit ab 1979 die Einzelrichtlinie 79/196/EWG „Richtlinie des Rates vom 06.02.1979 zur Angleichung der Rechtsvorschriften der Mitgliedstaaten betreffend elektrische Betriebsmittel zur Verwendung in explosibler Atmosphäre, die mit bestimmten Zündschutzarten versehen sind“ [18]. In der Bundesrepublik Deutschland werden die Richtlinien 76/117/EWG und 79/196/EWG durch die 1980 in Kraft tretende „Verordnung über elektrische Anlagen in explosionsgefährdeten Räumen“ [19] (ElexV) umgesetzt. Diese Vorgaben regelten die standardisierte Beschaffenheit der Geräte. Ebenso wurde die Bauartzulassung durch die Baumusterprüfung abgelöst. Diese dürfen in Deutschland von der PTB und der BVS oder in anderen EU-Mitgliedsländern von jeweils zugelassenen Stellen erstellt werden. [3, S. 70, 4, S. 19, 10, 20]

Eine wesentliche Änderung erfolgte 1994 durch die Verabschiedung der neuen „Rahmenrichtlinie 94/9/EG des Europäischen Parlaments und des Rates vom 23.03.1994 zur Angleichung der Rechtsvorschriften der Mitgliederstaaten für Geräte und Schutzsysteme zur bestimmungsgemäßen Verwendung in explosionsgefährdeten Bereichen“ [21]. Die Richtlinie bezieht sich auf die einheitliche europäische Akte von 1985 nach Artikel 100 des 1. Vertrags zur Gründung der Europäischen Gemeinschaft [22]. Prinzipiell regelt auch diese Richtlinie die europaweiten Beschaffenheitsanforderungen an Geräte, aber auch Schutzsysteme, die in explosionsgefährdeten Bereichen eingesetzt werden. Sie umfasst den elektrischen und nicht-elektrischen Explosionsschutz. Darüber hinaus sind die Konformitätsbewertungsverfahren, u. a. zur Erlangung der CE-Kennzeichnung, definiert. Umgangssprachlich wird diese Richtlinie auch als ATEX 100a bezeichnet. Geräte und Schutzsysteme können ab dem 01.03.1996 und müssen ab dem 01.07.2003 nach dieser Richtlinie zertifiziert werden. Bisher nationale Vorgaben durften bis zum 30.06.2003 Anwendung finden. In Deutschland wurden die Vorgaben der EG-Richtlinie 94/9/EG in dem Gerätesicherheitsgesetz und der spezifischen Verordnung zum Gerätesicherheitsgesetz, der Explosionsschutzverordnung (ExVO), in nationales Recht umgewandelt. In diesem Zusammenhang wurden auch die Acetylenverordnung, die Verordnung über brennbare Flüssigkeiten und die Verordnung über elektrische Anlagen in explosionsgefährdeten Räumen (ElexV) angepasst. Die betrieblichen Anforderungen wurden ab 1999 durch die EG-Richtlinie „1999/92/EG des Europäischen Parlaments und des Rates vom 16. Dezember 1999 über Mindestvorschriften zur Verbesserung des Gesundheitsschutzes und der Sicherheit der Arbeitnehmer, die durch explosionsfähige Atmosphären gefährdet werden können" [23] festgelegt. Umgangssprachlich ist sie als ATEX 118a bekannt. Mit dieser Richtlinie erfolgte die Definition der heute bekannten Zonen im Gas- und Staubbereich. Bis zum 30.06.2003 waren die Vorgaben in nationales Recht umzuwandeln. Die Anforderungen der EG-Richtlinie 1999/92/EG wurden 2002 in der Betriebssicherheitsverordnung verankert. Demzufolge gab es im Jahr 2003 einen europaweiten Umschwung – ab dem 01.06.2003 durften elektrische und nicht-elektrische Geräte nur noch nach der neuen EG-Richtlinie 94/9/EG zugelassen werden, und die Betreiber mussten die Vorgaben der neuen EG-Richtlinie 1999/92/EG einhalten.

Um eine Verwechslung zwischen der bereits mehrfach angepassten bedeutsamen „Richtlinie für die Vermeidung der Gefahren durch explosionsfähige Atmosphäre mit Beispielsammlung – Explosionsschutz-Richtlinien (Ex-RL)" und den europäischen Richtlinien zu vermeiden, wurden die EX-RL 1998 in „Regeln für Sicherheit und Gesundheitsschutz bei der Arbeit, Explosionsschutz-Regeln (EX-RL)" [24] umbenannt. [10, 25]

2014 wird die EG-Richtlinie 94/9/EG durch die EU-Richtlinie 2014/34/EU [26] an den neuen Ordnungsrahmen der europäischen Produktregulierung, dem „New Legislative Framework" angepasst. Detailliert bedeutete dies die Übernahme der Musterbestimmungen des EG-Beschlusses Nr. 768/2008/EG vom 09.07.2008 über einen gemeinsamen Rechtsrahmen für die Vermarktung von Produkten und die Beachtung der Verordnung (EG) Nr. 765/2008 vom 09.07.2008 über die Vorschriften für die Akkreditierung und Marktüberwachung im Zusammenhang mit der Vermarktung von Produkten [27]. Ab dem 20.04.2016 dürfen erstmalig in Verkehr gebrachte explosionsgeschützte Geräte und Schutzsysteme nur nach der neuen EU-Richtlinie zertifiziert werden. Die grundlegenden Anforderungen an die Beschaffenheit der Geräte änderten sich nicht. Die EG-Konformitätserklärung und EG-Baumusterprüfbescheinigung werden in EU- Konformitätserklärung und EU-Baumusterprüfbescheinigung umbenannt. Es erfolgt eine Ausweitung der Pflichten für Händler und Importeure. Auf nationaler Ebene wird die ATEX-Richtlinie 2014/34/EU in der 11. Verordnung zum Produktsicherheitsgesetz umgesetzt, der Explosionsschutzverordnung (ExVO – 11. ProdSV) [28]. Eine weitere Änderung trat 2015 auf nationaler Ebene für die Anforderungen an den Betrieb in Kraft. Mit der Novellierung der Betriebssicherheitsverordnung wurden wesentliche Inhalte zur Thematik Explosionsschutz, wie die Gefährdungsbeurteilung, in der Gefahrstoffverordnung übertragen [29, 30]. Die Betriebssicherheitsverordnung definiert eine Anlage im explosionsgefährdeten Bereich und erteilt Anforderungen an die Prüfungen.

Hersteller von explosionsgeschützten Produkten standen auf internationaler Ebene vor großen Herausforderungen. Nationale Regelungen führten zu aufwendigen und langwierigen Zertifizierungsprozessen. Die weitgehende Vereinheitlichung der internationalen Normung sowie der offensichtliche Erfolg der europäischen Harmonisierung weckte vor allem in der Industrie Wünsche nach einer weltweit gültigen Zertifizierungspraxis für explosionsgeschützte Betriebsmittel. Dies war die Voraussetzung für das Entstehen und kontinuierliche Wachsen des IECEx-Systems. Dieses wurde als Zweig von IEC im Jahr 1996 in London gegründet und hat das Ziel, weltweit eine mit dem Markt der Europäischen Union vergleichbare Praxis des Inverkehrbringens von explosionsgeschützten Betriebsmitteln auf Basis von weltweit anerkannten Testberichten und Zertifikaten zu ermöglichen. Ein wesentlicher Meilenstein dafür war die Angleichung der Normung. Eine Vereinbarung zwischen der europäischen Normungsorganisation CENELEC (verantwortlich für die Normreihe EN 50014 ff.) und der internationalen Normungsorganisation IEC führte zur Übernahme der internationalen Normen für elektrische Betriebsmittel, häufig ohne Abweichungen, von der CENELEC. Aus diesem Grund wurde die Normreihe EN 50014 ff. schrittweise durch die Normreihe EN 60079, auf internationaler Ebene IEC 60079, ersetzt. In Deutschland erscheint diese Normreihe unter der VDE 0170. Die Normreihe 60079 wird bis heute vom IEC Technical Committee TC 31 betreut. Innerhalb des IECEx-Systems kann der Zertifizierungsprozess vereinfacht werden. Das IECEx-System wird detailliert im Kapitel „Rechtlicher Rahmen“ (Kap. 9) vorgestellt. Jedoch ist hervorzuheben, dass mit mehr als 35.000 Produktzertifikaten (Stand: Ende 2018) und noch mehr IECEx-Testberichten, die als Basis für die Ausstellung nationaler Zertifikate in den 33 Mitgliedsländern dienen, sich das IECEx-System als weltweit führend etabliert hat.

Die Historie des elektrischen Explosionsschutzes zeigt, dass sehr früh die Schaffung von standardisierten, sicheren und bewährten Lösungskonzepten in Form von Zündschutzarten etabliert wurde. Die gesellschaftlichen und technischen Anforderungen der Industrialisierung und Elektrifizierung begründen diese Entwicklung. Die Gefahren durch die Elektrizität wurden übergreifend von Geräteherstellern, Gerätenutzern und der Regierung erkannt und mithilfe von umfangreichen übergreifenden Forschungsaufträgen bei den Versuchsstrecken ergründet sowie Lösungen durch die Zündschutzarten geschaffen. Im Lauf der Zeit manifestierte sich im elektrischen Explosionsschutz die „Denkweise in Zündschutzarten“.

## 3.3 Weitere Entwicklung des nicht-elektrischen Explosionsschutzes

Im Vergleich zum elektrischen Explosionsschutz gestaltete sich die historische Entwicklung des nicht-elektrischen Explosionsschutzes in anderer Art und Weise. Der nicht-elektrische Explosionsschutz ist bis heute geprägt von vielseitigen, individuellen konstruktiven Lösungen, die Sicherheit gewährleisten müssen. Die beeinflussbaren Faktoren und Parameter weisen ein breites und komplexes Spektrum auf. Beispielsweise wirken neben den Eigenschaften der Materialien auch die Dimensionierung, die Verbindungstechnik zweier Elemente oder die Relativbewegungen zwischen Bauteilen auf die explosionsschutzgerechte Gestaltung von mechanischen Geräten ein. Diese Diversifikation führte daher auch in der Historie des nicht-elektrischen Explosionsschutzes zu Herausforderungen.

Unter anderem führte die erste industrielle Revolution zur Herstellung chemischer Produkte in sehr großen Maßstäben, da die neu entstandenen Bedarfe zu decken waren. Ab den 1870er-Jahren erfolgten daher die Lagerung, der Transport und die Verarbeitung von brennbaren Flüssigkeiten in viel größeren Mengen als zuvor. Da es in diesem Zusammenhang oftmals zu Unfällen kam, erließ Kaiser Wilhelm I. bereits 1882 eine Verordnung, welche die Aufschrift „Feuergefährlich" auf Gefäßen für Petroleum mit einem Flammpunkt unter 21 °C erforderlich machte. Erkannt wurde, dass eine Gefahr aufgrund der Entflammbarkeit des Stoffgemischs von jenem ausging. Genaueres Wissen lag zu diesem Zeitpunkt noch nicht vor. Die Industrialisierung und der gesellschaftliche Wandel förderten jedoch das stetige Wachstum des Wissens. Die Erkenntnisse von Dr. M. M. Richter zur Elektrostatik und die Anfang des 20. Jahrhunderts daraus abgeleiteten Vorschriften, siehe Abschn. 3.1, sind bedeutsame Grundlagen für den elektrischen, aber auch den nichtelektrischen Explosionsschutz. [3, 8, 12]

An der CTR fiel 1920 der Entschluss, die Rückschlagssicherungen an Ethin-Gasflaschen zu prüfen. Der Aufbau eines Prüfstands war für das Jahr 1924 geplant. Ein Auftrag der Firma Berger Werke zur Prüfung von Davy-Sieben zur Verhinderung einer Explosionsfortpflanzung in Rohren führte zum Impuls, weitere Prüfungen in diesem Bereich durchzuführen. Ab 1927 werden durch die CTR Siebe als Flammenrückschlagssicherungen für Benzintanks und Gasleitungen auch Peilrohrsicherungen, Tauchtöpfe, Kiestöpfe und Fußventile geprüft. 1929 wird der Prüfumfang nochmals erweitert: Die Explosionssicherheit von Heiz-, Koch- und Benzingeräten ist Inhalt von Prüfungen. [3, S. 22]

Aufbauend auf der ersten Verordnung von Kaiser Wilhelm I. wurde in mehreren Schritten die Polizeiverordnung über den Verkehr mit brennbaren Flüssigkeiten erarbeitet und am 28.11.1930 veröffentlicht. Diese Polizeiverordnung forderte, dass ein Ausschuss für den Verkehr mit brennbaren Flüssigkeiten die festgelegten Leitlinien weiterentwickelt. Daher wurde der Ausschuss durch die Polizeiverordnung mit der Begutachtung von Tankanlagen, Straßenzapfständern und Sicherheitseinrichtungen sowie der Betrachtung von allgemeinen Fragen beauftragt. Die erste Sitzung dieses Ausschusses, bestehend aus Ministerialräten, Oberbauräten, Geheimräten, Branddirektoren der Feuerwehr, Oberingenieuren von Überwachungsvereinen, Vertretern von Versicherungen, Obergewerberäten und Direktoren der Mineralöl- und chemischen Industrie, fand am 22.04.1931 in Berlin statt. Bereits bei dieser Sitzung erfolgte die Festlegung, dass explosionsgeschützte Motoren und ortsfeste Leitungen an Tanklagern installiert sein müssen. Des Weiteren wurde die Bildung eines Unterausschusses zur Erarbeitung einer neuen Verordnung für brennbare Flüssigkeiten beschlossen. Dafür sollten auch noch offene Fragestellungen durch Experimente bei der CTR ergründet werden. Dies geschah ab 1932. In dem dafür eingerichteten Prüflaboratorium Explosionsschutz, zugehörig der Abteilung Physik, erfolgte die Durchführung von Experimenten und die Zündsicherheitsprüfung von nicht-elektrischen Betriebsmitteln als Prüfstelle für Tanksicherungsgeräte unter der Verantwortung von Dr. Karl Fricke und seinem Mitarbeiter Karl Nabert. Erst ab 1939 folgte in diesem Zusammenhang auch die Prüfung von Leuchten und elektrischen Maschinen. Aktuelle Fragestellungen wurden auch im Rahmen von Forschungsaufträgen bearbeitet. So beauftragte die BG Chemie am 29.12.1937 u. a. die Zündwirksamkeit von elektrischen Funken, die zündwirksame Entladung von Nichtleitern bzw. Flüssigkeiten, die Frage nach passendem Schuhwerk für den Einsatz im explosionsgefährdeten Bereich und die Notwendigkeit von leitfähigem Schmiermittel zu ergründen. Ein Ergebnis dieses Forschungsauftrags war die Erkenntnis über die statistische Streuung der Zündwirksamkeit von Entladungen. Hervorzuheben ist, dass der Bericht mit den zusammengefassten Ergebnissen, ergänzt durch ein Vorwort der BG Chemie, 1939 als Entwurf für die BG-Richtlinie Nr. 4 „Statische Elektrizität" diente. Die 1941 veröffentlichte Version enthielt nur geringe sprachliche Anpassungen. [3, S. 17 ff., S. 20 f., S. 45 ff.]

Die Folgen des Zweiten Weltkrieges verursachten umfangreiche Umstrukturierungen. Die Tätigkeiten der CTR wurden durch die Alliierten beendet und damit eine Wiederaufnahme verhindert. Die Aktivitäten des Materialprüfungsamts und der Physikalisch-Technischen Reichsanstalt (PTR) durften weiterhin bestehen. Unter anderem führte dies zu einer Umstrukturierung. Am 01.08.1945 vereinigten sich das Materialprüfungsamt und die CTR. Ziel war es, die Wiederaufnahme aller alten durch die CTR geleisteten Aufgaben zu realisieren. Dies war mit großen Herausforderungen des Wiederaufbaus verbunden, die jedoch mit der Unterstützung industrieller Partner bewältigt wurden. Kurz nach der Neugründung der PTR in Braunschweig (auf dem ehemaligen Gelände der Luftfahrtforschungsanstalt) wurde veranlasst, dass die gesamten Tätigkeiten im Bereich des Explosionsschutzes der CTR an die PTR übertragen wurden. Seit 1945 existierte kein funktionsfähiges Prüflabor für die explosionsgeschützten Geräte, obwohl die Prüfpflicht durch die bestehenden Vorschriften vorherrschte. Führende Persönlichkeiten der Mineralölindustrie unterbreiteten daher den Vorschlag durch Karl Nabert, ein Labor für Explosionsschutz aufzubauen, welches sich als Zentralstelle den Prüfungen und Fragestellungen des Explosionsschutzes widmete. Insbesondere Geräte für Tankanlagen sollten im Fokus stehen. Am 01.11.1947 startete der Aufbau. Ebenfalls trafen im November 1947 die ersten Einladungen zu Ausschusssitzungen ein, darunter war auch der Ausschuss für brennbare Flüssigkeiten, der die Ausarbeitung einer Verordnung für brennbare Flüssigkeiten vorantrieb. Noch in diesem Jahr konnten die ersten Prüfungen an elektrischen und nicht-elektrischen explosionsgeschützten Geräten durchgeführt werden. Zum 01.01.1948 erfolgte ein Namenswechsel des Labors in Laboratorium für brennbare Flüssigkeiten und technische Gase. Mit dem Umzug des Labors 1948 in größere Räume untergliederte sich dieses in ein elektrisches Prüflabor, ein nicht-elektrisches Prüflabor und einen Besprechungsraum. 1949 wurde durch die neue Satzung der nun inzwischen umbenannten Physikalisch-Technischen Anstalt (PTA) nochmals offiziell bestätigt, dass die Aufgaben als Prüfstelle für elektrische und nicht-elektrische explosionsgeschützte Geräte und die Bearbeitung von Fragestellungen in diesem Bereich durch die PTA von der aufgelösten CTR übernommen werden. 1950 folgten der weitere Ausbau der Labore und die Anstellung neuer Mitarbeiter auf Basis von Forschungsdrittmitteln – u. a. Dr. Gerhard Schön, Dr. Karl-Heinz Gehm, Carl-Heinz Degener. Seit dem 01.04.1950 trägt die PTA den bis heute bekannten Namen *Physikalisch-Technische Bundesanstalt (PTB)*. Eine wesentliche Entscheidung folgte 1952: Das Materialprüfungsamt übernahm die Arbeitsgebiete Staubexplosionsschutz und Sprengstoffwesen von der PTB, und die PTB war fortan alleinig für den Explosionsschutz von elektrischen und nicht-elektrischen Maschinen und Geräten sowie den Explosionsschutz in explosionsgefährdeten Bereichen durch Flüssigkeiten zuständig. Das Labor von Karl Nabert wurde 1953 in die Bereiche *Sicherheitstechnische Grundlagen* und *Explosionsgeschützte Betriebsmittel* gegliedert, wobei sich Letzteres zusätzlich in eine elektrische und eine nicht-elektrische Gruppe teilte. Karl Nabert leistete bedeutsame Gremienarbeit. Er wurde u. a. 1953 stellvertretender Vorsitzender des VDE 0170/0171, war ab 1953 Teil des IEC TC31 und Teil des Ausschusses für brennbare Flüssigkeiten. Somit vertrat er zu diesem Zeitpunkt sowohl den elektrischen als auch den nicht-elektrischen Explosionsschutz und stellte eine Brücke zwischen diesen Bereichen her. [3]

Die Ereignisse dieser Zeit zeigen, dass der nicht-elektrische Explosionsschutz bereits hier berücksichtigt wurde, jedoch eher im Zusammenhang mit den aktuell auftretenden Herausforderungen in der alltäglichen Anwendung. Themen wie Elektrostatik und die Entwicklung heißer Oberflächen waren Schwerpunkte. Die gesammelten Erkenntnisse waren jedoch sowohl in den elektrischen als auch nicht-elektrischen Explosionsschutz integrierbar. Charakteristisch für Vorschriften aus dieser Zeit war die gleichzeitige Benennung von Beschaffenheitsanforderungen an die Produkte, somit an die Hersteller gerichtet, als auch die Definition von Betriebsanforderungen an die Produkte, folglich an die Betreiber gerichtet. Daher konnten sich durchaus auch Anforderungen des nicht-elektrischen Explosionsschutzes in den Verordnungen des elektrischen Explosionsschutzes finden.

Am 18.02.1960 folgte die Veröffentlichung der Verordnung über brennbare Flüssigkeiten. Durch diese Verordnung wurden Anforderungen an die Beschaffenheit und den Betrieb von *Anlagen zur Lagerung, Abfüllung und Beförderung brennbarer Flüssigkeiten* erstmals in Deutschland standardisiert [31]. Auch hier waren Beschaffenheits- und Betriebsanforderung vereint. Wie bereits aus Abschn. 3.2 bekannt, definierte die Verordnung über elektrische Anlagen in explosionsgefährdeten Räumen, die ExVO, bedeutsame Bereiche des elektrischen Explosionsschutzes [16]. Durch diese Verordnung wurde die PTB als Prüfstelle für Bauartzulassungen bestimmt. Mit der Neufassung der Verordnung über brennbare Flüssigkeiten vom 05.06.1970 folgte eine umfangreiche Anpassung und Ergänzung dieser Verordnung [32]. Gemäß § 11a Bauartzulassung war vor der Entscheidung der landesspezifischen Zulassungsbehörde ein Gutachten der Physikalisch-Technischen Bundesanstalt (PTB) oder der Bundesanstalt für Materialprüfung (BAM) einzuholen. Dadurch entstand die Pflicht, Betriebsmittel für den Einsatz in Zone 0, gleichgültig ob elektrisch oder nicht-elektrisch, im Bereich der Tankstellen oder Ähnlichem prüfen zu lassen. Die Bundesanstalten erhielten für die Durchführung dieser Prüfungen eine Monopolstellung am Markt. Hervorzuheben sind die umfangreichen Hinweise der Anhänge I und II. Beispielsweise galten folgende allgemeine Anforderungen, dargestellt in Auszügen, in den jeweiligen Zonen [32, S. 709]:

- Zone 0 – Anhang I 1.422: „… dürfen Anlagen und Anlagenteile nur verwendet werden, wenn sie im Hinblick auf die in Gefahrenbereichen dieser Zone erhöhten Betriebsgefahren nach § 11 a dieser Verordnung der Bauart nach zugelassen sind. Dieser Zulassung bedarf es nicht, soweit es sich um elektrische Betriebsmittel handelt, die der Verordnung über elektrische Anlagen in explosionsgefährdeten Räumen unterliegen.“
- Zone 1 – Anhang I 1.423: „… dürfen Anlagen und Anlagenteile nur verwendet werden, wenn sie explosionsgeschützt sind.“

- Zone 2 – Anhang I 1.424: „... dürfen nur Anlagen und Anlagenteile nur verwendet werden, wenn sie
  1. keine Funken erzeugen und
  2. vier Fünftel der Zündtemperatur der Dampf/Luft-Gemische übersteigende Temperaturen nicht annehmen können.

  Auf diese Anlagen und Anlagenteile ist die Verordnung über elektrische Anlagen in explosionsgeschützten Räumen nicht anzuwenden."

Ebenso lassen sich u. a. konkrete Hinweise zur Ableitung der elektrostatischen Aufladung, zu Sicherheitsventilen, Korrosionsschutz, Dichtheit oder Festigkeit finden. Ergänzt wird die Verordnung durch die technischen Regeln für brennbare Flüssigkeiten (TRbF), deren Erstellung in der Verantwortlichkeit des deutschen Ausschusses für brennbare Flüssigkeiten lag. Detaillierte Hinweise dieser TRbF ergänzen die Informationen der Anhänge. Interessant sind beispielsweise die Hinweise der TRbF 100 – Allgemeine Sicherheitsanforderungen, Ausgabe vom Juli 1980. Unter dem Abschn. 3.2 Schutzmaßnahmen in explosionsgefährdeten Bereichen wird im Punkt 3.213 festgelegt [33]: „In den explosionsgefährdeten Bereichen sind zu vermeiden

- in Zone 2 betriebsmäßig zu erwartende Zündquellen (Zündquellen, die bei normalem, störungsfreiem Betrieb auftreten können),
- in Zone 1 neben den für Zone 2 genannten Zündquellen auch Zündquellen durch Betriebsstörungen, mit denen man üblicherweise rechnen muß[ss] (häufiger auftretende Betriebsstörungen) und
- in Zone 0 neben den für Zone 1 genannten Zündquellen auch Zündquellen durch selten auftretende Betriebsstörungen"

Diese Einteilung hat bis heute Bestand und ist von höchster Bedeutung für die Zündgefahrenanalyse und -bewertung, siehe Kapitel „Zündgefahrenbewertung" (Kap. 6). Zusätzlich bestätigt die TRbF 100 die Forderung nach der Bauartzulassung für den Einsatz von Betriebsmitteln in der Zone 0 durch den Punkt 3.222 [33]. Diese Verordnung und die dazugehörigen technischen Regeln umfassen somit den elektrischen und nicht-elektrischen Explosionsschutz, erstmalig für einen Teil des Anwendungsgebiets Explosionsschutz. Die VbF entstand aus der Notwendigkeit des Alltags heraus. Eine Definition der Adressaten für die Beschaffenheits- und Betriebsanforderungen war nicht eindeutig dargestellt. Die Entwicklung von Normen, wie es zu dieser Zeit im elektrischen Explosionsschutz geschah, waren kaum erkennbar. Erfolgte der Einsatz des nicht-elektrischen Explosionsschutzes im Rahmen der VbF, entwickelten Hersteller und Betreiber ihre spezifischen explosionsgeschützten Lösungen für die Geräte, die dann durch den Rahmen der VbF geprüft wurden. Das Wissen für den nicht-elektrischen Explosionsschutz lag häufig bei den Betreibern. Sie konzipierten ihre erforderlichen Prozesse und Produktionsvorgänge mit brennbaren Flüssigkeiten. Daraufhin entstanden Konzepte für Anlagen und Produktionslinien. Anlagenhersteller wurden in die Prozesse eingebunden. Waren explosionsgeschützte Maschinen verfügbar, nutzten Betreiber diese. Betreiber befähigten aber auch eigenständig nicht explosionsgeschützte Geräte für den Einsatz in explosionsgefährdeten Bereichen. Die Hersteller wussten teilweise nicht, dass ihre Geräte in einer explosionsgefährdeten Zone Anwendung fanden. Notwendige Basis dieser gesamten Überlegungen war eine detaillierte Analyse und Bewertung der Zündquellen. [34–36]

Wie bereits in Abschn. 3.2 beschrieben, war ein wesentlicher Schritt für den ganzheitlichen Explosionsschutz 1976 das Inkrafttreten der „Richtlinie für die Vermeidung der Gefahren durch explosionsfähige Atmosphäre mit Beispielsammlung – Explosionsschutz-Richtlinien (EX-RL)“ auf Initiative der Berufsgenossenschaft der chemischen Industrie. Gemäß den Ausführungen von Grunewald stellt die EX-RL als erstes Regelwerk alle bekannten Zündquellen dar. Inhaltlich wurde der nicht-elektrische Explosionsschutz umfangreich und detailliert dargestellt. Für den elektrischen Explosionsschutz wurde Bezug auf die bereits bestehende Verordnung und VDE-Richtlinien genommen. Die EX-RL unterstützte die generelle Durchführung einer Analyse und Bewertung der Zündquellen, sowohl für den elektrischen als auch den nicht-elektrischen Explosionsschutz. Im Bereich des elektrischen Explosionsschutzes konnte diese umfangreiche Tätigkeit durch die Nutzung der Zündschutzarten vereinfacht werden. Die Normen der Zündschutzarten dienten als vorgenommene Zündgefahrenanalyse und -bewertung. [10, 34]

In der 1980 in Kraft getretenen „Verordnung über elektrische Anlagen in explosionsgefährdeten Räumen“ (ElexV) wurde indirekt auf die Anwendung des nicht-elektrischen Explosionsschutzes verwiesen. Durch die Verordnung wurde die Einhaltung der Anforderungen des Gerätesicherheitsgesetzes gefordert. Das Gerätesicherheitsgesetz forderte wiederum die Einhaltung der EX-RL. [10]

Ende der 1980er-Jahre war das Auslaufen der nationalen Regelungen absehbar. Auf Basis des europäischen Gedankens entwickelten sich die Ziele, um Handelshemmnisse abzubauen und einheitliche Standards zu schaffen. Mit der EG-Richtlinie 94/9/EG [21] kam es zu einem fundamentalen Umschwung. Eine wesentliche Änderung war die Trennung von Beschaffenheits- und Betriebsanforderungen. Die damit verbundene eindeutige Definition der Marktakteure, u. a. von Hersteller und Betreiber, führte zu einer sehr transparenten Trennung und zu einem Umdenken. Diese erkennbare Unterscheidung gab es zuvor nicht, entstand aber durch die Ziele, welche mit dem Aufbau der Europäischen Union verbunden waren. Zum einen wurde die Angleichung technischer Vorschriften für die Produktsicherheit auf ein Mindestmaß durch produktorientierte Richtlinien verfolgt, und zum anderen sollte mithilfe anwenderorientierter Richtlinien der betriebliche Arbeitsschutz auf ein Mindestmaß angeglichen werden. Im Bereich des Explosionsschutzes galt die Richtlinie EG-Richtlinie 94/9/EG für die Produkte, folglich für die Hersteller, und die EG-Richtlinie 1999/92/EG [23] für den Betrieb, somit für die Betreiber. Inhalt der EG-Richtlinie 94/9/EG war die Regelung von Beschaffenheitsanforderungen an elektrische und nicht-elektrische Betriebsmittel für den Einsatz in explosionsgefährdeten Bereichen und die Vorgehensweise zum Nachweis der Konformität, entsprechend spezifischer Anforderungen mit dieser Richtlinie. Der nicht-elektrische Explosionsschutz wurde durch diese Richtlinie erstmalig auf europäischer Ebene berücksichtigt und eingefordert. Im Sinne der EG-Richtlinie waren

Geräte gemäß Artikel 1 „… Maschinen, Betriebsmittel, stationäre oder ortsbewegliche Vorrichtungen, Steuerungs- und Ausrüstungsteile sowie Warn- und Vorbeugungssysteme, die einzeln oder kombiniert zur Erzeugung, Übertragung, Speicherung, Messung, Regelung und Umwandlung von Energien und/oder zur Verarbeitung von Werkstoffen bestimmt sind und die eigene potentielle Zündquellen aufweisen und dadurch eine Explosion verursachen können." [21]. Die wesentliche Voraussetzung zur Anwendung der Richtlinie bei einem Gerät war folglich der Besitz einer eigenen potenziellen Zündquelle, ohne Einschränkung auf den elektrischen oder nicht-elektrischen Explosionsschutz. Weitere umfangreiche Schwerpunkte waren die Konformitätsbewertungsverfahren. Nicht-elektrische Geräte für die Zone 0/20 mussten eine EG-Baumusterprüfung durch die Prüfstelle erhalten. Nicht-elektrische Geräte für die Zone 1/21 werden nicht durch die Prüfstelle getestet, jedoch waren umfangreiche Dokumente bei einer Prüfstelle zu hinterlegen. Sollten nicht-elektrische Geräte in der Zone 2/22 Einsatz finden, konnte der Hersteller die Konformität vollkommen selbstständig erklären. Insgesamt waren jedoch Verfahren u. a. zur internen Fertigungskontrolle einzuhalten. Die neue Rollenverteilung und die erforderlichen Anforderungen konnten nicht von jedem Hersteller umgesetzt werden. Folglich entschieden sich manche klein- und mittelständischen Unternehmen mit ihren Produkten gegen den weiteren Weg im Explosionsschutz. Infolgedessen schrumpfte die Produktvielfalt für die Betreiber. [10, 21, 34–39]

Mit der Frist zur finalen Umsetzung der neuen EG-Richtlinie, ab dem 01.07.2003, kam es in den Jahren 2002 und 2003 zu einem hohen Andrang bei den für die EG-Richtlinie 94/9/EG zugelassenen Prüfstellen, welche nicht ausschließlich die PTB und die BAM waren. Die EG-Richtlinie 94/9/EG definiert die grundlegenden Anforderungen, die als Mindestmaß erfüllt sein müssen. Diese Anforderungen sind jedoch recht allgemein und abstrahiert dargestellt. Ein Überblick dazu gibt insbesondere Anhang I der EG-Richtlinie 94/9/EG. Weiterführende Informationen können den zur EG-Richtlinie harmonisierten Normen entnommen werden. Es besteht keine verpflichtende Einhaltung der Normen. Für den elektrischen Explosionsschutz hatte sich durch die Historie bis zu diesem Zeitpunkt ein umfangreiches und anerkanntes Normenwerk gebildet. Die EN 50014-Normenreihe gelten als mit der EG-Richtlinie 94/9/EG harmonisierte Normen. Für den nicht-elektrischen Explosionsschutz gab es bis zu diesem Zeitpunkt weder deutsche noch europäische Normen, die harmonisiert werden konnten. Nur für ausgewählte Anwendungen existieren Hinweise, Merkblätter bzw. Empfehlungen von Verbänden. Dazu zählen beispielsweise die VDMA-Einheitsblätter 24169 Teil 1 [40] und Teil 2 [41], die Hinweise zu Explosionsschutzmaßnahmen an Ventilatoren enthalten. Umfangreiches Wissen zum nicht-elektrischen Explosionsschutz lag zu diesem Zeitpunkt bei den Prüfstellen der VbF vor, der PTB oder BAM. In den Zeiten vor der EG-Richtlinie tauschten sich Prüfstellen und Hersteller oftmals bereits bei der Konzeption von explosionsgeschützten Produkten aus. Durch bilaterale Gespräche entwickelte sich ein Maßnahmenkatalog, der auch als Basis für die Prüfung und Bescheinigung diente. Im Rahmen dieser Vorgehensweise erlangten die Hersteller und die Prüfstellen umfangreiche Erkenntnisse. Insbesondere die Prüfstellen bauten ein vielseitiges Wissen im Bereich des nicht-elektrischen Explosionsschutzes auf.

Mithilfe von allgemeinen Festlegungen innerhalb der Prüfstellen, z. B. PTB-Prüfanforderungen an Rührwerke für den Einsatz in der Zone 0, erfolgten Versuche der Standardisierung. Die Anforderungen der EG-Richtlinien sollten auch die Arbeit der Prüfstellen verändern, denn fortan stand das Prüfverfahren im Fokus. [25, 34–38]

Die Europäische Kommission beauftragte die private Normungsorganisation CEN mit der Erstellung von Normen für den nicht-elektrischen Explosionsschutz. Prinzipiell war das TC 31 der CENELEC für die Normung des elektrischen Explosionsschutzes zuständig. Das TC 305 „Explosionsfähige Atmosphären – Explosionsschutz" beschäftigte sich mit allen restlichen Fragen und Aspekten. Ein steter Austausch verband beide Komitees. Die Arbeitsgruppe WG 2 des TC305, welche sich schwerpunktmäßig mit Geräten zur Verwendung in explosionsgefährdeten Bereichen beschäftigte, erhielt die Aufgabe, die erforderlichen Normen für den nicht-elektrischen Explosionsschutz zu erarbeiten. Es ist zu betonen, dass dies eine große Herausforderung war. Für die Normung gab es wenige Experten im Bereich des nicht-elektrischen Explosionsschutzes auf europäischer Ebene. Nach Kloska beteiligten sich nur einzelne Hersteller nicht-elektrischer explosionsgeschützter Geräte und Verbände an diesen Normungsaktivitäten. [25]

Für die Arbeitsgruppe WG 2 sollten die Konzeption und die Struktur der Normen für den elektrischen Explosionsschutz dienen. Dies bedeutet, dass auch eine Typisierung in Zündschutzarten anzustreben war. Die Lösungen des nicht-elektrischen Explosionsschutzes müssen aber teilweise sehr spezifische Anforderungen erfüllen. Dementsprechend bestand ein bereits beschriebener signifikanter und individueller Wissensstand im Bereich des nicht-elektrischen Explosionsschutzes. Die Herausforderung bestand darin, die Normen mit den erforderlichen Freiräumen für entsprechende Lösungen zu gestalten. Ein präskriptiver Katalog mit zu erfüllenden Anforderungen, entsprechend der Charakteristik des Normenwerks für den elektrischen Explosionsschutz, konnte nicht zielführend sein. Die Industrie bestätigte dies in ihren Rückmeldungen zu dieser Idee. Eine essenzielle Aufgabe bei der Entwicklung von explosionsgeschützten nicht-elektrischen Geräten waren die Analyse und Bewertung von Zündquellen. Dieser Arbeitsschritt war stets notwendig – das bestätigt auch die Historie des nicht-elektrischen Explosionsschutzes. Folglich musste diese Vorgehensweise in die Norm als notwendiger Faktor eingebunden werden. So wurde die Methode der Zündgefahrenbewertung standardisiert und unter diesem Begriff etabliert. Diese Methode, das dazugehörige für die Praxis anwendbare Berichtsschema und die allgemeinen Anforderungen des nicht-elektrischen Explosionsschutzes waren die Inhalte der 2001 veröffentlichten Norm EN 13463-1 [42]. Diese Norm stellte den ersten Teil der Normreihe für den europäischen nicht-elektrischen Explosionsschutz dar. Strukturell wies sie Ähnlichkeiten mit der Grundnorm des elektrischen Explosionsschutzes, EN 50014 [43], auf. Die Umsetzung der standardisierten Zündgefahrenbewertung inklusive dem dreispaltigen Berichtsschema barg in der Praxis einige Herausforderungen. Die Norm wurde kritisiert, da keine Hilfen zur Durchführung der Zündgefahrenbewertung existierten. Unter Berücksichtigung der Methode zur Risikobeurteilung (Norm EN 1050 [44]) im Zusammenhang mit der Maschinenrichtlinie 98/37/EG [45] diskutierten im Rahmen eines Workshops unter der Leitung der PTB unterschiedliche Hersteller explosionsgeschützter

Geräte die Vorgehensweise und ihre Optimierungsmöglichkeiten. Ergebnisse waren ein erweitertes Berichtsschema, welches die Anforderungen der Anwender erfüllte, Hinweise zum Verfahren und zur Zusammenstellung der erforderlichen technischen Dokumentation. 2009 wurde die dazugehörige überarbeitete Version der Norm EN 13643-1 veröffentlicht. Neben der Zündgefahrenbewertung war das Ziel die Definition von Zündschutzarten. Dafür starteten zahlreiche Normungsvorhaben, die nicht alle finalisiert wurden. Tab. 3.1 gibt dazu einen Überblick.

**Tab. 3.1** Vergleich Normungsvorhaben und realisierte Zündschutzarten des nicht-elektrischen Explosionsschutzes

| Normungsvorhaben gemäß Kloska [25], Stand 1999 | | Veröffentlichte Norm | |
|---|---|---|---|
| Inhalt | Zieldatum | Titel | Veröffentlichung |
| Nichtelektrische Geräte für den Einsatz in explosionsgefährdeten Bereichen – Teil 1: Grundlegende Methodologie und Anforderungen | März 2001 | Nicht-elektrische Geräte für den Einsatz in explosionsgefährdeten Bereichen – Teil 1: Grundlagen und Anforderungen | EN 13463-1 2001 (Entwurf 1999) |
| Nichtelektrische Geräte für den Einsatz in explosionsgefährdeten Bereichen – Teil 2: Schutz durch schwadendichte Kapselung | Juni 2002 | Nicht-elektrische Geräte für den Einsatz in explosionsgefährdeten Bereichen – Teil 2: Schutz durch schwadenhemmende Kapselung „fr“ | EN 13463-2 2004 (Entwurf 2003) |
| Nichtelektrische Geräte für den Einsatz in explosionsgefährdeten Bereichen – Teil 3: Schutz durch druckfeste Kapselung | Juni 2002 | Nicht-elektrische Geräte für den Einsatz in explosionsgefährdeten Bereichen – Teil 3: Schutz durch druckfeste Kapselung „d“ | EN 13463-3 2005 (Entwurf 2002) |
| Nichtelektrische Geräte für den Einsatz in explosionsgefährdeten Bereichen – Teil 4: Schutz durch Eigensicherheit | April 2003 | Keine finale Zündschutzart | |
| Nichtelektrische Geräte für den Einsatz in explosionsgefährdeten Bereichen – Teil 5: Schutz durch konstruktive Sicherheit | Juni 2001 | Nicht-elektrische Geräte für den Einsatz in explosionsgefährdeten Bereichen – Teil 5: Schutz durch Konstruktive Sicherheit „c“ | EN 13463-5 2003 (Entwurf 2001) |
| Nichtelektrische Geräte für den Einsatz in explosionsgefährdeten Bereichen – Teil 6: Schutz Überwachung von Zündquellen | September 2002 | Nicht-elektrische Geräte für den Einsatz in explosionsgefährdeten Bereichen – Teil 6: Schutz durch Zündquellenüberwachung „b“ | EN 13463-6 2005 (Entwurf 2002) |
| Nichtelektrische Geräte für den Einsatz in explosionsgefährdeten Bereichen – Teil 7: Schutz durch Überdruckkapselung | April 2003 | Nur als Entwurf erschienen | |
| | | Nichtelektrische Geräte für den Einsatz in explosionsgefährdeten Bereichen – Teil 8: Schutz durch Flüssigkeitskapselung „k“ | EN 13463-8 2003 (Entwurf 2002) |

Aus der Tab. 3.1 geht hervor, dass ursprünglich mehr Zündschutzarten geplant waren. Die Zündschutzart schwadenhemmende Kapselung wurde spezifisch für Geräte vorgehalten, die in der Zone 2 Einsatz finden sollten und bei ihrer eigenen Funktion Zündquellen bilden konnten (z. B. Notbremsen). Die Vorgaben für die Zündschutzart druckfeste Kapselung orientierten sich umfangreich an den Anforderungen der Norm für druckfeste Kapselungen im elektrischen Explosionsschutz, EN 50018. Die Idee der Zündschutzart Eigensicherheit wurde nicht umgesetzt, da bei dieser Zündschutzart die Sicherheit über Kennwerte erlangt werden sollte. Dies sprach jedoch gegen die Vorgaben der EG-Richtlinie 94/9/EG – ein explosionsgeschütztes Gerät muss eine eigene potenzielle Zündquelle aufweisen. Die Zündschutzart konstruktive Sicherheit spiegelt die Grundgedanken der elektrischen Zündschutzart Eigensicherheit wider. Daher sprach man ihr bereits zu diesem Zeitpunkt eine sehr große Bedeutung zu. Ziel war eine explosionsschutzgerechte Konstruktion durch die Vermeidung von Zündquellen mithilfe der Anwendung ingenieurtechnischer Grundprinzipien. Die Zündschutzart Zündquellenüberwachung stellte eine innovative Idee dar, die Parameter von Zündquellen mithilfe von elektrischer und mechanischer Sensorik zu überwachen. Die Zündschutzart Überdruckkapselung sollte sich an den Vorgaben des elektrischen Explosionsschutzes (EN 50016) orientieren, wurde jedoch nur bis zum Entwurf bearbeitet. [25, 34–38, 46, 47]

Mit großer Herausforderung gelang es, ein europäisches Normenwerk für den nicht-elektrischen Explosionsschutz zu schaffen. Die Veröffentlichungen der finalen Normen zeigen, dass zum 01.03.2003 nicht alle erforderlichen Normen vorlagen. Dies war daher auch eine Schwierigkeit für die Prüfstellen. Aus dem Anhang 4 der ersten Ausgabe der ATEX-Leitlinien geht hervor, dass von den 25 europaweit gemeldeten Stellen im Rahmen der 94/9/EG nur sieben Stellen, davon alle in Deutschland, nicht-elektrische Geräte prüfen konnten [39, S. 95–103]. Das Normenwerk und die standardisierte Methodik des nicht-elektrischen Explosionsschutzes musste nun etabliert werden.

Mit der neuen ATEX-Richtlinie 2014/34/EU gab es keine inhaltlichen Änderungen im Bereich des nicht-elektrischen Explosionsschutzes. Für den elektrischen Explosionsschutz galt dies ebenso. Detaillierte Informationen sind Abschn. 3.2 zu entnehmen.

Mit dem langfristigen Ziel, ein integriertes internationales technisches Regelwerk für den Explosionsschutz zu schaffen, wurde 2016 ein bedeutsamer Schritt erreicht. 2016 erfolgte die Veröffentlichung der ersten Normen für den nicht-elektrischen Explosionsschutz auf internationaler Ebene. Parallel zur Normreihe 60079 des elektrischen Explosionsschutzes entstand mit der internationalen Normreihe 80079 eine globale Standardisierung in ähnlicher Struktur für den nicht-elektrischen Explosionsschutz. Durch diese Normreihe wurde der nicht-elektrische Explosionsschutz in das IECEx-System integriert. Damit war auch das Ziel verbunden, international agierenden Herstellern die globale Zertifizierung zu erleichtern. Die Erarbeitung der zwei neuen Normen erfolgte durch das Komitee IEC/SC 31M „Non-electrical equipment and protective systems for explosive atmospheres". Dieses Komitee war ein ISO-Sub-Komitee im Rahmen des

Technischen Komitees TC 31 des IEC. So wurde gewährleistet, dass die Normungsarbeit im Explosionsschutz durch eine einheitliche Auffassung geleitet wurde. Demzufolge galt auch ein integriertes Nummerierungssystem mit der Normreihe 60079 und 80079. Die Vergabe von Nummern für Teilnormen dieser Normreihen erfolgte übergreifend nur einmal. Dies bedeutete, dass die Normreihe 80079 mit den Teilnummern 36 und 37 begann, da in der Normreihe 60079 die Teile 0 bis 35 bereits vergeben waren. Im Gegenzug gab es keine Teile 36 und 37 in der Normreihe 60079. Die 2016 veröffentlichten Normen waren ISO 80079-36 [48] und 80079-37 [49]. Der nicht-elektrische Explosionsschutz wurde in die vorhandene Normenstruktur aufgenommen. Daher gilt die IEC 60079-0 als allgemeine Basis des Explosionsschutzes. Für den nicht-elektrischen Explosionsschutz gelten zusätzlich die grundlegenden Spezifizierungen im Allgemeinen durch die Norm ISO 80079-36. Die für den nicht-elektrischen Explosionsschutz speziell geltenden Zündschutzarten sind in der Norm ISO 80079-37 verankert. Wird im nicht-elektrischen Explosionsschutz eine Zündschutzart verwendet, die auch für den elektrischen Explosionsschutz existiert, muss auf die spezifische Norm des elektrischen Explosionsschutzes verwiesen werden. Zusätzlich sind aber die allgemeinen Anforderungen durch die Norm ISO 80079-36 zu berücksichtigen. Die ISO 80079-36 „Explosionsfähige Atmosphären – Teil 36: Nicht-elektrische Geräte für den Einsatz in explosionsfähigen Atmosphären – Grundlagen und Anforderungen“ umfasst die allgemeinen Anforderungen des nicht-elektrischen Explosionsschutzes und die Methode der Zündgefahrenbewertung. Die ISO 80079-37 „Explosionsfähige Atmosphären – Teil 37: Nicht-elektrische Geräte für den Einsatz in explosionsfähigen Atmosphären – Schutz durch konstruktive Sicherheit „c“, Zündquellenüberwachung „b“, Flüssigkeitskapselung „k“ beinhaltet die Anforderungen und Hinweise der spezifischen Zündschutzarten des nicht-elektrischen Explosionsschutzes. Weitestgehend diente der Inhalt der europäischen Normreihe 13463 als Vorlage und wurde übernommen. Vorrangig waren Anpassungen der Begrifflichkeiten notwendig. Die Zündschutzart schwadenhemmende Kapselung wurde nicht auf die internationale Ebene übertragen. Für die Zündschutzart Überdruckkapselung wurde auf die bestehende elektrische Norm verwiesen (IEC 60079-2). Tab. 3.2 gibt einen zusammenfassenden Überblick über die Übernahme der Zündschutzarten und ihrer Normen. [37, 38, 48–50]

Die Historie des nicht-elektrischen Explosionsschutzes zeigt einen anderen Weg als den des elektrischen Explosionsschutzes auf. Die Entwicklung ist aber auch auf diese Art und Weise nachvollziehbar. Durch das Wissen über die Historie ist der aktuelle Stand des Wissens im nicht-elektrischen Explosionsschutz begründbar. Jedoch stehen noch umfangreiche Fragestellungen im Raum, die es zu erforschen gilt. Neue Herausforderungen stellen sich beispielsweise durch die großflächige und vielfältige Anwendung der Wasserstofftechnologien.

**Tab. 3.2** Vergleich der Zündschutzarten der europäischen Normreihe EN 13643 und der internationalen Normen in Anlehnung an [50]

| Veröffentlichte Norm der Normreihe EN 13463 | Internationale Norm |
|---|---|
| EN 13463-1 Nicht-elektrische Geräte für den Einsatz in explosionsgefährdeten Bereichen – Teil 1: Grundlagen und Anforderungen | ISO 80079-36 Explosionsfähige Atmosphären – Teil 36: Nicht-elektrische Geräte für den Einsatz in explosionsfähigen Atmosphären – Grundlagen und Anforderungen; in Verbindung mit IEC 60079-0 Explosionsgefährdete Bereiche – Teil 0: Betriebsmittel – Allgemeine Anforderungen |
| EN 13463-2 Nicht-elektrische Geräte für den Einsatz in explosionsgefährdeten Bereichen – Teil 2: Schutz durch schwadenhemmende Kapselung „fr" | Keine Übernahme in die internationale Normung |
| EN 13463-3 Nicht-elektrische Geräte für den Einsatz in explosionsgefährdeten Bereichen – Teil 3: Schutz durch druckfeste Kapselung „d" | IEC 60079-1 Explosionsgefährdete Bereiche – Teil 1: Geräteschutz durch druckfeste Kapselung „d" Die Norm für elektrische Geräte ist auch für nicht-elektrische Geräte anzuwenden. |
| EN 13463-5 Nicht-elektrische Geräte für den Einsatz in explosionsgefährdeten Bereichen – Teil 5: Schutz durch Konstruktive Sicherheit „c" | ISO 80079-37 Explosionsfähige Atmosphären – Teil 37: Nicht-elektrische Geräte für den Einsatz in explosionsfähigen Atmosphären – Schutz durch konstruktive Sicherheit „c", Zündquellenüberwachung „b", Flüssigkeitskapselung „k" |
| EN 13463-6 Nicht-elektrische Geräte für den Einsatz in explosionsgefährdeten Bereichen – Teil 6: Schutz durch Zündquellenüberwachung „b" | ISO 80079-37 Explosionsfähige Atmosphären – Teil 37: Nicht-elektrische Geräte für den Einsatz in explosionsfähigen Atmosphären – Schutz durch konstruktive Sicherheit „c", Zündquellenüberwachung „b", Flüssigkeitskapselung „k" |
| prEN 13463-7 Nichtelektrische Geräte für den Einsatz in explosionsgefährdeten Bereichen – Teil 7: Schutz durch Überdruckkapselung | IEC 60079-2 Explosionsgefährdete Bereiche – Teil 2: Geräteschutz durch Überdruckkapselung „p" Die Norm für elektrische Geräte ist auch für nicht-elektrische Geräte anzuwenden. |
| EN 13463-8 Nichtelektrische Geräte für den Einsatz in explosionsgefährdeten Bereichen – Teil 8: Schutz durch Flüssigkeitskapselung „k" | ISO 80079-37 Explosionsfähige Atmosphären – Teil 37: Nicht-elektrische Geräte für den Einsatz in explosionsfähigen Atmosphären – Schutz durch konstruktive Sicherheit „c", Zündquellenüberwachung „b", Flüssigkeitskapselung „k" |

# Literatur


1. LACKNER, HELMUT. Technische Katastrophen und ihre Bedeutung für die technische Entwicklung : ein Überblick [online], 1997. Verfügbar unter: https://doi.org/10.5169/seals-378321
2. THEDENS, MARTIN und VON PIDOLL, ULRICH. Vorwort. In: THEDENS, MARTIN; VON PIDOLL, ULRICH; WITTLER, MICHAEL; LOSERT, OSWALD; GRÄTZ, RAINER; SCHENDLER, THOMAS; SCHRÖDER, VOLKMAR; BEYER, MICHAEL und HORN, THOMAS, Hg. *200 Jahre Explosionsschutz.* Bytes/PTB-Mitteilungen. Band 126 (2016), Heft 1. ISSN 0030-834X: Physikalisch-Technische Bundesanstalt (PTB), 2016, S. 3–4.
3. VON PIDOLL, ULRICH. *Explosionsschutz in der CTR und Weiterführung der Aufgaben in ihren Nachfolgeoranisationen. Überreicht anlässlich des Festkolloquiums 200 Jahre Explosionsschutz 1815 bis 2015 am 9.11.2015 im PTB.* Bremen: Fachverlag NW in der Carl Schünemann Verlag GmbH, August 2015. PTB-Bericht/Physikalisch-Technische Bundesanstalt: Ex, Chemische Physik und Explosionsschutz. 7. ISBN 9783956061929.
4. GOHM, WOLFGANG. *Explosionsschutz in der MSR-Technik. Leitfaden für den Anwender.* 2., vollständig überarbeitete Auflage. Berlin: VDE Verlag GmbH, 2016. VDE-Schriftenreihe Normen verständlich. 164. ISBN 9783800739431.
5. BLANK, RALF. *Sicherheitsgrubenlampe System Davy* [online], 2021. 27 November 2021 [Zugriff am: 16. Juni 2022]. Verfügbar unter: https://westfalen.museum-digital.de/object/5770
6. PESCHKE, NOBERT. *130 Jahre Grubenlampen- und Akkumulatorenfertigung in Zwickau. Geschichte der Firma Friemann & Wolf und ihrer Nachfolger.* Wilkau-Haßlau: Zschiesche GmbH, 2016. [Sozial- und Industriegeschichte der Stadt Zwickau]. [Band 9]. ISBN 9783981514568.
7. HUBIG, PETER. *160 Jahre Wetterlampen. Lampen für d. Sicherheit im Kohlenbergbau.* Essen: Verlag Glückauf, 1983. Bibliophile Bücher vom Bergbau. ISBN 3-7739-0419-3.
8. VON PIDOLL, ULRICH. Explosionsschutz im Militärversuchsamt und der Chemisch-Technischen Reichsanstalt 1907–1945. In: THEDENS, MARTIN; VON PIDOLL, ULRICH; WITTLER, MICHAEL; LOSERT, OSWALD; GRÄTZ, RAINER; SCHENDLER, THOMAS; SCHRÖDER, VOLKMAR; BEYER, MICHAEL und HORN, THOMAS, Hg. *200 Jahre Explosionsschutz.* Bytes/PTB-Mitteilungen. Band 126 (2016), Heft 1. ISSN 0030-834X: Physikalisch-Technische Bundesanstalt (PTB), 2016, S. 24–28.
9. WITTLER, MICHAEL. Die Verhinderung von Explosionen im Bergbau einst und jetzt. In: THEDENS, MARTIN; VON PIDOLL, ULRICH; WITTLER, MICHAEL; LOSERT, OSWALD; GRÄTZ, RAINER; SCHENDLER, THOMAS; SCHRÖDER, VOLKMAR; BEYER, MICHAEL und HORN, THOMAS, Hg. *200 Jahre Explosionsschutz.* Bytes/PTB-Mitteilungen. Band 126 (2016), Heft 1. ISSN 0030-834X: Physikalisch-Technische Bundesanstalt (PTB), 2016, S. 5–12.
10. GRUNEWALD, THOMAS. Nichtelektrischer Explosionsschutz und das europäische Regelwerk. *Technische Überwachung,* 2000, 41(6), 32–38.
11. DEUTSCHE GESETZLICHE UNFALLVERSICHERUNG, Hg. *Sicher arbeiten – 125 Jahre gesetzliche Unfallversicherung in Deutschland 1885–2010.* Berlin, 2010.
12. LOSERT, OSWALD. Die ersten Explosionen in der Industrie und ihre Verhinderung durch die Berufsgenossenschaften damals und heute. In: THEDENS, MARTIN; VON PIDOLL, ULRICH; WITTLER, MICHAEL; LOSERT, OSWALD; GRÄTZ, RAINER; SCHENDLER, THOMAS; SCHRÖDER, VOLKMAR; BEYER, MICHAEL und HORN, THOMAS, Hg. *200 Jahre Explosionsschutz.* Bytes / PTB-Mitteilungen. Band 126 (2016), Heft 1. ISSN 0030-834X: Physikalisch-Technische Bundesanstalt (PTB), 2016, S. 13–23.
13. HEISE; THIEM. *Versuche betreffend die Entzündlichkeit von Schlagwetter-Gemischen und Kohlenstaubaufwirbelungen durch die Wirkung der Elektrizität.* Essen-Ruhr: Verlag der Berg- und Hüttenmännischen Zeitschrift „Glückauf", 1898. S. 34.

14. BEYLING, CARL. *Versuche zwecks Erprobung der Schlagwettersicherheit besonders geschützter elektrischer Motoren und Apparate.* Essen-Ruhr: Verlag der Berg- und Hüttenmännischen Zeitschrift „Glückauf", 1906. S. 42.
15. WHEELER, R. V. *Report on battery-bell signalling systems as regards the danger of ignition of firedamp-air mixtures by the break-flash at the signal-wires,*. London, 1915.
16. Verordnung über elektrische Anlagen in explosionsgefährdeten Räumen vom 15. August 1963. ExVO. In: *Bundesgesetzblatt,* 15. August 1963.
17. RICHTLINIE DES RATES vom 18. Dezember 1975 zur Angleichung der Rechtsvorschriften der Mitgliedstaaten betreffend elektrische Betriebsmittel zur Verwendung in explosibler Atmosphäre (76/117/EWG). In: *Amtsblatt der Europäischen Gemeinschaften,* 30. Januar 1976.
18. RAT DER EUROPÄISCHEN GEMEINSCHAFTEN. *Richtlinie des Rates vom 6. Februar 1979 zur Angleichung der Rechtsvorschriften der Mitgliedstaaten betreffend elektrische Betriebsmittel zur Verwendung in explosibler Atmosphäre, die mit bestimmten Zündschutzarten versehen sind (79/196/EWG),* 10. Oktober 1997.
19. Verordnung über elektrische Anlagen in explosionsgefährdeten Bereichen vom 13. Dezember 1996. In: *Bundesgesetzblatt,* 19. Dezember 1996.
20. DILL, WOLF; SCHACKE, HELMUT und VÖLKER, PETER. 40 Jahre Explosionsschutz im Spiegel der EX-Zeitschrift. In: R. STAHL, Hg. *EX-Zeitschrift.* Waldenburg, 2014, S. 12–25.
21. EUROPÄISCHES PARLAMENT UND RAT. *RICHTLINIE 94/9/EG DES EUROPÄISCHEN PARLAMENTS UND DES RATES vom 23. März 1994 zur Angleichung der Rechtsvorschriften der Mitgliedstaaten für Geräte und Schutzsysteme zur bestimmungsgemäßen Verwendung in explosionsgefährdeten Bereichen. ATEX 94/9/EG,* 20. November 2003.
22. Einheitliche Europäische Akte. In: *Amtsblatt der Europäischen Gemeinschaften,* 29.6.87.
23. Richtlinie 1999/92/EG des Europäischen Parlaments und des Rates vom 16. Dezember 1999 über Mindestvorschriften zur Verbesserung des Gesundheitsschutzes und der Sicherheit der Arbeitnehmer, die durch explosionsfähige Atmosphären gefährdet werden können. ATEX 1999/92/EG. In: *Amtsblatt der Europäischen Gemeinschaften,* 28. Januar 2000.
24. Hauptverband der gewerblichen Berufsgenossenschaften, Fachausschuss „Chemie" der BGZ, *Regeln für die Vermeidung der Gefahren durch explosionsfähige Atmosphäre mit Beispielsammlung – Explosionsschutz-Regeln (EX-RL).*
25. KLOSKA, MICHAEL. Normung im Bereich des nichtelektrischen Explosionsschutzes. In: R. STAHL, Hg. *ExZeitschrift,* 1999, S. 14–20.
26. RICHTLINIE 2014/34/EU DES EUROPÄISCHEN PARLAMENTS UND DES RATES vom 26. Februar 2014 zur Harmonisierung der Rechtsvorschriften der Mitgliedstaaten für Geräte und Schutzsysteme zur bestimmungsgemäßen Verwendung in explosionsgefährdeten Bereichen (Neufassung). ATEX 2014/34/EU. In: *Amtsblatt der Europäischen Gemeinschaften,* 29. März 2014.
27. VERORDNUNG (EG) Nr. 765/2008 DES EUROPÄISCHEN PARLAMENTS UND DES RATES vom 9. Juli 2008 über die Vorschriften für die Akkreditierung und Marktüberwachung im Zusammenhang mit der Vermarktung von Produkten und zur Aufhebung der Verordnung (EWG) Nr. 339/93 des Rates. In: *Amtsblatt der Europäischen Gemeinschaften,* 13. August 2008.
28. Explosionsschutzprodukteverordnung vom 6. *Januar 2016 (BGBl. I S. 39), die durch Artikel 25 des Gesetzes vom 27. Juli 2021 (BGBl. I S. 3146) geändert worden ist. 11. ProdSV.*
29. Betriebssicherheitsverordnung vom 3. Februar 2015 *(BGBl. I S. 49), die zuletzt durch Artikel 7 des Gesetzes vom 27. Juli 2021 (BGBl. I S. 3146) geändert worden ist.*
30. Gefahrstoffverordnung vom 26. November 2010 *(BGBl. I S. 1643, 1644), die zuletzt durch Artikel 2 der Verordnung vom 21. Juli 2021 (BGBl. I S. 3115) geändert worden ist.*

31. Verordnung über die Errichtung und den Betrieb von Anlagen zur Lagerung, Abfüllung und Beförderung brennbarer Flüssigkeiten zu Lande vom 18. Februar 1960. Verordnung über brennbare Flüssigkeiten – VbF. In: *Bundesgesetzblatt,* 24. Februar 1960, S. 83–92.
32. Verordnung über die Errichtung und den Betrieb von Anlagen zur Lagerung, Abfüllung und Beförderung brennbarer Flüssigkeiten zu Lande vom 05. Juni 1970. Verordnung über brennbare Flüssigkeiten – VbF. In: *Bundesgesetzblatt,* 5. Juni 1970, S. 689–772.
33. Deutscher Ausschuss für brennbare Flüssigkeiten. TRbF 100, *Technische Regeln für brennbare Flüssigkeiten TRbF 100 – Allgemeine Sicherheitsanforderungen* [Zugriff am: 27. Juni 2022]. Verfügbar unter: https://www.umwelt-online.de/recht/t_regeln/trbf/trbf100/100a.htm#a313
34. BOTHE, HEINO. Historie des Nicht-Elektrischen Explosionsschutzes. Protokoll – Telefonat, 22. November 2021.
35. BOTHE, HEINO. Historie des Nicht-Elektrischen Explosionsschutzes. Protokoll – Telefonat, 30. November 2021.
36. FROBESE, DIRK-HANS. Historie des nicht-elektrischen Explosionsschutzes. Protokoll – Telefonat, 20. Dezember 2021.
37. GRÄTZ, RAINER. Historie des nicht-elektrischen Explosionsschutzes. Protokoll – Telefonat, 7. Dezember 2021.
38. BEYER, MICHAEL. Historie des nicht-elektrischen Explosionsschutzes. Protokoll – Telefonat, 18. November 2021.
39. *ATEX-Leitlinien (ERSTE AUSGABE). Leitlinien Zur Anwendung Der Richtlinie 94/9/Eg Des Rates Vom 23. März 1994 Zur Angleichung der Rechtsvorschriften der Mitgliedstaaten für Geräte und Schutzsysteme zur bestimmungsgemässen Verwendung in Explosionsgefährdeten Bereichen,* 2000.
40. Verband Deutscher Maschinen- und Anlagenbau e. V. VDMA 24169-1, *Lufttechnische Anlagen; Bauliche Explosionsschutzmaßnahmen an Ventilatoren; Richtlinien für Ventilatoren zur Förderung von brennbare Gase, Dämpfe oder Nebel enthaltender Atmosphäre.* Berlin: Beuth Verlag GmbH.
41. Verband Deutscher Maschinen- und Anlagenbau e. V. VDMA 24169-2, *Lufttechnische Anlagen; Bauliche Explosionsschutzmaßnahmen an Ventilatoren; Richtlinien für Ventilatoren zur Förderung von brennbare Stäube enthaltener Atmosphäre.* Berlin: Beuth Verlag GmbH.
42. DIN Deutsches Institut für Normung e. V. DIN EN 13463-1, *Nicht-elektrische Geräte für den Einsatz in explosionsgefährdeten Bereichen – Teil 1: Grundlagen und Anforderungen; Deutsche Fassung EN 13463-1:2001.* Berlin: Beuth Verlag GmbH.
43. DIN Deutsches Institut für Normung e. V. DIN EN 50014, *Elektrische Betriebsmittel für explosionsgefährdete Bereiche; Allgemeine Bestimmungen; Deutsche Fassung EN 50014:1992.* Berlin: Beuth Verlag GmbH.
44. DIN Deutsches Institut für Normung e. V. DIN EN 1050, *Sicherheit von Maschinen – Leitsätze zur Risikobeurteilung; Deutsche Fassung EN 1050:1996.* Berlin: Beuth Verlag GmbH.
45. RICHTLINIE 98/37/EG DES EUROPÄISCHEN PARLAMENTS UND DES RATES vom 22. Juni 1998 zur Angleichung der Rechts- und Verwaltungsvorschriften der Mitgliedstaaten für Maschinen. In: *Amtsblatt der Europäischen Gemeinschaften,* 23. Juli 1998.
46. BEYER, MICHAEL. Systematische Zündgefahrenbewertung an explosionsgeschützten mechanischen Geräten. In: *Technische Überwachung,* 2004, S. 27–31.
47. GREINER, HELMUT. Explosionsschutz bei nicht-elektrischen Geräten. In: *Elektropraktiker.* Berlin: Huss-Medien GmbH, 2005, S. 46–51.
48. DIN Deutsches Institut für Normung e. V. DIN EN ISO 80079-36, *Explosionsfähige Atmosphären – Teil 36: Nicht-elektrische Geräte für den Einsatz in explosionsfähigen Atmosphären – Grundlagen und Anforderungen (ISO 80079-36:2016); Deutsche Fassung EN ISO 80079-36:2016.* Berlin: Beuth Verlag GmbH.

49. DIN Deutsches Institut für Normung e.V. DIN EN ISO 80079-37, *Explosionsfähige Atmosphären – Teil 37: Nicht-elektrische Geräte für den Einsatz in explosionsfähigen Atmosphären – Schutz durch konstruktive Sicherheit „c", Zündquellenüberwachung „b", Flüssigkeitskapselung „k" (ISO 80079-37:2016); Deutsche Fassung EN ISO 80079-37:2016.* Berlin: Beuth Verlag GmbH.
50. BEYER, MICHAEL und GRÄTZ, RAINER. *ISO 80079-36 und -37 – Die neuen internationalen Normen für explosionsgeschützte mechanische Geräte:* Physikalisch-Technische Bundesanstalt (PTB), 2016.

# Grundlagen des Explosionsschutzes

# 4

Frank Engelmann, Sabrina Herbst, Thorsten Arnhold
und Clife Hermanowski

## Inhaltsverzeichnis



## 4.1 Voraussetzungen für eine Explosion

Ein räumlich ausgedehntes Gemisch aus einem Brennstoff und einem Oxidationsmittel zündet unter bestimmten Bedingungen und eine Explosion entsteht. Die initiierte chemische Reaktion führt zur Freisetzung einer bestimmten Energiemenge. Deren Größe ist im Wesentlichen von der Art, der Menge und dem Konzentrationsverhältnis des Ausgangsgemischs abhängig.

Diese Reaktion kann durch externe Einflüsse wie z. B. Verdämmung oder Verwirbelung in ihrer Intensität beeinflusst und verstärkt werden. Eine Explosion ist eine plötzliche exotherme chemische Umsetzung eines Brennstoff-Oxidationsmittel-Gemischs. Dieses Brennstoff-Oxidationsmittel-Gemisch wird als explosionsfähige Atmosphäre bezeichnet. Wie bereits in Kap. 2 umfassend dargestellt gehören Explosionen zu den Verbrennungsprozessen. Die Voraussetzungen für eine Verbrennung sind Brennstoff, Oxidationsmittel und eine Zündquelle. Daraus leitet sich als Voraussetzungen für Explosionen das Vor-



F. Engelmann et al., *Nicht-elektrischer Explosionsschutz*,
https://doi.org/10.1007/978-3-662-67887-9_4

**Abb. 4.1** Explosionsdreieck

handensein eines brennbaren Mediums, eines Oxidationsmittels und einer Zündquelle ab. Häufig wird dieser Zusammenhang durch das sogenannte Explosionsdreieck dargestellt, siehe Abb. 4.1.

Das Explosionsdreieck spiegelt jedoch nur einen sehr stark vereinfachten Zusammenhang wider. Neben diesen drei Faktoren müssen für eine Explosion weitere Bedingungen im passenden Verhältnis zueinander und an der derselben Stelle gleichzeitig erfüllt werden. Gemäß der Norm EN 1127 sind folgende Aspekte für die Wahrscheinlichkeit des Auftretens einer gefährlichen explosionsfähigen Atmosphäre zu berücksichtigen [1]:

- „[das] Vorhandensein eines entzündbaren/brennbaren Stoffes;
- [der] Dispersionsgrad des entzündbaren/brennbaren Stoffes (z. B. Gase, Dämpfe, Nebel, Stäube);
- [die] Konzentration des entzündbaren/brennbaren Stoffes in der Luft innerhalb des Explosionsbereichs;
- [die] Menge der explosionsfähigen Atmosphäre, die ausreicht, um im Falle der Entzündung Verletzungen oder Schaden zu verursachen.“

Tritt in dieser beschriebenen explosionsfähigen Atmosphäre eine Zündquelle auf, resultiert daraus mit einer sehr hohen Wahrscheinlichkeit eine Explosion. Daher ist das Explosionsdreieck, das sich vom Verbrennungsdreieck ableitet, um zwei Faktoren zur Verdeutlichung der Komplexität zu ergänzen. Neben der Darstellung der Einflussfaktoren brennbarer Stoff, Zündquelle und Oxidationsmittel sind die Ausprägungen des Mischverhältnisses und des Dispersionsgrades zu beachten, wodurch das in Abb. 4.2 dargestellte Explosionspentagon entsteht. Des Weiteren ist in der Literatur auch die Darstellung als Explosionstetraeder zu finden [2].

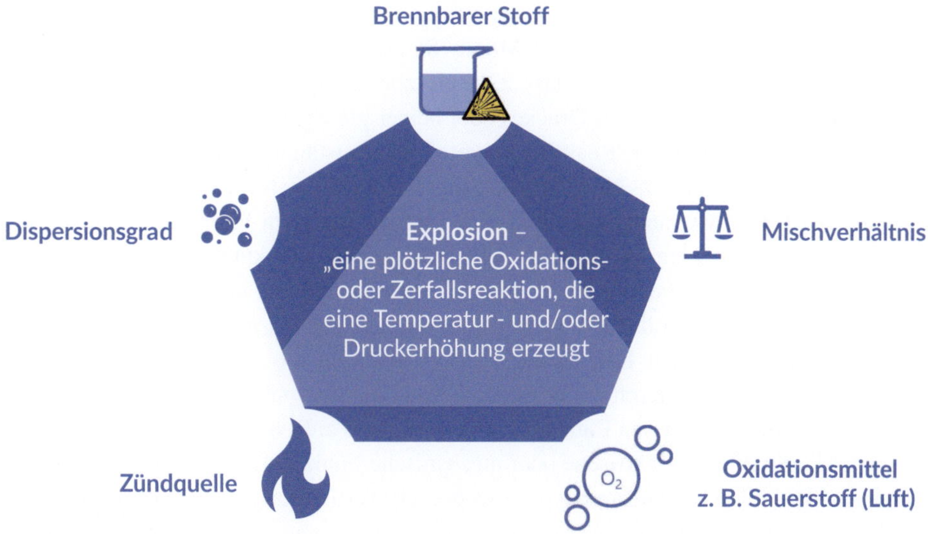


**Abb. 4.2** Explosionspentagon

In den Regelwerken werden die Begriffe der explosionsfähigen Atmosphäre sowie der gefährlichen explosionsfähigen Atmosphäre eingesetzt. Die TRGS 720 definiert eine explosionsfähige Atmosphäre als „explosionsfähiges Gemisch aus Luft und brennbaren Gasen, Dämpfen, Nebeln oder Stäuben unter atmosphärischen Bedingungen (Umgebungstemperatur von −20 °C bis +60 °C und Druck von 0,8 bar bis 1,1 bar)" [3] und eine gefährliche explosionsfähige Atmosphäre als „ein gefährliches explosionsfähiges Gemisch mit Luft als Oxidationsmittel unter atmosphärischen Bedingungen (Umgebungstemperatur von −20 °C bis +60 °C und Druck von 0,8 bar bis 1,1 bar)" [3].

## 4.2 Explosionsvorgänge

Der Explosionsschutz ist eine umfangreiche und komplexe technische Disziplin. Eine detaillierte Betrachtung der Explosionsvorgänge unterstützt das Verständnis und die Auswahl von geeigneten Schutzmaßnahmen. Die chemischen Grundlagen eines Explosionsvorgangs sind Kap. 2 zu entnehmen.

Ein charakteristisches Merkmal einer Explosion ist die Art der Flammenausbreitung. Die Flamme einer Kerze oder eines Bunsenbrenners brennt stationär [4, S. 2]. Detaillierte Informationen zur Kerzenflamme können dem Abschn. 2.5 entnommen werden. Sind die Randbedingungen für eine Explosion erfüllt, breitet sich die Flamme des Verbrennungsprozesses räumlich im unverbrannten Gemisch aus. Diese Explosionen können als Raumexplosionen definiert werden, deren zusätzliche Unterscheidung in geschlossene und offene Raumexplosionen möglich ist. Im Folgenden werden die grundlegenden Zusammenhänge des Explosionsvorgangs dargestellt. Für detaillierte Erklärungen sind die Werke von Freytag [5], Steen [4], Atkins [6], Warnatz et al. [7], Moore [8] und Bartlmä [9] zu empfehlen.

Aus Kap. 2 ist bereits bekannt, dass „eine plötzliche Oxidations- oder Zerfallsreaktion mit Anstieg der Temperatur, des Druckes oder beider gleichzeitig" [10] als Explosion definiert wird. Diese exotherme Reaktion breitet sich selbstständig weiter im unverbrannten Gemisch aus, bis mindestens einer der Ausgangsstoffe (Brennstoff oder Oxidationsmittel) verbraucht ist. Der Vorgang wird durch eine Energiezufuhr, in Form einer Selbst- oder Fremdzündung, eingeleitet. Es folgt eine chemische Reaktion, deren Reaktionsgeschwindigkeit ausreichend groß ist, um sich selbstständig im unverbrannten Gemisch fortzupflanzen. Demnach kann der Explosionsvorgang in zwei grundlegende Abschnitte untergliedert werden: den Entzündungsvorgang und die anschließende Reaktionsausbreitung, charakterisiert durch die Bewegung der Flammenfront.

Mögliche Auslöser für den Entzündungsvorgang sind z. B. heiße Oberflächen, elektromagnetische Strahlung, elektrische oder mechanische Funken. Diese Zündquellen führen durch einen initialen Energieeintrag die erforderliche Aktivierungsenergie der chemischen Reaktion zu. Im Allgemeinen wurden zwei Grenzfälle festgestellt – die Wärmezündung und die Kettenreaktion. Sie unterscheiden sich wie folgt [4, S. 5–14, 11]:

- Wärmezündung
  Auslöser bei der Wärmezündung ist der Temperaturanstieg eines Systems aufgrund nicht abführbarer Reaktionsenthalpie infolge der Aktivierungsreaktion. Dies kann das Einwirken einer heißen Oberfläche sein. Der Temperaturanstieg bedingt eine Beschleunigung der Reaktion. Folglich entsteht eine größere Freisetzung der Wärme und eine Explosion tritt ein. Diese Definitionen basieren auf der Theorie von Semenov und der Theorie von Frank-Kamenetskii.
- Kettenreaktion
  In definierten Bereichen der Temperatur und des Drucks erfolgen mehr Kettenverzweigungen als Kettenabbruchreaktionen. Die Folge ist ein Anstieg der Radikale[1] und der damit verbundenen Reaktionsenthalpie. Diese dienen als Initiator für die Explosion. Bei dieser Art setzt, bedingt durch den Kettenreaktionsmechanismus, die Wärmefreisetzung erst verzögert mit der Zündung ein.

Beide Arten schließen sich nicht gegenseitig aus. Daher besteht theoretisch die Möglichkeit, dass beide Vorgänge gleichzeitig auf ein explosionsfähiges Gemisch einwirken können.

Auch die Vorgänge der anschließenden Reaktionsausbreitung können in Wärmeexplosion und Kettenexplosion gegliedert werden. Die Charakterisierung erfolgt anhand des Reaktionsmechanismus. Detaillierte Informationen sind u. a. Steen [4] zu entnehmen. Hervorzuheben ist, dass eine Wärmeexplosion eine Kettenexplosion entzünden kann.

[1] Radikale sind Atome oder Moleküle mit mindestens einem ungepaarten Elektron, die dadurch eine hohe Reaktionsfreudigkeit aufweisen.

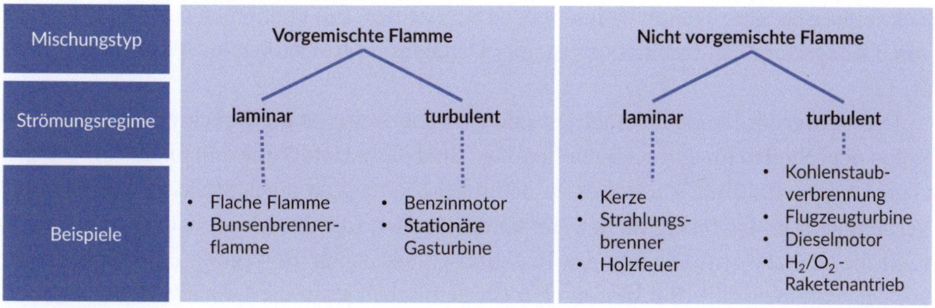


**Abb. 4.3** Unterscheidung der Flammenarten in Anlehnung an [7, 12]

Eine weitere Typisierung ermöglicht die Reaktionsausbreitung. Kriterium dabei ist die Ausbreitungsgeschwindigkeit der Flammen. Diese können im Bereich von wenigen cm/s und mehreren km/s liegen. Darüber hinaus wirken die Flammenart und das Strömungsregime beeinflussend, siehe Abb. 4.3. Es bestehen Einflüsse durch die Strömungsbewegung des Gasgemischs. Turbulenzen innerhalb des Gemischs sorgen dafür, dass das unverbrannte Brenngas schneller mit der Flamme in Berührung kommt, als es bei einer laminaren Strömung der Fall wäre. Die Durchwirbelung des Gemischs sorgt dadurch für eine Erhöhung sowohl des maximalen Explosionsdrucks als auch des zeitlichen Druckanstiegs. Der Grad der Erhöhung beider Parameter ist allerding stark brennstoffspezifisch. Brennstoffe mit niedriger Verbrennungsgeschwindigkeit wie Methan werden durch Turbulenzen deutlich stärker beeinflusst als Brennstoffe mit hoher Verbrennungsgeschwindigkeit wie Wasserstoff.

Abhängig von der Geschwindigkeit der Flammenausbreitung wird zwischen Deflagration und Detonation unterschieden [4, S. 45–60; 9, S. 92–97; 12, S. 30–32; 13, S. 157–162]:

- Deflagration
  Gemäß DIN 14011 ist eine Deflagration eine „Explosion, bei der das Gemisch durch Wärmeübertragung gezündet wird, mit einer Flammenausbreitungsgeschwindigkeit unterhalb der Schallgeschwindigkeit und geringem Druckanstieg“ [14]. Die Verbrennung erfolgt recht langsam. Die Ausbreitung der Flammen wird durch chemische Reaktionen und Transportprozesse bedingt, die laminar oder turbulent sein können. Demzufolge können die Flammen laminar und turbulent sein.
- Detonation
  Gemäß DIN 14011 ist eine Detonation eine „Explosion, bei der das Gemisch durch eine Stoßwelle gezündet wird, bei der sich Flamme und Druckwelle mit Überschallgeschwindigkeit ausbreiten“ [14]. Die Flammenfortpflanzung erfolgt mithilfe einer Druckwelle, die durch chemische Reaktionen und die resultierende freigesetzte Wärme aufrechterhalten wird.

Eine Deflagration kann in eine Detonation übergehen. Dabei können instationäre Verbrennungsprozesse auftreten, deren Auswirkungen kaum einschätzbar sind. Bei einer

Rohrleitung ist diese Wandlung häufiger zu beobachten. Ein Phänomen bei dem Umschlag von Deflagration zu Detonation ist die Deflagration-to-Detonation Transition (DDT) [4, 12].

Detonationsfördernde Geometrien sind typischerweise lang gestreckte Hohlräume wie Rohre oder Stollen im untertägigen Bergbau. Sind diese Hohlräume mit explosionsfähigen Gemischen gefüllt und kommt es zu deren Entzündung an einer Stelle, pflanzt sich die Verbrennung in das bisher nicht verbrannte Gemisch fort. Durch die Geometrie bedingt führt die schnelle Ausdehnung des Reaktionsgemischs zur Bewegung einer Druckwelle vor der Flammenfront. Bei bestimmten Gasgemischen kann die Druckwelle rasch Überschallgeschwindigkeit erreichen. Dadurch kommt es zu einer adiabatischen Kompression des bislang nicht verbrannten Gasgemischs, die sich im weiteren Verlauf weiter verstärkt. Am Ende liegt ein extrem schroffer Druck- und Temperaturanstieg vor (*überadiabatische* Kompression), der zu den drastischen Auswirkungen von Detonationen führt [4, 5].

Im Fokus des Explosionsschutzes stehen Prozesse mit brennbaren Medien in Anlagen und Maschinen. Daher sind überwiegend Explosionen in geschlossenen Räumen zu betrachten. Der zu erwartende maximale Explosionsdruck, der zeitliche Verlauf des Druckanstiegs und die damit zu erwartende Heftigkeit (Brisanz) der Explosion stehen unter dem Einfluss der Größe und der Form des Raumvolumens, das von einer explosionsfähigen Atmosphäre eingenommen wurde. Aufgrund der Vielzahl der theoretisch möglichen geometrischen Gegebenheiten können bestätigte Erkenntnisse nur für ausgewählte Beispiele dargelegt werden, mit denen in der Praxis bereits umfangreiche Erfahrungen gesammelt wurden. Dies umfasst u. a. Fässer, Rohrleitungen, Reaktoren oder Räume in Gebäuden. Global betrachtet befindet sich aber die Mehrheit der explosionsgefährdeten Prozessanlagen im Freien. Hier ist das umgebende Volumen quasi unendlich groß. Die Entzündungen explosionsfähiger Atmosphären können aber auch hier durch direkte Einwirkungen oder indirekte Einwirkungen (Trümmerflug) katastrophale Auswirkungen haben.

Für Explosionen, die in geschlossenen Volumina stattfinden, können verschiedene Zusammenhänge angegeben werden, die durch zahlreiche Experimente ermittelt und nachgewiesen wurden. Folgende Kenntnisse zu den Einflussparametern für den maximalen Explosionsdruck und den maximalen zeitlichen Druckanstieg bestehen [15]:

- Der zeitliche Druckanstieg ist dann am größten, wenn ein explosionsfähiges Gemisch in der Mitte gezündet wird. Das liegt am allseits großen Abstand zur kühlenden Wand des Behälters, der mit einer solchen Anordnung der Zündquelle optimal gegeben ist.
- Maximalwerte für den Explosionsdruck und den zeitlichen Druckanstieg stellen sich im Bereich der stöchiometrischen Gemischzusammensetzung ein und vermindern sich zu den Explosionsgrenzen hin.
- Das Behältervolumen weist zwar einen geringen Einfluss auf den maximalen Explosionsdruck auf, besitzt dafür aber einen sehr großen Einfluss auf die Heftigkeit der Explosion in Gestalt des maximalen zeitlichen Druckanstiegs. Dabei unterstützt das kubische Gesetz, das insbesondere bei Staubexplosionen bekannt ist. Es besitzt jedoch auch Gültigkeit für gasförmige Brennstoffe.

- Sowohl der maximale Explosionsdruck als auch der maximale zeitliche Druckanstieg werden von der Höhe des Drucks im explosionsfähigen Gemisch vor der Zündung (Vordruck) beeinflusst. Sicherheitstechnisch bedeutet dies, dass ein höherer Vordruck (als atmosphärischer Vordruck) verstärkte Schutzeinrichtungen gegen die Explosionswirkungen verlangt. Ab einem erhöhten Vordruckwert (z. B. bei Propan-Luft-Gemischen ab 2 bar) wurden für bestimmte Brennstoff-Luft-Konzentrationsbereiche wesentlich heftigere Explosionsverläufe festgestellt, die als Vorstufe zur Detonationsbildung betrachtet werden können. Andererseits kann eine Verringerung des Vordrucks unter dem atmosphärischen Druck ab einer brennstoffspezifischen Schwelle das Entstehen von Explosionen gänzlich verhindern. Für die Brennstoffe Propan, Methan, Butan und Wasserstoff in Mischungen mit Luft liegt dieser Schwellwert im Bereich von einigen mbar.
- Einen ähnlichen Einfluss auf den maximalen zeitlichen Explosionsdruckanstieg wie der Vordruck im Gemisch hat die Höhe der Zündenergie. Ihr Wert beeinflusst die Höhe des maximalen Explosionsdrucks hingegen nicht nennenswert.
- Erfolgt die Zündung im Zentrum eines explosionsfähigen Gemischs, resultiert (wie bereits beschrieben) die größte Explosionsheftigkeit. Darüber hinaus ergibt sich eine kugelförmige Ausbreitung der Flammenfront. Je nach Form des Behältnisses passt sich das Flammengebilde mit der Annäherung an die Wandfläche immer mehr an die Behälterform an. Die mit diesem Vorgang verbundene Veränderung des maximalen zeitlichen Druckanstiegs ist proportional zum Verhältnis der äußeren Oberfläche zum Volumen des Behälters.

## 4.3 Überblick der sicherheitstechnischen Kenngrößen einer explosionsfähigen Atmosphäre

Die vorhergehenden Kapitel zeigen, dass eine Explosion komplexe Zusammenhänge unterschiedlichster Parameter aufweist. Diese Zusammenhänge werden im Rahmen der Explosionsschutzmaßnahmen willentlich beeinflusst, um Explosionen zu verhindern bzw. deren Auswirkungen auf ein akzeptables Maß zu minimieren. Eine wesentliche Rolle zur Einschätzung der Explosionsgefahr und zur Auswahl der Explosionsschutzmaßnahmen tragen die sicherheitstechnischen Kenngrößen. Mithilfe dieser standardisierten Kenngrößen ist die Charakterisierung einer explosionsfähigen Atmosphäre möglich. In Abhängigkeit vom brennbaren Medium unterscheiden sich sicherheitstechnische Kenngrößen. Darüber hinaus existieren jedoch auch allgemeingültige sicherheitstechnische Kenngrößen. Tab. 4.1 zeigt eine umfangreiche Auswahl der sicherheitstechnischen Kenngrößen und ihre Gültigkeit auf.

Diese sicherheitstechnischen Kenngrößen werden durch das vorherrschende brennbare Medium spezifiziert. Demzufolge dienen die Kenngrößen vorrangig zur quantitativen Bewertung der Explosionsfähigkeit von Medien. Sie werden im folgenden Abschn. 4.4 detailliert vorgestellt. Die Ermittlung dieser Kenngrößen erfolgt in der Regel experimentell und unter fest definierten Bedingungen. Sicherheitstechnische Kenngrößen sind keine

**Tab. 4.1** Überblick ausgewählter sicherheitstechnischer Kenngrößen

| Sicherheitstechnische Kenngröße | Gültigkeit | | | | Dazugehörige Normen und technische Regeln für Prüfverfahren |
|---|---|---|---|---|---|
| | Flüssigkeiten (F) | Gase, Dämpfe und Nebel (G) | Staub (S) | Hybrides Gemisch (H) [in Anlehnung an [16] | |
| **Entzündbarkeitseigenschaften** | | | | | |
| Flammpunkt | x | | | | EN ISO 1516; EN ISO 1523; EN ISO 2719; EN ISO 13736 |
| Korngröße | | | x | | |
| Explosionsgrenzen(untere und obere Explosionsgrenze UEG/OEG) | | x | x | Abschätzung möglich | G: EN 1839<br>S: EN 14034-3 |
| Sauerstoffgrenzkonzentration (SGK) | | x | x | Abschätzung möglich | G: EN 1839<br>S: EN 14034-4 |
| Explosionspunkte (untere und obere Explosionspunkte UEP/OEP) | x | | | | EN 15794 |
| **Zündverhalten** | | | | | |
| Zündtemperatur bzw. Mindestzündtemperatur einer Staubwolke | | x | x | Derzeit noch keine Abschätzung möglich | G: ISO/IEC 80079-20-1<br>S: ISO/IEC 80079-20-2 |
| Mindestzündenergie (MZE) | | x | x | Abschätzung möglich | G: TRGS 727<br>S: ISO/IEC 80079-20-2 |
| Mindestzündladung (MZQ) | | x | | | G: TRGS 727 |
| Norm-/Grenzspaltweite (NSW/MESG) | | x | | Derzeit noch keine Abschätzung möglich | ISO/IEC 80079-20-1 |
| Mindestzündstrom (MIC) | | x | | | G: ISO/IEC 80079-20-1 |
| Mindestzündtemperatur einer Staubschicht – Glimmtemperatur | | | x | | S: ISO/IEC 80079-20-2 |
| **Explosionsverhalten** | | | | | |
| Maximaler Explosionsdruck $p_{max}$ | | x | x | Derzeit noch keine Abschätzung möglich | G: EN 15967<br>S: EN 14034-1 |
| Maximaler Explosionsdruckanstieg<br>G: $(dp/dt)_{max}/K_G$-Wert<br>S: $(dp/dt)_{max}/K_{St}$-Wert | | x | x | | G: EN 15967<br>S: EN 14034-2 |

physikalischen Konstanten, sondern sind strikt an definierte Umgebungsbedingungen und den jeweiligen Versuchsaufbau gebunden. Dies gilt es bei der Auslegung von Geräten für den Explosionsschutz stets zu beachten. Die in den zugehörigen Normen enthaltenen Messmethoden erfolgen, wenn nicht anders festgelegt, unter den sogenannten atmosphärischen Bedingungen. Diese werden wie folgt gemäß der IEC 60079-0 definiert [17]:

- Umgebungstemperatur: −20 °C bis +60 °C
- Druck 80 kPa (0,8 bar) bis 110 kPa (1,1 bar)
- Luft mit normalem Sauerstoffgehalt, üblicherweise 21 %

## 4.4 Brennbare Medien

### 4.4.1 Flüssigkeiten, Gase, Dämpfe und Nebel

#### 4.4.1.1 Allgemeine bedeutsame Eigenschaften

Die Anwendung von brennbaren Flüssigkeiten in der Industrie ist vielfältig. Dabei werden sie direkt als Flüssigkeit oder auch in Form von Gasen, Dämpfen oder Nebel eingesetzt. Im Sinne des Explosionsschutzes gilt es, die Aggregatzustände detaillierter zu betrachten.

Brennbare Stoffe, die unter normalen atmosphärischen Umgebungsbedingungen als Gase vorliegen, können in Mischung mit Sauerstoff oder einem anderen Oxidationsmittel unmittelbar ein explosionsfähiges Gemisch bilden. Typische Vertreter von brennbaren Gasen sind Wasserstoff, Methan, Butan oder Propan. Aufgrund ihrer natürlichen Eigenschaften stellt sich nach Freisetzung von Gasen innerhalb kurzer Zeit eine gute Durchmischung (Dispersion) ein. Gase unterliegen dem realen Gasgesetz, können aber in erster Näherung durch das ideale Gasgesetz beschrieben werden. Druck, Volumen und Temperatur sind variable Zustandsgrößen, von denen die Eigenschaften auftretender Gase abhängig sind. Gase bestehen aus räumlich weit voneinander getrennten Molekülen oder Atomen in schneller Bewegung. Aufgrund dieser Zwischenräume lässt sich die gute Komprimierbarkeit von Gasen erklären. Der Zusammenhang von Druck, Volumen und Temperatur führt dazu, dass sich Gase bei zunehmendem Druck und/oder niedriger Temperatur verflüssigen. Unter atmosphärischen Bedingungen kommt Gas normalerweise nicht flüssig vor [18, 19].

Dampf verhält sich annähernd wie Gas und kann in der Folge auch durch das ideale Gasgesetz beschrieben werden, solange der Stoff in einem gasförmigen Zustand vorliegt. Dampf entsteht beim Phasenübergang von flüssig zu gasförmig oberhalb der Flüssigkeitsoberfläche. Der sich einstellende Dampfdruck hängt von der Umgebungstemperatur ab. Nebel ist dadurch gekennzeichnet, dass dieser in Gasen schwebende Flüssigkeiten in Form von Bläschen oder Tröpfchen enthält. Nebel ist immer dann als brennbar anzusehen, wenn brennbare Flüssigkeiten in Form von Tröpfchen oder Bläschen so fein in der Luft verteilt sind, dass sich eine explosionsfähige Atmosphäre bildet [18, 20].

Die folgenden zusammenfassenden Erklärungen verdeutlichen die Definitionen aus Sicht des Explosionsschutzes in Anlehnung an die EN 60079-10-1 [21]: Unter brennbaren

Gasen und Dämpfen versteht man all jene Gase und Dämpfe, die in einer bestimmten Konzentration mit einem Oxidationsmittel wie Sauerstoff in der Luft ein explosionsfähiges Gemisch bilden. Dieses spezifiziert den Begriff der explosionsfähigen Atmosphäre weiter.

Da die Ursprünge von Dämpfen oftmals im flüssigen Aggregatzustand zu finden sind, müssen auch brennbare Flüssigkeiten als Gefahrenquelle betrachtet werden. Brennbare Flüssigkeiten wie Benzol, Äthylen oder Benzin können nur in der Dampfphase ein explosionsfähiges Gemisch mit dem Oxidationsmittel, z. B. Sauerstoff, bilden. Eine geeignete Erklärung des Übergangs von der flüssigen zur gasförmigen Phase erfolgt über die Betrachtung der kinetischen Energie der Moleküle. Die Flüssigkeitsmoleküle werden durch relativ große Kräfte im Flüssigkeitsverbund gehalten. Um diese Kräfte, die sich an der Flüssigkeitsoberfläche in Form der Oberflächenspannung manifestieren, zu überwinden, benötigen die Moleküle eine bestimmte Mindestenergie. Gemäß der Boltzmann-Maxwell-Verteilung[2] besitzt aber nur ein Teil der Moleküle eine hinreichende Energie, um diesen Schritt zu vollziehen. Die Flüssigkeit verdunstet also nicht spontan, sondern langsam, je nachdem wie viel Energie die Teilchen der Umgebung entziehen können. Da der Flüssigkeit auf diesem Weg aus der Oberfläche jeweils die schnellsten Moleküle verloren gehen, wird die mittlere Molekülgeschwindigkeit kleiner, die Flüssigkeit kühlt sich also ab [22].

Umgekehrt gelangen ausreichend langsame Moleküle aus dem Dampfraum in die Flüssigkeit, und zwar umso mehr, je größer die Menge der im Dampfraum vorhandenen Moleküle ist. Die Anzahl der Moleküle im Dampfraum wiederum bestimmt den Dampfdruck in der Dampfphase. Verdampft eine Flüssigkeit bei konstanter Temperatur, also unter Wärmezufuhr in einem geschlossenen Raum, wächst der Wert des Drucks in der Dampfphase nur bis zu einem bestimmten stoffspezifischen Wert an. Dieser Gleichgewichtsdruck wird als Sättigungsdruck bezeichnet und charakterisiert den Zustand, bei dem im gleichen Zeitraum ebenso viele Moleküle aus der Flüssigkeit in den Dampfraum gelangen wie umgekehrt aus dem Dampfraum in die Flüssigkeit. Jedem Temperaturwert entspricht ein Wert für den Sättigungsdruck. Nur bei Sättigungsdruck können Flüssigkeiten und Dampf bleibend nebeneinander existieren [5].

#### 4.4.1.2 Flammpunkt

Zur Beurteilung der Explosionsgefahr von brennbaren Flüssigkeiten dient der Flammpunkt als sicherheitstechnische Kenngröße. Damit ist die niedrigste Temperatur gemeint, bei der sich aus einer Flüssigkeit Dämpfe in ausreichender Menge entwickeln und durch die Vermischung mit Luft oder einem anderen Oxidationsmittel ein entflammbares Gemisch bildet. Der Flammpunkt kann mithilfe unterschiedlicher Verfahren bestimmt werden (siehe Normen in Tab. 4.1). [23]

[2] Die Geschwindigkeitsverteilungsfunktion nach Maxwell und die Verteilungsfunktion der Energie pro Molekül nach Boltzmann korrespondieren miteinander. Sie sagen aus, dass in einer Gas- oder Flüssigkeitsmenge die diskreten Werte der Geschwindigkeiten und Energien der einzelnen Atome und Moleküle einer bestimmten statistischen Verteilung folgen, deren Form und Maxima von der Umgebungstemperatur abhängen.

Eine in diesem Zusammenhang ebenfalls zu berücksichtigende Kenngröße ist die Verdunstungszahl. Unter dem Begriff Verdunsten ist der Vorgang des Verdampfens an der Luft ohne willkürliche Wärmezufuhr zu verstehen. Die Verdunstungszahl gibt für diesen Vorgang einer Flüssigkeit das Zeitverhältnis zur Verdunstung der gleichen Menge Diethylether als Vergleichsflüssigkeit unter gleichen Bedingungen an. Die Verdunstungszahl wird mithilfe eines Verfahrens gemäß DIN 53170 bestimmt und ermöglicht eine Orientierung zur Abschätzung der Zeitspanne zwischen der Entstehung freier Flüssigkeitsoberflächen und dem Vorliegen von explosionsfähigen Gemischen. [24, 25]

#### 4.4.1.3 Explosionsgrenzen und -punkte

Eine wesentliche sicherheitstechnische Kenngröße zur Explosionsfähigkeit eines Gas-, Dampf- oder Nebel-Oxidationsmittel-Gemischs sind die Explosionsgrenzen und Explosionspunkte. Im Rahmen der Explosionsgrenzen erfolgt eine Unterscheidung in untere und obere Explosionsgrenze. Die untere Explosionsgrenze (UEG) stellt die Konzentration eines brennbaren Gases, Dampfes oder Nebels (Aerosols) im Gemisch mit dem Oxidationsmittel dar, unter der keine explosionsfähige Atmosphäre gebildet wird. Das Gemisch wäre nicht in der Lage, zu zünden, da der Anteil an brennbarem Stoff im Gemisch zu gering ist. Dieser Zustand kann als zu mager beschrieben werden. Die obere Explosionsgrenze (OEG) beschreibt die Konzentration, über der keine explosionsfähige Atmosphäre gebildet wird. Das Gemisch beinhaltet in diesem Fall einen zu geringen Umfang des Oxidationsmittels (häufig Sauerstoff in der Luft), sodass das Gemisch nicht zünden kann. Der Zustand dieses Gemischs kann als zu fett beschrieben werden. Abb. 4.4 verdeutlicht die Zusammenhänge. [26]

Die Explosionsgrenzen verschiedener Stoffe werden dabei maßgeblich beeinflusst von [4]:

- der vorherrschenden Temperatur,
- dem Druck,
- ggf. einem Anteil an Inertgas im Gemisch,
- dem Strömungszustand des Gemischs,
- dem beschränkenden Volumen,
- der Art und Position der Zündquelle und
- der Zündenergie.

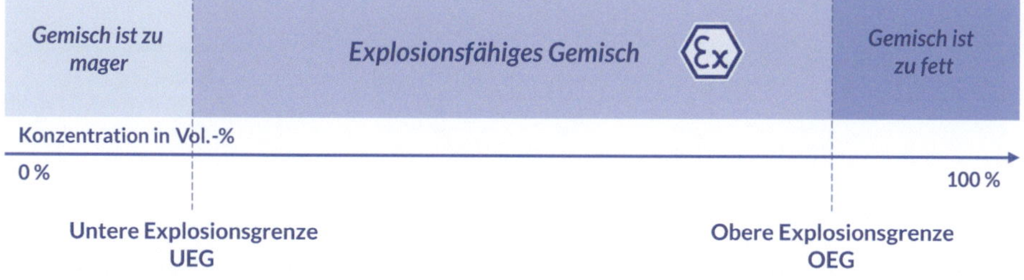


**Abb. 4.4** Explosionsgrenzen

Für Gase werden die Explosionsgrenzen vorrangig in Volumenprozent angegeben. Ebenso kann die Angabe in g/m$^3$ erfolgen. Die Explosionsgrenzen definieren den Explosionsbereich, den Konzentrationsbereich, in dem eine explosionsfähige Atmosphäre vorliegt. Sie selbst liegen außerhalb des Explosionsbereichs. Die Norm EN 1839 definiert mögliche Prüfverfahren. [26]

Für Flüssigkeiten werden durch die Explosionspunkte mit den Explosionsgrenzen korrespondierende charakteristische Temperaturwerte definiert. Nach EN 13237 ist der untere Explosionspunkt die „Temperatur einer brennbaren Flüssigkeit, bei der die Konzentration des gesättigten Dampfes in Luft gleich der unteren Explosionsgrenze ist“ [10]. Komplementär beschreibt der obere Explosionspunkt das gleiche Phänomen für die obere Explosionsgrenze. Demzufolge ist es die „Temperatur einer brennbaren Flüssigkeit, bei der die Konzentration des gesättigten Dampfes in Luft gleich der oberen Explosionsgrenze ist“ [10]. Die beiden Explosionspunkte begrenzen den Temperaturbereich einer Flüssigkeit, innerhalb welchem die Konzentration der von der Flüssigkeit abgegebene brennbare Dampf eine explosionsfähige Atmosphäre bildet.

Die Zusammenhänge zwischen den Explosionsgrenzen, den Explosionspunkten und dem Flammpunkt verdeutlicht die Betrachtung einer Dampfkurve sehr anschaulich. Der Dampfdruck ist der Druck des Dampfes, der sich in einem geschlossenen Gefäß im Gleichgewicht mit seiner flüssigen bzw. festen Phase befindet. Er ist stoff- und temperaturabhängig. Abb. 4.5 zeigt die schematisierte Dampfkurve mit Orientierung an den Kennwerten von Ethanol. [27]

Der Flammpunkt markiert die Temperatur, bei der die Flüssigkeit beginnt, in ausreichendem Ausmaß zu verdunsten, um entflammt zu werden. Die mit der unteren Ex-

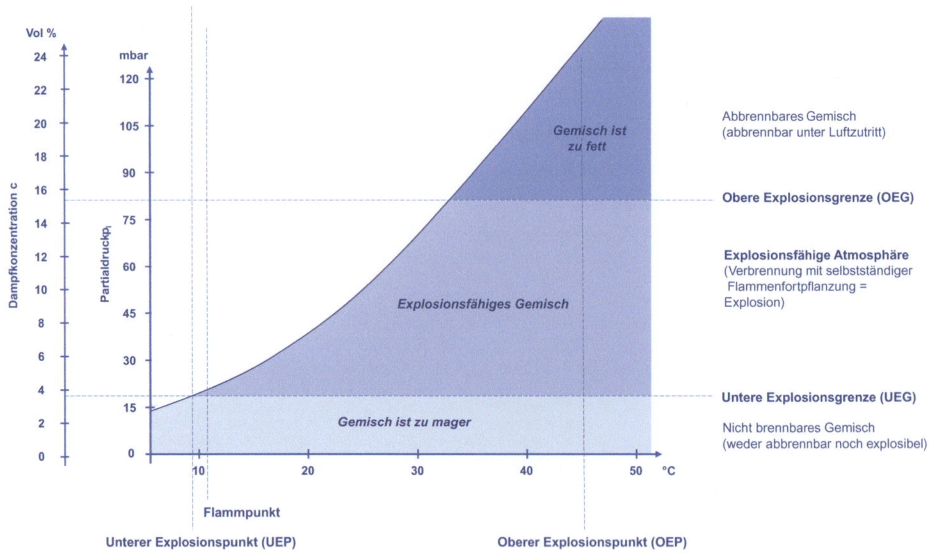


**Abb. 4.5** Schematisierte Dampfkurve mit Orientierung an den Kennwerten von Ethanol in Anlehnung an [25]

plosionsgrenze korrespondierende Temperatur, der untere Explosionspunkt, kann nur wenige °K vom Flammpunkt entfernt sein. Experimentell wurden folgende Abstände ermittelt:

- Der Flammpunkt liegt 5 °K über dem UEP bei reinen, nicht halogenierten Flüssigkeiten (Kohlenwasserstoffe ohne Chlor-, Brom- oder Fluoratom) und
- 15 °K über dem UEP von Gemischen aus Lösemitteln ohne halogenierte Komponenten. [25]

Diese Abstände scheinen im ersten Moment schwer nachvollziehbar, denn der Flammpunkt sollte niedriger liegen als der untere Explosionspunkt. Dieser Anachronismus erklärt sich durch die Tatsache, dass sowohl der Explosionspunkt und – über die Dampfdruckkurve verbunden – die Explosionsgrenze als auch der Flammpunkt spezifische Stoffeigenschaften repräsentieren. Die in Datenbanken und Standardwerken gelisteten Werte wurden mithilfe entsprechender Versuchsverfahren ermittelt. Folglich sind die Werte durch die Versuchsbedingungen und -apparaturen beeinflusst. So gibt es z. B. mehrere unterschiedliche Versuchsverfahren für die Bestimmung des Flammpunkts im geschlossenen Tiegel:

- Ja/Nein-Verfahren – ISO 1516
- Gleichgewichtsverfahren mit geschlossenem Tiegel – ISO 1523
- Verfahren nach Pensky-Martens mit geschlossenem Tiegel – ISO 2719
- Verfahren mit geschlossenem Tiegel nach Abel – ISO 13736

Bei der Angabe von Zahlenwerten sollte immer auch das verwendete Bestimmungsverfahren mitbenannt werden. Da der Flammpunkt häufig mit einem geringen Aufwand bestimmt werden kann, wird die oben genannte Beziehung in der Praxis aber häufig genutzt, um den unteren Explosionspunkt festzulegen. Für Gase reicht die Angabe der unteren Explosionsgrenze, da unter atmosphärischen Bedingungen die flüssige Phase nicht in Betracht kommt und damit der Flammpunkt ohne Relevanz ist. Aus ganzheitlicher Sicht der Praxis ist darauf hinzuweisen, dass insbesondere bei An- und Abfahrprozessen die Explosionsgrenzen auch zu berücksichtigen sind. [25]

Eine Besonderheit stellen Nebel bzw. Aerosole dar. Hier liegt das brennbare Medium nicht in gasförmiger Form vor, sondern als winzige Flüssigkeitstropfen. Die Größe der spezifischen Oberfläche der in Luft verteilten Tröpfchen stellt einen entscheidenden Kennwert für die Reaktionskinetik der exothermen Reaktion nach einer Entzündung dar. Bei Tröpfchengrößen zwischen 0,001 mm und 0,1 mm kann auch der Dispersionsgrad ausreichend für das Entstehen explosionsfähiger Atmosphären sein. Für Aerosole gibt es keine Tabellenwerte für die unteren Explosionsgrenzen. Die für die jeweiligen Dämpfe angegebenen Werte können jedoch mit ausreichender Sicherheit als Bewertungsgrundlage angenommen werden. [28]

Die stoffspezifischen sicherheitstechnischen Kennwerte können verschiedenen Werken wie z. B. Nabert und Schön [28] oder Datenbanken wie z. B. Chemsafe [29] oder GESTIS [30] entnommen werden. Es ist wichtig zu beachten, dass die jeweiligen Werte der oberen und unteren Explosionsgrenzen von verschiedenen Größen abhängen und unter genau definierten Versuchsbedingungen ermittelt wurden.

Während sich der Explosionsbereich für alle Stoffe mit steigender Temperatur ausweitet (siehe Abb. 4.5), kann man einen solchen direkten Zusammenhang für steigenden Umgebungsdruck nicht feststellen. Hier müssen die für die jeweiligen Drücke geltenden Grenzwerte einer der oben genannten Literaturquellen entnommen werden.

Eine weitere wichtige sicherheitstechnische Kenngröße zur Beurteilung der Explosionsgefahr ist die Dichte des Gas- oder Dampf-Gemischs. Die Ausbreitung und Vermischung von Gasen und Dämpfen im Raum ist abhängig vom Dichteverhältnis des auftretenden Stoffs. Daraus lässt sich auf das Mischverhalten der einzelnen Stoffe schließen. Entscheidend für den Explosionsschutz ist das Verhältnis der Dichte eines Gases bzw. Dampfes zur Dichte der z. B. umgebenden Luft mit dem Oxidationsmittel Sauerstoff. Bis auf wenige Ausnahmen (Acetylen, Äthylen, Ammoniak, Cyanwasserstoff, Kohlenoxid, Methan und Wasserstoff) sind alle explosionsfähigen Gas- oder Dampf-Luft-Gemische schwerer als Luft. Damit sind sie in der Regel in Bodennähe anzutreffen und neigen zu einer Ausbreitung in Form einer am Boden entlang kriechenden Gasschwade. Hieraus können Informationen für die spätere Zoneneinteilung abgeleitet werden, siehe Abschn. 4.8.

Die Entstehung einer gefährlichen explosionsfähigen Atmosphäre steht auch im Zusammenhang zum Raumvolumen und der Menge des explosionsfähigen Gemischs. Wegen der unpräzisen Definition des Begriffs der gefährlichen explosionsfähigen Atmosphäre existieren dazu keine allgemeingültigen und eindeutigen Aussagen, jedoch können Richtwerte angegeben werden. Bei geschlossenen Räumen wird ein Verhältnis zwischen Gemischvolumen zu Raumvolumen von 1:10.000 als ausreichend angesehen, um bei einer Explosion Verletzungen oder Zerstörungen hervorzurufen. Bei einem Raumvolumen von ca. 100 $m^3$ (3 m Höhe, 6 m Breite und 5,5 m Länge) muss bereits ab einem Gemischvolumen von 10 Litern von einer ernsthaften Gefährdung ausgegangen werden. Verdunstet in einem solchen Raum 1 L Benzin, bilden sich je nach Raumtemperatur an der unteren Explosionsgrenze 2,4 $m^3$ und an der oberen Explosionsgrenze 31 $m^3$ der explosionsfähigen Mischung. Beide Werte liegen deutlich über dem oben erwähnten Grenzwert. Wird ein 200-Liter-Fass betrachtet, das zur Lagerung eines brennbaren Lösungsmittels diente, reichen nach erfolgter Entleerung geringste verbliebene Rückstände an Lösemittel (wenige Milliliter), um gemäß dem oben genannten Richtwert im Inneren des Behälters eine gefährliche explosionsfähige Atmosphäre aufrechtzuerhalten. Leider werden diese Tatsachen häufig nicht beachtet und die Explosionsgefahren unterschätzt, wie eine Vielzahl von Explosionsunfällen beweist. [2]

#### 4.4.1.4 Zündtemperatur

Gemäß der Norm ISO/IEC 80079-20-1 ist die Zündtemperatur $T_z$ eines brennbaren Gases oder Dampfes die niedrigste Temperatur einer heißen Oberfläche, die ausreicht, um unter festgelegten Bedingungen ein Luft-Gas- bzw. ein Luft-Dampf-Gemisch zu entzünden. Auch diese sicherheitstechnische Kenngröße gilt nur für genau definierte Bedingungen während der experimentellen Ermittlung. Ein mögliches Verfahren zur Bestimmung der

**Tab. 4.2** Klassifizierung nach Temperaturklassen mit ausgewählten Beispielen

| Temperaturklasse | Zündtemperaturbereich ($T_z$) | Beispiele |
|---|---|---|
| **T1** | >450 °C | Wasserstoff, Methan |
| **T2** | $300 < T_z \leq 450$ | Ethylen, Acetylen |
| **T3** | $200 < T_z \leq 300$ | Benzin, Heizöle |
| **T4** | $135 < T_z \leq 200$ | Acetaldehyd, Ethylether |
| **T5** | $100 < T_z \leq 135$ | |
| **T6** | $85 < T_z \leq 100$ | Schwefelkohlenstoff |

**Tab. 4.3** Mindestzündenergie und Mindestzündladung brennbarer Gase und Dämpfe – Auszug aus TRGS 727 – Anhang G [31]

| Brennstoff | Mindestzündenergie –MZE [mJ] | Mindestzündladung –MZQ [nC] | Zündwilligstes Gemisch [Vol.-%] | Explosionsgruppe nach IEC 60079-0 |
|---|---|---|---|---|
| Aceton | 0,55 | 127 | 6,5 | IIA |
| Ammoniak | 14 | 1500 | 20 | IIA |
| Butan | 0,25 | 60 | 4,7 | IIA |
| Ethanol | 0,28 | 60 | 6,4 | IIB |
| Methan | 0,28 | 70 | 8,5 | IIA |
| Propan | 0,25 | 70 | 5,2 | IIA |
| Schwefelkohlenstoff | 0,009 | – | 7,8 | IIC |
| Wasserstoff | 0,016 | 12 | 22 | IIC |

Zündtemperatur bei atmosphärischem Druck wird in der Norm ISO/IEC 80079-20-1 definiert. Zur Vereinfachung der Kennzeichnung von explosionsgeschützten Betriebsmitteln wurden brennbare Gase und Dämpfe entsprechend definierter Zündtemperaturbereiche in Temperaturklassen gegliedert. Tab. 4.2 zeigt die Definition der sechs Temperaturklassen mit der Zuordnung ausgewählter Gase. Dabei ist zu erwähnen, dass derzeit kein Gas-Luft-Gemisch in die Temperaturklasse T5 fällt. Nach einer Modifikation des Bestimmungsverfahrens gab es keinen Brennstoff mehr, dessen Zündtemperatur zwischen 100 °C und 135 °C lag. Somit kann kein Beispiel benannt werden. [23]

#### 4.4.1.5 Mindestzündenergie

Die Mindestzündenergie MZE ist gemäß TRGS 727 „die unter festgelegten Versuchsbedingungen ermittelte kleinste, in einem Kondensator gespeicherte elektrische Energie, die bei Entladung ausreicht, das zündwilligste Gemisch einer explosionsfähigen Atmosphäre zu entzünden" [31]. Die Angabe erfolgt in Millijoule (mJ).

Mithilfe der Mindestzündenergie ist die Beurteilung der Zündeigenschaften eines brennbaren Mediums gegenüber einer Entladung statischer Elektrizität möglich. Tab. 4.3 zeigt ausgewählte Beispiele. Die Kenngröße wird von folgenden Parametern beeinflusst [27]:

- Art des Brennstoffs und des Oxidationsmittels
- Mengenverhältnis von Brennstoff und Oxidationsmittel

- Temperatur
- Druck
- Möglichen Katalysatoren[3]

#### 4.4.1.6 Mindestzündladung

Als „die unter festgelegten Versuchsbedingungen kleinste in einer elektrostatischen Entladung übertragene elektrische Ladungsmenge, die das zündwilligste Gemisch einer explosionsfähigen Atmosphäre entzünden kann" [31], wird die Mindestzündladung MZQ gemäß TRGS 727 definiert. Auch diese Kenngröße unterstützt bei der Beurteilung der Zündeigenschaften gegenüber einer Entladung statischer Elektrizität. In der Praxis wird die Kenngröße zur Einschätzung der Zündwirksamkeit von Entladungen, die von aufgeladenen Kunststoffoberflächen ausgehen, eingesetzt [32]. Tab. 4.3 stellt einige ausgewählte Beispiele dar.

#### 4.4.1.7 Norm-/Grenzspaltweite

Eine weitere Klassifizierung der Gase und Dämpfe ist durch die experimentell ermittelten Normspaltweiten möglich. Die Normspaltweite umfasst gemäß ISO/IEC 80079-20-1 den „maximale[n] Abstand eines Ringspaltes von 25 mm Breite, bei dem die Übertragung einer Explosion, die unter […] spezifizierten experimentellen Randbedingungen durchgeführt wird, noch unterdrückt wird" [23]. Umgebungsbedingungen bei den Messungen sind eine Temperatur von 20 °C und ein Druck von 101,3 kPa. Der Begriff Normspaltweite (NSW) wurde mit der Norm ISO/IEC 80079-20-1 eingeführt. In der vorher gültigen Norm, EN 60079-20-1 (IEC 60079-20-1) [33], wurde diese Spaltweite noch durch den in der Praxis bekannteren Begriff experimentell ermittelte Grenzspaltweite (MESG) definiert. Beide Begriffe werden in den englischen Versionen der Normen jedoch als „Maximum Experimental Safe Gap" (MESG) geführt.

Das standardisierte Prüfverfahren zur Bestimmung der Normspaltweite ist ebenfalls der ISO/IEC 80079-20-1 zu entnehmen. Daneben existieren auch weitere Verfahren, deren Ergebnisse vorläufig akzeptiert werden können. Die mögliche Klassifizierung für Gase und Dämpfe nach Explosionsgruppen der Gerätegruppe II nach Normspaltweite zeigt Tab. 4.4. Bei dieser Klassifizierung kann die parallele Betrachtung des Mindestzündstromverhältnisses (Abschn. 4.4.1.8) notwendig sein. Die Bestimmung der Normspaltweite und des Mindestzündstromverhältnisses ist erforderlich, wenn $0{,}50 < NSW < 0{,}55$. Dann wird die Explosionsgruppe durch das Mindestzündstromverhältnis bestimmt. Für die Zündschutzart druckfeste Kapselung hat diese sicherheitstechnische Kenngröße eine wesentliche Bedeutung. [23]

#### 4.4.1.8 Mindestzündstrom

Der Mindestzündstrom ist eine weitere bedeutsame sicherheitstechnische Kenngröße, nach der Gase und Dämpfe in Explosionsgruppen klassifiziert werden. Der Mindestzündstrom MIC („Minimum Ignition Current") ist die kleinste Stromstärke, die ein explosionsfähiges Prüfgemisch in einem Funkprüfgerät gemäß IEC 60079-11 in einem definierten Prüfstrom-

[3] Stoffe zur Ermöglichung bzw. Beschleunigung einer chemischen Reaktion [27].

**Tab. 4.4** Klassifizierung der Explosionsgruppen nach Normspaltweite mit ausgewählten Beispielen

| Explosionsgruppe nach Gerätegruppe II | Normspaltweite (NSW) bzw. Grenzspaltweite (MESG) | Beispiele |
|---|---|---|
| IIA | NSW ≥ 0,90 mm | Propan |
| IIB | 0,50 mm < NSW < 0,90 mm | Ethylen |
| IIC | NSW ≤ 0,50 mm | Wasserstoff, Acetylen |
| Hinweis: Besonderheit bei 0,50 < NSW < 0,55, dann wird die Explosionsgruppe durch das MIC-Verhältnis bestimmt. | | |

**Tab. 4.5** Klassifizierung der Explosionsgruppen nach Mindestzündstromverhältnis mit ausgewählten Beispielen

| Explosionsgruppe nach Gerätegruppe II | Mindestzündstromverhältnis | Beispiele |
|---|---|---|
| IIA | MIC ≥ 0,80 | Propan |
| IIB | 0,45 ≤ MIC ≤ 0,8 | Ethylen |
| IIC | MIC < 0,45 | Wasserstoff, Acetylen |
| Hinweis: Besonderheit bei 0,70 < MIC < 0,90 oder 0,40 < MIC < 0,50, dann wird die Explosionsgruppe durch den NSW bestimmt. | | |

kreis entzünden kann. Die Klassifizierung der Explosionsgruppen ist abhängig vom Mindestzündstromverhältnis (MIC-Verhältnis). Dies ist das Verhältnis der gasabhängigen Mindestzündströme zum Zündstrom von Labormethan (Reinheit von mindestens 99,9 % Volumenanteilen). Tab. 4.5 veranschaulicht die Klassifizierung. Auch hier ist darauf zu achten, dass es Besonderheiten gibt. Die Bestimmung der Normspaltweite und des Mindestzündstromverhältnisses ist erforderlich, wenn 0,70 < MIC < 0,90 oder 0,40 < MIC < 0,50. Dann wird die Explosionsgruppe durch die Normspaltweite bestimmt. [23]

Gemäß ISO/IEC 80079-20-1 sollte bei Gasgemischen eine Zuordnung auf Basis der Normspaltweite bzw. Grenzspaltweite oder dem Mindestzündstromverhältnis zu einer Explosionsgruppe angestrebt werden. Dabei kann die Anwendung der Formel von Le Châtelier (Gl. 4.1) unterstützen [23]:

$$NSW_{Gem} = \frac{1}{\sum_i \left( \frac{X_i}{NSW_i} \right)} \tag{4.1}$$

mit $X_i$: Volumenprozentanteil des Stoffs $i$ und $NSW_i$: ermittelte $NSW$ des Stoffs $i$

Jedoch ist die Anwendung dieser Methode für Gemische und/oder Gasströmungen mit folgenden Bedingungen nicht zu empfehlen [23]:

- Acetylen oder äquivalente Gefährdungen (z. B. Selbstersetzungseigenschaften)
- Sauerstoff oder andere starke Oxidationsmittel als eine der Gemischkomponenten
- Kohlenmonoxid in hoher Konzentration (>5 %), da unrealistisch hohe MESG-Werte resultieren. Vorsicht ist bei Gemischen aus zwei Komponenten mit einer Komponente Inertgas, wie z. B. Stickstoff, geboten.

Beinhalten Gemische Inertgase wie Stickstoff mit einer Konzentration unter 5 %, ist eine Grenzspaltweite von unendlich anzunehmen. Bei einem Gemisch mit einem Inertgasanteil wie Stickstoff ab 5 % kann von einem MESG von zwei ausgegangen werden [23].

#### 4.4.1.9 Maximaler Explosionsdruck und maximaler Explosionsdruckanstieg

Kommt es zur Zündung einer explosionsfähigen Atmosphäre in einem geschlossenen Behälter, entsteht ein Explosionsdruck. Als Explosionsdruck $p_{ex}$ wird der höchste Druck bezeichnet, der bei der Explosion eines bestimmten explosionsfähigen Gemischs von Brennstoff, Luft oder Luft und Inertgas unter definierten Prüfbedingungen entsteht. Der maximale Explosionsdruck $p_{max}$ ist der höchste Wert des Explosionsdrucks $p_{ex}$, der gemessen wird, wenn bei den Prüfungen die Konzentration des Brennstoffs im Gemisch variiert wird. Diese Definitionen erfolgen gemäß der Norm EN 15967 [34]. Diese sicherheitstechnischen Kenngrößen geben Auskunft über die auf die Umgebung wirkende Kraft einer Explosion. Die dazugehörigen Werte für Gase und Dämpfe werden in der benannten Norm als absoluter Druck angegeben.

Der zeitliche Explosionsdruckanstieg $(dp/dt)_{ex}$ bezeichnet gemäß EN 15967 den „höchste[n] unter festgelegten Prüfbedingungen bestimmte[n] Wert der Steigung (erste Ableitung) der Druck-Zeit-Kurve (falls erforderlich geglättet), der in einem geschlossenen Behälter bei der Explosion eines bestimmten Gemischs von brennbaren Stoffen mit Luft oder Luft und Inertgasen auftritt“ [34]. Folglich definiert sich der maximale zeitliche Explosionsdruckanstieg $(dp/dt)_{max}$ als höchster Wert des zeitlichen Explosionsdruckanstiegs, der gemessen wird, wenn bei den Prüfungen die Konzentration des Brennstoffs im Gemisch variiert wird. Der maximale zeitliche Explosionsdruckanstieg ist der maximal ermittelte Wert des reaktionsstärksten Gemischs. Diese sicherheitstechnischen Kenngrößen bilden einen Maßstab für die Ausbreitungsgeschwindigkeit der Explosion. In der benannten Norm werden die dazugehörigen Drücke in kPa und die zeitlichen Explosionsdruckanstiege in MPa/s angegeben.

Die nach EN 15967 ermittelten Kennwerte sind stark abhängig von den folgenden Einflussparametern [34]:

- Anfangstemperatur, Anfangsduck
- Anteil an Sauerstoff
- Turbulenzen des Gemischs vor der Zündung
- Größe und Form des Behälters
- Art und Energie der Zündquelle

Diese Kennwerte sind u. a. bei der Auslegung von Behältern, in denen mit einer Explosion zu rechnen ist, entscheidend.

Der maximale zeitliche Explosionsdruckanstieg $(dp/dt)_{max}$ kann zusätzlich um den $K_G$-Wert ergänzt werden. Zahlenmäßig entspricht der $K_G$-Wert dem maximalen zeitlichen Explosionsdruckanstieg $(dp/dt)_{max,}$ jedoch bezogen auf einen Behälter mit einem Volumen von 1 $m^3$ und unter definierten Prüfbedingungen. Er ist folglich gas- bzw. dampfspezifisch und volumenunabhängig. Des Weiteren steigt er in Abhängigkeit zum vorherrschenden Anfangsdruck und den Turbulenzen im unverbrannten Gemisch. Gemeinsam mit dem maximalen Explosionsdruck ist die Charakterisierung des Reaktionsverhaltens einer explosionsfähigen Atmosphäre möglich. [4]

## 4.4.2 Stäube

### 4.4.2.1 Allgemeine bedeutsame Eigenschaften

Feststoffe und Stäube sind feste Bestandteile in der Industrie. Feststoffe gelten als brennbar, wenn sie selbst brennbar sind oder unter bestimmten Umständen brennbare Gase oder Dämpfe abgeben können. Staub kann bei der Herstellung bzw. bei der Handhabung feinteiliger Materialien entstehen oder freigesetzt werden. Auch bei der Bearbeitung von Feststoffen, durch z. B. spanende Verfahren, werden häufig Stäube in die Atmosphäre freigegeben. Unter den Begriff Staub können auch Pulver, Mehl, Puder oder Ähnliches fallen.

In Anlehnung an die VDI 2236 [35] wird zwischen Nutzstaub und Abfallstaub unterschieden. Nutzstaub wird dabei aktiv und gewollt hergestellt. Herstellungsprozesse sind Zerkleinerungsvorgänge wie z. B. Brechen oder Mahlen, Versprühen oder Verdampfen von Schmelzen oder Flüssigkeiten sowie das Fällen oder Kristallisieren aus Lösungen mit anschließender Separation der Feststoffe. Als Abfallstaub werden Nebenprodukte verstanden, die ungewollt in die Atmosphäre gelangen. Abfallstaub kann z. B. bei der Produktion und dem offenen Handhaben von Nutzstäuben freigesetzt werden. Ebenso kommt es bei der Bearbeitung kompakter Materialien, beispielsweise beim Schleifen, häufig zum Auftreten von Abfallstäuben. Auch bei der Handhabung gröberer Schüttgüter, wie z. B. Kohle, Getreide oder Granulaten, kann Abfallstaub entstehen. [35, 36]

Als Staub werden allgemein kleinste Partikel fester Stoffe mit beliebiger Form und Struktur bezeichnet, die nach einer Aufwirbelung aufgrund ihres geringen Eigengewichts für eine gewisse Zeit in der Atmosphäre als Staub-Luft-Gemisch erhalten bleiben, ehe sie sich bedingt durch die Schwerkraft absetzen. Aus Sicht des Explosionsschutzes reagieren brennbare Stäube beim Wirksamwerden einer Zündquelle exotherm mit Luft [10]. Als Synonym für brennbar wird häufig auch der Begriff entflammbar verwendet.

Die VDI 2236 konkretisiert die Definition der brennbaren Stäube und legt dabei einen Grenzwert fest, wonach ein brennbarer Staub eine Korngröße kleiner gleich 500 µm besitzt. Damit sind auch Produkte wie Pulver, Puder oder Mehl in die Definition eingeschlossen (z. B. Aluminiumpulver, Puderzucker, Weizenmehl). Ebenfalls werden kurze Fasern, die die allgemeinen Anforderungen der Definition erfüllen, explizit einbezogen (z. B. als Schneidflock, Mahlflock, Holzmehl, Torfmull, Textilstaub). [35]

Die Entzündung von Stäuben setzt das Vorhandensein aller zuvor in Abschn. 4.1 definierten Grundvoraussetzungen für eine Zündung der explosionsfähigen Atmosphäre voraus. Nach der Zündung pflanzt sich der im Staub-Luft-Gemisch eingeleitete Verbrennungsvorgang derart fort, dass die bei der Verbrennung eines kleinen Volumenanteils des Gemischs frei werdende Energie auf die benachbarten Volumenteile übertragen wird. Dadurch kommt eine selbstständige sich allseitig fortsetzende Reaktion in Gang. Ob die Voraussetzungen für eine Staubexplosion erfüllt sind oder lediglich eine Verbrennung stattfindet, hängt insbesondere von der Erscheinungsform der Stäube in einer konkreten Umgebung ab. Die Explosionsfähigkeit der Atmosphäre ist dabei im Wesentlichen abhängig von der Feinheit des auftretenden Staubs und der Konzentration des Staub-Luft-Gemischs innerhalb der Explosionsgrenzen. In den meisten Fällen kommt es zu einer Vermischung von Luft und Staub, wenn abgelagerte Staubschichten durch einen Windstoß oder eine Druckwelle aufgewirbelt werden. Neben den zuvor genannten Parametern, die für das Auftreten einer Staubexplosion als Grundvoraussetzung gelten, nehmen auch die spezifischen Eigenschaften des Staubs, wie z. B. dessen Feuchtigkeit oder die Umgebungstemperatur, Einfluss auf die Entzündbarkeit. [4, 35]

Die Einflüsse des Wassergehalts und der Materialfeuchte auf das Explosionsverhalten eines Staub-Luft-Gemischs sind geringer als allgemein erwartet und sollten deshalb im Zusammenhang mit Explosionsschutzmaßnahmen sorgfältig untersucht werden. Im Fall von leitfähigen Stäuben und dabei insbesondere von Leichtmetallstäuben kann Wasserfeuchte in der verbrennenden Staubwolke zur Bildung von Wasserstoff führen. Damit ist die Möglichkeit der Bildung hybrider explosionsfähiger Gemische (Gas-Staub-Luft-Gemische) gegeben. Diese sind sicherheitstechnisch besonders kritisch zu bewerten, da hier die unteren Explosionsgrenzen deutlich niedriger liegen als im reinen Staub-Luft-Gemisch, siehe Abschn. 4.4.3.

Staub kann in zwei unterschiedlichen Zustandsformen auftreten: zum einen als abgelagerter Staub und zum anderen als aufgewirbeltes, im Raum verteiltes Staub-Oxidationsmittel (vorrangig Luft) -Gemisch. Abgelagerter Staub ist in seiner Reaktion träge. Es treten eher Reaktionen wie Brennen, Schwelen oder Glimmen auf. Aufgewirbelter Staub hingegen kann unter geeigneten Voraussetzungen explosiv reagieren. Hierbei ist jedoch eine Wechselwirkung der zuvor beschriebenen Phänomene zu beachten. So kann aufgewirbelter Staub sedimentieren und abgelagerter Staub durch z. B. einen Luftstoß oder eine Druckwelle einer Explosion aufgewirbelt werden und in seiner neuen Zustandsform eine explosionsfähige Atmosphäre bilden und somit die Explosion unter Umständen fortsetzen. [15, 35, 37]

**Abgelagerte Stäube**

Abgelagerte Stäube können gemäß VDI 2263 unterschiedliche Arten von Staubbränden verursachen [35]:

- Bei Stoffen, die bei ihrer Verbrennung keine brennbaren Gase freisetzen, sind nach der Entzündung Glimmbrände zu beobachten.
- Kommt es bei der Verbrennung zur Freisetzung brennbarer Gase, können offene Brände entstehen.
- Die Zufuhr von Luft hat einen wesentlichen Einfluss auf die Ausbreitung des Brands. Durch Luftzufuhr werden offene Brände begünstigt. Ohne eine ausreichende Luftzufuhr bilden sich mitunter Schwelbrände.

- Innerhalb einer Staubschüttung reicht der vorherrschende Luftsauerstoff lediglich für die Entstehung eines Glimm- oder Schwelbrands aus. Für einen offenen Brand muss weiterer Sauerstoff durch Konvektion oder Diffusion an den Brandherd gelangen.
- Eine Staubschüttung kann sich unter dem Einfluss von Luftsauerstoff selbst entzünden.

Die Gefahr, die von abgelagerten Stäuben ausgehen kann, wird u. a. von den folgenden spezifischen sicherheitstechnischen Kenngrößen beeinflusst:

- Entzündbarkeit
- Brennbarkeit
- Glimmtemperatur
- Deflagrationsfähigkeit
- Selbstzündung abgelagerter Stäube
- Exotherme Zersetzung abgelagerter Stäube
- Schlagempfindlichkeit

Abgelagerte Stäube gelten als entzündbar, sofern sie sich von einer fremden Zündquelle entfachen lassen und der Brand sich anschließend im unverbrannten Material selbstständig ausbreitet. Weiterführend ist das Brennverhalten des Stoffs zu beurteilen. Abgelagerte Stäube werden dahingehend beurteilt, wie sich ein Brand innerhalb des Stoffs ausbreiten kann. Abhängig vom Brandverhalten werden abgelagerte Stäube mit einer Brennzahl von 1 bis 6 bewertet. Brennzahl 1 steht für einen nicht brennbaren Stoff, Brennzahl 6 steht für einen schnell abbrennenden Stoff. Die Brennzahl gibt Auskunft, wie sich ein Brand innerhalb einer Schüttung verhält. Die Brennzahl wird positiv von der Umgebungstemperatur beeinflusst. Mit steigender Umgebungstemperatur nimmt auch die Brennzahl zu. Tab. 4.6 zeigt einzelne Beispielstoffe und deren verschiedene Brennzahlen sowie deren Art, zu reagieren.

**Tab. 4.6** Klassifizierung der Brennzahlen und Beispiele gemäß VDI 2263-1 [36]

| Art der Reaktion | | Brennzahl (BZ) | Beispiel |
|---|---|---|---|
| **Keine Ausbreitung eines Brands** | Kein Anbrennen | 1 | Kochsalz |
| | Kurzes Entzünden und rasches Erlöschen | 2 | Weinsäure |
| | Örtliches Brennen oder Glimmen mit höchstens geringer Ausbreitung | 3 | D-Lactose, Maisstärke |
| **Ausbreitung eines Brands** | Durchglühen ohne Funkenwurf (Glimmbrand) oder langsame flammenlose Zersetzung | 4 | Tabak, Sägemehl, Lykopodium |
| | Abbrennen unter Flammenerscheinung oder Funkensprühen | 5 | Schwefel |
| | Sehr schnelles bis verpuffungsartiges Abbrennen oder rasche flammenlose Zersetzung | 6 | Schwarzpulver, Magnesiumpulver |

Ein deflagrationsfähiger Stoff ist in der Lage, eine lokal ausgelöste Zersetzung, beispielsweise einen Glimmbrand, ausgelöst durch eine heiße Oberfläche fortzusetzen. Anders als bei einem Brand kann sich die Deflagration ohne Sauerstoff fortsetzen. Bei einer Deflagration wird häufig eine große Menge an heißen Gasen freigesetzt, die unter Umständen brennbar sind. Stoffe werden hinsichtlich der Ausbreitungsgeschwindigkeit der Deflagration bewertet. Diese Eigenschaft kann mithilfe eines Prüfverfahrens gemäß VDI 2263-1 untersucht werden. [36]

Unter der Selbstentzündung von Stäuben wird ein Vorgang verstanden, bei dem sich eine Staubschüttung unter Wärmeeinwirkung aus der Umgebung unter Anwesenheit von Luft durch eine Selbsterhitzung entzündet [15, 37]. Schon bei geringen Umgebungstemperaturen kann es zu einer langsamen Reaktion der einzelnen Partikeloberflächen der Staubschüttung mit dem in der Luft vorhandenen Sauerstoff kommen, durch die Wärme freigesetzt wird. Dieses Phänomen führt zu einem Temperaturanstieg in der Schüttung, was wiederum die Reaktionsgeschwindigkeit erhöht. Selbstentzündung tritt ein, wenn sich die bei der Oxidation entstandene Wärme staut und nicht schnell genug von der Umgebung abtransportiert werden kann. Beeinflusst wird dieser Effekt vom Volumen-Oberflächen-Verhältnis der Schüttung, von der Wärmeleitfähigkeit des Staubs und von der Umgebungstemperatur. [4, 15, 37]

Eine exotherme Zersetzung abgelagerter Stäube wird in der VDI 2263 als eine „auch ohne Luftsauerstoff stattfindende Reaktion [verstanden], die zu einer Selbsterhitzung und bei Gasfreisetzung zu einer Drucksteigerung führen kann“ [35]. Die zuvor behandelten Eigenschaften abgelagerter Stäube waren in ihrer Reaktion direkt und damit unmittelbar in Verbindung mit dem abgelagerten Staub ohne Umwandlung des chemischen Gefüges wirksam. Bei der exothermen Zersetzung abgelagerter Stäube kommt es durch den Einfluss erhöhter Temperaturen zu einer Umwandlung des Ausgangsprodukts [15]. Bei einer solchen Zersetzungsreaktion können brennbare Schwelgase freigesetzt werden. So kann eine Staubschüttung, ohne dass diese primär aufgewirbelt wird, explodieren [4, 38]. An dieser Stelle muss der Schwelpunkt, jener Temperaturpunkt, ab dem ein Staub beginnt, Schwelgase abzugeben, betrachtet werden.

Die Schlagempfindlichkeit eines Stoffs gibt Auskunft über das Verhalten eines Stoffs unter dem Einfluss plötzlicher mechanischer Belastung. Durch diese Belastung kann eine auftretende Zersetzungsreaktion des abgelagerten Staubs eine Explosion auslösen. Abgelagerte Stäube sind dementsprechend nach ihrem Reaktionsverhalten als schlagempfindlich oder nicht schlagempfindlich zu bewerten. [36]

#### Aufgewirbelte Staub-Luft-Gemische

Damit es zu einer Explosion eines Staub-Luft-Gemischs kommen kann, muss brennbarer Staub mit Luft zu einer Staubwolke aufgewirbelt werden, deren Konzentration innerhalb der notwendigen Staubexplosionsgrenzen liegt, und eine energetisch ausreichende Zündquelle wirksam werden. [4]

Das aufgewirbelte Staub-Luft-Gemisch ist dabei nach folgenden sicherheitstechnischen Kenngrößen zu beurteilen:

- Untere Explosionsgrenze (UEG)
- Obere Explosionsgrenze (OEG)
- Sauerstoffgrenzkonzentration (SGK)
- Zündtemperatur
- Mindestzündenergie (MZE)
- Maximaler Explosionsdruck
- Maximaler Explosionsdruckanstieg (im Zusammenhang mit $K_{ST}$-Wert)

Darüber hinaus sind die folgenden Einflussparameter auf das Explosionsverhalten eines Staub-Luft-Gemischs zu betrachten, deren detaillierte Erklärung im Anschluss bzw. in den nachfolgenden Kapiteln folgt [35]:

- Feinheit des Staubs und dessen Konzentration
- Sauerstoffkonzentration
- Turbulenzgrad des Staub-Luft-Gemischs
- Druck und Temperatur des Staub-Luft-Gemischs
- Wassergehalt oder die Materialfeuchte
- Behälterform

Eine erhöhte Turbulenz verstärkt jede Staubexplosion. Das heißt, je mehr Bewegung das Staub-Luft-Gemisch hat, desto heftiger verläuft die Explosion.

Der Einfluss des Wassergehalts im Staub-Luft-Gemisch bzw. der Materialfeuchte wird erst ab einem relativ hohen Wasseranteil (ca. >30 %) wirksam und reduziert dann die Heftigkeit der Explosion. Jedoch sind Stäube mit einem Wasseranteil von über 10 % schwerer und dadurch träge. Sie lassen sich nur schwer bis gar nicht aufwirbeln, was die Entstehung einer explosionsfähigen Atmosphäre stark reduziert. [35]

Die Form der Umhausung einer explosionsfähigen Atmosphäre kann unter Umständen die Heftigkeit einer Explosion erhöhen. Bei langen und dünnen Querschnitten, wie sie z. B. bei einem Rohr vorkommen, kann eine deflagrative Explosion durch einen rasanten Anstieg von Druck und Ausbreitungsgeschwindigkeit zur Detonation umschlagen. [35]

#### 4.4.2.2 Korngröße

Allgemein gilt, je feiner ein Staub, desto gefährlicher ist er. Das lässt sich darauf zurückführen, dass feinkörniger Staub reaktiver ist als grobkörniger [4]. Die Verbrennung von Feststoffen erfolgt an deren Oberflächen unter Beteiligung des Sauerstoffs, der in der Umgebungsatmosphäre vorliegt. Bei den meisten brennbaren Feststoffen treten dabei Flammenerscheinungen auf, bei denen die zuvor ausgedampften oder ausgeschwelten und durch Diffusion mit Sauerstoff vermischten Bestandteile oxidieren. Die Größe der zur Reaktion zur Verfügung stehenden gesamten Festkörperoberfläche bestimmt maßgeblich die notwendige Mindestzündenergie und die Reaktionsgeschwindigkeit. Ein kompakter Festkörper hat eine sehr viel kleinere zur Oxidation zur Verfügung stehende Oberfläche als ein Staub.

Damit werden die Größen der jeweiligen inneren Oberflächen der Stäube, die wiederum von den Korngrößen und deren Verteilungen abhängen, bestimmend für die Reaktionsdynamik. Je geringer die Korngrößen und je größer der Anteil an feinkörnigem Staub in der Schüttung, umso größer ist die Summe der inneren Oberflächen und damit die Gesamtreaktionsfläche sowie die Reaktionsbereitschaft. Als charakterisierende Kenngröße für Feinkörnigkeit von Stäuben hat sich der Medianwert der Korngrößenverteilung bewährt. Dabei handelt es sich um die mittlere Korngröße, 50 Gew.-% des Staubs sind gröber und 50 Gew.-% sind feiner als der Medianwert. Dieser wird mithilfe von genormten Prüfsieben ermittelt. Eine weitere wichtige Kenngröße in diesem Zusammenhang ist die spezifische Oberfläche (in $m^2/g$). Sie ist von der Korngröße und bei gleicher Teilchenmasse von der Kornform abhängig. Es gilt, dass Staubkörner mit einer großen Oberfläche extremer reagieren als solche mit einer geringeren Oberfläche. Der allgemeinen Definition nach sind Staubpartikel $>500\ \mu m$ nicht mehr explosionsgefährlich, jedoch gilt es zu beachten, dass bei der Handhabung solchen Grobstaubs auch feinerer Staub entstehen kann. Gemäß der Informationen der Berufsgenossenschaft Rohstoffe und chemische Industrie besteht der in Tab. 4.7 dargestellte Zusammenhang zwischen der Korngrößenverteilung und der Explosionsfähigkeit [39]. [4, 5, 35]

Zusätzlich ist darauf hinzuweisen, dass es bei der Wärmebehandlung von organischen Stäuben zur pyrolytischen Zersetzung kommen kann, bei der gas- oder nebelförmige Produkte – sogenannte Schwelgase – entstehen, die ihrerseits im Gemisch mit Luft zu einer explosionsfähigen Atmosphäre führen können.

#### 4.4.2.3 Explosionsgrenzen

Analog zu den bereits bekannten Explosionsgrenzen von gasförmigen explosionsfähigen Atmosphären sind Staub-Luft-Gemische auch nur innerhalb eines bestimmten Konzentrationsbereichs, begrenzt durch die untere und obere Explosionsgrenze, explosionsfähig. Die Definitionen der unteren (UEG) und oberen Explosionsgrenze (OEG) können dem Abschn. 4.4.1.3 entnommen werden. Explosionspunkte bestehen nur für brennbare Flüssigkeiten.

Im Unterschied zu den verdampften oder versprühten Flüssigkeiten und Gasen ist es aber aufgrund des Fehlens von homogenen Zuständen in den Staub-Luft-Gemischen kaum möglich, genaue und stabile Werte für die obere und untere Explosionsgrenze anzugeben.

**Tab. 4.7** Zusammenhang zwischen der Korngrößenverteilung und der Explosionsfähigkeit gemäß [39]

| Korngröße | Explosionsfähigkeit |
|---|---|
| < 0,5 mm | Grundsätzlich ist eine Staubexplosionsfähigkeit anzunehmen. |
| 0,5 bis 1 mm | In Abhängigkeit vom Staub könnten Staubexplosionen auftreten. |
| >1 mm | Es ist nicht mit Staubexplosionen zu rechnen. |

Die genannten Inhomogenitäten sind auf die zeitlich und örtlich unterschiedlichen Mischungsverhältnisse von Stäuben mit Luft zurückzuführen. Das Verhältnis der Gesamtmasse des Staubs zum Gesamtvolumen des betrachteten Raums erlaubt zwar Rückschlüsse auf bestimmte Werte der Staubkonzentrationen. Allerdings muss man dabei beachten, dass es sich hierbei lediglich um Mittelwerte handelt und lokal völlig unterschiedliche Staubkonzentrationen vorliegen können. Daher haben die Explosionsgrenzen im Fall von Staub-Luft-Gemischen nicht die gleiche sicherheitstechnische Relevanz, wie es bei den Gasen und Dämpfen der Fall ist. Diese Aussage gilt insbesondere für die obere Explosionsgrenze von Staub-Luft-Gemischen. In der Praxis befindet sich die untere Explosionsgrenze für viele technische Stäube zwischen 20 g/m$^3$ und 60 g/m$^3$. Einige Stäube können bereits ab einer unteren Explosionsgrenze von 15 g/m$^3$ eine explosionsfähige Atmosphäre bilden. Der Explosionsbereich erstreckt sich dann bis zur oberen Explosionsgrenze, die zwischen 2 kg/m$^3$ und 6 kg/m$^3$ liegt. Die untere Explosionsgrenze unterliegt den folgenden Einflüssen [25, 35, 40]:

- Die untere Explosionsgrenze sinkt durch geringer werdende Korngrößen (Medianwert).
- Durch steigende Ausgangstemperaturen oder einen steigenden Ausgangsdruck senkt sich die untere Explosionsgrenze.
- Die untere Explosionsgrenze erhöht sich durch einen steigenden Wassergehalt.

#### 4.4.2.4 Mindestzündtemperatur einer Staubschicht – Glimmtemperatur

Eine zentrale sicherheitstechnische Kenngröße für abgelagerte Stäube ist die Mindestzündtemperatur (MIT) einer Staubschicht. Sie wird ebenfalls als Glimmtemperatur bezeichnet. Gemäß ISO/IEC 80079-20-2 ist dies die niedrigste Temperatur einer heißen Oberfläche, die die Entzündung einer 5 mm hohen Staubschicht unter definierten Prüfbedingungen herbeiführt. Der benannten Norm kann auch ein standardisiertes Prüfverfahren zur Bestimmung der Mindestzündtemperatur einer Staubschicht entnommen werden. [23, 35, 41]

Bei großen Staubschüttungen gibt es auch die Möglichkeit des Auftretens von Selbstentzündungen. Diese werden durch erhöhte Umgebungs- oder Produkttemperaturen ausgelöst oder begünstigt. Auch mikrobiologische Reaktionen können eine örtliche Erhitzung verursachen. Entscheidend für das Auslösen von Selbstentzündungen ist die Differenz von zugeführter Wärme zu abgeführter Wärme (Netto-Wärmestrom), die mit zunehmender Dicke der Staubschicht immer kritischer wird.

#### 4.4.2.5 Mindestzündtemperatur einer Staubwolke

Analog besteht als sicherheitstechnische Kenngröße die Mindestzündtemperatur (MIT) einer Staubwolke. ISO/IEC 80079-20-2 definiert die „niedrigste Temperatur einer heißen Oberfläche, die das zündfähigste [Staub-Luft-Gemisch] unter festgelegten Prüfbedingungen entzündet“. Zwei Verfahren zur Bestimmung der Mindestzündtemperatur können der benannten Norm entnommen werden. [41]

#### 4.4.2.6 Mindestzündenergie

Die Mindestzündenergie eines brennbaren Staub-Luft-Gemischs wird in der Norm ISO/IEC 80079-20-2 als „niedrigste elektrische Energie, die in einem Kondensator gespeichert ist, die bei Entladung ausreicht, um die Entzündung de[s] empfindlichsten Staub[-]Luft[-Gemischs] […], unter festgelegten Prüfbedingungen, auszulösen“ [41] definiert. Des Weiteren können der Norm standardisierte Prüfverfahren zur Bestimmung dieser Kenngröße entnommen werden. Diese sicherheitstechnische Kenngröße ist bei der Beurteilung von elektrostatischen Entladungsvorgängen von großer Bedeutung. Tab. 4.8 zeigt die von der Berufsgenossenschaft Rohstoffe und chemische Industrie veröffentlichte mögliche Klassifizierung von Stäuben in Abhängigkeit zur Mindestzündenergie. Hervorzuheben ist, dass Koronaentladungen und Büschelentladungen Staub-Luft-Gemische kaum entzünden können. Bei Büschelentladungen müssen zusätzlich brennbare Gase bzw. Dämpfe vorherrschen. Demgegenüber besitzen Funkenentladungen, Gleitstielbüschelentladungen, Schüttkegelentladungen und gewitterblitzähnliche Entladungen häufig jedoch diese Eigenschaft. [42]

Feinkörniger Staub benötigt mehr Zeit, um sich nach einer Aufwirbelung wieder zu setzen, wodurch er länger in der Luft bleibt. Demzufolge ist die Mindestzündenergie in diesem Fall geringer. Ebenso führt eine Temperaturerhöhung bei Atmosphärendruck zu einer Verringerung der Mindestzündenergie und der unteren Explosionsgrenze. [35]

#### 4.4.2.7 Maximaler Explosionsdruck und maximaler Explosionsdruckanstieg

Die Gefahr, die von einer Staubexplosion ausgeht, wird nicht nur nach der Explosionsfähigkeit und den Explosionsgrenzen beurteilt, sondern auch nach der Stärke der Explosion [15]. Die Definitionen im Zusammenhang zum Explosionsdruck und Explosionsdruckanstieg können von den sicherheitstechnischen Kenngrößen der Gase und Dämpfe übertragen werden, siehe Abschn. 4.4.1.9. Aus dem maximalen zeitlichen Explosionsdruckanstieg $(dt/dp)_{max}$ lässt sich der $K_{st}$-Wert ableiten. Dieser wird als eine „staubspezifische, volumenunabhängige Kenngröße, die mit dem kubischen Gesetz berechnet wird“ [43], verstanden. Aus dieser Definition ergibt sich die Gleichung (Gl. 4.2):

$$K_{St} = \left(\frac{dp}{dt}\right) * V^{\frac{1}{3}} = const. \tag{4.2}$$

Der $K_{St}$-Wert charakterisiert die Heftigkeit der Explosion. Anhand des $K_{St}$-Werts lassen sich Stäube nach der VDI 2263 in verschiedene Staubexplosionsklassen untergliedern, siehe Tab. 4.9.

**Tab. 4.8** Klassifizierung von Stäuben in Abhängigkeit zur Mindestzündenergie gemäß [42]

| Art des Staubs | Höhe der Mindestzündenergie | Beispiele |
|---|---|---|
| sehr leicht entzündliche Stäube | < 1 mJ | feine Aluminiumstäube |
| leicht entzündliche Stäube | 1 mJ bis 10 mJ | Wachsstäube |
| gemäßigt entzündliche Stäube | >10 mJ bis 100 mJ | Zucker- oder Milchpulverstäube |
| schwer entzündliche Stäube | >100 mJ | Weizenmehl, Kohlestaub |

**Tab. 4.9** Klassifizierung von Stäuben in Staubexplosionsklassen gemäß VDI 2263 [35]

| Staubexplosionsklasse | $K_{St}$-Wert [bar m/s] |
|---|---|
| St 1 | $\leq 200$ |
| St 2 | $>200, \leq 300$ |
| St 3 | $>300$ |

Der Explosionsdruck und der Explosionsdruckanstieg werden durch vielfältige Faktoren beeinflusst, wie zusammenfassend dargestellt in Anlehnung an die VDI-Richtlinie 2263 [35]:

- Die heftigsten Reaktionsauswirkungen sind bei höheren Staubkonzentrationen zu erwarten.
- Je höher die Feinheit des Staubs ist, desto mehr Zeit wird für die Ablagerung benötigt und das aufgewirbelte Staub-Luft-Gemisch schwebt umso länger. Damit steigen der maximale Explosionsdruck und besonders der maximale zeitliche Druckanstieg.
- Die Korngrößen und deren Verteilung in Stäuben darf nie als konstant angesehen werden. Durch Abriebvorgänge, die sich in der Praxis nicht vermeiden lassen, kommt es stets tendenziell zur Verringerung der Korngrößen in einer wachsenden Population. Aus den oben genannten Zusammenhängen kann man daher schlussfolgern, dass sich die Gefährlichkeit von Explosionen einer gegebenen Staubschüttung mit der Zeit erhöht.
- Erhöhte Sauerstoffkonzentration und erhöhter Ausgangsdruck führen zu einer Erhöhung des Explosionsdrucks, des zeitlichen Druckanstiegs und damit der Heftigkeit der Staubexplosion.
- Eine Verringerung des Umgebungsdrucks verringert den maximalen Explosionsdruck.
- Eine Temperaturerhöhung bei Atmosphärendruck führt zu einer Verringerung der Mindestzündenergie und der unteren Explosionsgrenze.
- Eine erhöhte Turbulenz verstärkt jede Staubexplosion. Das heißt, je mehr Bewegung das Staub-Luft-Gemisch hat, desto heftiger verläuft die Explosion.

#### 4.4.2.8 Explosionsgruppen

Die brennbaren Medien in Form von Flüssigkeiten, Gasen, Dämpfen und Nebel nahmen bei der historischen Entwicklung des Explosionsschutzes eine prägende Rolle ein. Demzufolge wurde vieles von der Systematik des Gasexplosionsschutzes auch für den Staubexplosionsschutz übernommen, wie beispielsweise die Klassifizierung von Explosionsgruppen. Die Einstufungen in eine Gas-Explosionsgruppe erfolgen in Abhängigkeit von den sicherheitstechnischen Kenngrößen Normspaltweite und Mindestzündstromverhältnis, siehe Abschn. 4.4.1.7 und 4.4.1.8. Eine so eindeutige Zuordnung ist bei Staub-Luft-Gemischen kaum möglich. Nach der grundlegenden Norm des Explosionsschutzes, der IEC 60079-0, erfolgt eine Unterteilung in IIIA – brennbare Flusen, IIIB – nicht leitfähiger Staub und IIIC – leitfähiger Staub [17]. Hier ist festzustellen, dass die Gefährlichkeit der Explosionsereignisse von der Explosionsgruppe IIIA über IIIB bis IIIC zunimmt, siehe Tab. 4.10. Allerdings basiert die Klassifikation auf einer Kombination aus Partikeleigenschaften (Leitfähigkeit und Form), die auch in Abhängigkeiten mit den Explosionseigenschaften wie Zündwilligkeit, dem maximalen Druckanstieg während der Explosion sowie dem maximalen Explosionsdruck verbunden sind.

**Tab. 4.10** Klassifizierung der Explosionsgruppen nach Gefährlichkeit der Stäube

| Explosionsgruppe | Staub | Gefährlichkeit der Stäube |
|---|---|---|
| IIIA | brennbare Flusen | + |
| IIIB | nicht leitfähiger Staub | ++ |
| IIIC | leitfähiger Staub | +++ |

### 4.4.3 Hybride Gemische

In manchen industriellen Anwendungen tritt eine explosionsfähige Atmosphäre auf, deren brennbarer Stoff aus einer Mischung aus Staub und Gas, Nebel oder Dampf besteht. Diese Art explosionsfähiger Atmosphäre, deren brennbarer Stoff ein Gemisch zweierlei Herkunft ist, wird als hybrides Gemisch bezeichnet. Eine derartige Kombination tritt beispielsweise bei der Trocknung lösungsmittelfeuchter Stäube auf. Dabei ist das Phänomen zu beobachten, dass zwei Stoffe, die allein in ihrer Konzentration nicht explosionsfähig sind, in Kombination explosionsfähig werden können. Ein hybrides Gemisch weist dabei andere sicherheitstechnische Kenngrößen auf als seine Bestandteile im Einzelnen. Diese abweichenden sicherheitstechnischen Kenngrößen müssen bei der Auslegung eines Geräts oder Sicherheitssystems bzw. bei der Einteilung der Explosionszonen berücksichtigt werden. [16]

Im Rahmen eines Forschungsvorhabens der DEKRA EXAM, das von der Berufsgenossenschaft Rohstoffe und chemische Industrie finanziell gefördert wurde, erfolgte in den Jahren 2015 und 2016 die Analyse von anwendbaren Abschätzverfahren zur Charakterisierung von sicherheitstechnischen Kenngrößen für hybride Gemische anhand einer umfangreichen Literaturrecherche. Ein Ergebnis ist auch, dass weiterer umfangreicher Forschungsbedarf vorliegt. Die hier nachfolgenden Erkenntnisse basieren auf dem abschließenden Bericht des Forschungsvorhabens. [16]

Tritt in einem Prozess sowohl ein brennbares Gas als auch ein brennbarer Staub auf, gilt es zu beurteilen, ob die Kombination der beiden Reinstoffe ein explosionsfähiges hybrides Gemisch bildet. Der auftretende Staub muss zur Bildung einer explosionsfähigen hybriden Atmosphäre mindestens brennbar sein. In Kombination mit einer Brenngaskonzentration von mindestens 10 % der unteren Explosionsgrenze des brennbaren Gases muss von einer explosionsfähigen hybriden Atmosphäre ausgegangen werden. Folglich ist der Einfluss des Gemischs auf die einzelnen sicherheitstechnischen Kenngrößen zu untersuchen. Die folgende Abb. 4.6 stellt das im Forschungsprojekt entwickelte Ablaufschema zur Beurteilung des Auftretens eines hybriden explosionsfähigen Gemischs dar. [16]

Besteht in einem hybriden Gemisch eine Konzentration des Brenngases unterhalb von 20 % der unteren Explosionsgrenze des Brenngases, beeinflusst dies bereits die sicherheitstechnischen Kenngröße der Stäube. Nicht brennbare Stäube können in der Kombination mit einem Brenngas unter Umständen explosiv reagieren.

Weitere Ergebnisse in Abhängigkeit von den einzelnen sicherheitstechnischen Kenngrößen werden zusammenfassend in Tab. 4.11 dargestellt.

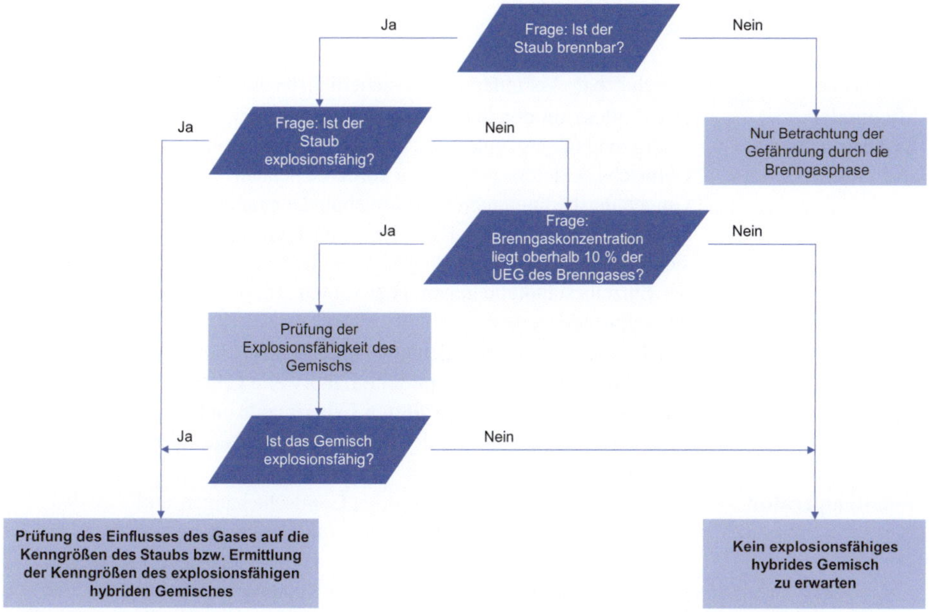


**Abb. 4.6** Ablaufschema zur Beurteilung des Auftretens eines hybriden explosionsfähigen Gemischs nach [16, S. 8]

**Tab. 4.11** Abschätzbare Veränderung der sicherheitstechnischen Kenngrößen für hybride Gemische – Zusammenfassung von [16]

| Sicherheitstechnische Kenngröße | Abschätzbare Veränderung der sicherheitstechnischen Kenngröße |
|---|---|
| **Explosionsfähigkeit** | Bei einem hybriden Gemisch muss auch unterhalb der jeweiligen UEG der einzelnen Stoffe mit einer explosionsfähigen Atmosphäre gerechnet werden. |
| **Untere Explosionsgrenze** | Die untere Explosionsgrenze des Hybrids nimmt mit der Zunahme der Brenngaskonzentration ab. Es können Explosionsgrenzen auftreten, die unterhalb der Explosionsgrenzen der einzelnen Komponenten des Hybrids liegen. Der Einfluss des Brenngases lässt sich mithilfe der Abschätzformel nach Bartknecht berechnen. |
| **Sauerstoffgrenzkonzentration** | Die Sauerstoffgrenzkonzentration ist stark abhängig von den auftretenden Einzelkomponenten. Mit zunehmendem Anteil an Brenngas reduziert sich jedoch die Sauerstoffgrenzkonzentration des hybriden Gemischs. Nach dem Erreichen der Sauerstoffgrenzkonzentration des Brenngases nimmt diese jedoch wieder zu. Untersuchungen gehen davon aus, dass die Sauerstoffgrenzkonzentration der einzelnen Stoffe dabei nicht unterschritten wird. Der Stoff mit der geringeren Sauerstoffgrenzkonzentration ist dabei ausschlaggebend. |

(Fortsetzung)

**Tab. 4.11** (Fortsetzung)

| Sicherheitstechnische Kenngröße | Abschätzbare Veränderung der sicherheitstechnischen Kenngröße |
|---|---|
| **Maximaler Explosionsdruck** | Der Einfluss auf den maximalen Explosionsdruck ist von vielerlei Faktoren abhängig: einerseits von der Zusammensetzung des hybriden Gemischs, andererseits von den vorherrschenden Umgebungsbedingungen wie Umgebungstemperatur, -druck und Sauerstoffkonzentration. Es ist zu beobachten, dass die sicherheitstechnischen Kenngrößen des hybriden Gemischs über denen der Einzelbestandteile liegen. Hier sollten ermittelte Laborwerte herangezogen werden. |
| **$K_{St}$-Wert** | Der $K_{St}$-Wert ist bei hybriden Gemischen maßgeblich von der Turbulenz des Gemischs abhängig. Ermittelte Laborwerte gelten nur für die unter Laborbedingungen durchgeführten Experimente und können bei einer veränderten Turbulenz und der Realität abweichende Werte annehmen. Hierauf muss geachtet werden. |
| **Zündtemperatur** | Die Zündtemperaturen der hybriden Gemische hängen stark von den vorherrschenden Parametern der Zusammensetzung und der einzelnen sicherheitstechnischen Kenngrößen ab. Es lässt sich aber nach dem heutigen Stand nicht von den sicherheitstechnischen Kenngrößen der Einzelbestandteile auf die Kenngrößen des hybriden Gemischs schließen. In manchen Fällen kann diese unter der Zündtemperatur der einzelnen Reinstoffe liegen. Hier sollten Laboruntersuchungen zur Bewertung herangezogen werden. |
| **Grenzspaltweite** | Aktuelle Studien lassen keinen Rückschluss auf die Grenzspaltweite des hybriden Gemischs schließen. Da die Grenzspaltweite für Gase in jedem Fall unter dem von Stäuben liegt, lässt sich die Grenzspaltweite der Gase als sicherer Kennwert heranziehen. |
| **Mindestzündenergie** | Es lässt sich beobachten, dass die Mindestzündenergie mit einer Zunahme des Brenngasanteils abnimmt. Das lässt sich durch die allgemeine geringere Zündenergie der Gase erklären. Schon bei einer geringen Konzentration an Brenngas im Gemisch lässt sich eine signifikante Veränderung der Mindestzündenergie des hybriden Gemischs feststellen. Die Entwicklung der Mindestzündenergie wird dabei maßgeblich von der vorherrschenden Umgebungstemperatur beeinflusst. Der Einfluss geringer Mengen an Brenngas reduziert die Mindestzündenergie bei Temperaturen über 20 °C entscheidend. Dieser Einfluss ist bei einer hohen Mindestzündenergie des Staubs bereits bei 20 % der unteren Explosionsgrenze des Brenngases signifikant. Die Mindestzündenergie des hybriden Gemischs kann nicht allgemein über die Gleichung nach Pellmont berechnet werden. Das Risiko lässt sich erheblich reduzieren, wenn man die Mindestzündenergie des zündwilligsten Stoffs heranzieht. |

Derzeit beschäftigen sich auch die Physikalisch-Technische Bundesanstalt, die Bundesanstalt für Materialforschung und -prüfung in Kooperation mit u. a. der Otto-von-Guericke-Universität Magdeburg mit der Bestimmung sicherheitstechnischer Kenngrößen hybrider Gemische. Im Rahmen des NEX-HYS-Projekts wurden standardisierte Verfahren zur Bestimmung des maximalen Explosionsdrucks und der zeitlichen Druckanstiegsrate entwickelt. Aktuell erfolgt die Spezifizierung von hybriden Gemischen. Die Festlegung weiterer Verfahren zur Bestimmung sicherheitstechnischer Kenngrößen bedarf noch zusätzlicher Untersuchungen. [44–46]

## 4.5 Oxidationsmittel

### 4.5.1 Allgemein

Eine Voraussetzung für eine Explosion ist das Vorhandensein eines Oxidationsmittels. Die Grundlagen dieser Zusammenhänge können Kap. 2 entnommen werden. Das im Zusammenhang des Explosionsschutzes bekannteste Oxidationsmittel ist Sauerstoff. Sauerstoff kommt zu 21 % in der Luft vor und ist daher ein elementares Element unserer Umgebung. In den meisten Fällen sind auch die zu schützenden Anlagen und Prozesse von der Luft und dem Oxidationsmittel Sauerstoff umgeben. Demzufolge können die Voraussetzungen für eine Explosion damit erfüllt werden.

An dieser Stelle ist jedoch zu betonen, dass weitere Oxidationsmittel existieren. Diese müssen beispielsweise bei chemischen Prozessen berücksichtigt werden. Andere Oxidationsmittel sind z. B. reiner Sauerstoff, Halogene (z. B. Fluor, Chlor) oder Stickoxide (z. B. Lachgas). Es ist eine Unterscheidung in feste, flüssige oder gasförmige Oxidationsmittel möglich. Calciumhypochlorit ist ein Bespiel für feste Oxidationsmittel. Bei normalen Umgebungstemperaturen spaltet Calciumhypochlorit durch Feuchtigkeit, durch katalytische Einwirkungen von Verunreinigungen oder durch die Einwirkung von Kohlenstoffdioxid Chlor ab und unter erhöhten Temperaturen Sauerstoff. Demzufolge können in diesem Zusammenhang rasch Brände oder Explosionen entstehen. Ein flüssiges Oxidationsmittel ist Wasserstoffperoxid. Bereits kleinste Verunreinigungen wirken auf Wasserstoffperoxid katalysierend und beschleunigen die stark exotherme Zersetzungsreaktion. Die dabei frei werdende Energie und der hohe Anteil an Sauerstoff im Molekül des Wasserstoffperoxids stellt eine Herausforderung dar. Gasförmige Oxidationsmittel sind beispielsweise Sauerstoff und Fluor. Fluor ist das reaktionsfähigste aller Elemente und das stärkste bekannte Oxidationsmittel. Mit vielen Stoffen reagiert Fluor bereits bei Raumtemperaturen heftig bis explosionsartig. [4, S. 297 ff.]

### 4.5.2 Sauerstoff und Sauerstoffgrenzkonzentration

Durch das Vorhandensein in der Luft mit 21 % umgibt Sauerstoff den Menschen und die Umwelt tagtäglich. Wir benötigen den Sauerstoff zum Leben. Explosionen können mit dem Sauerstoff in der Luft, aber auch mit reinem Sauerstoff verursacht werden. Die sicherheitstechnischen Kenngrößen können in diesem Zusammenhang auch variieren.

Eine sicherheitstechnische Kenngröße des Sauerstoffs in der Luft ist die Sauerstoffgrenzkonzentration (SGK). Die Sauerstoffgrenzkonzentration nach EN 13237 beschreibt dabei die geringste Sauerstoffkonzentration in einem Gemisch aus Luft und Inertgas sowie einem Brennstoff in Form von Gas, Dampf oder Nebel, bei dem die Zündung der explosionsfähigen Atmosphäre aufgrund des zu geringen Sauerstoffgehalts gerade nicht mehr möglich ist [10]. Angegeben wird diese Grenzkonzentration in Vol.-%. Eine Zunahme des Inertgasanteils in der Verbrennungsluft reduziert den Sauerstoffanteil. Bei der Unterschreitung der Sauerstoffgrenzkonzentration sind Brennstoffe mit beliebiger Konzentration nicht zündfähig. Bei den meisten brennbaren Stoffen ist ein Sauerstoffgehalt von unter 5 Vol.-% bei Auftreten von $CO_2$ oder $N_2$ als Inertgas im Gemisch als nicht mehr zündfähig anzusehen. [10, 27, 35, 47]

Staubexplosionen können nur oberhalb der Sauerstoffgrenzkonzentration auftreten. Bei einer zu geringen Sauerstoffkonzentration oder einem zu großen Anteil an Inertgas in einem Gemisch ist das Staub-Luft-Gemisch nicht mehr explosionsfähig. Die Sauerstoffgrenzkonzentration ist dabei sowohl abhängig vom brennbaren Stoff als auch vom auftretenden Inertgas. [35, 47]

Mit steigender Temperatur und mit steigendem Druck sinkt die Sauerstoffgrenzkonzentration. Bei hybriden Gemischen sollte die höchstzulässige Sauerstoffgrenzkonzentration an der Gemischkomponente mit der niedrigsten Sauerstoffgrenzkonzentration ausgerichtet werden. [48]

## 4.6 Zündquellen

### 4.6.1 Allgemeine Zusammenhänge

Eine Explosion bedarf des Wirksamwerdens einer Zündquelle in einer explosionsfähigen Atmosphäre, siehe Abschn. 2.4 und 4.1. Nach dem Stand der Technik wird aktuell zwischen 13 verschiedenen Zündquellen unterschieden. Die Definition der 13 Zündquellen kann der Norm EN 1127-1 entnommen werden [1]. Weitere umfangreiche Hinweise sind in der Technischen Regel TRGS 723 enthalten [49]. Die 13 Zündquellen werden in den nachfolgenden Kapiteln in Anlehnung an die Definitionen der EN 1127-1 und TRGS 723 vorgestellt [1, 49]:

- Heiße Oberflächen
- Flammen und heiße Gase (einschließlich heißer Partikel)
- Mechanisch erzeugte Schlag-, Reib-, Abtragvorgänge
- Elektrische Geräte und Komponenten
- Elektrische Ausgleichströme, kathodischer Korrosionsschutz
- Statische Elektrizität

- Blitzschlag
- Elektromagnetische Wellen im Frequenzbereich von $10^4$ Hz bis $3 \times 10^{11}$ Hz – Hochfrequenzbereich
- Elektromagnetische Wellen im Frequenzbereich von $3 \times 10^{11}$ Hz bis $3 \times 10^{15}$ Hz
- Ionisierende Strahlung
- Ultraschallwellen
- Adiabatische Kompression und Stoßwellen
- Exotherme Reaktionen, einschließlich Selbstentzündung von Stäuben

Bei der Betrachtung der potenziellen Zündquellen sind diese in Abhängigkeit von ihrem Wirksamwerden wie folgt einzustufen [1]:

a) Zündquellen, die kontinuierlich oder häufig auftreten können
b) Zündquellen, die bei seltenen Situationen auftreten können
c) Zündquellen, die bei sehr seltenen Situationen auftreten können

Werden diese Einstufungen auf den Betrieb der einzusetzenden Geräte, Schutzsysteme und Komponenten übertragen, sind folgende Zündquellen zu berücksichtigen [1]:

a) Zündquellen, die bei Normalbetrieb auftreten können
b) Zündquellen, die lediglich infolge von Fehlern auftreten können
c) Zündquellen, die lediglich infolge von seltenen Fehlern auftreten können

Der Begriff Zündquelle wird in diesem Zusammenhang umfassend für Zündquellen und Zündmechanismen eingesetzt. Zusätzlich wäre eine Unterscheidung dieser Kategorien möglich. Zündquellen stellen die notwendigen Energiemengen für die jeweiligen Zündmechanismen bereit. Zündmechanismen beschreiben die physikalischen Vorgänge und chemischen Reaktionen, die zur Auslösung von Explosionen führen. Die drei dominierenden Zündmechanismen sind:

- Eintrag von Wärmeenergie (über heiße Oberflächen)
- Eintrag von elektrischer Energie
- Eintrag von chemischer Energie

### 4.6.2 Heiße Oberflächen

Heiße Oberflächen als potenzielle Zündquellen treten in der Prozessindustrie sehr häufig auf. Verfahrensbedingt können sie im bestimmungsgemäßen Betrieb u. a.

- an Heizeinrichtungen wie Rohrbegleitheizungen,
- an elektrischen Betriebsmitteln hervorgerufen durch die freigesetzten Verlustleistungen,

- an Anlagen- und Apparateteilen hervorgerufen durch die Prozesswärme oder
- an bestimmten Maschinenelementen wie Kupplungen oder Bremsen hervorgerufen durch Reibungsprozesse

vorkommen. Neben diesen betriebsmäßig auftretenden Wärmequellen sind aber auch häufig fehlerbedingte Oberflächenerwärmungen von Anlagen- und Apparateteilen vorzufinden, die als potenzielle Zündquellen für explosionsfähige Gemische infrage kommen. Typische Ursachen dafür sind u. a. Planungsfehler wie beispielsweise die Fehldimensionierung von elektrischen Verbindungsstellen oder Leitern oder organisatorische Mängel wie ein unzureichendes Wartungsregime. Letzteres tritt besonders bei beweglichen mechanischen Teilen wie Lagern von Maschinen in Form von übermäßig freigesetzter Reibungswärme in Erscheinung. Heiß gelaufene Lager können ein ernst zu nehmendes Gefahrenpotenzial in explosionsgefährdeten Bereichen darstellen. [1, 49]

Heiße Oberflächen können beim Kontakt mit einer explosionsfähigen Atmosphäre eine Zündung verursachen. Der Vorgang der Zündung von explosionsfähigen Stoffgemischen an heißen Oberflächen ist bei gasförmigen Medien aufgrund der Vielzahl von Parametern und der Komplexität der Zusammenhänge sehr umfangreich und schwierig umfassend zu beschreiben. Detaillierte Erklärungen sind dem Standardwerk von Steen [4] zu entnehmen. Im Gegensatz zu einigen anderen Zündquellen zeichnen sich heiße Oberflächen dadurch aus, dass eine vergleichsweise geringe Energiemenge über einen langen Zeitraum zur Zündung zur Verfügung stehen kann. Die von den heißen Oberflächen ausgehende Wärmeenergie heizt während des Kontakts mit einer angrenzenden Atmosphäre diese nach und nach auf. Je nach Umgebungsbedingungen und Medium wirken dabei die drei bekannten Mechanismen der Wärmeübertragung: Strahlung, Wärmeleitung und Konvektion. Solange die pro Volumeneinheit zugeführte Wärmemenge kleiner ist als die durch Wärmeabgabe an die Umgebung einschließlich der angrenzenden Oberflächen abgeführte Wärmemenge, kann es zu keiner Entzündung der explosionsfähigen Atmosphäre kommen. Ab einem für die konkreten Verhältnisse charakteristischen Temperaturgrenzwert liegt jedoch ein Nettozufluss an Wärmeenergie vor, der schließlich zum Erreichen der erforderlichen Zündtemperatur führt. Ab diesem Zeitpunkt ist die heiße Oberfläche zündfähig. Eine Wärmezündung setzt allerdings niemals sofort in dem Moment ein, in dem das explosionsfähige Gemisch die Oberflächentemperatur des heißen Körpers angenommen hat. Zunächst ist eine messbare und charakteristische Zündverzugs- oder Induktionszeit zwischen dem Kontaktzeitpunkt und dem Zeitpunkt der Entzündung einer heißen Flamme im Gemisch zu beobachten. Diese Zeitspanne ist u. a. abhängig von der Oberflächentemperatur, den thermodynamischen Eigenschaften der beteiligten Stoffe, dem Umgebungsdruck und der Umgebungstemperatur. Nach Ablauf dieser Zeitspanne setzt sich die ausgelöste exotherme Reaktion selbstständig im unverbrauchten Gemischanteil fort. Besteht zwischen Kohlenwasserstoffen in höheren Brennstoffkonzentrationen (auch oberhalb der oberen Explosionsgrenze) und heißen Oberflächen eine Berührung über eine längere Zeit, beobachtet man bereits bei Temperaturen deutlich unter der Zündtemperatur bläuliche, schwach leuchtende Flammenerscheinungen. Diese werden als „kalte Flammen“ bezeichnet und sind das Ergebnis von Vorreaktionen, die zur partiellen Oxidation, insbesondere größerer Moleküle, führen. Dabei entstehen leichter entzündbare Zersetzungsprodukte, die für eine Entzündung der ursprünglichen Atmosphäre förderlich sind. [1, 4, 49]

Für das Zündverhalten von explosionsfähigen Gas-Luft-Gemischen an heißen Oberflächen gibt es eine Vielzahl von Einflussgrößen. Im Folgenden werden einige bedeutsame Zusammenhänge vorgestellt [1, 4, 17, 49]:

- *Die Zusammensetzung, die Konzentrationsverhältnisse sowie die Strömungsverhältnisse des zündfähigen Gemischs:*
  Die sicherheitstechnische Kenngröße der Mindestzündtemperatur wird in Abschn. 4.4.1.4 detailliert vorgestellt. Die stoffspezifischen Mindestzündtemperaturen ergeben sich nach einem standardisierten Verfahren gemäß ISO/IEC 80079-20-1 unter präzise definierten Versuchsbedingungen [23]. Für die Anwendung in der Praxis sind somit die vorherrschenden Bedingungen zu vergleichen.
- *Strömungsgeschwindigkeit:*
  Bedeutsam für die Zündwahrscheinlichkeit ist auch die Strömungsgeschwindigkeit des explosionsfähigen Gemischs relativ zur heißen Oberfläche. Ist die durch die Strömungsgeschwindigkeit bestimmte Verweildauer eines Volumenelements der Mischung geringer als die Zündverzugszeit, erfolgt keine Entzündung. Dagegen findet bei unbewegten Gemischen mit einer ausreichend langen Verweilzeit an der heißen Oberfläche nach Ablauf der Zündverzugszeit mit hoher Wahrscheinlichkeit eine Entzündung statt.
- *Sauerstoffgehalt in der Luft:*
  Erhöht sich der Sauerstoffgehalt in der Umgebungsluft, der unter atmosphärischen Bedingungen ca. 21 % beträgt, steigt die Zündwilligkeit von explosionsfähigen Gemischen und damit sinkt die erforderliche Zündtemperatur.
- *Geometrie der heißen Oberflächen:*
  Es wurde festgestellt, dass die äußeren Oberflächen von kugelförmigen Behältern oder runden Rohrleitungen, also konvex geformte Oberflächen, zu einer Erhöhung der Zündtemperaturen gegenüber ebenen Oberflächen führen. Dagegen erfolgt beim Kontakt mit konkaven Oberflächen, wie sie im Inneren der genannten Behältnisse auftreten, die Entzündung von explosionsfähigen Gemischen bereits bei geringeren Temperaturen. Auch die Größe der heißen Oberfläche spielt eine Rolle. Kleine Oberflächen, besonders von kugelförmigen oder runden Bauteilen, führen zu deutlich höheren Zündtemperaturen.
- *Material der heißen Oberflächen:*
  Laut Freytag ist ein Einfluss des Oberflächenmaterials zwar vorhanden, insbesondere wenn katalytische Reaktionen möglich sind. Im Vergleich zu den anderen Einflussparametern ist dieser aber vernachlässigbar. [5]
- *Umgebungsdruck:*
  Sämtliche tabellarischen Werte der Zündtemperaturen werden bei atmosphärischen Bedingungen ermittelt. Es ist aber davon auszugehen, dass bei steigenden Umgebungsdrücken die pro Volumeneinheit des zündfähigen Gemischs umgesetzte Reaktionswärme ansteigt und damit Entzündungen des Gemischs bereits bei tieferen Temperaturen zustande kommen.

Auch das Entzündungsverhalten von explosionsfähigen Staub-Luft-Gemischen an heißen Oberflächen ist extrem komplex. Die transparente Darstellung stellt eine Herausforderung dar. Dies ist jedoch auch darauf zurückzuführen, dass explosionsfähige Gasatmosphären häufiger den Schwerpunkt bei Betrachtungen und Versuchen darstellen. Die Klassifizierung von Stäuben gegenüber Gasen durch Kenngrößen ist mit großen Schwierigkeiten und Fragestellungen verbunden. Gründe sind verschiedene staubspezifische Eigenschaften wie [4]:

- die wechselnden Korngrößen und Korngrößenverteilungen bei gleicher Staubsorte,
- die Alterungsfähigkeit der Stäube,
- der Einfluss von unterschiedlichen Feuchtegehalten,
- stark differierende Dichten verschiedener Stäube,
- die Schwierigkeit, räumlich und zeitlich konstante Staubkonzentrationen in Staubwolken zu erzeugen und aufrechtzuerhalten.

Darüber hinaus muss noch zwischen dem Kontakt einer heißen Oberfläche mit einer aufgewirbelten Staubwolke einerseits und mit einer auf der Oberfläche ruhenden, mehr oder weniger dicken Staubschicht andererseits unterschieden werden. Für Ersteres ergeben sich ähnliche Verhältnisse und Abhängigkeiten wie eingangs für explosionsfähige Gase und Dämpfe geschildert. Wenn die Mindestzündtemperatur des Staub-Luft-Gemischs überschritten und eine charakteristische Zündverzögerungszeit vergangen ist, kommt es zur Explosion. Bei Staubablagerungen auf heißen Oberflächen findet ab einer bestimmten Temperatur zwar auch eine Entzündung statt, aber wegen der kompakten Schüttung steht der Sauerstoff nicht im ausreichenden Maß zur Verfügung, sodass es zunächst lediglich zu lokalen Verbrennungsvorgängen kommen kann. Mit steigender Dicke der Staubablagerung erhöht sich die thermische Isolation und die Mindestzündtemperatur sinkt. Wird aber z. B. der Staub/die Staubschicht durch plötzlich einwirkende Zugluft als Staubwolke aufgewirbelt, kann rasch ein explosionsfähiges Staub-Luft-Gemisch entstehen, das dann in der offen brennenden Staubflamme eine sehr wirkungsvolle Zündquelle findet. Aus den geschilderten Gründen wird in den relevanten Normen IEC 60079-0 [17] und EN 60079-14 [50] auch verlangt, dass die Oberflächentemperaturen von explosionsgeschützten Geräten sowohl ohne als auch mit einer definierten Staubschicht geprüft werden. [1, 49]

### 4.6.3 Flammen und heiße Gase (einschließlich heißer Partikel)

Die durch den Umgang mit offenen Flammen in der Nähe von explosionsfähigen Gemischen ausgehenden Gefahren sind häufig sehr offensichtlich. Bei Unternehmen mit einer ausgeprägten Sicherheitsorganisation und einem im Sinne des Unternehmens verankerten Gefährdungsbewusstsein ist es oftmals selbstverständlich, dass niemand mit offenen Flammen innerhalb oder in der Nähe explosionsgefährdeter Bereiche hantiert. Jedoch werden durch diese Zündquelle immer noch Explosionen ausgelöst. Schwerpunkte stellen hierbei oftmals Schweiß- und Lötarbeiten dar. [1, 49]

Genau wie die Explosionen selbst treten Flammen im Zusammenhang mit exothermen chemischen Reaktionen auf. Flammen sowie deren heiße Reaktionsprodukte, wie Gase, die ohne Verbrennung auftreten, oder von der Flamme abgegebene glühende Feststoffpartikel, können eine explosionsfähige Atmosphäre zünden. Die Zündung erfolgt dabei direkt über den Kontakt mit der Flamme oder über die Reaktionsprodukte. Diese Reaktionsprodukte entstehen infolge der Verbrennung. Flammen sind häufig die Folge von Verbrennungen bei Temperaturen von mehr als 1000 °C. Glühende Feststoffpartikel sind bei Staubflammen oder rußenden Flammen zu erwarten. Die Ausbreitungsgeschwindigkeit von Flammen liegt im Bereich von einigen mm/min. Flammen zählen dabei, sind sie auch noch so klein, zu den wirksamsten Zündquellen. [1, 49]

Offene Flammen als Zündquelle stellen insofern eine Besonderheit dar, als dass sie in verzweigten Anlagen als Ergebnis von Bränden oder Explosionen auf benachbarte explosionsgefährdete Anlagenteile übergreifen können. Daher ist bereits bei der Planung von Anlagen auf eine wirksame Entkopplung der Anlagenteile zu achten, siehe Abschn. 4.7.2.4. [1, 49]

Besondere Sicherheitsmaßnahmen sind bei Schweißarbeiten in der Nähe von explosionsgefährdeten Bereichen geboten. Zum einen liefert die Schweißflamme eine sehr große potenzielle Zündquelle. Die beim Schweißen entstehenden Schweißperlen haben zum anderen eine sehr große Oberfläche und können weit und lange fliegen. Sie sind als wirksame Zündquellen zu betrachten. [1, 49]

### 4.6.4 Mechanisch erzeugte Schlag-, Reib- und Abtragvorgänge

Zündquellen können durch mechanische Prozesse entstehen. Diese sind in Schlag-, Reib- und Abtragvorgänge zu unterscheiden. Untersuchungen zeigen, dass allein auf mechanisch verursachte Zündvorgänge 30 % aller Explosionen von Staub-Luft-Gemischen zurückzuführen sind [15]. Die oben genannten mechanischen Vorgänge haben gemeinsam, dass sich dabei mindestens zwei Festkörper in Relativbewegung zueinander befinden und mit einem bestimmten Anpressdruck gegeneinandergepresst werden. Dabei erfolgt eine Umwandlung von kinetischer Energie in Wärme, Verformungsarbeit und Trennarbeit. Wichtige Parameter für die Entstehung von wirksamen Zündquellen sind dabei u. a. [1, 4, 49]:

- die Relativgeschwindigkeit zwischen den Festkörpern,
- die Einwirkzeit,
- die Höhe des Anpressdrucks (einwirkende Kraft pro Berührungsfläche) und
- die Eigenschaften der beteiligten Materialien.

Bei stumpfen Schlägen von Festkörpern trifft das Schlagstück in einem annähernd rechten Winkel auf das Gegenstück, wobei die kinetische Energie vollständig in Verformungsarbeit und Wärme umgewandelt wird. Es liegt nur eine geringe Relativbewegung der Partner vor. Ab einer bestimmten Höhe der Schlagenergie kann es im Fall von niedrig schmelzenden Metallen zur Materialverflüssigung und zum Verspritzen heißer Flüssigkeitströpfchen kommen, die als potenzielle Zündquellen zu bewerten sind. Besonders kritisch zu betrachten sind stumpfe Schläge auf Anordnungen aus Eisenrost und Leichtmetallen wie z. B. Aluminium. Wird auf rostige Stahlflächen geschlagen, die beispielsweise mit Aluminiumabrieb oder -spänen bedeckt sind, oder wird durch den Schlag ein Aluminiumkörper in die rostige Oberfläche getrieben, setzt bei ausreichend hoher Schlagenergie und der damit verbundenen Erwärmung eine sogenannte Thermitreaktion ein. Dabei handelt es sich um eine stark exotherme Redoxreaktion mit einer hohen Wärmeentwicklung. Aus diesem Grund gibt die Norm IEC 60079-0 obere Grenzwerte für die Massenanteile der betroffenen Leichtmetalle in Metallgehäusen von explosionsgeschützten Betriebsmitteln an [17]. [1, 4, 17, 49]

Streifende Schläge und Schleifvorgänge sind durch Trennvorgänge, in deren Folge erhitzte Materialpartikel abgetrennt und weggeschleudert werden, Verformung und Erwärmung der Festkörper an der Berührungsstelle gekennzeichnet. Die emittierten Materialpartikel werden als mechanisch erzeugte Funken bezeichnet. Die Größe, Form, Temperatur und Flugzeit der Funken ist vorrangig von der einwirkenden kinetischen Energie (Höhe der Relativgeschwindigkeit und Massen der beteiligten Festkörper), dem Anpressdruck, dem Einwirkungswinkel und der Art der beteiligten Materialien abhängig. Ob es letzten Endes zu einer durch mechanische Funken verursachten Entzündung eines explosionsfähigen Gemischs kommt, hängt von der Art des Gemischs selbst und von den Materialien der Schlagpartner ab. Die komplexen Wirkmechanismen und deren bestehenden Fragestellungen seitens der Forschung können beispielsweise Grunewald et al. [51], Meyer et al. [52] und Ott et al. [53] entnommen werden. Wesentliche Zusammenhänge werden im Folgenden kompakt dargestellt [1, 4, 17, 49]:

Einwirkende kinetische Schlagenergie

- *Temperatur des Funkens:*
  Die kinetische Schlagenergie wird in Abtrennarbeit und Erwärmung des Partikels umgewandelt. Je höher die Schlagenergie ist, desto höher ist die auf den Einzelfunken übertragene Wärmemenge. [4]
- *Größe und Anzahl der herausgeschlagenen Funken:*
  Je größer ein Funke ist, desto höher ist sein Energiegehalt bei einer gegebenen Temperatur. Als maximale Größe von oxidierten, unlegierten Kohlenstoffstählen wird ein Durchmesser von 0,2 mm angegeben [5]. Direkt von der Partikelgröße abhängig sind bei einem bestimmten Bewegungsimpuls seine Flugzeit und damit die Verweilzeit in einer umgebenden Atmosphäre. Bei Einwirkung einer hohen mechanischen Energie werden in der Regel mehrere Funken aus dem Material herausgeschlagen. Dies kann im Extremfall z. B. beim Trennschleifen zur Bildung eines Funkenregens führen. Eine hohe Anzahl emittierter Funken bedeutet eine Erhöhung der Zündwahrscheinlichkeit in einem explosionsfähigen Gemisch. [5]

- *Form des Funkens:*
  Die Form des Funkens lässt auf die aufgenommene Wärmemenge schließen. So bilden sich kugelförmige Funken durch die Oberflächenspannung der Flüssigkeit aus geschmolzenem Material. Spanförmige Funkenformen lassen den Rückschluss zu, dass die Temperaturen unter der Schmelztemperatur liegen. [4]

Materialeigenschaften der Schlagpartner:

- *Oxidationsfähigkeit:*
  Den größten Einfluss auf die Zündfähigkeit eines mechanischen Funkens hat dessen Oxidationsfähigkeit. Untersuchungen u. a. von Grunewald et al. [51] zeigen, dass nicht oxidierte Funken nur unter bestimmten Umständen (hohe kinetische Schlagenergie und geringe Mindestzündenergie des explosionsfähigen Gemischs) in der Lage sind, Explosionen zu verursachen. So werden für IIA-Gas-Gemische durch mechanische Funken verursachte Explosion erst ab Schlagenergien von 190 J registriert. Für IIB-Gase treten Explosionen erst ab 80 J Schlagenergie auf. Vergleicht man diese Werte mit den Vorgaben zur Prüfung der mechanischen Festigkeit von Gehäusen explosionsgeschützter Betriebsmittel in der Norm IEC 60079-0 [17], bei denen in den meisten Fällen eine Schlagenergie von 7 J vorgegeben wird, kann man schlussfolgern, dass eine Entzündung für diese Fälle in der Praxis wenig wahrscheinlich ist. Eher zu erwarten sind Entzündungen von IIC-Gas-Gemischen, bei denen durch nicht oxidierte Funken verursachte Explosionen bereits ab Schlagenergien von 10 J registriert wurden.
- *Schleiffunkenzustände:*
  Werden oxidierbare Materialien wie Stähle über ihre Zündtemperatur erwärmt (z. B. bei ferritischem unlegiertem Stahl über etwa 500 °C) und entzünden sich, findet eine weitere Temperaturerhöhung statt, die zur Ausbildung eines die Explosion auslösenden Temperaturfelds führen kann. Dies geschieht in mehreren Stufen, siehe Abb. 4.7. In der ersten Stufe kommt es zur Verzunderung des noch festen Partikels unter Bildung einer festen Oxidhaut und zur Erhitzung bis zur Schmelztemperatur. Im zweiten Schritt erfolgt die Verbrennung des Metallkerns. Diese führt im Allgemeinen auch zum Schmelzen der Oxidhaut sowie zur weiteren Erhitzung bis zur Maximaltemperatur und dem Beginn des Verdampfens. Oft wird die letzte Phase nicht erreicht, sondern der Temperaturanstieg führt zum Zerplatzen des Partikels. [4]
- *Materialzusammensetzung der Schlagmaterialien:*
  Die Materialzusammensetzung der Schlagmaterialien bestimmt Größe, Temperatur und Anzahl der unter Einwirkung einer bestimmten kinetischen Schlagenergie herausgeschlagenen Partikel. So wird z. B. in Ott et al. [53] berichtet, dass der austenitische Stahl (Edelstahl) 1.4541 bei einem definierten Reibungsvorgang zu einer geringeren Funkenbildung neigt als der herkömmliche unlegierte Baustahl 1.0038.
  Die Oxidationsfähigkeit und damit die Zündfähigkeit von normalen Baustählen sind offensichtlich höher als die von Edelstählen. Allerdings zeigen Ergebnisse von Unter-

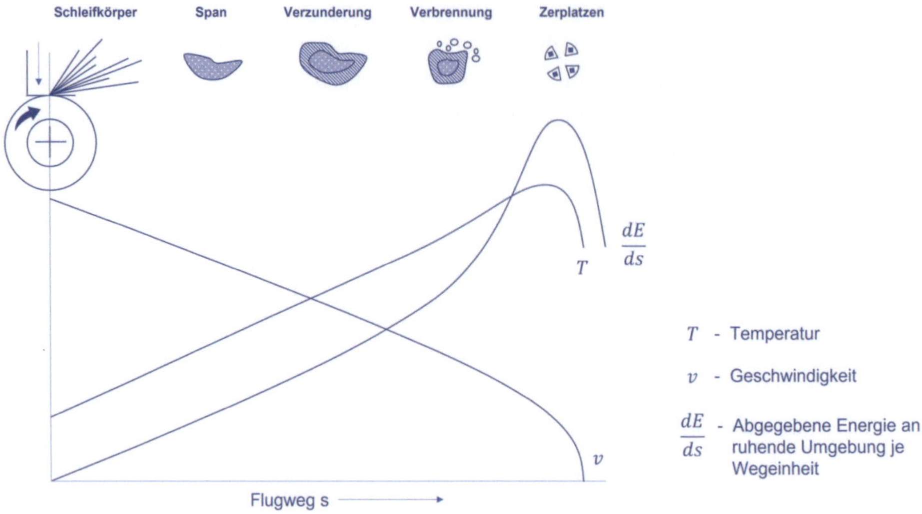


**Abb. 4.7** Zustände eines Schleiffunkens in Anlehnung an [4, S. 215]

suchungen in Grunewald et al. [51], dass beim Einwirken kinetischer Energie auf Edelstahlkörper durchaus zündfähige Zündfunken entstehen können. Die Oxidationsneigung nimmt allerdings mit einem steigenden Chromgehalt in der Edelstahllegierung ab. Es ist jedoch zu beachten, dass selbst in den Versuchen, in denen keine zündfähigen Funken erzeugt werden konnten, Explosionen von IIC-Gas-Luft-Gemischen auftraten. Ursache war jedoch die starke Erwärmung der Fläche zwischen Schlagstück und Schlagplatte.

- *Materialhärte:*
  Generell lassen sich aus weichen Materialien bei einer mechanischen Beanspruchung deutlich weniger Funken heraustrennen als aus einem harten Metall. Kompakte Körper aus Aluminium, Aluminiumoxide, Titan oder Magnesium setzen der mechanischen Schlagwirkung weniger Widerstand entgegen. Folglich wird weniger mechanische Arbeit in Wärme umgewandelt, deren Abführung durch die hohe Wärmeleitfähigkeit auch schnell erfolgen kann. Bei Beteiligung von geringen Rostmengen an der Schlagreaktion mit verschiedenen Leichtmetallen ist jedoch die Gefährdung von Thermitreaktionen zu berücksichtigen, die bereits oben im Zusammenhang mit stumpfen Schlägen beschrieben wurde. [1, 4, 49]

Art des Brennstoff-Luft-Gemischs

- Versuche von Grunewald et al. [51], bei denen für sämtliche Referenzgase der IEC-Explosionsgruppen der Gase I (Bergbau), IIA, IIB, IIC Schlagversuche mit unterschiedlichen kinetischen (Schlag-)Energien durchgeführt wurden, ergaben, dass annähernd gleiche direkte Zusammenhänge zwischen der Zündwahrscheinlichkeit, der aufgebrachten Schlagenergie und der jeweiligen Explosionsgruppe bestehen, wie sie vom Zündmechanismus durch elektrische Zündfunken bekannt sind. Das bedeutet, dass für ein Methan-Luft-Gemisch (Explosionsgruppe I) eine wesentlich höhere Schlagenergie zur Auslösung einer Explosion durch einen Schlagfunken aufgebracht werden muss als beispielsweise für Propan (IIA) oder Ethylen (IIB). Des Weiteren ist auch die Zündwahrscheinlichkeit bezogen auf eine Serie von Zündversuchen kleiner. [51]

- Eine teilweise Abweichung zur Zündung durch elektrische Funken ergab sich allerdings für die Explosionsgruppe IIC: Hier bestätigen die Ergebnisse für Funken in Acetylen-Luft-Gemischen das bekannte Schema: Die Werte der notwendigen Schlagenergie zur Zündfunkenentstehung sind signifikant kleiner als die in Propan(IIA)-Luft- und Ethylen(IIB)-Luft-Gemischen. Aber zur Entzündung von Wasserstoff-Luft-Gemischen sind wesentlich höhere Schlagenergien notwendig, die sich in der Größenordnung der IIA- und IIB-Gemische bewegen. Der Grund für dieses abweichende Verhalten ist in der zur Erzielung der Zündwirkung notwendigen Oxidation der abgetrennten Partikel zu suchen. Wasserstoff hat eine fast zehnmal höhere Wärmeleitfähigkeit als Acetylen. Damit wird eine wesentlich größere Wärmemenge von den abgetrennten Partikeln abgeleitet, die das Einsetzen der Oxidation erschwert. [51]
- Eine weitere Besonderheit bezüglich der Zündwilligkeit mechanisch erzeugter Funken gegenüber den elektrischen Funken ergibt sich ebenfalls aus der notwendigen Oxidation der Partikel zur Erhöhung der Zündenergie. Nicht das stöchiometrische Brennstoff-Luft-Gemisch weist die größte Zündwahrscheinlichkeit auf, sondern Konzentrationsverhältnisse, die zwischen dem stöchiometrischen Gemisch und der unteren Explosionsgrenze liegen. Hier ist der Sauerstoffanteil im Gemisch sehr hoch, wodurch die Partikeloxidation und damit die Zündwirkung gefördert wird. Andererseits zeigt sich, dass mit steigendem Brennstoffgehalt die Brennbarkeit der Partikel abnimmt, sodass bereits weit vor Erreichen der oberen Explosionsgrenze keine zündfähigen Funken vorliegen und somit keine Explosionen des Gemischs stattfinden können.

Bei Reibungsvorgängen, wie sie z. B. in Lagern von Maschinen vorkommen, liegen in der Regel Bedingungen vor, bei denen es selten zur mechanischen Abtrennung von Partikeln kommt. Hier wirkt die kinetische Energie in Form der Rotationsbewegung betriebsgemäß über einen längeren Zeitraum auf die Festkörper ein und wird hauptsächlich in Wärme umgewandelt. Je nach beteiligten Materialien und vorliegenden geometrischen Verhältnissen ergeben sich Temperaturerhöhungen der Reibungspartner. Dabei können unter Umständen heiße Oberflächen entstehen, die durch die typischen Zündungsmechanismen gekennzeichnet sind, sobald sie die Mindestzündtemperatur der umgebenden Brennstoff-Luft-Gemische überschritten haben (siehe heiße Oberflächen Abschn. 4.6.2). Allerdings sind im Fall von weichen, niedrig schmelzenden Materialien bereits bei kleinen Relativgeschwindigkeiten und geringen Anpressdrücken Oberflächenverflüssigungen zu beobachten. Dabei können heiße Materialtröpfchen weggeschleudert werden, die in ihrer Zündwirkung mit den beschriebenen Zündfunken vergleichbar sind. [1, 4, 49]

Zu unterscheiden sind auch Schleifprozesse zur Erzeugung von heißen Oberflächen und Zündfunken. Im Unterschied zu den Schlagvorgängen liegt hier eine langfristige Einwirkung mechanischer Energie mit relativ konstanten Drehmomenten und Relativbewegungen vor. Die Wärmekapazitäten und die Wärmeleitfähigkeit beeinflussen die Entstehung zündfähiger heißer Oberflächen und die Funkenbildung wesentlich. Demzufolge ist die nach dem Stand der Technik etablierte Regel, dass bei Relativgeschwindigkeiten kleiner als 1 m/s nicht mit dem Auftreten von Zündquellen bei Reibvorgängen zu rechnen ist, nach dem Stand der Forschung u. a. durch die Erkenntnisse von Meyer [52] zu hinterfragen.

Direkte Entzündungen von aufgewirbelten Staub-Luft-Gemischen durch mechanisch erzeugte Zündfunken wurden relativ selten registriert. Dagegen kommt es umso häufiger zur Entstehung von durch Funkenflug verursachten Glimmnestern in Staubaufschüttungen, die wie oben beschrieben durchaus Auslöser von Bränden und Explosionen sein können. [4]

### 4.6.5 Elektrische Geräte und Komponenten

Elektrische Anlagen, Geräte und Komponenten können sowohl durch heiße Oberflächen als auch durch den elektrischen Funkenschlag zur Zündquelle werden. Elektrische Funken entstehen beim Öffnen und Schließen elektrischer Stromkreise, durch Wackelkontakte sowie durch Kurz- und Erdschlüsse. Heiße Oberflächen entstehen durch Überlastung der Komponenten oder den Ausfall bzw. die unzureichende Kühlung. Prinzipiell gilt, dass Zündquellen durch elektrische Anlagen zu vermeiden sind. [1, 49]

Die Benennung von elektrischen Geräten und Komponenten als direkte Zündquelle muss aus Sicht des nicht-elektrischen Explosionsschutzes diskutiert werden. Auch mechanische Geräte und Komponenten können Zündquellen hervorrufen. Es ist zu vermuten, dass diese Benennung aufgrund der Historie besteht.

### 4.6.6 Elektrische Ausgleichströme und kathodischer Korrosionsschutz

Unter dem Begriff *elektrischer Ausgleichstrom* wird ein elektrischer Strom verstanden, der – verursacht von unterschiedlichen elektrischen Potenzialen – zwischen getrennten Anlagenteilen oder diesen und der Erde fließen kann. Sie können auch als Streu- oder Leckströme bezeichnet werden. [49]

Treten die Potenzialdifferenzen an üblicherweise nicht stromführenden Teilen elektrischer Betriebsmittel auf, bezeichnet man sie als Leckspannungen, zu denen die durch sie angetriebenen Leckströme gehören. Ein Streustrom ist gemäß DIN 30675-1 ein „unbeabsichtigt, aus stromführenden Leitern elektrischer Anlagen, in den Erdboden austretender Strom, welcher auch als der über fremde metallische Anlagen zurückkehrende Teil des Schutzstromes kathodischer Korrosionsschutzanlagen bezeichnet wird“ [54].

Typisch für Prozessanlagen ist der Betrieb großer elektrischer Verbraucher, die zum Teil mit Hochspannung oder auch Hochfrequenz arbeiten. Zu nennen sind hier beispielsweise Entstaubungs- oder Trocknungsanlagen, Schweißgeräte, Sende- und elektrische Bahnanlagen. Auch Maßnahmen des kathodischen Korrosionsschutzes fallen unter diese Kategorie. Werden ungeeignete Installationspraktiken (z. B. zu geringe Abstände oder Fehlen von Schirmungen) angewendet, besteht die Möglichkeit des Auftretens von induktiven oder kapazitiven Einkopplungen elektrischer Spannungen. [1, 4, 49]

Unter ungünstigen Umständen kann es, getrieben durch diese eingekoppelten Spannungen, zu vagabundierenden Stromflüssen in leitenden Anlagenteilen in Höhe von einigen 10 A kommen. Die Stromwege sind in diesen Fällen nicht auf die betriebsmäßig vorgesehenen Leiter beschränkt, sondern erstrecken sich auf alle leitfähigen Teile der Anlage wie Stahlkonstruktionen, Leitern, Treppen, Handläufe, Rohrleitungen und Kabelpritschen, aber auch auf metallische Oberflächen von Maschinen und elektrischen Betriebsmitteln. Ähnliches trifft auf die Entstehung und Ausbreitung von Ausgleichströmen infolge von Blitzeinschlägen in der Anlagenumgebung zu, siehe Abschn. 4.6.8.

Von elektrischen Ausgleichströmen ausgehende Zündgefahren ergeben sich aus der Bildung heißer Oberflächen aufgrund der Erwärmung der Stromwege sowie durch das Auftreten elektrischer (Zünd-)Funken während der Montage oder Demontage von Anlagenteilen. Zündgefahren durch heiße Oberflächen sind nur an solchen Stellen zu erwarten, an denen der elektrische Widerstand durch starke Querschnittsverringerung und/oder durch lokale Änderung der Materialeigenschaften, z. B. durch Korrosion, ausreichend hoch ist. Aufgrund der Gegebenheiten in Industrieanlagen sind diesen Möglichkeiten durchaus zu berücksichtigen. Gleiches trifft auf das Risiko der Funkenbildung zu. Wegen der relativ geringen Kapazitäten in der Umgebung muss mit der Bildung von zündfähigen Funken beim Zusammenfügen von Anlagenteilen nur unter speziellen Umständen (besonders in der Nähe von Hochspannungsanlagen) gerechnet werden. Häufiger treten zündfähige elektrische Funken beim Trennen von metallischen Anlagenteilen auf, da es in diesem Fall ein Zusammenspiel von induktiven, ohmschen und kapazitiven Stromkreisen geben kann. [4, 6, 12]

Gefährdungen durch elektrische Ausgleichströme inklusive der Leckströme an elektrischen Betriebsmitteln bleiben in der Regel für lange Zeit unentdeckt und stellen so ein potenzielles Sicherheitsrisiko dar. Weitestgehend vermeidbar sind sie durch einen ausreichenden und vollständigen Potenzialausgleich zwischen allen leitfähigen Maschinen- und Anlagenteilen, durch korrekte Installationstechniken, durch den Erhalt und die regelmäßige Prüfung (Messung der Isolationswiderstände zwischen Leitern) der isolierenden Teile und durch die richtige Ausführung der Schutzmaßnahmen gegen direktes und indirektes Berühren von spannungsführenden Teilen. [4, 6, 12]

Zur Vollständigkeit sei erwähnt, dass unterschiedliche Potenziale in Anlagen auch durch die Bildung elektrochemischer oder thermoelektrischer Elemente entstehen können. Die dabei auftretenden Potenzialdifferenzen sind allerdings sehr gering, sodass man im Normalfall nicht mit der Bildung wirksamer Zündquellen rechnen muss. [4, 6, 12]

### 4.6.7 Statische Elektrizität

Die Zündgefahren, die auf die lokale Ansammlung von Ladungsträgern in explosionsgefährdeten Bereichen zurückzuführen sind, werden in der Praxis sehr häufig übersehen oder unterschätzt. Durch ein simples Experiment, das oftmals Teil des Physikunterrichtes war, können die Grundlagen eines elektrischen Felds verdeutlicht werden. Elektrische Ladungen werden dabei durch das Reiben von Glas- oder Kunststoffstäben mit geeigneten Materialien separiert und können anschließend mit isolierten metallischen Werkzeugen auf isolierte Metallgegenstände transportiert werden. Diese grundlegenden physikalischen Zusammenhänge sind auf die komplexe Umgebung einer verfahrenstechnischen Anlage zu übertragen. Hier sind wechselnde Anordnungen von metallischen und isolierenden Gegenständen sowie die unterschiedlichsten Volumenflüsse von leitfähigen und nicht leitfähigen Medien charakteristisch. Eine Herausforderung ist dabei, dass die Wirksamkeit aller Schutzmaßnahmen gegen das Auftreten gefährlicher elektrostatischer Aufladungen von deren Vollständigkeit abhängig ist. Bereits eine einzige vergessene Erdungsverbindung zwischen zwei isolierten leitfähigen Teilen kann das gesamte Schutzkonzept wirkungslos machen.

Aufladbar sind alle Festkörper aus isolierendem Material sowie alle isolierenden Medien wie Flüssigkeiten, Schüttgüter, in Gasen verteilte kleine Feststoff- bzw. Flüssigkeitspartikel. Ebenfalls aufladbar sind Festkörper aus leitfähigem Material, soweit sie vom Erdpotenzial isoliert angeordnet sind. Von einem leitfähigen Material spricht man, wenn dessen spezifischer elektrischer Widerstand kleiner gleich $10^4$ Ωm ist. Der spezifische elektrische Widerstand von isolierendem Material muss größer als $10^9$ Ωm sein. Liegt der spezifische Widerstand eines Stoffs zwischen diesen beiden Grenzwerten, gilt er als ableitfähiges Material. [31]

Häufigste Ursache für elektrostatische Aufladungen von Festkörpern, Flüssigkeiten und Gasen, die im Folgenden vereinfachend als Teile bezeichnet werden, ist die sogenannte Kontaktaufladung. Durch die enge Berührung zweier Teile erfolgt an der gemeinsamen Grenzfläche (am Kontakt) ein Ladungsübergang. Dieser kann dadurch entstehen, dass ein bereits aufgeladenes Teil mit einem isolierten leitfähigen Teil in Verbindung gebracht wird und ein Teil der Ladung auf letzteres abfließt. Es kann auch vorkommen, dass zwei ungeladene Teile verbunden werden und in der gemeinsamen Grenzfläche ein Ladungsaustausch stattfindet. Der Kontakt zweier Teile ist eine Voraussetzung für elektrostatische Aufladungen. Zur Fixierung der Oberflächenladungen auf den jeweiligen Grenzflächen muss im Anschluss an die Kontaktphase eine schnelle Trennung der beiden Teile erfolgen. Je schneller diese Trennung erfolgt, umso weniger Ladungen können in ihre ursprüngliche Lage zurückfließen. Elektrostatische Aufladung findet folglich dort statt, wo der Ladungszufluss während der Kontaktphase den Ladungsabfluss in Form des Rückstroms der Ladungsträger übersteigt. Entscheidend für die Beurteilung des Zündrisikos ist die auf den Oberflächen der Teile verbleibenden Nettoladungen (Ladungszufluss minus Ladungsabfluss). [31]

Kontaktaufladung liegt auch vor, wenn separierte Ladungen auf isolierten Metallteilen transportiert werden und sich dort ansammeln. Bei der Einführung in die Grundlagen der

Physik wird dies gelegentlich auch als „Löffeln von Ladungen“ bezeichnet. Neben der Kontaktaufladung kann es in isolierten leitfähigen Teilen zur Ladungserzeugung durch Influenz kommen. Darunter wird die innere Verschiebung von Ladungsträgern unter dem Einfluss starker äußerer elektrischer Felder verstanden. Je nach deren Polaritäten wird ein Teil der Ladungsträger in Richtung des Felds bewegt. Der komplementäre Teil der Ladungsträger ist damit nicht länger fest gebunden und formt so die elektrostatische Nettoladung, die unter Umständen zu Zündfunken führen kann. [31]

Da die elektrischen Ströme, die in der Praxis infolge von Trennprozessen auftreten, maximale Stromstärken von $10^{-6}$ A aufweisen, ist eine Ladungsableitung nach Erde über einen Widerstand von $10^6\ \Omega$ bis $10^8\ \Omega$ hinreichend, um eine gefährliche Aufladung zu verhindern. Unter extremen Bedingungen mit sehr hohen Trenngeschwindigkeiten sind Stromstärken von $10^{-4}$ A möglich. Die dazu notwendigen stark ladungserzeugenden Prozesse werden noch im fortlaufenden Kapitel erläutert. [4]

Die Abfolge von Kontaktieren und Trennen von Festkörpern und Medien findet in vielen Vorgängen in der Prozessindustrie statt. Dabei ist grundsätzlich zwischen kontinuierlichen und diskontinuierlichen Trennvorgängen zu unterscheiden. Beispiele für kontinuierliche Trennvorgänge finden sich im Zusammenhang mit zahlreichen mechanischen Bewegungen von Maschinen und Apparaturen, bei Reinigungsvorgängen, beim Trennen von Kunststofffolien von der Unterlage beim Transport von Flüssigkeiten und Schüttgütern in Rohrleitungen und auf Förderbändern. Hier besteht während des Trennvorgangs der Stoffe zwischen den bereits getrennten Ladungen und den noch vorhandenen Kontaktstellen eine permanente leitfähige Verbindungsstelle. Ist bei den kontinuierlichen Reib- und Trennvorgängen die Aufladungsdichte (Ladungszufluss) größer als die Rückstromdichte (Ladungsabfluss), verbleiben größere elektrostatische Ladungsansammlungen auf den getrennten Stoffen [5]. Bei diskontinuierlichen Trennprozessen, wie sie beim Strömen von Feststoffpartikeln oder Flüssigkeitströpfchen entlang von Wänden vorliegen, sind relativ kurze Aufladungszeiten typisch. Allerdings sind diese für einen Ladungsübertritt ausreichend. Unmittelbar nach dem Trennen sind die aufgeladenen Teilchen durch die Luft oder ein anderes Prozessgas isoliert und es findet kein nennenswerter Rückstrom statt. Die Gesamtaufladung ist damit weitgehend unabhängig von der Leitfähigkeit des ungetrennten Stoffs.

Besonders gefährlich sind stark ladungserzeugende Prozesse (siehe oben). Sie können sowohl bei kontinuierlichen als auch diskontinuierlichen Trennvorgängen vorliegen. Zu ihnen zählen u. a. [31]:

- Laufende Antriebsriemen
- Pneumatische Förderung von Schüttgütern
- Schnelle Mehrphasenströmungen von Flüssigkeiten und Suspensionen
- Sprühen von Elektronen und Ionen von Hochspannungselektroden
- Freisetzen von mit Partikeln versetztem unter Hochdruck stehendem Gas
- Spritzlackieren
- Einsatz von industriellen Staubsaugern

Haben die geschilderten Ansammlungen von elektrischen Ladungen auf der Oberfläche von Festkörpern oder anderen Medien stattgefunden, existiert eine potenzielle Zündgefahr. Eine wirksame Zündquelle entsteht bei Anwesenheit einer bestimmten explosionsfähigen Atmosphäre aber erst dann, wenn die Ladung in die Nähe einer Zündelektrode gerät und wenn bei der folgenden Entladung die freigesetzte Energie die Mindestzündenergie des umgebenden explosionsfähigen Gemischs übersteigt. [25, 31]

Als Zündelektroden kommen alle leitfähigen und geerdeten Anlagenteile infrage, sofern sie in die unmittelbare Nähe der elektrostatisch aufgeladenen Teile gelangen können. Ebenso können auch Mitarbeiter, die ableitfähiges Schuhwerk tragen, als Zündelektrode wirken. Andererseits muss aber auch beachtet werden, dass Mitarbeiter selbst kapazitiv wirken können und zwar immer dann, wenn sie kein geeignetes ableitfähiges Schuhwerk und keine geeignete Arbeitsbekleidung tragen. Die dann auf Personen angesammelten Ladungen sind in der Lage, Energien von rund 10 mJ freizusetzen. Damit können die meisten bekannten explosionsfähigen Gas-Luft-Gemische entzündet werden. [25, 31]

Nähern sich eine Zündelektrode und ein elektrostatisch aufgeladenes Teil gegenseitig an, wirkt die zwischen beiden bestehende Potenzialdifferenz. Die elektrische Feldstärke verhält sich reziprok zum Abstand der Elektroden. Bei Erreichen der Durchbruchfeldstärke, die in Luft ca. 3 kV/mm beträgt, werden Atome aus der Atmosphäre im verbleibenden Zwischenraum herausgelöst. Sie wird leitfähig, indem die schnell bewegten ionisierten Atome und die noch bestehenden freien Elektronen mit weiteren Atomen zusammenstoßen und so die Ionisierung verstärken. Der starke Ladungsabfluss reduziert die Potenzialdifferenz schnell und ist nach sehr kurzer Zeit beendet. Bei der Wiedervereinigung von Ionen und Elektronen zum Abschluss des Prozesses wird Energie in Form von Photonen freigesetzt, wobei es zu den typischen Lichtblitzerscheinungen kommt. [55]

Je nach beteiligtem Material, geometrischen Verhältnissen, Nettoladungsmengen etc. erfolgt die Klassifizierung in unterschiedliche elektrostatische Entladungsarten, siehe EN 1127-1 [1] und TRGS 727 [31]. Wegen der Komplexität der Zusammenhänge basiert die Klassifizierung auf einer empirischen und mehr oder weniger phänomenologischen Betrachtungsweise. Die Unterschiede zwischen den einzelnen Entladungsarten sind teilweise nicht eindeutig. In der Praxis werden den einzelnen Entlastungsformen unterschiedliche Zündfähigkeiten zugeordnet. Folglich hat sich die dargestellte Klassifizierung in ihrer Anwendung bewährt: Wegen der in der Praxis bewährten Möglichkeit, den Entladungsformen unterschiedliche Zündfähigkeiten zuzuordnen, ist die geschilderte Einteilung aber allgemein anerkannt [55]:

- *Funkenentladung oder Kondensatorentladung:*
  Die Funken- oder Kondensatorentladung ist die in der Praxis am häufigsten zu beobachtende elektrostatische Entladungsform. Sie geht von aufgeladenen isolierten leitfähigen Gegenständen, aber auch von Personen aus, wenn diese in die Nähe anderer leitfähiger Gegenstände mit einem unterschiedlichen (meistens Erd-)Potenzial geraten. Voraussetzung für eine Funkenentladung ist ein näherungsweises homogenes elektri-

sches Feld zwischen den beiden Elektroden. Die Entladungsfunken repräsentieren diskrete Energiemengen, die einen zusammenhängenden Entladungskanal sehr schnell überbrücken. Funkenentladungen können Gas-, Dampf- und Staub-Luft-Gemische entzünden. [31]

- *Koronaentladung:*
  Diese Entladungsform entsteht an Oberflächen leitfähiger Gegenstände mit einem sehr kleinen Krümmungsradius, wie es für scharfe Ecken oder Spitzen typisch ist. Durch den kleinen Krümmungsradius wird das elektrische Feld in unmittelbarer Nähe der Spitze stark gestört. Die sehr schwache und räumlich begrenzte Gasentladung wird nicht wie bei der Funkenentladung schlagartig ausgelöst und ist mit dem Auge nur schwer erkennbar. In Abhängigkeit von der auslösenden Oberflächenladung können Koronaentladungen über eine längere Zeit kontinuierlich existieren. Wegen der sehr geringen Energiefreisetzung sind sie nicht in der Lage, Staub- und die meisten Gas- bzw. Dampf-Luft-Gemische zu entzünden. Eine Entzündung von sehr zündwilligen Gas-Luft-Gemischen (IIC) ist zwar wenig wahrscheinlich, aber nicht gänzlich auszuschließen. [31]
- *Büschelentladung:*
  Büschelentladungen können auftreten, wenn geerdete Leiter (Krümmungsradius 5 mm bis 50 mm) auf geladenen isolierenden Gegenständen zu bewegt werden – beispielsweise bei der Annäherung von Personen an elektrostatisch aufgeladene Kunststoffteile. Beim Umgang mit großen Schüttgutmengen von hohem oder mittlerem spezifischem Widerstand können sie nicht vermieden werden. Wie bei Koronaentladungen entsteht kein durchgehender Entladungskanal zwischen dem aufgeladenen Teil und der Zündelektrode, sondern der Entladungskanal verästelt sich fein und endet einige Millimeter von der erzeugenden Oberfläche entfernt. Daher folgt der Name Büschelentladung. Die umgesetzte Energie ist deutlich geringer als die von Funkenentladungen, reicht jedoch aus, um die meisten brennbaren Gase und Dämpfe zu entzünden. Durch die Messung übertragender Ladungen ist die Einschätzung der Zündwirksamkeit möglich. Die Ladung muss kleiner als die Mindestzündladung (MZQ) sein. [31]
- *Gleitstielbüschelentladung:*
  Normalerweise ist die Flächenladungsdichte auf der Oberfläche von Isolatoren an der Grenzfläche zur Umgebungsluft durch die Durchbruchfeldstärke der Luft von rund 3 kV/mm auf einen damit verbundenen Maximalwert von $2{,}5 \times 10^{-4}$ C/m$^2$ beschränkt. Handelt es sich bei einem Isolator aber um eine ausreichend dünne Schicht, können sich auf deren beiden gegenüberliegenden Oberflächen sehr große Ladungsmengen unterschiedlichen Vorzeichens ansammeln, die sich – von außen betrachtet – gegenseitig neutralisieren und so die maximale Flächenladungsdichte stark erhöhen. Durch die Isolierschicht hindurch entsteht eine extrem hohe innere Feldstärke. Treffen diese beiden getrennten Ladungen z. B. infolge eines Durchstechens der Isolierschicht oder durch eine äußere leitfähige Verbindung zusammen, kommt es zu einer schlagartigen und heftigen Entladung, bei der durchaus Energien in Größenordnungen von 1 J oder

mehr freigesetzt werden können. Damit können sämtliche Gas-, Dampf-, und die meisten Staub-Luft-Gemische entzündet werden. Für eine Gleitstielbüschelentladung müssen folgende Voraussetzungen erfüllt sein:

- Es muss eine dünne Isolierschicht (Schichtdicke < 9 mm) mit einer hohen Durchschlagfestigkeit zum Aufnehmen der großen Ladungsmengen vorliegen (> 4 kV).
- Es müssen stark ladungserzeugende Prozesse (siehe oben) in der unmittelbaren Umgebung vorhanden sein, um überhaupt ausreichende Ladungsmengen zur Verfügung zu stellen.

Gleitstielbüschelentladungen können auch entstehen, wenn sich die dünne Isolierschicht auf der Oberfläche von leitfähigen Gegenständen befindet. In diesem Fall reicht die Aufladung der äußeren Isolierschichtoberfläche aus. Die notwendige gegenpolige Kompensationsladung entsteht auf der inneren Oberfläche des Isolators durch Influenz. [31]

- *Schüttkegelentladung:*
  Diese Entladungsform tritt auf, wenn hoch aufgeladenes Schüttgut in Silos oder große Behälter gefüllt wird. Dabei können innerhalb der Schüttung Bereiche mit einer sehr hohen Ladungsdichte entstehen. Dies hat die Ausbildung starker elektrischer Felder im oberen Bereich der Schüttung zur Folge. Schüttkegelentladungen treten zwischen diesen dichten Ladungsnestern und der geerdeten Behälterwand auf. Schüttkegelentladungen können sowohl brennbare Gas- und Dampf-Luft-Gemische als auch Staub-Luft-Gemische entzünden. Letzteres ist besonders kritisch, da durch den Abrieb im Schüttgut meistens entzündbare Staubpartikel mitgeliefert werden. Beim Einfüllen wird das explosionsfähige Gemisch gemeinsam mit der potenziellen Zündquelle bereitgestellt. [31]
- *Gewitterblitzentladung*:
  Die in der Literatur meistens mitbeschriebene Gewitterblitzentladung wird hier nur der Vollständigkeit halber genannt. Sie konnte bislang nur bei Aschewolken im Zusammenhang mit Vulkanausbrüchen beobachtet werden. [31]

### 4.6.8 Blitzschlag

Physikalisch betrachtet gehört der Blitzschlag zu den elektrischen Zündquellen. Er ist auf vom Menschen nicht beeinflussbare Naturereignisse zurückzuführen und wird daher in der Literatur als eigenständige Zündquelle geführt. [56]

Beim Vorliegen spezieller Wetterlagen entstehen starke vertikale Auf- und Abwärtsströmungen von Luft, Niederschlagsteilchen und elektrischen Ladungen, die zum Aufbau von Gewitterzellen führen. Der Großteil der dabei stattfindenden Vorgänge, die zum Ladungskontakt, -austausch und -transport führen, tritt in ähnlicher Form, wie in Abschn. 4.6.7 beschrieben, im Zuge der elektrostatischen Aufladung von Flüssigkeiten, Flüssigkeitströpfchen und bewegten Stäuben auf. Allerdings geschieht dies in wesentlich niedrigeren Größenordnungen. [56]

Gewitterblitze werden durch die in Gewitterwolken entstehenden Ansammlungen von Raumladungen verursacht. Ab einer bestimmten elektrischen Feldstärke[4] bildet sich über verschiedene Zwischenstufen ein ionisierter leitfähiger Kanal von wenigen Zentimetern Durchmesser aus, der sich schließlich mit dem Auftreffpunkt auf der Erde oder auf einer anderen Gewitterwolke schließt. Im Kanal wird ein Plasma mit Temperaturen von bis zu 30.000 °C aufgebaut, dass sich schnell ausbreitet, wobei die charakteristischen Donnergeräusche entstehen. Die in der Gewitterwolke angesammelten Ladungen fließen über den Kanal ab. Dabei können Stromstärken bis zu 100 kA auftreten. Die typischerweise bei einem Gewitter frei werdende Energie beträgt ca. $10^9$ J. All das verdeutlicht, dass ein direkter Blitzeinschlag in einen Bereich, in dem eine explosionsfähige Atmosphäre vorhanden ist, diese mit absoluter Sicherheit entzünden würde. Ebenfalls zu beachten sind die sekundären Folgen eines Blitzeinschlags in der unmittelbaren und weiteren Umgebung des Einschlagsorts. Der bereits genannte kurzzeitige, extrem hohe Stromfluss kann bei ungenügender Dimensionierung zu unzulässigen Erwärmungen des Leitermaterials entlang der Ableitwege führen. Elektromagnetische Einkopplungen in metallische Teile der Anlage können Potenzialdifferenzen und damit elektrische Ausgleichströme entstehen lassen, in deren Folge wiederum Funkenentladungen und Überschläge ausgelöst werden. [56]

Zur Vermeidung dieser genannten potenziellen Schadensverläufe, die alle in der letzten Konsequenz bei gleichzeitigem Auftreten explosionsfähiger Atmosphäre zu deren Entzündung führen können, müssen geeignete organisatorische und technische Maßnahmen gegen die direkten und indirekten Auswirkungen von Blitzeinschlägen getroffen werden. In der TRGS 723 [49] ist festgelegt, dass, sofern die Gefährdungsbeurteilung nicht zu abweichenden Ergebnissen führt, die Maßnahmen mindestens so zu treffen sind, dass eine Blitzkugel mit einem Radius von 30 m und ein Scheitelwert des Blitzstroms von 150 kA beherrscht wird. Dies entspricht der Blitzschutzklasse II nach der internationalen Blitzschutznorm IEC 62304.

Bei der Ableitung von Blitzströmen sollen insbesondere in explosionsgefährdeten Bereichen der Zone 1/21 und 0/20 Überschläge vermieden werden. Um dies zu erreichen, müssen die Ableitungswege einen ausreichenden Sicherheitsabstand zu allen Anlagenteilen haben, die nicht über einen blitzstromtragfähigen Potenzialausgleich oder Überspannungsschutzorgane mit dem Ableitungsweg verbunden sind. Sämtliche Verbindungsstellen müssen blitzstromtragfähig sein. [49]

### 4.6.9 Elektromagnetische Wellen im Frequenzbereich von $9 \times 10^3/10^4$ Hz bis $3 \times 10^{11}$ Hz – Hochfrequenzbereich

Hochfrequente elektrische Energie wird von Hochfrequenzanlagen wie Funksendern oder Hochfrequenzgeneratoren für medizinische, wissenschaftliche und industrielle Zwecke frei-

[4] Die Angaben in der Literatur schwanken zwischen einigen 10 kV/m und einigen 100 kV/m und konnten bislang lediglich in Laborversuchen, aber nicht in der Praxis nachgewiesen werden. [56]

gesetzt. Letztere findet man beispielsweise in Maschinen und Apparaturen zur Erwärmung, Trocknung oder zum Härten von Materialien sowie zum Schweißen oder Trennen. [49]

Befinden sich im elektromagnetischen Strahlungsfeld leitfähige Teile, wirken diese als Empfangsantenne (Empfangsgebilde). Die Höhe der über diese Antennen eingekoppelten Energien hängt von der Größe und der Form des Empfangsgebildes sowie von der Stärke des einstrahlenden elektromagnetischen Felds und der Wellenlänge der Strahlung ab. [49]

Liegt ein optimales Verhältnis von Wellenlänge der elektromagnetischen Strahlung und Dimension des Empfangsgebildes vor und/oder überschreitet die elektromagnetische Feldstärke einen kritischen Wert, können Energien in explosionsgefährdete Bereiche eingekoppelt werden, die die Mindestzündenergien der explosionsfähigen Gemische überschreiten. Der entstehende vagabundierende Stromfluss kann, genau wie ein betriebsmäßiger Strom, über zwei Vorgänge zur Zündung führen: überwiegend durch elektrische Zündfunken, die beim Öffnen der Leiterstruktur auftreten, aber unter Umständen auch durch die Stromwärme in Engstellen und die dadurch verursachten heißen Oberflächen. Heiße Oberflächen können auch an dünnen Drähten entstehen, wenn sie unbeabsichtigt als Empfangsantennen wirken. [4, 49]

Empfangsfähige Gebilde stellen insbesondere solche Anlagen dar, die große Empfangskreise bilden und gleichzeitig durch die Art ihrer Handhabung zu häufigen Unterbrechungen der Empfangskreise führen. Dies können beispielsweise stationäre oder mobile Kräne oder Befüllanlagen für Straßentankwagen sein. Auch Anlagenteile, die betriebsmäßig nicht aufgetrennt oder unterbrochen werden und durch horizontale Laufwege miteinander verbunden sind, wirken wie Antennen. Hier ist bei Wartungs- und Montagearbeiten die Möglichkeit des Auftretens elektrischer Funken gegeben. [4]

Da auch explosionsgeschützte Betriebsmittel selbst Quellen für unzulässig hohe elektromagnetische Strahlungen im betrachteten Frequenzbereich darstellen können, sind in der Norm IEC 60079-0 obere Grenzwerte für kontinuierliche und gepulste Strahlungen definiert. [17]

### 4.6.10 Elektromagnetische Wellen im Frequenzbereich von $3 \times 10^{11}$ Hz bis $3 \times 10^{15}$ Hz

Elektromagnetische Wellen im Frequenzbereich von $3 \times 10^{11}$ bis $3 \times 10^{15}$ Hz werden im Allgemeinen unter dem Begriff optische Strahlung zusammengefasst. In der Vergangenheit beschränkten sich die mit optischer Strahlung verbundenen Risiken auf zufällig auftretende Fokussierungen von Sonnenstrahlung durch als Linsen wirkende Glasgegenstände oder in Glas eingeschlossene Flüssigkeiten (Brennglas- oder Hohlspiegeleffekt). Die vor dem Zeitalter der LED verwendeten Leuchtmittel wie Glühlampen oder Gasentladungslampen konnten wegen der hohen Verlustleistung heiße zündfähige Oberflächen erzeugen. Die von ihnen ausgehende optische Strahlung hingegen hatte keine ausreichende Leistungsdichte, um explosionsfähige Gemische zu entzünden. Eine Ausnahme bildeten Blitzlampen und Blitzröhren, die für fotografische Zwecke eingesetzt wurden und deren

Blitzenergien hoch genug waren, um Explosionen auszulösen. Mit diesen wurden umfangreiche Explosionsversuche durchgeführt, die u. a. durch Freytag [5] beschrieben sind.

Mit dem Einzug verschiedener moderner Technologien in die Prozessanlagen hat sich die sicherheitstechnische Bedeutung optischer Strahlungsquellen deutlich erhöht:

- Hochleistungs-LEDs, die für Beleuchtungszwecke eingesetzt werden, können unter Umständen für Zündvorgänge ausreichende Energiedichten produzieren.
- Gleiches trifft für Laserstrahlung zu, die für Messaufgaben (Entfernungsmessung, Füllstandsmessung), Sicherungsaufgaben (Lichtschranken), aber auch für mechanische Bearbeitungsvorgänge eingesetzt wird.
- In der Prozessautomation werden vermehrt Glasfaserleiter für die schnelle und effiziente Datenübertragung verwendet. Hier sind Strahlungsleistungen von 100 mW und größer im Einsatz, die bei Beschädigungen den Lichtwellenleiter verlassen und durch Erwärmungsvorgänge Zündgefahren erzeugen können.

Im Zusammenhang mit optischer Strahlung können folgende vier Zündmechanismen unterschieden werden [57, 58]:

- *Fotothermische Erwärmung durch Absorption optischer Strahlung auf der Oberfläche von Gegenständen und Partikeln:*
  Wirkt Strahlung über eine längere Zeit auf Festkörper ein, stellt sich zwischen der aufgenommenen und der durch Wärmestrahlung und Wärmeleitung abgegebenen Energie ein Gleichgewicht ein. Die auf der Körperoberfläche maximal erzielbare Temperatur hängt neben der Intensität der Strahlung vom Absorptionsvermögen, dem Reflektionsgrad und der Wärmeleitfähigkeit des bestrahlten Materials ab. Die Zeit bis zum Erreichen des Wärmegleichgewichts und damit der maximalen Oberflächentemperatur hängt wiederum von der Wärmekapazität des bestrahlten Körpers (Masse und spezifische Wärme) ab. Besonders kritisch ist die fotothermische Erwärmung von Staubwolken zu bewerten. Hier wirken die reflektierten und abgestrahlten Energieanteile auf die Nachbarpartikel ein und die Wärmeleitfähigkeit in der Staubwolke wird durch die in den Zwischenräumen befindliche Luft stark reduziert.
  Unter bestimmten Umständen können Kombinationen der genannten Faktoren so hohe Oberflächentemperaturen bewirken, bei denen die Zündtemperatur angrenzender explosionsfähiger Gemische überschritten wird oder bei denen es zur Entflammung brennbarer Festkörper kommt. Beide daraus resultierende Entzündungsvorgänge an heißen Oberflächen oder offenen Flammen werden in Abschn. 4.6.2 und 4.6.3 separat beschrieben.
- *Fotochemische Reaktion*:
  Eine direkte Entzündung des explosionsfähigen Gasgemischs durch Eintrag von Strahlungsenergie (fotochemische Reaktion). Dies erfordert die Übereinstimmung der optischen Wellenlänge mit einer Absorptionsbande des Gases oder Dampfs – eine Umkehrung der Emission von Photonen.

- *Fotochemische Zündung*:
  Eine fotochemische Zündung nach Dissoziation von Sauerstoffmolekülen unter Einwirkung energiereicher ultravioletter Strahlung. Auch hier muss eine Übereinstimmung der optischen Wellenlänge mit der Absorptionsbande des Gemischs vorliegen.
- *Direkter laserinduzierter Durchschlag des Gases oder Dampfs*
  Dieser findet im Brennpunkt eines starken Strahls statt. Dabei werden ein Plasma und eine Stoßwelle erzeugt, die unter Umständen als Zündquellen wirken können. Die dabei wirkenden Zündmechanismen sind in den Abschnitten über elektrische Zündfunken und Stoßwellen beschrieben.

Von den genannten Zündmechanismen hat nur die Absorption optischer Strahlung auf Festkörperoberflächen eine allgemeine praktische Bedeutung. Diese ist durch den innerhalb der vergangenen Jahre rasant gestiegenen Einsatz von Hochleistungs-LEDs in der explosionsgeschützten Beleuchtung extrem gewachsen. Derartige LEDs zeichnen sich durch eine hohe Systemeffizienz von ca. 150 lm/W aus. Dies ist sehr positiv für die Beleuchtungsfunktion, kann aber wegen der damit verbundenen hohen Leistungsdichte auch zur unzulässigen Erwärmung von Oberflächen und damit zur Bildung von Zündquellen führen. [57, 58]

Die Entzündung durch fotochemische Effekte als Folge des Eintrags entweder von langwelliger oder kurzwelliger Strahlung hat dagegen nur eine sehr geringe praktische Relevanz. Schon allein die Tatsache, dass fast alle brennbaren Gase und Dämpfe farblos sind, erklärt die Seltenheit dieser Form der Entzündung. Außerdem ist es sehr unwahrscheinlich, dass konventionelle Lichtquellen wie Glühlampen oder Gasentladungslampen ausreichend langwellige Infrarotstrahlung absenden, um in einigem Abstand eine explosionsfähige Atmosphäre zu entzünden. Hier ist in erster Linie die Eigenerwärmung der Lampen als Gefahr zu betrachten, der durch geeignete Explosionsschutzkonzepte Rechnung getragen wird. Mit dem Auftreten kurzwelliger und energiereicher UV-Strahlung braucht man außerhalb von Reaktoren auch nicht zu rechnen.

Im speziellen Fall des Einsatzes von fokussierten Laserstrahlen in oder in unmittelbarer Nähe von explosionsgefährdeten Bereichen ist auch der laserinduzierte Durchschlag zu berücksichtigen. In der Norm EN 60079-28 sind Maximalwerte der zulässigen abgestrahlten Leistung für den Einsatz von optischen Strahlungsquellen in allen explosionsgefährdeten Bereichen angegeben. [57]

### 4.6.11 Ionisierende Strahlung

Unter dem Oberbegriff Strahlung fasst man elektromagnetische Wellen oder Ströme von Elementarteilchen zusammen. Nach dem aus der Quantenphysik (Kopenhagener Deutung) bekannten Welle-Teilchen-Dualismus ist eine klare Trennung zwischen beiden Erscheinungsformen nicht möglich und hier zur Erklärung der potenziellen Zündmechanismen auch nicht erforderlich.

Jede Art von Strahlung ist mit einem Energietransport verbunden. Dieser Zusammenhang ist beispielsweise transparent anhand der Fotovoltaik oder der Wärmestrahlung, die von einer Wärmequelle ausgeht, nachvollziehbar. Vom Wellencharakter der Strahlung ausgehend zeigt sich ein direkter Zusammenhang zwischen der Energie der Strahlung und der Strahlungsfrequenz. Je höherfrequent die Strahlung ist, umso größer ist die transportierte Energiemenge und – was in diesem Abschnitt wesentlich ist – umso ausgeprägter ist die Fähigkeit der Strahlung, Arbeit zu verrichten.

Ionisierende Strahlung charakterisiert sich durch die Höhe der durch die Strahlung transportierten Energie, die groß genug ist, um ein von ihr durchdrungenes Material strukturell zu verändern. Das bedeutet, dass chemische Bindungen aufgebrochen oder Elektronen aus der Hülle von Molekülen oder Atomen herausgeschlagen werden. Die zurückbleibenden Atom- oder Molekülrümpfe sind anschließend für einen mehr oder weniger langen Zeitraum positiv geladen – aus stabilen Atomen/Molekülen entstehen positive Ionen. [59]

An dieser Stelle sind bereits einige von anderen Zündquellen bekannte Fakten und Zusammenhänge erkennbar, die die ionisierende Strahlung unter bestimmten Umständen als eine weitere Zündquelle ausweisen: Transport hoher Energiemengen in Form von elektromagnetischer Strahlung, Ionisierung von Gaspartikeln mit anschließender Bildung eines heißen Plasmas oder die Absorption von hohen Energiedichten durch kleine Feststoffpartikel.

Laut TRGS 723 muss mit dem Auftreten ionisierender Strahlung im Umgang mit folgenden technischen Produkten oder Verfahren gerechnet werden [49]:

- Kurzwellige UV-Strahler
- Röntgenröhren
- Kurzwellige Laser
- Radioaktive Stoffe
- Isotopenbeschleuniger
- Kernreaktoren

Bei üblichen Anwendungen in der Prozessindustrie sind derartige Produkte und Verfahren nur in Ausnahmefällen zu finden und dann nur unter Einhaltung strenger allgemeiner sicherheitstechnischer Anforderungen im Einsatz. So kommt beispielsweise die Anwendung von Röntgenstrahlung zur zerstörungsfreien Prüfung von Fügeverbindungen zwischen festen Materialien vor. Unter besonders schwierigen Einsatzbedingungen können oft nur radioaktive Messmethoden in der Sensorik eingesetzt werden. Bestimmte Methoden der Radiochemie und Analytik beruhen auf der Verwendung radioaktiver Stoffe. Als der für die Zündung der umgebenden explosionsfähigen Atmosphäre relevante Mechanismus wird – wie bei den beiden anderen Zündquellen, die auf elektromagnetischer Strahlung beruhen – die Energieabsorption auf der Oberfläche kleiner Feststoffpartikel genannt. Dieser Vorgang erzeugt heiße Oberflächen und kann durch Entzündung brennbarer Feststoffe auch zu offenen Flammen führen. In der TRGS 723 werden im Hinblick auf den Explosionsschutz Grenzwerte der Strahlungsenergie festgelegt, die nicht überschritten werden dürfen. So sind in allen Zonen gasdicht umschlossene radioaktive Stoffe mit Aktivitäten bis $4 \times 10^{10}$ Bq erlaubt. [49]

In allen Zonen sind Arbeitsmittel zulässig, die die ionisierende Strahlung, UV-Strahlung und Laserstrahlung erzeugen, wenn die Energie eines Strahlenimpulses oder die Leistung einer Dauerstrahlung unter den zur Zündung erforderlichen Werten gehalten werden. Die konkrete Ermittlung der Grenzwerte ist Bestandteil der Risikoanalyse. Anhaltspunkte können beispielsweise in der IEC 60079- 0 gefunden werden. Alternativ besteht die Möglichkeit, Strahlungsquellen und Strahlung so sicher einzuschließen, dass es zu keinem Kontakt mit einem explosionsfähigen Gemisch innerhalb oder außerhalb der Kapselung kommt. Dabei muss auch eine unzulässige Erwärmung der Kapselungsoberfläche verhindert werden. [17, 49]

### 4.6.12 Ultraschallwellen

Ursache der Erscheinungen, die man allgemein unter dem Begriff *Schall* zusammenfasst, sind mechanische Schwingungen, die von einem elastischen Medium übertragen werden. Als Medium können Gase, Flüssigkeiten oder Festkörper wirken.[5] Die Übertragung der akustischen Schwingungsenergie erfolgt in Gestalt sogenannter Schallwellen. In Gasen und Flüssigkeiten treten diese als Transversalwellen auf, die fortlaufende periodische Schwankungen von Druck und Dichte verursachen. Innerhalb eines bestimmten Frequenzbereichs nimmt der Mensch die Schallwellen als Töne auf. Die Tonhöhe hängt von der Frequenz und die Lautstärke vom sogenannten Schalldruckpegel ab. Der Frequenzbereich Ultraschall liegt in dem Bereich, wenn die erzeugenden mechanischen Schwingungen in einem Frequenzbereich oberhalb des menschlichen Hörvermögens schwingen (> 16 kHz).

Ultraschallwellen werden in der Prozesstechnik für verschiedene Mess- und Prüfverfahren, aber auch zu anderen Verfahrenszwecken verwendet. Eine Vielzahl der sensorischen Applikationen wirken mit geringer Intensität. Höhere Leistungen sind dagegen erforderlich, wenn bei der Füllstandsmessung längere Wegstrecken überbrückt werden müssen. Ebenfalls mit hohen Leistungswerten wird Ultraschall in der Prozesstechnik beim Reinigen und Separieren eingesetzt. In der Fertigungstechnik sind zunehmend auf Ultraschall basierende Fügeverfahren, wie das Ultraschallschweißen und -löten, zu finden. Auch hier kann bei Verwendung von lösungsmittelhaltigen Klebstoffen oder Reinigungsmitteln die Gefahr der Bildung explosionsfähiger Atmosphären bestehen.

Untersuchungen von Simon et al. [60] haben bestätigt, dass Ultraschallwellen bis zu einer Frequenz von 10 MHz keine direkte Entzündung von explosionsfähigen Atmosphären verursachen können. Die nachgewiesenen Zündwirkungen erfolgen stets in indirekter Form über die Absorption eines großen Teils der vom Schallwandler abgegebenen Energie in solchen Stoffen, deren akustische Eigenschaften (akustische Impedanz) denen des Trägermediums ähneln. Durch die von den Schallwellen verursachte innere Reibung im

[5] Im Gegensatz zum Elektromagnetismus ist die Anwesenheit eines Trägermediums zwingend erforderlich, im Vakuum erfolgt keine Übertragung von Schallwellen.

absorbierenden Medium erwärmen sich diese unter Umständen bis über die Mindestzündtemperatur eines in der Umgebung vorhandenen zündfähigen Gemischs. Damit bilden sich also heiße Oberflächen als potenzielle Zündquellen aus. Bei schallabsorbierenden Materialien, die leicht Feuer fangen wie z. B. Baumwolle können auch offene Flammen als Zündquellen infrage kommen. Solche Stoffe müssen im Einwirkungsbereich von Ultraschallwellen grundsätzlich vermieden werden.

Für einige typische Einsatzbedingungen werden in Simon et al. [60] Grenzwerte angegeben, die auch in die deutsche und internationale Normung [1, 17, 49] Einzug gehalten haben. Ultraschallgeräte dürfen demnach folgende Werte nicht überschreiten:

Für Gase und Stäube:

- 10 MHz
- Bei kontinuierlichen Quellen – Schalldruckpegel (SPL) (engl. sound pressure level) von 170 dB (bei Referenzpegel von 20 μPa)
- Bei gepulsten Quellen (gemittelt über ein Intervall von 1 s) – durchschnittlicher SPL von 170 dB (bei Referenzpegel von 20 μPa)

Ein Schalldruckpegel von 170 dB entspricht bei einem Referenzdruckpegel von 20 μPa einer Schallintensität von 10 W/cm$^2$. Dieser Wert ist um zwei Größenordnungen höher als der bislang gesetzte Grenzwert von 0,1 W/cm$^2$. Er konnte aufgrund der umfassenden Untersuchungen korrigiert werden, die in [60] dokumentiert sind. Zur Verdeutlichung der Größenordnung dieses Grenzwerts sei erwähnt, dass der Schallpegel, der von einem Düsenflugzeug in etwa 30 m Abstand ausgeht, 150 dB beträgt.

Für Flüssigkeiten:

- 10 MHz
- Bei kontinuierlichen Quellen – Leistungsdichte von 40 W/cm$^2$
- Bei gepulsten Quellen (gemittelt über ein Intervall von 1 s) – durchschnittliche Leistungsdichte von 40 W/cm$^2$

Wenn sich verschiedene Ultraschallquellen überlagern, muss die Summe der Intensitäten die genannten Grenzwerte einhalten.

### 4.6.13 Adiabatische Kompression und Stoßwellen

Unter einer adiabatischen Kompression ist ein physikalischer Vorgang zu verstehen, bei dem ohne Abgabe von Wärme aus dem betrachteten System eine Volumenreduzierung mit einer verbundenen Druck- und Temperaturerhöhung in diesem System erfolgt. Dies entspricht auch einer isentropen Zustandsänderung. Der Abtransport von Wärmeenergie wird dabei entweder durch eine sehr gute Isolation der Systemgrenzen, eine sehr hohe

Kompressionsgeschwindigkeit oder eine Kombination beider Ursachen verhindert. Ein Beispiel für die gewollte technische Nutzung solcher isentropischen Zustandsänderungen ist der Dieselmotor. In der Prozessindustrie werden zahlreiche Prozessschritte unter hohen oder sehr hohen Mediendrücken ausgeführt. Zur Druckerzeugung verwendet man Kompressoren meist als Hubkolbenverdichter oder Drehkolbenverdichter.

Bei der Konstruktion bzw. bei der Auswahl solcher Kompressoren muss beachtet werden, dass betriebsbedingt Temperaturen auftreten können, die explosionsfähige Atmosphären entzünden können. Ist das zu verdichtende Gas selbst explosionsfähig oder wird es durch den Kompressionsvorgang in einen explosionsfähigen Zustand versetzt, dann sind gezielte Schutzmaßnahmen zur Vermeidung einer Entzündung oder zur Begrenzung der Explosionswirkung auf ein ungefährliches Niveau zu ergreifen. Beispielsweise kann es erforderlich sein, den Kompressor oder Teile davon druckstoßfest auszulegen [61].

Als besonders gefährlich zu betrachten ist, wenn statt Luft komprimierter Sauerstoff in Apparaturen auf Brennstoff trifft und die beim Verdichtungsstoß erzeugte Wärme die zur Zündung erforderliche Temperatur erreicht. Darüber hinaus besitzen vom Sauerstoffstrom mitgerissene, stark beschleunigte, brennbare feste oder flüssige Teilchen einen erheblichen Betrag an kinetischer Energie, die sich bei Reibung und Stoß in Wärme umsetzt und zum Glühen der Teilchen führen kann. [5]

Das klassische Beispiel für die mögliche Wirkung einer adiabatischen Kompression als Zündquelle ist der Bruch einer Niederspannungsentladungslampe (Leuchtstofflampe) innerhalb eines explosionsgefährdeten Bereichs mit IIC-Gemischen. In das evakuierte Rohr einströmende Wasserstoff-Luft- oder Acetylen-Luft-Gemische können sich durch adiabatische Kompression so stark erhitzen, dass eine Entzündung möglich ist. Dem ist durch besondere Maßnahmen während des Lampenwechsels in IIC-Bereichen Rechnung zu tragen. [5]

Stoßwellen bilden sich z. B. beim plötzlichen Entspannen von Hochdruckgasen in Rohrleitungen aus. Sie dringen dabei mit Überschallgeschwindigkeit in Gebiete mit niedrigem Druck vor. Bei ihrer Beugung oder Reflexion an Rohrkrümmungen, Verengungen, Abschlussflanschen, geschlossenen Schiebern oder dergleichen treten besonders hohe Temperaturen auf [49]. Diese können durchaus Werte über 1000 °C erreichen. Wegen der Rohrgeometrie ist im Fall der Entzündung einer explosionsfähigen Atmosphäre mit Detonationen zu rechnen.

### 4.6.14 Exotherme Reaktionen einschließlich Selbstentzündung von Stäuben

Unter allen Zündquellenkategorien nehmen die exothermen Reaktionen wegen ihrer Vielfältigkeit und der Komplexität der ablaufenden Zündvorgänge eine gewisse Sonderstellung ein. Daneben sind exotherme Reaktionen selbstverständlich Kernelemente der Verfahren in fast allen Zweigen der Prozessindustrie. Demzufolge können sie sowohl betriebsbedingt als auch im Fehlerfall auftreten. Exotherme Reaktionen verlaufen unter

Wärmeabgabe an die Umgebung, siehe Kap. 2. Dabei ist die Unterscheidung in zwei Extremfälle möglich [5]:

- Viele Reaktionen entwickeln relativ wenig Wärme pro Zeiteinheit, sodass sie unter normalen Umgebungsbedingungen nicht als Zündquelle gefährlich werden können. Die abgeleitete Wärmemenge übersteigt in diesem Fall die produzierte Wärmemenge deutlich. Die Temperatur bleibt dadurch nahezu konstant (isothermer Zustand).
- Andererseits ist es möglich, dass bei einer Behinderung der Wärmeableitung, z. B. durch thermische Isolation, die Temperatur sukzessive ansteigt (adiabatische Erwärmung). Unter Beachtung der Van-'t-Hoff-Regel (RGT-Regel), die besagt, dass sich die Reaktionsgeschwindigkeit bei einer Temperaturerhöhung von 10 K etwa verdoppelt, kann von einer verstärkten Wärmefreisetzung im betrachteten System ausgegangen werden. Dieser Vorgang setzt sich progressiv bis zum Erreichen der Entzündungstemperatur fort.

Die in der Praxis vorherrschenden Gegebenheiten stellen überwiegend Kombinationen aus beiden Extremfällen dar. Ob sich überhaupt gefährliche Reaktionsverläufe ergeben und ob diese dann eher isotherm oder adiabatisch sind, hängt nach Freytag [5] insbesondere von folgenden Voraussetzungen ab:

a) Es muss eine ausreichend hohe chemische Affinität zwischen den Reaktionspartnern vorliegen. Damit ist die Neigung der Reaktionspartner gemeint, chemische Bindungen miteinander einzugehen. Die Höhe dieser Neigung hängt wiederum von der gibbschen freien Enthalpie ($\Delta_r G$) der Reaktion ab. Unter der Voraussetzung $\Delta_r G < 0$ läuft eine chemische Reaktion freiwillig ab. Die Höhe des Betrags von $\Delta_r G$ bestimmt dann den Spontanitätsgrad der Reaktion und damit auch den Grad der Wärmefreisetzung. [22]
b) Darüber hinaus muss eine zur Erzielung annähernd adiabatischer Verhältnisse hinreichend hohe Reaktionsgeschwindigkeit vorliegen. Wie bereits erwähnt hängt diese sehr stark von der Temperatur ab. Bei vielen Reaktionen liegen erst ab einer spezifischen Grenztemperatur die notwendigen Voraussetzungen für eine Selbsterhitzung vor.
c) Schließlich muss zur Verhinderung einer zu hohen Wärmeabgabe das betrachtete Reaktionssystem ausreichend thermisch isoliert sein. Das bedeutet, dass nur Stoffe mit schlechter Wärmeleitfähigkeit zur Selbstzündung in der Lage sind. Oft muss auch eine Mindeststoffmenge vorliegen, um die notwendige Wärmeisolierung zu erzeugen. Dies ist darauf zurückzuführen, dass die erzeugte Wärmemenge von der dritten Potenz (Volumen) und die abgeführte Wärmemenge von der zweiten Potenz (äußere Oberfläche) der Stoffmenge abhängig ist.

Nur im Fall der sogenannten pyrophoren Stoffe (gr.: pyrophor = feuertragend) treffen die Voraussetzungen b) und c) nicht zu. Diese Stoffe können sich bereits bei normaler Umgebungstemperatur auch in kleinen Mengen spontan entzünden. Selbst ihre zum Teil gute Wärmeleitung wird durch die sehr hohe Reaktionsgeschwindigkeit wettgemacht. [4]

Außerdem gibt es unter den chemischen Substanzen auch einige, die bereits bei Raumtemperatur so hohe Bildungsenthalpien wie Sprengstoffe entwickeln (mehrere Hundert kJ/mol). Diese müssen ebenso wie die pyrophoren Stoffe bei der Verwendung sicherheitstechnisch entsprechend sorgsam behandelt werden.

Liegen die oben genannten Voraussetzungen vor, kommt es zur Erwärmung und schließlich zur Selbstentzündung. Daraus sind als mögliche Zündmechanismen die Entzündung von explosionsfähigen Gemischen an heißen Oberflächen sowie an offenen Flammen mit Verbrennungstemperaturen von mehr als 800 °C erkennbar. Ausgangsstoffe für selbstentzündliche chemische Reaktionen können sowohl Festkörper als auch Gase und Flüssigkeiten sein. Allerdings müssen von Fall zu Fall besondere Ausgangsbedingungen z. B. hinsichtlich der Konsistenz oder des Dispersionsgrads vorliegen, auf die im Folgenden eingegangen wird.

Die erste Gruppe der zur Bildung chemischer Zündquellen infrage kommenden Stoffe umfasst die Einstoffsysteme. Wie der Name verrät, wirkt hier nur ein reaktiver Stoff und zwar durch Zersetzung oder durch Polymerisation. Organische Peroxide werden u. a. als Härter für Polyesterlacke eingesetzt. Sie können sich bereits bei normalen Umgebungstemperaturen exotherm zersetzen. Die Zersetzungsreaktion läuft bei einigen Peroxiden sehr heftig ab und kann durch äußere Wärmeeinwirkung, Kontakt mit Verunreinigungen wie Säuren oder mechanische Einwirkungen (Reibung, Schlag) ausgelöst werden. Als besonders gefährlich ist die Tatsache zu betrachten, dass bei der Zersetzung selbst brennbare (und toxische) Dämpfe freigesetzt werden, die in der Lage sind, explosionsfähige Atmosphären zu bilden. Neben den Peroxiden gibt es noch eine Reihe weiterer selbstzersetzlicher Stoffe die u. a. in Steen [4] benannt sind. Bei der Polymerisation ist nicht die Aufspaltung von Molekülketten wärmeerzeugend, sondern die unkontrollierte Bildung von größeren Molekülen und Polymeren. Bei fortschreitendem Polymerisationsgrad kann die freigesetzte Bildungsenthalpie immer schlechter abgeführt werden. Der Grund dafür ist in der zunehmenden Viskosität des polymeren Reaktionsgemischs zu suchen, die den konvektiven Wärmetransport zunehmend behindert. Bestimmte ungesättigte Verbindungen neigen zur spontanen Polymerisation. Zur Vermeidung der Bildung von Startradikalen werden während der Lagerung und des Transports Inhibitoren (Stabilisatoren) zur Erhaltung der Monomere eingesetzt.

Die zweite Gruppe der zur Ausbildung von Zündquelle infrage kommenden chemischen Elementkombinationen bilden die Mehrstoffsysteme. Darunter fallen alle Systeme, die aus mindestens zwei Stoffen unterschiedlicher Zusammensetzung und unterschiedlicher Aggregatzustände bestehen und die miteinander unter Freiwerdung von Reaktionswärme reagieren. Es gibt eine Vielzahl solcher zum Teil stark exotherm verlaufenden Reaktionen, sodass hier nur ein exemplarischer Überblick gegeben werden kann – für eine detaillierte Betrachtung sei auf Steen [4] verwiesen:

- Naturgemäß ist der in der Luft vorhandene Sauerstoff das bei Oxidationen am häufigsten vorkommende Oxidationsmittel. Wie erwähnt gelten Stoffe als pyrophor, die sich bei Umgebungstemperaturen spontan entzünden, wenn sie mit Luft in Berührung kommen. Reine Metalle wie Titan, Blei, Nickel, Kobalt oder Eisen reagieren nur dann pyrophor, wenn sie als sehr feines Pulver große spezifische Oberflächen aufweisen und damit dem Sauerstoff eine ausreichende Angriffsfläche bieten. Da ein Vorkommen in dieser speziellen Form allerdings selten zu erwarten ist, besteht hier eine geringe sicherheitstechnische Relevanz. Bei der Herstellung von Metallpulver aus Eisen, Magnesium und Aluminium in der Kugelmühle muss unter Luftabschluss gearbeitet werden, da ansonsten mit unkontrollierten Erwärmungen bis hin zu Verpuffungsreaktionen zu rechnen ist, die von Selbstentzündungen ausgelöst werden. Mit größerer Bedeutung zu betrachten ist dagegen das pyrophore Verhalten von Eisendisulfit (Pyrit). Pyrit entsteht in metallischen Behältern unter bestimmten Bedingungen als Folge von Reaktionen von Rost mit Schwefelwasserstoff und Schwefel. Lagert es sich als Staub z. B. in Lagertanks mit erwärmtem Bitumen oder Gaserzeugungsanlagen auf Basis von Kohle und Erdgas ab, kann es infolge der pyrophoren Reaktion zu starken Erwärmungen und offenen Flammen kommen, die ggf. vorhandene explosionsfähige Gemische entzünden können.

- Flüssigkeiten können ebenfalls pyrophor reagieren. Auch hier muss dafür eine ausreichend große spezifische Oberfläche vorliegen. Diese Voraussetzung kann durch das Versprühen oder durch das Aufsaugen von Flüssigkeit in eine feste Matrix geschaffen werden. Letzteres tritt insbesondere bei der Verarbeitung von pflanzlichen Ölen auf, die ungesättigte Säuren mit Doppelbindungen in der Molekülstruktur enthalten. Ein bekanntes Beispiel ist das Verhalten von Leinöl oder leinölhaltigen Flüssigkeiten, wenn diese in Putzlappen oder Sägespänen fein verteilt vorliegen. Im direkten Kontakt mit der Umgebungsluft können in solchen Fällen spontan Brände entstehen.
- Pyrophore Gase sind z. B. die in der Halbleiterindustrie verwendeten Substanzen Silan (Siliziumwasserstoff) und German (Germaniumwasserstoff). Bei ihrer Verwendung ist unbedingt auf strikte Sauerstofffreiheit im Inneren der Behälter und Armaturen zu achten.
- Bei der Handhabung von Oxidationsmitteln kann es zur spontanen Freisetzung von Sauerstoff und in der weiteren Folge zu Oxidationsreaktionen mit brennbaren Stoffen kommen, siehe Abschn. 4.5.1. Auch hier kann zwischen festen, flüssigen und gasförmigen Oxidationsmitteln unterschieden werden. Ein festes Oxidationsmittel ist Calciumhypochlorid, das z. B. als Bleichmittel bei der Papier- und Textilherstellung oder zur Wasseraufbereitung in Schwimmbädern eingesetzt wird.
- Wasserstoffperoxid ist eine farblose Flüssigkeit, die in jedem Verhältnis mit Wasser gemischt werden kann. Auch Wasserstoffperoxid wird u. a. als Bleich- und Desinfektionsmittel verwendet. Unter der katalytischen Einwirkung von bereits geringen Mengen an Schwermetallen wie Eisen, Kupfer oder Blei bzw. deren Oxiden kommt es zu einer stark exotherm verlaufenden Zersetzungsreaktion. Durch die sehr große bei der Zersetzung frei werdende Energiemenge und den großen Sauerstoffanteil im Molekül ($H_2O_2$; 47 Masse-%) ergeben sich besondere Anforderungen an die Sicherheitsvorkehrungen beim Umgang mit Wasserstoffperoxid. Besondere Vorsicht ist bei Mischungen von Wasserstoffperoxid mit organischen Chemikalien geboten, denn es kommt hier zur Bil-

dung von explosionsfähigen Atmosphären und zur Bildung von organischen Peroxiden, die durch Selbstzerfall zur chemischen Zündquelle werden können (siehe oben).

- Auch gasförmige Oxidationsmittel und hier insbesondere Fluor müssen berücksichtigt werden. Fluor ist das reaktionsfähigste aller Elemente und das stärkste bekannte Oxidationsmittel. Mit vielen Stoffen reagiert Fluor bereits bei Raumtemperaturen heftig bis explosionsartig.
- Calciumcarbit und Acetylen sind sehr häufig in der Industrie verwendete Stoffe mit einer besonderen sicherheitstechnischen Herausforderung. Das als organisches Synthesegas und als Brenngas zum Trennen und Schneiden verwendete Acetylen wird neben der Gewinnung aus Erdgas hauptsächlich durch eine Reaktion von Calciumcarbit mit Wasser hergestellt. Bereits diese Reaktion entwickelt sehr große Wärmemengen, die sicher abgeführt werden müssen, da sich sonst Temperaturen von bis zu 1000 °C entwickeln können. Neben Acetylen selbst kann bei dieser Reaktion unter unkontrollierten Umständen auch Wasserstoff entstehen. Acetylen selbst ist ein chemisch instabiles Gas, das unter bestimmten Umständen zum Zerfall in seine Elemente angeregt werden kann. Die dabei freigesetzte Wärmemenge liegt im Bereich der bei Sprengstoffen vorzufindenden Werte.

Als weitere chemische Reaktion ist die Selbstentzündung von Stäuben zu betrachten. Als Stäube bezeichnet man zerkleinerte Feststoffe, die als feinste feste Partikel mit unterschiedlichen Korngrößen auftreten, siehe Abschn. 4.4.2. Ihr gemeinsames Charakteristikum besteht in der Eigenschaft, über einen gewissen Zeitraum in Gasen suspendiert bleiben zu können. Als Zündquelle kommen nur brennbare Stäube infrage.

Charakteristisch für Stäube ist ihre sehr große spezifische Oberfläche, also die Gesamtheit aller inneren Oberflächen der Staubpartikel pro Masseneinheit. Diese große Gesamtfläche steht im Kontakt mit der Umgebungsluft. Die an den Grenzflächen stattfindenden Oxidations-vorgänge sind mit einer Entwicklung von Reaktionswärme verbunden. Nach einer gewissen Anpassung an die Umgebungsbedingungen wird eine Schüttung brennbaren Staubs aufgrund dieser inneren Wärmequelle immer eine höhere Temperatur aufweisen als deren Umgebung [4]. Die Wärmeverteilung innerhalb der Schüttung hängt von vielfältigen geometrischen und materialspezifischen Einflussgrößen ab, auf die hier nicht genauer eingegangen werden soll. Entscheidend für die Entstehung von Glimmnestern und Bränden ist das Verhältnis der Wärmeproduktionsrate innerhalb der Schüttung zur Wärmeabfuhrrate über die äußere Oberfläche. Übersteigt die Wärmeabfuhr die Wärmeproduktion, herrscht ein unterkritischer thermischer Zustand und es kann keine Selbstentzündung stattfinden. Ist jedoch die Wärmeproduktion größer als die Wärmeabfuhr (thermisch überkritischer Zustand), steigt die innere Temperatur exponentiell an und es kann zur Entstehung von Glimmbränden oder offenen Flammen kommen. Diese wiederum können Explosionen von umgebenden zündfähigen Gas-Luft-Gemischen oder von aufgewirbelten Staub-Luft-Gemischen auslösen. Der Übergang vom thermisch unterkritischen zum thermisch überkritischen Zustand wird durch die sicherheitstechnische Kennzahl der Selbstentzündungstemperatur charakterisiert. Diese stellt die höchste Umgebungstemperatur dar, bei der ein thermisches Gleichgewicht gerade noch möglich ist. Genaue Angaben zu zulässigen Umgebungsbedingungen bezogen auf vorgegebene Schüttungsgrößen und andere Details zum Thema Staubexplosionsschutz sind in der VDI-Richtlinie 2263 [35] enthalten. [4, 35]

## 4.7 Definition des Explosionsschutzes

### 4.7.1 Allgemein

Wie zahlreichen anderen Gebieten der Sicherheitstechnik liegt auch dem Explosionsschutz der Begriff *Risiko* zugrunde. Dieser ist für technische Systeme allgemein definiert als die Kombination aus der Wahrscheinlichkeit des Auftretens eines Schadens (engl. probability of damage = P(D)) und des Schweregrads dieses Schadens (engl. extent of damage = E(D)). Stark vereinfacht lässt sich dieser Zusammenhang wie folgt darstellen:

$$\text{Risiko} = \mathrm{P}(\mathrm{D}) \times \mathrm{E}(\mathrm{D})$$

Die Wahrscheinlichkeit des Auftretens eines Schadens hängt gemäß Abschn. 4.1 vom gleichzeitigen Auftreten einer gefährlichen explosionsfähigen Atmosphäre (Zusammensetzung aus mindestens einem brennbaren Stoff mit einem Oxidationsmittel, häufig der Sauerstoff in der Luft innerhalb eines geeigneten Konzentrationsverhältnisses und in einer gefahrdrohenden Menge) – P(DEA) (engl. dangerous explosive atmosphere) – und dem Vorhandensein einer geeigneten Zündquelle – P(IS) (engl. ignition source) – ab, sodass sich folgender ebenfalls vereinfachter Zusammenhang ergibt:

$$\text{Explosionsrisiko} = \mathrm{P}(\mathrm{DEA}) \times \mathrm{P}(\mathrm{IS}) \times \mathrm{E}(\mathrm{D})$$

Allgemein ist bei der Bewertung des Schadensausmaßes davon auszugehen, dass im Fall einer Explosion stets mit einem hohen Maß an Personen- und Sachschäden zu rechnen ist. Eine fallweise differenzierte Betrachtung der Auswirkungen erfolgt im Rahmen der Risikobewertung in der Regel kaum. Allerdings sollte man bei der Gefährdungsbeurteilung auf bestimmte physikalische Wirkungen und örtliche Gegebenheiten achten, die das Ausmaß der Explosionswirkungen und damit das Schadenspotenzial deutlich erhöhen können. Insbesondere sei hier auf einen möglichen Übergang von Deflagrationen auf Detonationen hingewiesen (siehe Abschn. 4.2).

Die Wahrscheinlichkeit des Auftretens gefährlicher explosionsfähiger Atmosphären ist abhängig von:

- den Eigenschaften der Brennstoffe, die durch die sicherheitstechnischen Kennzahlen ausgedrückt werden (Abschn. 4.4),
- den Prozessen und betrieblichen Gegebenheiten, die die Freisetzung von Brennstoffen fördern oder verhindern und
- den Umgebungsbedingungen.

Die Wahrscheinlichkeit des Auftretens wirksamer Zündquellen hängt im Wesentlichen von der Gestaltung des in der betrachteten Anlage angewendeten Verfahrens, von der Art und Qualität der in der Anlage eingesetzten Betriebsmittel und von Art und Ausmaß der Wartung- und Instandsetzungsarbeiten ab. Wie bereits in Abschn. 4.6.1 dargestellt können Zündquellen nach ihrer Wahrscheinlichkeit, aufzutreten und eine Explosion zu verursachen, unterschieden werden [1]:

- Zündquellen, die kontinuierlich oder häufig auftreten
- Zündquellen, die bei seltenen Störungen auftreten
- Zündquellen, die bei sehr seltenen Störungen auftreten

Bezogen auf die Zündquellen, die bei eingesetzten Betriebsmitteln zu berücksichtigen sind, ergibt sich durch die Übertragung dieser Unterteilung folgende Unterscheidung [1]:

- Zündquellen, die im Normalbetrieb auftreten können
- Zündquellen, die lediglich infolge von Funktionsstörungen auftreten können
- Zündquellen, die lediglich infolge von seltenen Funktionsstörungen vorkommen

Die Aufgabe des Explosionsschutzes besteht nun darin, durch geeignete technische und/oder organisatorische Maßnahmen das jeweilige Explosionsrisiko auf ein akzeptables niedriges Maß zu verringern. Dabei hat sich in vielen Ländern, historisch bedingt, eine deterministische Vorgehensweise etabliert. Hierbei wird das Auftreten einer gefährlichen explosionsfähigen Atmosphäre jedoch nicht quantitativ, sondern qualitativ betrachtet, siehe Zoneneinteilung – Abschn. 4.8. Dabei oft eingesetzte Attribute sind „häufig“, „selten“ oder „gelegentlich“.

Die Maßnahmen des Explosionsschutzes orientieren sich auch an den Stufen der Sicherheitstechnik. In der Sicherheitstechnik wird generell nach unmittelbarer, mittelbarer und hinweisender Sicherheitstechnik unterschieden. Anzustreben ist immer der Einsatz von unmittelbarer Sicherheitstechnik. Diese sieht eine sichere und gefahrenfreie Konstruktion und Gestaltung des Produkts vor. Ist dies nicht möglich, muss die mittelbare Sicherheitstechnik angewendet werden. Dies beinhaltet den Aufbau von Schutzsystemen und -einrichtungen. Ergänzend kann die hinweisende Sicherheitstechnik zum Einsatz kommen. Diese Stufe der Sicherheitstechnik darf aber niemals als alleinstehende Lösung angestrebt werden. [62–64]

Im Bereich des Explosionsschutzes sind diese Stufen und grundsätzlichen Vorgehensweisen in den Prinzipien des integrierten Explosionsschutzes verankert. Die Anwendung dieser Prinzipien wird durch die ATEX-Richtlinie 2014/34/EU, Anhang II, Abs. 1.0.1 [65] gefordert. Das Prinzip umfasst die Einteilung in den primären, sekundären und tertiären Explosionsschutz. Diese Begriffe sind in der Praxis etabliert. Jedoch wird bei der Formulierung von regulatorischen Dokumenten davon Abstand genommen. Aus Gründen der Übersichtlichkeit und Verständlichkeit erfolgt weiterhin der Einsatz dieser Begriffe in diesem Fachbuch. Ergänzt werden diese Teilbereiche, insbesondere der sekundäre Explosionsschutz, durch den geräteorientierten Explosionsschutz. Spezifische Zündschutzarten für elektrische und nicht-elektrische Geräte geben standardisierte und bewährte

**Abb. 4.8** Teilprinzipien des Explosionsschutzes

**Abb. 4.9** Integrierter Explosionsschutz

Lösungskonzepte zur Realisierung des Explosionsschutzes bei Geräten vor. Abb. 4.8 verdeutlicht die Zusammenhänge der einzelnen Teilprinzipien des Explosionsschutzes, die in den folgenden Kapiteln detailliert dargestellt werden.

### 4.7.2 Integrierter Explosionsschutz

#### 4.7.2.1 Grundlegendes Prinzip

Die Prinzipien des integrierten Explosionsschutzes sind wie in Abb. 4.9 dargestellt zu gliedern.

Wie in Anhang II der ATEX-Richtlinie 2014/34/EU unter der Überschrift „Prinzipien der integrierten Explosionssicherheit" [65] festgelegt, stellt die oben dargestellte Reihenfolge eine Hierarchie der drei Kategorien dar. Bei der Entwicklung von Explosionsschutzkonzepten muss in jedem Fall zunächst versucht werden, das Auftreten von gefährlichen explosionsfähigen Atmosphären zu verhindern. Denn wenn keine explosionsfähigen Gemische vorhanden sind, können keine Explosionen auftreten. Zur Umsetzung des primären Explosionsschutzes gibt es verschiedene Möglichkeiten, die im folgenden

Abschn. 4.7.2.2 kompakt beschrieben werden. Allerdings ist deren Anwendung häufig aufgrund technischer und wirtschaftlicher Zwänge beschränkt. Folglich kommt der sekundäre Explosionsschutz zum Einsatz, siehe Abschn. 4.7.2.3. Ist es nicht möglich, mit den Maßnahmen des sekundären Explosionsschutzes sichere Konzepte zu entwickeln, die auch technisch und wirtschaftlich vertretbar sind, müssen Maßnahmen des tertiären Explosionsschutzes zur Anwendung kommen, siehe Abschn. 4.7.2.4. Der Gesetzgeber fordert in jedem Fall die Einhaltung der geschilderten Reihenfolge. Dies muss plausibel in der Gefährdungsbeurteilung und im Explosionsschutzdokument nachgewiesen sein.

#### 4.7.2.2 Primärer Explosionsschutz

Grundlage des primären Explosionsschutzes sind die Voraussetzungen, die eine Explosion bedingen, u. a. das Explosionsdreieck. Gelingt es, dies durch technische und/oder organisatorische Maßnahmen zu verhindern, sind also keine Explosionsgefahren zu erwarten. Umfangreiche Hinweise zur Realisierung von Maßnahmen gibt die Technische Regel TRGS 722 [48]. In dieser wird prinzipiell zwischen folgenden geeigneten Maßnahmen unterschieden [48]:

**Vermeidung oder Einschränkung von Stoffen, die explosionsfähige Atmosphären zu bilden vermögen**

Dazu ist der Ersatz von brennbaren durch nicht brennbare Stoffe anzustreben, beispielsweise durch Einsatz von wasserlöslichen Lacken, Farben oder Lösungsmitteln. Unter Umständen ist es möglich, flüssige Kohlenwasserstoffe mit einem Flammpunkt einzusetzen, der mit Sicherheit über den Umgebungs- oder Verarbeitungstemperaturen liegt, oder dies durch Zugabe von nicht siedenden, nicht oder schwer brennbaren Halogenkohlenwasserstoffen zu erreichen. Bei letzteren sind jedoch prozessbedingte Entmischungsvorgänge zu beachten, die den Flammpunkt wieder unzulässig reduzieren könnten. Häufig wird übersehen, dass es auch möglich ist, durch die Wahl des Verfahrens und durch einfache organisatorische Maßnahmen die potenzielle Menge explosionsfähiger Atmosphären deutlich zu verringern. So können beispielsweise bei bestimmten chemischen Reaktionen großvolumige Rührkesselreaktoren durch einen Strahldüsenreaktor ersetzt werden. Ein anderes Beispiel findet sich in vielen Montagebetrieben, die normalerweise keine explosionsgefährlichen Verfahren beinhalten. Hier werden oft lösungsmittelhaltige Reinigungsmittel verwendet. Zur Lagerung größerer Mengen solcher Stoffe wird vom Gesetzgeber die Einrichtung eines eigens dafür ausgestatteten Lagerraums gefordert. Durch organisatorische Maßnahmen kann die Menge an brennbaren Stoffen, die sich außerhalb eines solchen Lagers in der Fertigung befindet, auf ein ungefährliches Maß reduziert werden.

**Verhindern oder Einschränken explosionsfähiger Atmosphären im Inneren von Anlagen und Anlagenteilen**

Bei der Inertisierung geschieht dies durch Zugabe gasförmiger Inertstoffe wie Stickstoff oder Edelgase oder pulverförmiger Inertstoffe. Eine prinzipielle Unterscheidung ist zwischen totaler und teilweiser Inertisierung möglich. Bei der totalen Inertisierung ist das

Verhältnis des Anteils von Inertgas zu dem brennbaren Stoff so hoch, dass das Gemisch auch nach Zumischung beliebig großer Luftmengen nicht explosionsfähig wird. Bei der partiellen Inertisierung wird dem Gemisch so viel Inertstoff zugeführt, dass die Sauerstoffgrenzkonzentration sicher unterschritten wird. Sollte später wieder Sauerstoff oder Luft in ausreichender Menge zugemischt werden, entsteht wieder ein explosionsfähiges Gemisch. Eine weitere Möglichkeit, explosionsfähige Atmosphären im Inneren von Anlagen und Anlagenteilen zu vermeiden, liegt in der Anwendung einer Konzentrationsbegrenzung. Hierbei wird durch technische Maßnahmen sichergestellt, dass entweder die obere oder die untere Explosionsgrenze des Gemischs über- bzw. unterschritten wird. Das Durchfahren des Explosionsbereichs beim An- oder Abfahren der Anlage ist genauso zu vermeiden wie ein Kontakt der inneren mit der äußeren Atmosphäre, der zu unzulässigen Veränderungen des inneren Konzentrationsverhältnisses führen könnte. Des Weiteren ist die Methode der Druckabsenkung im Apparateinneren zu nennen, bei der der Zusammenhang genutzt wird, dass der Explosionsdruck immer ein Vielfaches des Ausgangsdrucks des Gemischs ist. Der Ausgangsdruck des Gemischs wird auf ein Zehntel bar abgesenkt, so ergibt sich im Fall einer Explosion eine Druckspitze von etwa 1 bar. Dieser Druck kann durch wesentlich leichtere und einfachere Konstruktionen beherrscht werden. Allerdings ist bei diesen Methoden zu berücksichtigen, dass sie alle einer umfassenden und zuverlässigen Überwachung durch geeignete Mess-, Steuer- und Regeleinrichtungen bedürfen. Derartige Überwachungseinrichtungen, die nur zur Absicherung primärer Explosionsschutzmaßnahmen gedacht sind, fallen nicht unter den Geltungsbereich der ATEX-Richtlinie und müssen von den Betreibern in Eigenverantwortung ausgewählt werden.

**Verhindern oder Einschränken gefährlicher explosionsfähiger Atmosphären in der Umgebung von Anlagen und Anlagenteilen**

Ein wesentliches Element von wirksamen Explosionsschutzkonzepten besteht im sicheren Einschluss brennbarer Stoffe in das Innere von Maschinen, Apparaten und Anlagen. Da sich aber verfahrenstechnisch bedingt Öffnungen nicht vermeiden lassen, ist mit der Bildung von gefährlichen explosionsfähigen Atmosphären zu rechnen. Bereits während der Planung von Anlagen muss daher auf eine größtmögliche Dichtheit der Anlagen geachtet werden. Dort, wo prozessbedingt keine Notwendigkeit zum regelmäßigen Öffnen von Anlagenteilen besteht, sollte entweder eine

- technisch dichte oder
- auf Dauer technisch dichte Bauweise angestrebt werden.

Die Gestaltung dieser Bauweisen wird in Abschn. 7.6.4 vorgestellt. Die Umgebung von Anlagen und Anlagenteilen kann weiterhin durch natürliche oder technische Lüftung frei von explosionsfähiger Atmosphäre gehalten werden. Natürliche Lüftung liegt oftmals außerhalb von Gebäuden vor. Aus diesem Grund und wegen der dort häufig zu vernachlässigenden Dämmwirkung im Explosionsfall ist die Errichtung von Freianlagen gegenüber der Errichtung von Anlagen im Gebäudeinneren vorzuziehen. Natürliche Lüftung kann aber auch beim Vorliegen von geeigneten baulichen Gegebenheiten im Inneren von Gebäuden genutzt werden. Der Luftaustausch erfolgt bei der natürlichen Lüftung aufgrund von Dichte- und Druckdifferenzen der Luft räumlich benachbarter Bereiche, ausgelöst durch Temperaturdifferenzen oder durch Wind. Als technische Lüftung wird der Luftaustausch mit gezielten technischen Mitteln wie Ventilatoren oder Luftinjektoren bezeichnet. Als elektrische Betriebsmittel können diese Geräte selbst verschiedene Zündquellen aufweisen. Deshalb müssen sie selbst explosionsgeschützt ausgeführt werden. Hier ist zwischen Lüftungsmaßnahmen mit Unterdruck (lokale Absaugung oder Objektabsaugung direkt an der Freisetzungsstelle) und mit Überdruck (Frischluftauslässe mit einer hohen Reichweite) zu unterscheiden. Die Maßnahmen zur Überwachung der Wirksamkeit der technischen Lüftung müssen in Abhängigkeit von der Wahrscheinlichkeit des Auftretens gefährlicher explosionsfähiger Atmosphären gestaltet werden. Einfache Messungen der Lüfterdrehzahl sind in der Regel nicht ausreichend. Sie müssen z. B. durch Überwachung mittels Strömungsmessgeräten oder Gaswarngeräten ergänzt werden. Die Auslegung der technischen Lüftungsmaßnahme ist sehr komplex. Die damit beauftragten Mitarbeiter sollten über ausreichende Kompetenzen zur Bewertung der räumlichen Gegebenheiten, dem Auftreten von Freisetzungsquellen und der stofflichen Eigenschaften der explosionsfähigen Gemische verfügen. Die genannte Überwachung der Umgebung von Anlagen und Anlagenteilen mit Gaswarneinrichtungen wird insbesondere in Offshoreanlagen zur Erdöl- und Erdgasförderung eingesetzt. Hier wirkt sie im Zusammenspiel mit der ausgeprägten natürlichen Lüftung (Anlagenteile weitestgehend außerhalb von Gebäuden, regelmäßig hohe Windstärken). Jedoch entspricht die Verwendung von Gaswarneinrichtungen als eigenständige Maßnahme nicht den Anforderungen des primären Explosionsschutzes, denn es wird damit die Entstehung gefährlicher explosionsfähiger Atmosphären weder verhindert noch eingeschränkt. Deshalb ist auch erklärbar, dass Gaswarneinrichtungen nicht nur im Hinblick auf ihre Zündquellenfreiheit, sondern auch hinsichtlich ihrer Messfunktion für den Explosionsschutz unter den Geltungsbereich der ATEX 2014/34/EU [65] fallen. Einen informativen Überblick zu funktionsgeprüften Gaswarngeräten gibt die Berufsgenossenschaft Rohstoffe und chemische Industrie (BG CRI) mit der Liste funktionsgeprüfter Gaswarngeräte [66].

**Maßnahmen zur Verhinderung gefährlicher Staubansammlungen in der Umgebung von Anlagen und Anlagenteilen**

Die Lösung des Problems besteht in der Planung und Durchsetzung eines geeigneten Reinigungsregimes, das auch schwer zugängliche Anlagenteile umfasst. Es sollten dabei auch außergewöhnliche Ereignisse wie die Zerstörung eines Transportbehälters verbunden mit der plötzlichen Freisetzung einer größeren Staubmenge berücksichtigt werden.

#### 4.7.2.3 Sekundärer Explosionsschutz

Den in der ATEX-Richtlinie 2014/34/EU [67] festgelegten Prinzipien der integrierten Explosionssicherheit folgend muss, wenn alle Möglichkeiten der Verhinderung des Auftretens gefährlicher explosionsfähiger Atmosphären aus technischer und wirtschaftlicher

Sicht ausgeschöpft sind und immer noch mit deren Auftreten zu rechnen ist, zu Maßnahmen der Zündquellenvermeidung übergegangen werden. Demnach sind prinzipiell sämtliche denkbaren Zündquellen in allen möglichen Betriebszuständen bei Anlagen, Maschinen, Geräten und deren Komponenten zu vermeiden. Demzufolge richtet sich der sekundäre Explosionsschutz bewusst an die Gestaltung von einzusetzenden Produkten. Hierfür stehen dem Konstrukteur die sogenannten Zündschutzarten zur Verfügung. Diese werden für die Anwendung bei elektrischen und nicht-elektrischen Geräten unterschieden. Demnach zählen diese Bereiche auch zum geräteorientierten Explosionsschutz, siehe Abschn. 4.7.3.

#### 4.7.2.4 Tertiärer Explosionsschutz

Die europäische EG-Richtlinie 1999/92/EG [68] und davon abgeleitet die deutsche Gefahrstoffverordnung [69] verpflichten den Arbeitgeber dazu, wenn Explosionen nicht gänzlich ausgeschlossen werden können, die Auswirkungen von Explosionen auf ein ungefährliches Maß einzuschränken und ihre Übertragung in andere Arbeitsmittel bzw. angrenzende Anlagenbereiche zu verhindern. Dazu dienen die Maßnahmen des tertiären Explosionsschutzes.

Die Gefährlichkeit von Explosionen ergibt sich aus der sich selbstständig fortpflanzenden schnellen Ausbreitung von Flammenfronten, die mit einem hohen Druckaufbau verbunden sind. So sind, je nach Art, Menge und Konzentration des Brennstoffs, u. a. Temperaturen von bis zu 3000 °C und maximale Druckwerte von 10 bis 16 bar zu verzeichnen. Im Fall von Detonationen treten wesentlich höhere Druckwerte auf (siehe Abschn. 4.2). Einschränkung auf ein ungefährliches Maß bzw. Verhinderung der weiteren Ausbreitung von Explosionen bedeutet demzufolge, die hohen Drücke und Temperaturen mit geeigneten Konstruktionen zu beherrschen und unschädlich zu machen. Zu diesem Zweck werden unterschiedliche technische Methoden angewendet. Umfangreiche Hinweise zur Gestaltung der Maßnahmen sind der Technischen Regel 724 [70] zu entnehmen. Im Folgenden wird ein ausgewählter Überblick zu Maßnahmen in Anlehnung an die TRGS 724 gegeben [70]:

**Explosionsfeste Bauweise**

Die explosionsfeste Bauweise ist ein Teilgebiet des tertiären Explosionsschutzes und behandelt die Umschließung oder Kapselung einer explosionsfähigen Atmosphäre in inneren Räumen (z. B. Rohrleitungen, Tanks, Reaktoren) von Maschinen, Apparaten oder Anlagen (im Folgenden als Behälter bezeichnet) [70]. Diese Behälter müssen also den maximalen Explosionsüberdruck ohne Aufreißen aushalten. Die mechanische Festigkeit des Behälters ist ein bestimmender sicherheitstechnischer Faktor. Es wird zwischen zwei Bauformen unterschieden [70]:

- Explosionsdruckfeste Bauweise
- Explosionsdruckstoßfeste Bauweise

Ein explosionsdruckfester Behälter muss in der Lage sein, den zu erwartenden Explosionsdruck ohne bleibende Verformungen aufzunehmen. Bei der explosionsdruckstoßfesten Bauweise wird dagegen lediglich verlangt, dass der Behälter die innere Druckspitze aufnehmen muss, ohne aufzureißen, sich dabei aber bleibend verformen darf. Da der in einem Behälter auftretende maximale Explosionsüberdruck, wie bereits benannt, durchaus Werte von 10 bar und höher annehmen kann, wird der konstruktive Explosionsschutz häufig mit Maßnahmen der Explosionsdruckentlastung oder der Explosionsunterdrückung kombiniert. Aus diesem Grund beinhaltet die TRGS 724 den Begriff des „zu erwartenden Explosionsdrucks" [70]. Dies ist der für die Konstruktion bestimmende Parameter, denn er bestimmt die erforderliche Festigkeit. Der zu erwartende Explosionsdruck kann:

- der maximale Explosionsüberdruck ($p_{max}$),
- ein davon aufgrund von anlagen- oder verfahrensbedingten Gegebenheiten höherer oder niedrigerer Wert oder
- ein reduzierter Explosionsdruck, der durch die druckentlastenden oder explosionsunterdrückenden Maßnahmen bestimmt wird,

sein. Da selbst bei einem reduzierten Explosionsdruck als Erwartungswert die Forderung nach Abwesenheit von bleibenden Verformungen nur sehr kostspielig umzusetzen ist, wird die Verwendung von explosionsdruckfesten Behältern auf Anwendungen mit vermutlich während ihrer Lebensdauer mehrfach auftretenden Explosionen im Inneren in der Praxis beschränkt. Hervorzuheben ist, dass der zu erwartende Explosionsdruck nicht als Betriebsdruck gewertet wird und somit diese Behälter nur dann unter den Geltungsbereich der Druckbehälter- Richtlinie fallen, wenn im Normalbetrieb die entsprechenden Grenzwerte für den Betriebsdruck überschritten werden. Die Anwendung der ATEX-Richtlinie [65], der Druckgeräte-Richtlinie [71] und Druckbehälter-Richtlinie [72] kann jedoch bei Anwendungen im Bereich von Wasserstofftechnologien häufig vorkommen.

Explosionsdruckstoßfeste Behälter kommen zum Einsatz, wenn das Auftreten einer Explosion eher unwahrscheinlich ist. Tritt trotzdem solch ein Ereignis ein, sind bleibende Verformungen zulässig. Dies bedeutet, dass der Behälter anschließend ausgetauscht werden muss oder wie ein Neuprodukt auf seine Festigkeitseigenschaften zu prüfen ist. [70]

**Explosionsdruckentlastung**

Für den Fall, dass Behälter nicht für den maximalen Explosionsdruck ausgelegt sind, können sie durch Druckentlastungseinrichtungen sicher vor Zerstörung geschützt werden. Übersteigt im Anlauf einer Explosion der Behälterinnendruck einen definierten Wert, der unter der Festigkeitsgrenze des Behälters liegen muss, geben die Druckentlastungseinrichtungen Öffnungen in der Behälterwand frei, über die der Innendruck in einen sicheren Bereich entspannt wird. Eine der bekanntesten Druckentlastungseinrichtungen sind Berstscheiben. Diese weisen im geschlossenen Zustand eine ausreichend hohe Dichtheit auf, um den im Behälter stattfindenden Prozess nicht zu beeinträchtigen. Sie sind aus einer oder mehreren dünnen vorgekerbten Metallfolien aufgebaut, die beim Überschreiten des definierten Berstdrucks zerstört werden und dabei die gesamte Öffnungsfläche freigeben. Eine weitere Option stellen Explosionsscheiben dar. Dabei handelt es sich um stabile Scheiben, die mit einer definierten Festigkeit über ihren gesamten Umfang von Gummiklemmprofilen gehalten werden. Übersteigt der Innendruck die Haltekraft der Gummiprofile, werden die Scheiben aus der Verankerung in der Behälterwand gedrückt und geben die Entlastungsöffnung frei. Beide Methoden sind wirksam, einfach und kostengünstig. Allerdings besteht der hauptsächliche Nachteil darin, dass in beiden Fällen die Entlastungsöffnung zunächst bestehen bleibt und somit bis zum nächsten manuellen Eingriff ein ungehinderter Austausch von Medien aus dem Behälterinneren und der Umgebung stattfinden kann. [70]

Eine weitere Möglichkeit stellen Explosionsklappen dar. Diese verschließen den Behälter im ungestörten Betrieb mit einer definierten Anpresskraft, die z. B. durch die eigene Gewichtskraft oder durch zusätzliche Federkräfte bestimmt wird. Übersteigt der Innendruck des Behälters einen bestimmten Wert, kommt es zur Öffnung der Klappe gegen den Widerstand der Anpresskräfte. Dies geschieht so lange, bis der Druckstoß abgeklungen ist. Danach schließen sich die Klappen wieder. Damit entfällt das unkontrollierte Offenstehen des Behälters. Nachteilig ist, dass die Explosionsklappen nicht wie die Berstscheiben oder die Explosionsscheiben sofort nach Erreichen des Ansprechdrucks den gesamten Öffnungsquerschnitt freigeben. Damit entsteht ein Widerstand gegen den Volumenstrom aus dem Inneren, der den Druckentlastungsvorgang behindern kann. [70]

Bei allen Methoden der Druckentlastung sind folgende Regeln zu beachten [70]:

- Die effektive Größe der Druckentlastungsfläche bestimmt den tatsächlichen Volumenstrom und damit die Geschwindigkeit und das Ausmaß der Druckreduzierung. Sie muss unter Beachtung der Festigkeitseigenschaften des zu schützenden Behälters sowie der Explosioneigenschaften der potenziellen explosionsfähigen Atmosphäre (maximaler Explosionsdruck, maximaler Druckanstieg siehe Abschn. 4.4.1.9 und 4.4.2.7) sorgfältig berechnet werden. Wird die Druckentlastung ins Freie über Rohrleitungen realisiert, müssen diese ebenfalls druckstoßfest sein und es ist zu beachten, dass der entstehende Druckverlust den eigentlichen Entlastungsvorgang negativ beeinflusst.
- Durch die Kombination mit Flammenfiltern (siehe unten) kann eine Übertragung von Explosionen in die Behälterumgebung verhindert werden. Ggf. müssen auch Explosionsentkopplungen zu benachbarten Behältern durchgeführt werden.
- Es muss sichergestellt sein, dass es im Umkreis der Druckentlastungseinrichtung zu keinen Gefährdungen von Personen durch die Druck- und Flammenwirkungen kommt. Die Freisetzung von gesundheitsschädlichen Substanzen in die Umgebung ist nicht zulässig.
- Druckentlastungseinrichtungen sind Schutzsysteme im Sinne der ATEX 2014/34/EU [65]. Sie unterliegen damit den in Kap. 9 beschriebenen Konformitätsbewertungsverfahren. Außerdem sind sie in angemessenen Zeitabständen gemäß Betriebssicherheitsverordnung [73] hinsichtlich ihrer Sicherheit und Funktionsfähigkeit zu überprüfen.

**Explosionstechnische Entkopplung**

Treten in einem Anlagenteil Explosionen auf, besteht eine wichtige sicherheitstechnische Aufgabe darin, deren Ausbreitung auf andere Anlagenteile zu verhindern. Dies ist insbesondere dann sicherzustellen, wenn die örtlichen Gegebenheiten geeignet sein könnten, den Explosionsverlauf durch Vorverdichtung von unverbranntem explosionsfähigem Gemisch so zu verstärken, dass Detonationen entstehen können. Generell kann in passive und aktive Explosionsunterdrückungssysteme unterschieden werden, die wiederum speziell für den Gasexplosionsschutz und für den Staubexplosionsschutz angeboten werden [70]. Umfangreiche Informationen sind auch hier der Technischen Regel TRGS 724 [70] zu entnehmen. Wesentliche Hinweise werden im Folgenden in Anlehnung an die TRGS 724 gegeben [70]:

- Passive Systeme für den Gasexplosionsschutz befinden sich ständig im Gasstrom und verhindern durch geeignete Konstruktionen das Durchschlagen von Explosionen. Der Oberbegriff für derartige Produkte lautet „flammendurchschlagsichere Armaturen“ oder „Flammendurchschlagsicherungen“. Derartige Armaturen werden für unterschiedliche Gefährdungssituationen angewendet. Dauerbrandsicherungen werden an der Schnittstelle zur umgebenden Atmosphäre eingesetzt, wenn damit gerechnet werden muss, dass sich ein ausströmendes Gemisch nach dem Austritt in die Atmosphäre entzündet und im Anschluss stabil brennt. Die dabei entstehende Erwärmung der Sicherung darf nicht zur Entzündung einer inneren explosionsfähigen Atmosphäre führen. Explosionsendsicherungen verhindern bei äußeren Explosionen das Durchschlagen in das Innere von Anlagenteilen. Explosionsvolumensicherungen verhindern sowohl den Flammendurchschlag von innen nach außen als auch umgekehrt. Explosionsrohrdichtungen sind zünddurchschlagsicher bei Explosionen in Rohrleitungen und verhindern das Durchschlagen äußerer Explosionen in das Rohrinnere. Detonationssicherungen sind so ausgelegt, dass sie ein Durchschlagen von Detonationen verhindern können.

  Alle flammendurchschlagsicheren Armaturen basieren auf einem von zwei Grundprinzipien. Das ist einerseits die Verwendung von zünddurchschlagfesten Spalten. Derartige Spalten sind durch ein spezielles Spaltweiten-Spaltlängen- Verhältnis und die jeweiligen Materialeigenschaften charakterisiert. Diese sorgen dafür, dass einer passierenden Flammenfront so viel Wärme entzogen wird, dass die Energie des austretenden Gemischs nicht mehr zur Entzündung einer explosionsfähigen Atmosphäre ausreicht. Dies wird z. B. durch mehrlagige Gitterstrukturen oder durch abwechselnd aufgewickelte geriffelte und glatte Metallbänder erreicht. Flammendurchschlagsichere Armaturen fallen als Schutzeinrichtungen unter den Geltungsbereich der ATEX 2014/34/EU [65]. Wegen der Verwendung von zünddurchschlagsicheren Spalten müssen sie außerdem für eine bestimmte Explosionsgruppe (IIA, IIB, IIC) klassifiziert werden, siehe Abschn. 4.4.1.7.

  Das andere Grundprinzip besteht in der Verwendung von Flüssigkeitssperren nach dem Arbeitsprinzip eines Siphons. Diese auch Tauchsicherungen genannten Einrichtungen müssen sorgfältig ausgewählt, überwacht und gewartet werden.

- Als aktive Methode zur explosionstechnischen Entkopplung von Gasen und Dämpfen sind die dynamischen Flammensperren bekannt. Die TRGS 724 [70] spricht hier von strömungsüberwachten rückzündsicheren Einrichtungen. Bei diesen Schutzsystemen wird eine Strömungsgeschwindigkeit von Gasen oder Dämpfen an der Austrittsstelle überwacht und aufrechterhalten, die über der Flammenausbreitungsgeschwindigkeit liegt. Beim Unterschreiten der erforderlichen Mindestströmungsgeschwindigkeiten ist die Zufuhr explosionsfähiger Atmosphären sofort zu unterbrechen. Für explosionsfähige Atmosphären mit Stoffen der Explosionsgruppen IIA und IIB sind in der TRGS 724 Mindestströmgeschwindigkeiten angegeben. Werte für IIC fehlen. Dies kann als Empfehlung angesehen werden, dynamische Flammensperren für IIC-Gemische nicht einzusetzen.
- Zu den passiven Entkopplungsmaßnahmen für den Staubexplosionsschutz zählen Zellradschleusen, Entlastungsschlote, Explosionsschutzventile, Taktschleusen und Materialpuffer. Zellradschleusen und Taktschleusen sind explosionsfest und flammendurchschlagsicher auszuführen. Dies ist experimentell nachzuweisen.
- Die aktiven Entkopplungsmaßnahmen für den Staubexplosionsschutz umfassen verschiedene Arten von Schnellschlussorganen wie Schnellschlussschieber, Schnellschlusskugelhähne, Schnellschlussquetschventile sowie Löschmittelbarrieren. Wie alle aktiven Sicherheitsmaßnahmen beruhen auch diese auf der Kombination geeigneter Sensoren (optische oder Drucksensoren), die innerhalb von wenigen Millisekunden einen Aktor auslösen, der von Druckluft oder unter Druck stehendem Stickstoff angetrieben die weitere Ausbreitung der Explosionsfront verhindert.
- Des Weiteren kann die Explosionsunterdrückung, die auf dem gleichen Prinzip wie die Löschmittelbarriere basiert, Einsatz finden. Hier wird allerdings kein Rohrabschnitt für die weitere Explosionsausbreitung gesperrt, sondern eine anlaufende Explosion in einem Behälter wird mittels optischer oder Drucksensoren erkannt und der Löschmitteleintrag ausgelöst. Damit wird erreicht, dass der Druckanstieg im Gefäß bei etwa 1 bar gestoppt wird. Als Löschmittel wird in der Regel Natriumbicarbonat oder Ammoniumphosphat verwendet. Die Explosionsunterdrückung wird als Alternative zur Explosionsdruckentlastung immer dann eingesetzt, wenn eine Freisetzung aufgrund der Gefährlichkeit des Produkts oder örtlicher Beschränkungen nicht möglich ist.

### 4.7.3 Geräteorientierter Explosionsschutz

#### 4.7.3.1 Elektrischer Explosionsschutz

Der elektrische Explosionsschutz umfasst die explosionsschutzgerechte Gestaltung von elektrischen Betriebsmitteln. Die Zündschutzarten sind durch eine umfangreiche Historie entstanden, siehe Kap. 2. Der Stand der Zündschutzarten für den elektrischen Explosionsschutz ist in der Normreihe IEC 60079 verankert, siehe Tab. 4.12.

**Tab. 4.12** Zündschutzarten für elektrische Geräte

| Zündschutzarten für elektrische Geräte | Norm |
|---|---|
| Druckfeste Kapselung „d" | IEC 60079-1 |
| Überdruckkapselung „p" | IEC 60079-2 |
| Sandkapselung „q" | IEC 60079-5 |
| Flüssigkeitskapselung „o" | IEC 60079-6 |
| Erhöhte Sicherheit „e" | IEC 60079-7 |
| Eigensicherheit „i" | IEC 60079-11 |
| Zündschutzart „n" | IEC 60079-15 |
| Vergusskapselung „m" | IEC 60079-18 |
| Schutz durch Gehäuse „t" | IEC 60079-31 |
| Optische Strahlung „op" | EN 60079-28 |
| Geräteschutz durch Sonderschutz „s" | IEC 60079-33 |

**Tab. 4.13** Zündschutzarten für nicht-elektrische Geräte

| Zündschutzarten für nicht-elektrische Geräte | Norm |
|---|---|
| Methode: Zündgefahrenbewertung | ISO 80079-36 |
| Konstruktive Sicherheit „c" | ISO 80079-37 |
| Zündquellenüberwachung „b" | |
| Flüssigkeitskapselung „k" | |
| Überdruckkapselung „p" | IEC 60079-2 |
| Schutz durch Gehäuse „t" | IEC 60079-31 |
| Druckfeste Kapselung „d" | IEC 60079-1 |
| Geräteschutz durch Sonderschutz „s" | IEC 60079-33 |

#### 4.7.3.2 Nicht-elektrischer Explosionsschutz

Der nicht-elektrische Explosionsschutz definiert die explosionsschutzgerechte Gestaltung von nicht-elektrischen Betriebsmitteln. Dies umfasst mechanische Geräte, aber auch jegliche Anwendungen und Produkte ohne elektrische Komponenten. Grundlage jeglicher Betrachtungen ist im nicht-elektrischen Explosionsschutz die Zündgefahrenbewertung, siehe Kap. 6. Diese Methode ist in der ISO 80079-36 [74] verankert. Seit 2016 werden auf internationaler Ebene die spezifischen Zündschutzarten für nicht-elektrische Geräte durch die Norm ISO 80079-37 [75] definiert. Für die Zündschutzarten, die auch bei den elektrischen Geräten Anwendung finden, wird auf die entsprechende Norm des elektrischen Explosionsschutzes verwiesen. Tab. 4.13 zeigt die Zündschutzarten zusammenfassend, die in Kap. 7 detailliert vorgestellt werden.

## 4.8 Zoneneinteilung

Maßnahmen des Explosionsschutzes sind entsprechend der einzusetzenden Umgebungen und ihrer Gefährlichkeit auszulegen. Um der Gefährdung entsprechend richtige Maßnahmen und Geräte einzusetzen, werden räumliche Gefährdungsbereiche in Zonen unterteilt. Diese Zoneneinteilung richtet sich nach der ISO 60079-10-1 [21] für die Einteilung der gasexplosionsgefährdeten Bereiche und ISO 60079-10-2 [76] für die Einteilung der staubexplosionsgefährdeten Bereiche. Diese Maßnahme ist immer dann nötig, wenn das Wirksamwerden der Maßnahmen des primären Explosionsschutzes ausgeschlossen werden kann. Die Unterteilung der Zonen erfolgt dabei entsprechend der Wahrscheinlichkeit des Auftretens einer explosionsfähigen Atmosphäre.

Gemäß den Vorgaben der ISO 60079-10-1 [21] und ISO 60079-10-2 [76] sind die Zonen den zugehörigen Wahrscheinlichkeiten zuzuordnen, siehe Tab. 4.14. Die Zonen 0, 1 und 2 beschreiben Zonen einer explosiven Atmosphäre aus Gasen, Nebeln und Dämpfen. Die Zonen 20, 21 und 22 beschreiben eine explosive Atmosphäre aus Staub.

Eine genaue Quantifizierung der Begriffe *kurzzeitig*, *gelegentlich* oder *häufig* findet in der Norm nicht statt. Auch andere Normen oder Richtlinien verzichten auf eine Konkretisierung oder wurden bereits wieder zurückgezogen (EN 13463-2).

Eine quantitative Möglichkeit zur Orientierung kann eine auf der V. Fachtagung „Maßnahmen des Brand- und Explosionsschutzes – Mittel zur Anlagen- und Arbeitssicherheit" in Merseburg vorgestellte Einteilung, die die oben genannten Begriffe für die Zonen 0, 1 und 2 genauer definiert, bieten [77], siehe Tab. 4.15.

**Tab. 4.14** Definition der Zonen gemäß [21, 76]

| Zone | Definition |
|---|---|
| **0 bzw. 20** | Bereich, in dem eine **explosionsfähige Atmosphäre** als Gemisch aus Luft und brennbaren Gasen, Dämpfen oder Nebel bzw. in Form einer Wolke aus in der Luft enthaltenem brennbarem Staub **ständig, über lange Zeit oder häufig vorhanden** ist |
| **1 bzw. 21** | Bereich, in dem sich **bei Normalbetrieb gelegentlich** eine **explosionsfähige Atmosphäre** als Gemisch aus Luft und brennbaren Gasen, Dämpfen oder Nebel bzw. in Form einer Wolke aus in der Luft enthaltenem brennbarem Staub bilden kann |
| **2 bzw. 22** | Bereich, in dem **bei Normalbetrieb eine explosionsfähige Atmosphäre** als Gemisch aus Luft und brennbaren Gasen, Dämpfen oder Nebel bzw. in Form einer Wolke aus in der Luft enthaltenem brennbarem Staub **normalerweise nicht oder aber nur kurzzeitig** auftritt |

**Tab. 4.15** Quantitativer Vorschlag zur Zoneneinteilung nach Wartner [77]

| Zuordnung | Intervall des Auftretens (jährlich) | Intervall des Auftretens (differenziert) | Verweilzeit der explosionsfähigen Atmosphäre |
|---|---|---|---|
| **Zone 0** | höher als bei Zone 1 z. B. >1000-mal | höher als bei Zone 1 z. B. >3-mal/d | länger als bei Zone 1 |
| **Zone 1** | ≥ 10-mal, < 1000-mal | ≥ 1-mal/m, < 3-mal/d | länger als 0,5 h, kürzer als 10 h |
| **Zone 2** | ≥ 1-mal, < 10-mal | ≥ 1-mal/a, < 1-mal/m | kürzer als 0,5 h |

Ein weiterer jedoch nicht quantifizierbarer Vorschlag erfolgt von Dybra, die von der Berufsgenossenschaft Rohstoffe und chemische Industrie getragen wird [78]. Demnach werden die Begriffe wie *häufig*, *gelegentlich* und *kurzzeitig* definiert als:

- *Häufig*:
  Der Begriff ist in diesem Zusammenhang als „zeitlich überwiegend" zu verstehen. Als Referenz dient die tatsächliche Betriebsdauer einer Anlage. Folglich sind Bereiche, in denen in 50 % der Zeit eine explosionsfähige Atmosphäre vorherrscht, als Zone 20 einzuordnen.
- *Gelegentlich:*
  Gelegentlich beschreibt im Zusammenhang mit dem Explosionsschutz einen „deutlich zeitlich nicht überwiegenden" Zustand. Zone 21 ist zu wählen, tritt die explosionsfähige Atmosphäre mit einer Zeitdauer von etwa 30 min oder täglich auf, in Summe jedoch weniger als 50 % der Betriebsdauer.
- *Kurzzeitig*:
  Dieser Zustand beschreibt eine Situation von ca. 30 min und dass eine explosionsfähige Atmosphäre bei Normalbetrieb normalerweise nicht oder nur wenige Male pro Jahr zu erwarten ist.

Abb. 4.10 und 4.11 zeigen beispielhafte Zoneneinteilungen für Befüllstellen.

Nach den Vorgaben der Betriebssicherheitsverordnung [73] muss die Einteilung der Zonen durch den Betreiber erfolgen. Dies stellt in der Praxis häufig eine Herausforderung dar. Eine enge Abstimmung zwischen Hersteller und Betreiber ist erforderlich. Hilfestellung bei der Zoneneinteilung bietet die sogenannte Beispielsammlung der Explosionsschutz-Regeln (EX-RL) DGUV Regel 113-001 [79].

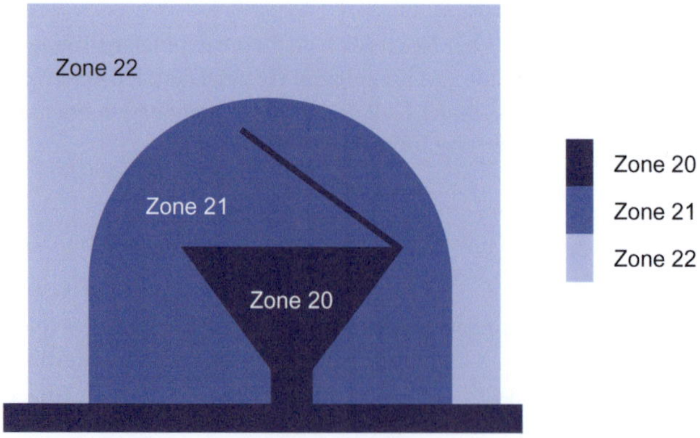


**Abb. 4.10** Beispielhafte Zoneneinteilung für Befüllstellen von pulverförmigen brennbaren Feststoffen

**Abb. 4.11** Beispielhafte Zoneneinteilung für Befüllstellen von brennbaren Flüssigkeiten

## 4.9 Gerätegruppen und -kategorien, EPL

### 4.9.1 Arten der Eingruppierung

Die Geräte können nach ATEX-Richtlinie 2014/34/EU in Gerätegruppen und dazugehörige Gerätekategorien gruppiert werden. Ebenfalls ist es möglich, die Geräte nach Vorgaben der Normen in Gerätegruppen einzuteilen. Jedoch unterscheiden sich diese Eingruppierungen, siehe Tab. 4.16

### 4.9.2 Eingruppierung nach ATEX-Richtlinie 2014/34/EU

Die in explosionsgefährdeten Bereichen einzusetzenden Geräte werden nach Vorgaben der ATEX-Richtlinie 2014/34/EU kategorisiert. Prinzipiell erfolgt eine Unterscheidung zwischen den Geräten für den Einsatz unter Tage (Bergbau), Gerätegruppe I, und den Geräten für den Einsatz über Tag, Gerätegruppe II. [65]

#### 4.9.2.1 Gerätegruppe I

Die Gerätegruppe I umfasst alle Geräte für die Verwendung in untertägigen Bergwerken sowie in Übertageanlagen, die durch Grubengas und/oder brennbare Stäube gefährdet sind. Die Geräte der Gerätegruppe I lassen sich in Gerätekategorie M1 und M2 unterteilen. [65]

Geräte der Kategorie M1 müssen so konstruiert sein, dass sie selbst bei seltenen Gerätestörungen in vorhandener explosionsfähiger Atmosphäre weiterbetrieben werden können,

**Tab. 4.16** Vergleich Geräteeingruppierung nach ATEX-Richtlinie und nach Normen

| 2014/34/EU | | | EN 60079-10-1<br>EN 60079-10-2 | IEC 60079-0<br>ISO 80079-36 | | | | |
|---|---|---|---|---|---|---|---|---|
| | | | | | | Sicher bei | | |
| Gerätegruppe | Gerätekategorie | Maß an Sicherheit | Zonen | Gruppe | Schutzniveau EPL | Normalbetrieb | erwarteter Störung | seltener Störung |
| **I**<br>(unter Tage,Bergbau, Gruben-gas) | M1 | sehr hoch | Weiterbetrieb bei Ex-Atmosphäre | **I**<br>(Bergbau) | Ma | x | x | x |
| | M2 | hoch | Abschalten bei Ex-Atmosphäre | | Mb | x | x | – |
| **II**<br>(über Tage,sonstige) | 1G | sehr hoch | 0, 1, 2 | **II**<br>(Gas) | Ga | x | x | x |
| | 2G | hoch | 1, 2 | | Gb | x | x | – |
| | 3G | normal | 2 | | Gc | x | – | – |
| | 1D | sehr hoch | 20, 21, 22 | **III**<br>(Staub) | Da | x | x | x |
| | 2D | hoch | 21, 22 | | Db | x | x | – |
| | 3D | normal | 22 | | Dc | x | – | – |

und weisen daher besondere, redundante Explosionsschutzmaßnahmen auf. An dieser Stelle muss ein sehr hohes Maß an Sicherheit gewährleistet werden. Konkret bedeutet dies, dass im Fall des Versagens einer apparativen Schutzmaßnahme mindestens eine zweite unabhängige apparative Schutzmaßnahme die erforderliche Sicherheit gewährleisten muss. [65]

Geräte der Gerätekategorie M2 müssen konstruktiv so gestaltet sein, dass ein hohes Maß an Sicherheit gewährleistet werden kann. Die Geräte müssen dazu bestimmt sein, beim Auftreten einer explosionsfähigen Atmosphäre abgeschaltet werden zu können. Die apparativen Explosionsschutzmaßnahmen innerhalb dieser Kategorie gewährleisten das erforderliche Maß an Sicherheit bei normalem Betrieb auch unter schweren Betriebsbedingungen und insbesondere bei rauer Behandlung und wechselnden Umgebungseinflüssen. [65]

#### 4.9.2.2 Gerätegruppe II

Die Gerätegruppe II umfasst alle übrigen Bereiche, die durch eine explosionsfähige Atmosphäre gefährdet werden können. Unterteilen lässt sich die Gerätegruppe II wiederum in drei Gerätekategorien. [65]

Geräte der Gerätekategorie 1 erfordern ein sehr hohes Maß an Sicherheit. Dieses ist auch bei selten auftretenden Gerätestörungen zu gewährleisten und erfordert Explosionsschutzmaßnahmen, sodass beim Versagen einer apparativen Schutzmaßnahme mindestens eine zweite unabhängige apparative Schutzmaßnahme die erforderliche Sicherheit gewährleistet oder es beim Auftreten von zwei unabhängigen Fehlern die geforderte Sicherheit behält. Diese Geräte sind in Bereichen einzusetzen, in denen eine explosionsfähige Atmosphäre ständig, langzeitig oder häufig vorhanden ist. [65]

Die Gerätekategorie 2 verlangt ein hohes Maß an Sicherheit von den Geräten. Im Einsatzbereich dieser Geräte ist mit dem Auftreten einer explosionsfähigen Atmosphäre gelegentlich zu rechnen. Die apparativen Explosionsschutzmaßnahmen in dieser Kategorie gewährleisten selbst bei häufigen Gerätestörungen oder Fehlerzuständen, die üblich zu erwarten sind, das erforderliche Mindestmaß an Sicherheit. [65]

Geräte der Gerätekategorie 3 gewährleisten bei Normalbetrieb das erforderliche Maß an Sicherheit und sind für den Einsatz in Bereichen bestimmt, in denen normalerweise nicht damit zu rechnen ist, dass eine explosionsfähige Atmosphäre auftritt. Im Fall einer dennoch auftretenden explosionsfähigen Atmosphäre tritt diese der Wahrscheinlichkeit nach nur selten und für kurze Zeit auf. [65]

Geräte der Gerätegruppe II werden nach der ATEX-Richtlinie 2014/34/EU hinsichtlich der Umgebungsatmosphäre, in der sie eingesetzt werden, gekennzeichnet. Der angeführte Buchstabe „G“ (engl. gas) steht für den Einsatz in einer Atmosphäre, in der es zum Auftreten von Gasen, Dämpfen oder Nebeln kommt. Der Buchstabe „D“ (engl. dust) kennzeichnet den Einsatz in der Umgebung von brennbaren Stäuben.

### 4.9.3 Eingruppierung nach Norm IEC 60079-0

Gemäß IEC 60079-0 erfolgt die Einteilung der Geräte einem anderen Schema. Die Einteilung findet in drei Gruppen statt, die sich wie folgt definieren [17]:

- Gruppe I
  Gerätegruppe I unterscheidet sich nicht wesentlich von der Gerätegruppe I nach der ATEX-Richtlinie. So sieht die Norm Geräte der Gruppe I für den bestimmungsgemäßen Betrieb im schlagwettergefährdeten Grubenbau vor. Eine weitere Unterteilung hinsichtlich der Sicherheit findet nicht statt. Die Gruppe I behandelt dabei den Einsatz in Staub- und Gasatmosphäre.
- Gruppe II
  Die Geräte der Gruppe II entsprechen nach ATEX-Richtlinie den Gruppe-II-G-Geräten. Diese sind nach der Norm vorgesehen für den Einsatz in Bereichen, in denen mit einer explosionsfähigen Gasatmosphäre zu rechnen ist. Explizit ausgenommen ist der schlagwettergefährdete Grubenbau. Es erfolgt keine weitere Unterteilung nach Kategorien wie in der ATEX-Richtlinie, sondern eine Unterteilung anhand des Grenzwertspalts oder des Mindestzündstromverhältnisses (siehe Abschn. 4.4.1.7 und 4.4.1.8) in drei Kategorien:
  - IIA: Typisches Gas ist Propan.
  - IIB: Typisches Gas ist Ethylen.
  - IIC: Typisches Gas ist Wasserstoff.
- Gruppe III
  Die Geräte der Gruppe III entsprechen nach ATEX-Richtlinie den Gruppe-II-D-Geräten. Diese sind nach der Norm vorgesehen für den Einsatz in Bereichen, in denen mit einer explosionsfähigen Staubatmosphäre zu rechnen ist. Explizit ausgenommen ist der schlagwettergefährdete Grubenbau. Es erfolgt keine weitere Unterteilung nach Kategorien wie in der ATEX-Richtlinie, sondern eine Unterteilung anhand der Struktur der Stäube (siehe Abschn. 4.4.2.8):
  - IIIA: brennbare Flusen
  - IIIB: nicht leitfähiger Staub
  - IIIC: leitfähiger Staub

Des Weiteren lassen sich die Geräte hinsichtlich ihres Geräteschutzniveaus unterteilen. Diese Unterteilung erfolgt ebenfalls nach IEC 60079-0 [17]. Das Geräteschutzniveau EPL (engl. equipment protection level) beschreibt die Höhe der Wahrscheinlichkeit einer Zündung und unterteilt die Geräte hinsichtlich ihres Einsatzorts und der dort auftretenden Atmosphäre (Gasatmosphäre, Staubatmosphäre und Atmosphären im schlagwetterempfindlichen Grubenbau). Im Folgenden sollen EPL für Gas- und Staubatmosphäre nach IEC 60079-0 genauer beschrieben werden.

Die Unterteilung gliedert sich nach dem Buchstaben „G“ für Gas (engl. gas) und nach dem Buchstaben „D“ für Staub (engl. dust), wobei die einzelnen Kategorien G und D in a, b und c untergliedert sind, gemäß der ATEX-Gerätekategorie 1, 2 und 3.

- EPL Ga oder Da steht für Geräte mit sehr hohem Schutzniveau, von denen auch im Normalbetrieb beim Auftreten eines seltenen Fehlers oder einer seltenen Fehlfunktion keine Zündgefahr ausgeht.
- EPL Gb oder Db steht für Geräte mit hohem Schutzniveau, von denen auch im Normalbetrieb beim Auftreten eines vorhersehbaren Fehlers oder einer vorhersehbaren Fehlfunktion keine Zündgefahr ausgeht.
- EPL Gc oder Dc steht für Geräte mit erweitertem Schutzniveau, bei denen im Normalbetrieb und bei zu erwartenden Störungen keine Zündgefahr besteht.

Die beiden Fehlerzustände „seltener Fehler“ und „vorhersehbarer Fehler“ werden in der Norm IEC 60079-0 [17] detaillierter definiert. So ist unter einem vorhersehbaren Fehler ein Fehlerzustand zu verstehen, der in der Praxis üblicherweise auftreten kann. Unter einem seltenen Fehler ist ein bekannter Fehlerzustand zu verstehen, der nur unter seltenen Umständen auftreten darf. Ebenso werden Fehlerzustände als seltene Fehler angesehen, die allein keine, aber in Kombination eine Zündquelle darstellen.

## Literatur


1. DIN Deutsches Institut für Normung e. V. DIN EN 1127-1, *Explosionsfähige Atmosphären – Explosionsschutz – Teil 1: Grundlagen und Methodik; Deutsche Fassung EN 1127-1:2019.* Berlin: Beuth Verlag GmbH.
2. DEUTSCHE GESETZLICHE UNFALLVERSICHERUNG. *DGUV Information 213-106 Explosionsschutzdokument,* 2021.
3. Bundesministerium für Arbeit und Soziales, Ausschuss für Gefahrstoffe. TRGS 720, *Gefährliche explosionsfähige Gemische – Allgemeines.*
4. STEEN, HENRIKUS, Hg. *Handbuch des Explosionsschutzes.* Weinheim: Wiley-VCH, 2000. ISBN 9783527624997.
5. FREYTAG, HEINZ H. und BOBERG, FRIEDRICH. *Handbuch der Raumexplosionen.* Weinheim/Bergstr: Verlag Chemie, 1965. Raumexplosionen.
6. ATKINS, PETER W. *Physikalische Chemie.* Weinheim: VCH, 1990. ISBN 3-527-25913-9.
7. WARNATZ, JÜRGEN; DIBBLE, ROBERT W. und MAAS, ULRICH. *Verbrennung. Physikalisch-chemische Grundlagen, Modellierung und Simulation, Experimente, Schadstoffentstehung.* Softcover repr. der 3., aktualisierten und erw. Aufl. Berlin: Springer, 2001. ISBN 9783642626586.
8. MOORE, WALTER J. *Physikalische Chemie.* [2. Aufl.]. Berlin, New York: De Gruyter, 1976. ISBN 9783110021271.
9. BARTLMÄ, F. *Gasdynamik der Verbrennung.* Wien: Springer-Verlag, op. 1975. ISBN 3-211-81300-4.
10. DIN Deutsches Institut für Normung e. V. DIN EN 13237, *Explosionsgefährdete Bereiche – Begriffe für Geräte und Schutzsysteme zur Verwendung in explosionsgefährdeten Bereichen; Deutsche Fassung EN 13237:2012.* Berlin: Beuth Verlag GmbH.

11. HEINRICH, SEBASTIAN. *Sicherheitstechnische Untersuchungen zu Mikrostrukturreaktoren für heterogen katalysierte Oxidationsreaktionen im Explosionsbereich:* Universität Stuttgart, 2014.
12. HAUPTMANNS, ULRICH. *Prozess- und Anlagensicherheit.* Berlin, Heidelberg: Springer Berlin Heidelberg, 2013. ISBN 978-3-642-37252-0.
13. WARNATZ, JÜRGEN; MAAS, ULRICH und DIBBLE, ROBERT W. *Combustion. Physical and chemical fundamentals, modelling and simulation, experiments, pollutant formation.* 4th ed. Berlin: Springer, 2006. ISBN 3-540-25992-9.
14. DIN Deutsches Institut für Normung e. V. DIN 14011, *Feuerwehrwesen – Begriffe.* Berlin: Beuth Verlag GmbH.
15. BARTKNECHT, WOLFGANG. *Explosionen.* Berlin, Heidelberg: Springer Berlin Heidelberg, 1980. ISBN 978-3-662-07158-8.
16. HESENER, UTE und BECK, MATTHIAS. *Sicherheitstechnische Kenngrößen von hybriden Gemischen.* Forschungsbericht, 31. März 2016.
17. DIN Deutsches Institut für Normung e. V. DIN EN IEC 60079-0 (VDE 0170-1), *Explosionsgefährdete Bereiche – Teil 0: Betriebsmittel – Allgemeine Anforderungen (IEC 60079-0:2017); Deutsche Fassung EN IEC 60079-0:2018.* Berlin: Beuth Verlag GmbH.
18. KUYPERS, FRIEDHELM. *Mechanik und Thermodynamik.* 43 Auflage. Weinheim: VCH, 2012. Physik für Ingenieure. 1. ISBN 978-3-527-41135-1.
19. MORTIMER, CHARLES E. und MÜLLER, ULRICH. *Chemie. Das Basiswissen der Chemie.* 13., vollständig überarbeitete Auflage. Stuttgart: Georg Thieme Verlag, 2019. ISBN 978-3132422742.
20. FLURY, FERDINAND und ZERNIK, FRANZ. *Schädliche Gase, Dämpfe, Nebel, Rauch- und Staubarten:* Springer, 1931. ISBN 978-3-642-49863-3.
21. DIN Deutsches Institut für Normung e. V. DIN EN IEC 60079-10-1, *Explosionsgefährdete Bereiche – Teil 10-1: Einteilung der Bereiche -Gasexplosionsgefährdete Bereiche (IEC 60079-10-1:2020 + COR1:2021); Deutsche Fassung EN IEC 60079-10-1:2021.* Berlin: Beuth Verlag GmbH.
22. HUG, HEINZ und REISER, WOLFGANG. *Physikalische Chemie.* 4. neu bearbeitete Auflage. Haan-Gruiten: Verlag Europa-Lehrmittel Nourney, Vollmer GmbH & Co. KG, 2015. Europa-Fachbuchreihe für Chemieberufe. ISBN 978-3-8085-7154-5.
23. DIN Deutsches Institut für Normung e. V. DIN EN ISO/IEC 80079-20-1, *Explosionsfähige Atmosphären – Teil 20-1: Stoffliche Eigenschaften zur Klassifizierung von Gasen und Dämpfen – Prüfverfahren und Daten (ISO/IEC 80079-20-1:2017, einschließlich Cor 1:2018); Deutsche Fassung EN ISO/IEC 80079-20-1:2019.* Berlin: Beuth Verlag GmbH.
24. DIN Deutsches Institut für Normung e. V. DIN 53170, *Lösemittel für Beschichtungsstoffe – Bestimmung der Verdunstungszahl:* Beuth Verlag GmbH.
25. WETTINGFELD, KLAUS. *Explosionsschutz nach VDE und BetrSichV. Eine praxisnahe Einführung in die zu beachtenden Richtlinien, Verordnungen, technischen Regeln und Normen für den elektrischen Explosionsschutz: Richtlinie 94/9/EG, Betriebssicherheitsverordnung, TRBS, DIN EN 60079-xx (VDE 0165-xx).* 4., komplett überarbeitete Auflage. Berlin: VDE Verlag GmbH, 2010. VDE-Schriftenreihe Normen verständlich. 65. ISBN 978-3-8007-3012-4.
26. DIN Deutsches Institut für Normung e. V. DIN EN 1839, *Bestimmung der Explosionsgrenzen von Gasen und Dämpfen und Bestimmung der Sauerstoffgrenzkonzentration (SGK) für brennbare Gase und Dämpfe; Deutsche Fassung EN 1839:2017.* Berlin: Beuth Verlag GmbH.
27. PORTZ, HENRY. *Brand- und Explosionsschutz von A-Z:* Springer Fachmedien Wiesbaden, 2005. ISBN 978-3-322-80198-2.
28. NABERT, KARL und SCHÖN, GERHARD. *Sicherheitstechnische Kennzahlen brennbarer Gase und Dämpfe. Zusammengestellt aus Schrifttum und eigenen Messungen.* 3., vollst. überarb. und erw. Aufl. Braunschweig: Dt. Eichverl., 2004. ISBN 978-3806499469.

29. DECHEMA. *Chemsafe* [online]. *Numerische Datenbank.* Verfügbar unter: https://dechema.de/chemsafe.html.
30. INSTITUT FÜR ARBEITSSCHUTZ DER DEUTSCHEN GESETZLICHEN UNFALLVERSICHERUNG. *GESTIS-Stoffdatenbank* [online]. *Datenbank.* Verfügbar unter: https://www.dguv.de/ifa/gestis/gestis-stoffdatenbank/index.jsp
31. Bundesministerium für Arbeit und Soziales, Ausschuss für Gefahrstoffe. TRGS 727, *Vermeidung von Zündgefahren infolge elektrostatischer Aufladungen.*
32. BERUFSGENOSSENSCHAFT ROHSTOFFE UND CHEMISCHE INDUSTRIE. *1.11 Welche Bedeutung hat die Mindestzündladung?* [online] [Zugriff am: 26. Juli 2022]. Verfügbar unter: https://www.bgrci.de/exinfode/ex-schutz-wissen/antworten-auf-haeufig-gestellte-fragen/elektrostatik/111-welche-bedeutung-hat-die-mindestzuendladung
33. DIN Deutsches Institut für Normung e.V. DIN EN 60079-20-1, *Explosionsfähige Atmosphären – Teil 20-1: Stoffliche Eigenschaften zur Klassifizierung von Gasen und Dämpfen – Prüfmethoden und Daten (IEC 60079-20-1:2010); Deutsche Fassung EN 60079-20-1:2010.* Berlin: Beuth Verlag GmbH.
34. DIN Deutsches Institut für Normung e. V. DIN EN 15967, *Verfahren zur Bestimmung des maximalen Explosionsdruckes und des maximalen zeitlichen Druckanstieges für Gase und Dämpfe; Deutsche Fassung EN 15967:2022.* Berlin: Beuth Verlag GmbH.
35. Verein Deutscher Ingenieure e. V. VDI 2263, *Staubbrände und Staubexplosionen.* Berlin: Beuth Verlag GmbH.
36. Verein Deutscher Ingenieure e. V. VDI 2263 Blatt 1, *Staubbrände und Staubexplosionen.* Berlin: Beuth Verlag GmbH.
37. BARTKNECHT, WOLFGANG. *Staubexplosionen.* Berlin, Heidelberg: Springer Berlin Heidelberg, 1987. ISBN 978-3-662-10050-9.
38. JOOS, FRANZ. *Technische Verbrennung:* Springer Berlin Heidelberg, 2006. ISBN 978-3-540-34333-2.
39. BERUFSGENOSSENSCHAFT ROHSTOFFE UND CHEMISCHE INDUSTRIE. *3.4 Welche Bedeutung hat die Korngrößenverteilung für die Explosionsfähigkeit von Stäuben?* [online] [Zugriff am: 27. Juli 2022]. Verfügbar unter: https://www.bgrci.de/exinfode/ex-schutz-wissen/antworten-auf-haeufig-gestellte-fragen/brennbare-staeube/34-welche-bedeutung-hat-die-korngroessenverteilung-fuer-die-explosionsfaehigkeit-von-staeuben.
40. DIN Deutsches Institut für Normung e. V. DIN EN 14034-3, *Bestimmung der Explosionskenngrößen von Staub/Luft-Gemischen – Teil 3: Bestimmung der unteren Explosionsgrenze UEG von Staub/Luft-Gemischen; Deutsche Fassung EN 14034-3:2006+A1:2011.* Berlin: Beuth Verlag GmbH.
41. DIN Deutsches Institut für Normung e. V. DIN EN ISO/IEC 80079-20-2, *Explosionsfähige Atmosphären – Teil 20-2: Werkstoffeigenschaften – Prüfverfahren für brennbare Stäube (ISO/IEC 80079-20-2:2016); Deutsche Fassung EN ISO/IEC 80079-20-2:2016.* Berlin: Beuth Verlag GmbH.
42. BERUFSGENOSSENSCHAFT ROHSTOFFE UND CHEMISCHE INDUSTRIE. *3.22 Sind elektrostatische Entladungen für Staub/Luft-Gemische zündfähig?* [online] [Zugriff am: 27. Juli 2022]. Verfügbar unter: https://www.bgrci.de/exinfode/ex-schutz-wissen/antworten-auf-haeufig-gestellte-fragen/brennbare-staeube/322-sind-elektrostatische-entladungen-fuer-staubluft-gemische-zuendfaehig.
43. DIN Deutsches Institut für Normung e. V. DIN EN 14034-2, *Bestimmung der Explosionskenngrößen von Staub/Luft-Gemischen – Teil 2: Bestimmung des maximalen zeitlichen Druckanstiegs (dp/dt)max von Staub/Luft-Gemischen; Deutsche Fassung EN 14034-2:2006+A1:2011.* Berlin: Beuth Verlag GmbH.

44. ZAKEL, SABINE; BRANDES, ELISABETH und SCHRÖDER, VOLKMAR. Reliable safety characteristics of flammable gases and liquids – The database CHEMSAFE [online]. *Journal of Loss Prevention in the Process Industries,* 2019, 62, 103914. ISSN 09504230. Verfügbar unter: https://doi.org/10.1016/j.jlp.2019.07.002.
45. HEILMANN, VANESSA; TAIWO, ADEYEMI; HIRSCH, WERNER; GROSSHANS, HOLGER; ZAKEL, SABINE und KRAUSE, ULRICH. Prenormative study on the safety characteristics of explosion protection for hybrid mixtures of dusts and vapours. In: *13th International Symposium on Hazards, Prevention and Mitigation of Industrial Explosions; ISHPMIE, Virtual Conference.*
46. Spitzer, Stefan H.; Askar, Enis; Benke, Alexander; CLONEY, CHRIS; D'HYON, SEBASTIAN; DUFAUD, OLIVIER; DYDUCH, ZDZISLAW; GABEL, DIETER; GEOERG, PAUL; HEILMANN, VANESSA; JANKUJ, VOJTECH; JIAN, WANG; KRAUSE, ULRICH; KRIETSCH, ARNE; MYNARZ, MIROSLAV; NORMAN, FREDERIK; SKRINSKY, JAN; TAVEAU, JEROME; VIGNES, ALEXIS; ZAKEL, SABINE und ZHONG, SHENGJUN. 1st international round robin test on safety characteristics of hybrid mixtures [online]. *Journal of Loss Prevention in the Process Industries,* 2023, 81, 104947. ISSN 09504230. Verfügbar unter: https://doi.org/10.1016/j.jlp.2022.104947.
47. DIN Deutsches Institut für Normung e. V. DIN EN 14034-4, *Bestimmung der Explosionskenngrößen von Staub/Luft-Gemischen – Teil 4: Bestimmung der Sauerstoffgrenzkonzentration SGK von Staub/Luft-Gemischen; Deutsche Fassung EN 14034-4:2004+A1:2011.* Berlin: Beuth Verlag GmbH.
48. Bundesministerium für Arbeit und Soziales, Ausschuss für Gefahrstoffe. TRGS 722, *Vermeidung oder Einschränkung gefährlicher explosionsfähiger Gemische.*
49. Bundesministerium für Arbeit und Soziales, Ausschuss für Gefahrstoffe. TRGS 723, *Gefährliche explosionsfähige Gemische – Vermeidung der Entzündung gefährlicher explosionsfähiger Gemische.*
50. DIN Deutsches Institut für Normung e. V. DIN EN 60079-14, *Explosionsgefährdete Bereiche – Teil 14: Projektierung, Auswahl und Errichtung elektrischer Anlagen (IEC 60079-14:2013); Deutsche Fassung EN 60079-14:2014.* Berlin: Beuth Verlag GmbH.
51. GRUNEWALD, THOMAS; FINKE, ROBERT und GRÄTZ, RAINER. *Forschungsbericht 292: Untersuchungen zur Zündwahrscheinlichkeit und Datenanalyse zur Erfassung der Einflussgrößen mechanisch erzeugter Stahl-Schlagfunken in explosionsfähigen Brenngas/Luft-Gemischen.* Berlin, 2010.
52. MEYER, LENNART; THEDENS, MARTIN; BEYER, MICHAEL und KRAUSE, ULRICH. *Über die Zündwirksamkeit von heißen Oberflächen in Reibkontakten.* 14. BAM-PTB-Kolloquium, 14. Juni 2016.
53. OTT, TONI; WELZEL, FELIX; BEYER, MICHAEL und KLAGES, CLAUS-PETER. Temperaturen und Funkenentstehung bei Trockenreibung zwischen metallischen Reibpartnern [online]. *Chemie Ingenieur Technik,* 2009, 81(1-2), 159-165. ISSN 0009286X. Verfügbar unter: https://doi.org/10.1002/cite.200800180.
54. DIN Deutsches Institut für Normung e. V. DIN 30675-1, *Äußerer Korrosionsschutz von erdüberdeckten Rohrleitungen – Teil 1: Schutzmaßnahmen und Einsatzbereiche bei Rohrleitungen aus Stahl.* Berlin: Beuth Verlag GmbH.
55. GLOR, MARTIN. Gefahrenquelle statische Elektrizität in der chemischen Industrie. In: *schadenprisma. Zeitschrift für Schadenverhütung und Schadenforschung der öffentlich-rechtlichen Versicherer,* 1988, S. 17–23.
56. HEIDLER, FRIDOLIN und STIMPER, KLAUS. *Blitz und Blitzschutz. Grundlagen der Normenreihe VDE 0185 – Entstehung von Gewittern – Blitzortungssysteme – Blitzströme und ihre Wirkungen – Schutz von Gebäuden und elektrischen Anlagen – Generatoren für die Stromprüfung.* Berlin, Offenbach: VDE Verlag GmbH, 2009.

57. DIN Deutsches Institut für Normung e. V. DIN EN 60079-28, *Explosionsgefährdete Bereiche – Teil 28: Schutz von Geräten und Übertragungssystemen, die mit optischer Strahlung arbeiten (IEC 60079-28:2015); Deutsche Fassung EN 60079-28:2015.* Berlin: Beuth Verlag GmbH.
58. WELZEL, MARCO; SCHENK, SABINE; HAU, M.; CAMMENGA, HEIKO K. und BOTHE, HEINO. Ignition of combustible/air mixtures by small radiatively heated surfaces1Shortened version published in German in PTB-Mitteilungen 109 (1999) 64.1 [online]. *Journal of Hazardous Materials,* 2000, 72(1), 1–9. ISSN 03043894. Verfügbar unter: https://doi.org/10.1016/S0304-3894(99)00167-3.
59. BUNDESAMT FÜR STRAHLENSCHUTZ. *Was ist ionisierende Strahlung?* [online] [Zugriff am: 30. Juli 2022]. Verfügbar unter: https://www.bfs.de/DE/themen/ion/einfuehrung/einfuehrung.html.
60. SIMON, LARS H.; WILKENS, VOLKER UND BEYER, MICHAEL. *Zündwirksamkeit von Ultraschall beim Einsatz in explosionsfähigen Dampf- und Gas-Luft-Atmosphären. Abschlussbericht zum DGUV Forschungsprojekt Nr. 617-0-FP303 und den PTB-Forschungsvorhaben FV-37010 und FV-37011; [Laufzeit: 01.12.2009 – 31.03.2013].* Bremen: Fachverl. NW in der Schünemann Verl. GmbH, erschienen 2015. PTB-Bericht Ex, Explosionsschutz. 5. ISBN 978-3-95606-145-5.
61. Deutsche Gesetzliche Unfallversicherung. DGUV Regel 100-500, *Betreiben von Arbeitsmitteln* [Zugriff am: 30. Juli 2022]. Verfügbar unter: https://publikationen.dguv.de/widgets/pdf/download/article/997.
62. DIN Deutsches Institut für Normung e. V. 31000, *Allgemeine Leitsätze für das sicherheitsgerechte Gestalten von Produkten (VDE 1000).* Berlin: Beuth Verlag GmbH.
63. FELDHUSEN, JÖRG und GROTE, KARL-H. *Pahl/Beitz Konstruktionslehre. Methoden und Anwendung erfolgreicher Produktentwicklung.* 8., vollständig überarbeitete Auflage. Berlin, Heidelberg: Springer Berlin Heidelberg, 2013. Springer-Lehrbuch. ISBN 978-3-642-29569-0.
64. DIN Deutsches Institut für Normung e. V., *DIN EN ISO 12100 Berichtigung 1:2013-08, Sicherheit von Maschinen- Allgemeine Gestaltungsleitsätze- Risikobeurteilung und Risikominderung (ISO 12100:2010); Deutsche Fassung EN ISO 12100:2010, Berichtigung zu DIN EN ISO 12100:2011-03.* Berlin: Beuth Verlag GmbH.
65. RICHTLINIE 2014/34/EU DES EUROPÄISCHEN PARLAMENTS UND DES RATES vom 26. Februar 2014 zur Harmonisierung der Rechtsvorschriften der Mitgliedstaaten für Geräte und Schutzsysteme zur bestimmungsgemäßen Verwendung in explosionsgefährdeten Bereichen (Neufassung). ATEX 2014/34/EU. In: *Amtsblatt der Europäischen Gemeinschaften,* 29. März 2014.
66. PROJEKTGRUPPE MEWAGG. *Liste funktionsgeprüfter Gaswarngeräte* [online], 31. März 2022 [Zugriff am: 30. Juli 2022]. Verfügbar unter: https://www.bgrci.de/fileadmin/BGRCI/Downloads/DL_Praevention/Explosionsschutzportal/Dokumente/Liste_Gaswarnger%C3%A4te_20220331.pdf.
67. ATEX-Leitlinien (1. AUSGABE). Leitlinien zur Anwendung der Richtlinie 94/9/EG des Rates vom 23. März 1994. Zur Angleichung der Rechtsvorschriften der Mitgliedstaaten für Geräte und Schutzsysteme zur bestimmungsgemässen Verwendung in Explosionsgefährdeten Bereichen, 2000.
68. Richtlinie 1999/92/EG des Europäischen Parlaments und des Rates vom 16. Dezember 1999 über Mindestvorschriften zur Verbesserung des Gesundheitsschutzes und der Sicherheit der Arbeitnehmer, die durch explosionsfähige Atmosphären gefährdet werden können. ATEX 1999/92/EG. In: *Amtsblatt der Europäischen Gemeinschaften,* 28. Januar 2000.
69. *Gefahrstoffverordnung vom 26. November 2010 (BGBl. I S. 1643, 1644), die zuletzt durch Artikel 2 der Verordnung vom 21. Juli 2021 (BGBl. I S. 3115) geändert worden ist.*

70. Bundesministerium für Arbeit und Soziales, Ausschuss für Gefahrstoffe. TRGS 724, *Gefährliche explosionsfähige Gemische – Maßnahmen des konstruktiven Explosionsschutzes, welche die Auswirkung einer Explosion auf ein unbedenkliches Maß beschränken.*
71. RICHTLINIE 2014/68/EU DES EUROPÄISCHEN PARLAMENTS UND DES RATES vom 15. Mai 2014 zur Harmonisierung der Rechtsvorschriften der Mitgliedstaaten über die Bereitstellung von Druckgeräten auf dem Markt (Neufassung). 2014/68/EU. In: *Amtsblatt der Europäischen Gemeinschaften,* 27. Juni 2014.
72. RICHTLINIE 2014/29/EU DES EUROPÄISCHEN PARLAMENTS UND DES RATES vom 26. Februar 2014 zur Harmonisierung der Rechtsvorschriften der Mitgliedstaaten über die Bereitstellung einfacher Druckbehälter auf dem Markt. 2014/29/EU. In: *Amtsblatt der Europäischen Gemeinschaften,* 29. März 2014.
73. *Betriebssicherheitsverordnung vom 3. Februar 2015 (BGBl. I S. 49), die zuletzt durch Artikel 7 des Gesetzes vom 27. Juli 2021 (BGBl. I S. 3146) geändert worden ist.*
74. DIN Deutsches Institut für Normung e. V. DIN EN ISO 80079-36, *Explosionsfähige Atmosphären – Teil 36: Nicht-elektrische Geräte für den Einsatz in explosionsfähigen Atmosphären – Grundlagen und Anforderungen (ISO 80079-36:2016); Deutsche Fassung EN ISO 80079-36:2016.* Berlin: Beuth Verlag GmbH.
75. DIN Deutsches Institut für Normung e. V. DIN EN ISO 80079-37, *Explosionsfähige Atmosphären – Teil 37: Nicht-elektrische Geräte für den Einsatz in explosionsfähigen Atmosphären – Schutz durch konstruktive Sicherheit „c", Zündquellenüberwachung „b", Flüssigkeitskapselung „k" (ISO 80079-37:2016); Deutsche Fassung EN ISO 80079-37:2016.* Berlin: Beuth Verlag GmbH.
76. DIN Deutsches Institut für Normung e. V. DIN EN 60079-10-2, *Explosionsgefährdete Bereiche – Teil 10-2: Einteilung der Bereiche – Staubexplosionsgefährdete Bereiche (IEC 60079-10-2:2015); Deutsche Fassung EN 60079-10-2:2015.* Berlin: Beuth Verlag GmbH.
77. WARTNER, T. *Das betriebliche Explosionsschutzdokument nach Richtlinie Tagungsband zur V. Fachtagung „Maßnahmen des Brand- und Explosionsschutzes – Mittel zur Anlagen- und Arbeitssicherheit".* Merseburg, 2006.
78. BERUFSGENOSSENSCHAFT ROHSTOFFE UND CHEMISCHE INDUSTRIE. *2.8 Was sind Zonen?* [online] [Zugriff am: 9. März 2023]. Verfügbar unter: https://www.bgrci.de/exinfode/ex-schutz-wissen/antworten-auf-haeufig-gestellte-fragen/entzuendbare-fluessigkeiten/28-was-sind-zonen.
79. Deutsche Gesetzliche Unfallversicherung. DGUV-Regel 113-001, *Explosionsschutz-Regeln (EX-RL).*

# Herausforderungen des nicht-elektrischen Explosionsschutzes

# 5

Frank Engelmann und Sabrina Herbst

## Inhaltsverzeichnis



## 5.1 Definition

Der nicht-elektrische Explosionsschutz wird seit ca. drei Jahrzehnten als eigenständiges Teilgebiet bewusst in den Rechtsgrundlagen und Normen betrachtet, siehe Kap. 3, „Historie des Explosionsschutzes in Deutschland und Europa". Mit der ATEX-Richtlinie 94/9/EG erfolgte erstmalig die Definition von grundlegenden Gesundheits- und Sicherheitsanforderungen für Geräte mit Zündquellen, die eine nicht-elektrische Ursache besitzen [1]. Geräte sind laut ATEX-Richtlinie 94/9/EG, Artikel 1:

*„Maschinen, Betriebsmittel, stationäre oder ortsbewegliche Vorrichtungen, Steuerungs- und Ausrüstungsteile sowie Warn- und Vorbeugungssysteme, die einzeln oder kombiniert zur Erzeugung, Übertragung, Speicherung, Messung, Regelung und Umwandlung von Energien und/oder zur Verarbeitung von Werkstoffen bestimmt sind und die eigene potentielle Zündquellen aufweisen und dadurch eine Explosion verursachen können."*

Insbesondere die Forderung nach einer eigenen potenziellen Zündquelle umfasst somit Geräte des elektrischen und nicht-elektrischen Explosionsschutzes. Weitere explizite Hinweise zum nicht-elektrischen Explosionsschutz können dem Anhang 1 der Richtlinie 94/9/EG entnommen werden. Es erfolgt u. a. der Hinweise, dass Hersteller von Geräten und Schutzsystemen durch entsprechende Maßnahmen die Entzündung einer explosionsfähigen Atmosphäre durch elektrische und nicht-elektrische Zündquellen verhindern sol-



F. Engelmann et al., *Nicht-elektrischer Explosionsschutz*,
https://doi.org/10.1007/978-3-662-67887-9_5

len [1]. Ebenso sollen erfahrungsgemäß auftretende nicht-elektrische Gefahren durch die Konstruktion und die Herstellung von Geräten und Schutzsystemen vermieden werden. Die neue ATEX-Richtlinie 2014/34/EU weist bzgl. des nicht-elektrischen Explosionsschutzes zu diesen Definitionen und Anforderungen keine Änderungen und auch keine Ergänzungen auf [2]. Demzufolge enthalten weder die alte noch die neue ATEX-Richtlinie eine exakte Definition des nicht-elektrischen Explosionsschutzes.

In den Erwägungsgründen der ATEX-Richtlinie 94/9/EG erfolgte der Hinweis, dass für den nicht-elektrischen Explosionsschutz einheitliche Normen auf europäischer Ebene geschaffen werden müssen [1]. Der dazugehörige Leitfaden der Richtlinie enthält eine Übersicht des damals verabschiedeten Normungsprogramms der Europäischen Kommission zur Vorbereitung von harmonisierten Normen für nicht-elektrische Geräte [3]. Eine essenzielle Normreihe bilden die Normen der EN 13463 – *Nicht-elektrische Geräte für den Einsatz in explosionsgefährdeten Bereichen.* Diese Normreihe dient als Grundlage für die seit 2016 international gültigen Normen ISO 80079-36 – *Explosionsfähige Atmosphären – Teil 36: Nicht-elektrische Geräte für den Einsatz in explosionsfähigen Atmosphären – Grundlagen und Anforderungen,* und ISO 80079-37 – *Explosionsfähige Atmosphären – Teil 37: Nicht-elektrische Geräte für den Einsatz in explosionsfähigen Atmosphären – Schutz durch konstruktive Sicherheit „c“, Zündquellenüberwachung „b“, Flüssigkeitskapselung „k“.* Mit der Einführung der Normreihe ISO 80079, welche gemeinsam vom ISO- und IEC-Komitee initiiert wurde, wird der nicht-elektrische Explosionsschutz auch zum Bestandteil des IECEx-Systems.

Entsprechend den Inhalten der ATEX-Richtlinie und der Normen definiert der nicht-elektrische Explosionsschutz die Anforderungen für explosionsgeschützte nicht-elektrische Geräte. Darüber hinaus werden im Bereich des nicht-elektrischen Explosionsschutzes Maßnahmen und Zündschutzarten für nicht-elektrische Geräte bestimmt und entwickelt. Mögliche Gedanken, dass der nicht-elektrische Explosionsschutz ausschließlich für die Betrachtung von nicht-elektrischen Zündquellen verantwortlich ist, führen zu falschen Zusammenhängen, da nicht-elektrische Zündquellen wie beispielsweise statische Elektrizität nicht nur Bestandteil des nicht-elektrischen Explosionsschutzes, sondern bei elektrischen und nicht-elektrischen Geräten berücksichtigt werden müssen. Nicht-elektrische Zündquellen können auch Bestandteil des elektrischen Explosionsschutzes sein.

Demzufolge ist eine wesentliche Definition des nicht-elektrischen Explosionsschutzes die des nicht-elektrischen Geräts. In der Norm EN 13463 werden als nicht-elektrische Geräte hauptsächlich mechanische Geräte bezeichnet [4]. Das Gerät muss seine bestimmungsgemäße Funktion mechanisch erfüllen können. Die neue Norm 80079-36 übernimmt diese Definition, fügt jedoch die Anmerkung hinzu, dass der Betrieb des nicht-elektrischen Geräts durch jegliche Energiearten, inklusive elektrischer Geräte, erfolgen kann [5]. Demzufolge stellt die Definition von Baugruppen eine bedeutsame Thematik für die Konformitätsbewertung dar. Weiterführende Informationen können Kap. 9, „Rechtlicher Rahmen“, entnommen werden.

Hervorzuheben ist die Betrachtung von Maschinen. Tritt außerhalb bzw. innerhalb einer Maschine eine explosionsgefährdete Atmosphäre auf, fällt die Maschine unter den Anwendungsbereich der ATEX-Richtlinie und ist speziell zu kennzeichnen. Tritt nur innerhalb der Maschine eine explosionsgefährdete Atmosphäre auf, müssen auch in diesem Fall die Anforderungen der ATEX-Richtlinie für elektrische und nicht-elektrische Geräte erfüllt werden, jedoch ist eine spezielle Kennzeichnung nicht erforderlich. Dieser Aspekt kann bei nicht ausreichendem Fachwissen in der Praxis zu gefährlichen Annahmen führen. [6, 7]

## 5.2 Vergleich des elektrischen und nicht-elektrischen Explosionsschutzes

Die ATEX-Richtlinie benennt keinen spezifischen Unterschied zwischen dem elektrischen und dem nicht-elektrischen Explosionsschutz. Die Hersteller von elektrischen und nicht-elektrischen Produkten, welche in explosionsgefährdeten Bereichen eingesetzt werden sollen, müssen die Sicherheits- und Gesundheitsanforderungen bei der Entwicklung und Herstellung dieser berücksichtigen. Jedoch bestehen, insbesondere historisch bedingt, Unterschiede zwischen dem elektrischen und dem nicht-elektrischen Explosionsschutz.

Mit der ersten industriellen Revolution, beginnend im 18. Jahrhundert, stieg die Gewinnung im Bergbau an. Durch erste Maßnahmen (z. B. Davy-Lampe) konnte die Entzündung der explosionsfähigen Atmosphäre teilweise verhindert werden. Mit der Einführung neuer Techniken, wie beispielsweise der Dampfmaschine, traten aufgrund der erhöhten Energiemengen weitere Zündquellen wie mechanisch erzeugte Funken oder heiße Oberflächen auf. Aufgrund der häufig auftretenden Unglücke führten die sogenannten Schlagwettercommissionen der einzelnen Länder erste Untersuchungen zu diesen mechanisch bedingten Zündquellen durch. Mit der Elektrifizierung änderten sich deutlich erkennbare Zündquellen, und Fokus der Untersuchungen richtete sich auf den elektrischen Explosionsschutz. Aufgrund dieser Entwicklung weist der elektrische Explosionsschutz aktuell viele geprüfte Maßnahmen in Form von Zündschutzarten und Zündschutzkonzepten auf. Es liegt ein hoher Grad der Standardisierung vor.

Im Bereich des nicht-elektrischen Explosionsschutzes erfolgen seit Mitte des 20. Jahrhunderts spezifische Untersuchungen, jedoch nicht in der Intensität wie im elektrischen Explosionsschutz. Dabei stellen die umfangreichen Anwendungsmöglichkeiten des nicht-elektrischen Explosionsschutzes eine große Herausforderung dar, da die Konstruktion und die Gestaltung der Geräte in vielfältigen Möglichkeiten realisierbar sind. Nicht-elektrische Geräte können die gleiche Funktion erfüllen, dies jedoch durch unterschiedliche Wirkstrukturen. Maßgebend sind dabei u. a. die eingesetzte Mechanik, die Werkstoffe und der Antrieb. Beispielsweise kann eine Pumpe mithilfe von Pneumatik oder Hydraulik betrieben werden. Dementsprechend gefährden potenzielle Zündquellen mit unterschiedlichsten Ursachen die Entzündung einer explosionsgefährdeten Atmosphäre. Der Auszug von Beispielen, siehe Tab. 5.1, verdeutlicht dieses Spektrum. Die Zündgefahrenbewertung ist daher zur Überprüfung der Sicherheit die signifikanteste Methode des nicht-elektrischen Explosionsschutzes, siehe Kap. 6, „Zündgefahrenbewertung". Der elektrische Explosionsschutz sieht die Anwendung diese Methode nicht vor.

**Tab. 5.1** Zündquellen und ihre Ursachen – Auszug von Beispielen

| Zündquelle | Ursache |
|---|---|
| Heiße Oberfläche | Wärme durch abgeführte Verluste |
| Heiße Oberfläche | Erwärmung eines Kugellagers |
| Heiße Oberfläche | Schleifende Welle am Gehäuse |
| Mechanisch erzeugte Funken | Schleifender Rotor unter Trockenlaufbedingungen |
| Mechanisch erzeugte Funken | Ausfall eines Lagers, welches zum Schleifen eines Bauteils führt und eine Kollision verursacht |
| Elektrostatische Entladung | Aufladung von Teilen mit nichtmetallischem Werkstoff inkl. unbestimmtem Oberflächenwiderstand |
| Elektrostatische Entladung | Aufladung der Förderflüssigkeit |

Ein weiterer Unterschied zwischen dem elektrischen und dem nicht-elektrischen Explosionsschutz sind die Anwendungsfälle. Aufgrund der Historie existiert in der Elektrik ein bewusster Umgang mit dem Explosionsschutz. Hersteller haben sich auf die Entwicklung und Produktion von explosionsgeschützten Geräten und Komponenten spezialisiert. Somit können die erforderlichen explosionsgeschützten Produkte, welche die gesetzlichen Anforderungen erfüllen, vom Spezialisten inklusive ggf. erforderlicher Dienstleistungen (z. B. Montage, Schulung) zugekauft werden. Im Bereich des nicht-elektrischen Explosionsschutzes zeigt sich ein anderes Bild: Auf den Explosionsschutz spezialisierte Hersteller existieren kaum. Vielmehr bieten die Hersteller von mechanischen Komponenten, die größtenteils auf dem Markt des allgemeinen Maschinenbaus agieren, keine explosionsgeschützte Variante ihrer Produkte an. Oftmals erfolgt dies erst aufgrund einer Kundenanfrage. Somit müssen sich die Mitarbeiter der Konstruktion, des Einkaufs, des Verkaufs, der Qualität, der Produktion und der Projektleitung in die Thematik des nicht-elektrischen Explosionsschutzes einarbeiten. Durch diesen Hintergrund ist zu beobachten, dass Unternehmen entweder solche Aufträge nicht bearbeiten oder dadurch ihre Produktpalette bewusst erweitern, dann jedoch die erforderlichen Mitarbeiter zu Spezialisten schulen.

Diese unterschiedlichen Perspektiven der Hersteller zwischen dem elektrischen und nicht-elektrischen Explosionsschutz führen auch zu unterschiedlichen Definitionen. Tab. 5.2 benennt Produkte, die als explosionsgeschützte Variante erhältlich sind.

Gemäß der ATEX-Richtlinie [2] können diese Produkte einer Produktgruppe zugeordnet werden, siehe Kap. 9, „Rechtlicher Rahmen". Zu den Geräten zählen beispielsweise Leuchten, Motoren, Schaltschränke, Rührwerke, Mischer und Pumpen. Komponenten sind u. a. Schütze, Schalter, Kupplungen oder Ventile. Diese Definitionen entsprechen vorrangig der elektrischen Sichtweise. Die Hersteller von nicht-elektrischen Produkten sind oftmals im Bereich des allgemeinen Maschinenbaus tätig und demzufolge durch die Maschinenrichtlinie geprägt. Daher wird das Vokabular durch die Begriffe *Maschine* und *unvollständige Maschine* bestimmt. Die unterschiedlichen Begriffe können zu Missverständnissen führen, was in folgendem Beispiel verdeutlicht wird. Gemäß Maschinenrichtlinie sind unvollständige Maschinen Baugruppen, die fast eine Maschine darstellen, jedoch alleinig keine definierte Funktion erfüllen. Die Begriffe *unvollständige Maschine*

**Tab. 5.2** Beispiele für am Markt erhältliche explosionsgeschützte Komponenten

| Produkte des elektrischen Explosionsschutzes | Produkte des nicht-elektrischen Explosionsschutzes |
|---|---|
| Schütze und Schalter | Kupplungen |
| Anzeigegeräte | Ventile |
| Sensoren | Logikelement |
| Leuchten | Pumpen |
| Netzteile | Bremsen |
| Schaltschränke | Hebezeuge |
| Motoren | Rührwerke und Mischer |

oder *Baugruppe* werden in der ATEX-Richtlinie nicht verwendet oder definiert. Im ersten Schritt kann die Fehlinterpretation möglich sein, dass Baugruppen von der ATEX-Richtlinie nicht betrachtet werden. Die ATEX-Richtlinie weist in der Definition der Geräte (Artikel 2, Absatz 1) darauf hin, dass diese *einzeln oder kombiniert* betrachtet werden können. Somit können Geräte aus mehreren Teilgeräten bestehen. Detaillierte Informationen und Beispiele dazu sind den ATEX-Leitlinien [8, 9] fixiert.

Neben den Herstellern von einzelnen Komponenten und Baugruppen gibt es auch die Hersteller von ganzheitlichen Maschinen und Anlagen, die zum einen in explosionsgefährdeten Bereichen eingesetzt werden und zum anderen explosionsgefährdete Atmosphären im Inneren erzeugen. Auch hier nimmt der nicht-elektrische Explosionsschutz eine bedeutsame Rolle ein. In diesen Fällen werden die elektrisch explosionsgeschützten Geräte und Komponenten inklusive Konformitätserklärung bzw. -bescheinigung zugekauft. Die Bewertung des Explosionsschutzes der restlichen Bauteile, z. B. der Mechanik, des Gestells, des Gehäuses, muss durch den Maschinenhersteller erfolgen. Dabei fallen die Komponenten oftmals unter den Bereich des nicht-elektrischen Explosionsschutzes. Auch hier müssen Mitarbeiter die Kenntnisse zum Explosionsschutz erwerben.

Der nicht-elektrische Explosionsschutz steht somit in einer Wechselwirkung mit dem Maschinenbau. Der Explosionsschutz definiert die zu erfüllenden Anforderungen, die mit den Methoden und Vorgehensweisen des allgemeinen Maschinenbaus umzusetzen sind. Generell muss bei der konstruktiven Auslegung eines Bauteils und der notwendigen Anschlusskonstruktion der entsprechende Stand der Technik unter der Beachtung der Einsatzbedingungen berücksichtigt werden. Somit entstehen individuelle Lösungen, die allgemeine Sicherheitsanforderungen erfüllen. Für den Einsatz in einer explosionsgefährdeten Atmosphäre sind jedoch höhere Sicherheitsanforderungen umzusetzen. Somit ist eine explosionsgeschützte Auslegung der Konstruktion erforderlich, um die geforderte hohe Zuverlässigkeit und Funktionalität zu gewährleisten. Bei dieser Aufgabe unterstützen die Zündschutzarten die Entwicklung und Konstruktion von explosionsgeschützten Produkten. Sie bilden beim Erscheinen der zugehörigen Norm den aktuellen Stand der Technik ab. Teilweise werden im elektrischen und nicht-elektrischen Explosionsschutz dieselben Zündschutzarten angewendet. Darüber hinaus existieren spezifische Zündschutzarten für die jeweiligen Teilgebiete, siehe Tab. 5.3.

**Tab. 5.3** Zündschutzarten

| Zündschutzarten für elektrische Geräte | Zündschutzarten für nicht-elektrische Geräte |
|---|---|
| Sandkapselung „q“ | Konstruktive Sicherheit „c“ |
| Ölkapselung „o“ | Zündquellenüberwachung „b“ |
| Vergusskapselung „m“ | Flüssigkeitskapselung „k“ |
| Überdruckkapselung „p“ | Überdruckkapselung „p“ |
| Schutz durch Gehäuse „t“ | Schutz durch Gehäuse „t“ |
| Druckfeste Kapselung „d“ | Druckfeste Kapselung „d“ |
| Geräteschutz durch Sonderschutz „s“ | Geräteschutz durch Sonderschutz „s“ |
| Eigensicherheit „i“ | Schwadenhemmende Kapselung „fr“(kein Bestandteil der DIN EN ISO 80079-36) |
| Optische Strahlung „op“ | |
| Zündschutzart „n“ | |
| Erhöhte Sicherheit „e“ | |

Die Zündschutzarten sind wesentlicher Bestandteil eines Zündschutzkonzepts. Die einzelnen Zündschutzarten werden in Kap. 7, „Mögliche Maßnahmen zur Vermeidung wirksamer Zündquellen“, vorgestellt. Zusammengefasst ist anzuführen, dass Zündschutzarten, die bei elektrischen und nicht-elektrischen Geräten eingesetzt werden, hauptsächlich durch Normen des elektrischen Explosionsschutzes definiert werden. Daneben spiegelt sich die Vielfalt des nicht-elektrischen Explosionsschutzes insbesondere durch die Zündschutzart Konstruktive Sicherheit wider. Durch die Anwendung bewährter ingenieurtechnischer Prinzipien soll das Risiko von Fehlern, welche zur Entstehung einer Zündquelle führen, auf ein sehr geringes Maß reduziert werden. Darunter sind beispielsweise die geeignete Wahl von funkenarmen Materialpaarungen, die Erhöhung des Sicherheitsfaktors bei der Dimensionierung oder die Sicherstellung der Schmierung zu verstehen. Diese Variationsbreite an möglichen Einflussparametern kann dabei zu Unsicherheiten führen, da sichere Vorgaben zu konkreten Anwendungsfällen von den Konstrukteuren in der Praxis gewünscht werden. Häufig ist die quantitative Angabe von möglichen Grenzwerten aktuell nicht möglich. Realisierbare Lösungsansätze für explosionsgeschützte Konstruktionen mit dieser Zündschutzart werden in Kap. 7, „Mögliche Maßnahmen zur Vermeidung wirksamer Zündquellen“, dargestellt.

## 5.3 Zündschutzkonzepte

### 5.3.1 Zündschutzarten

Die Herausforderung beim Einsatz der Zündschutzarten im nicht-elektrischen Explosionsschutz ist die Auswahl der passenden, somit effektiven und kosteneffizienten Zündschutzart. Diese kann häufig auch nur durch die Kombination verschiedener Zündschutzarten erzielt werden. Oftmals wird bereits bei der Entwicklung der nicht-elektrischen Produkte das Zündschutzkonzept und die damit einzusetzende Zündschutzart definiert. Im nicht-elektrischen Explosionsschutz soll dies auf Basis der Zündgefahrenanalyse und -bewertung abgeleitet werden. Die Festlegung der einzusetzenden Zündschutzart bzw. -arten bedingt die Kosten für die weitere Produktentwicklung, da diese aus den für die Zündschutzarten spezifischen Prüf- und Zertifizierungsprozessen resultieren. Eventuelle Konzeptfehler, konstruktive Fehler oder Unwissen führen ggf. zur Wiederholung der Zertifizierung oder auch zur Änderung des gesamten Zündschutzkonzepts. Demzufolge verlängert sich der Produktentwicklungsprozess durch Iterationen. Längerfristig können Entwicklungshemmnisse bei Innovationen entstehen, da ein erhöhtes Risiko für möglichen Zusatzaufwand besteht. Die Festlegung der Zündschutzarten sollte daher auf Basis einer umfangreichen Zündgefahrenanalyse und -bewertung erfolgen, die alle Bedingungen und Einflussfaktoren berücksichtigt. Bei der Produktentwicklung ist folglich eine detaillierte Analyse der Anforderungen von großem Vorteil.

Darüber hinaus ist beim Einsatz der Zündschutzarten des nicht-elektrischen Explosionsschutzes, dargestellt in Abb. 5.1, eine strukturierte Vorgehensweise zu berücksichtigen. Generell sollte im ersten Schritt immer versucht werden, durch die Konstruktion des Produkts das Entstehen von Zündquellen zu verhindern. Dabei unterstützt der Einsatz der Zündschutzart Konstruktive Sicherheit. Ist dies nicht realisierbar, muss das Wirksamwerden der potenziellen Zündquellen durch den Einsatz der Zündschutzart Zündquellenüberwachung vermieden werden. Kann auch diese Überwachung nicht umgesetzt werden,

**Abb. 5.1** Zündschutzarten des nicht-elektrischen Explosionsschutzes

soll das Eindringen der explosionsgefährdeten Atmosphäre durch die Zündschutzarten der unterschiedlichen Möglichkeiten zur Kapselung blockiert werden. Sind alle vorhergehenden Maßnahmen nicht anwendbar, wird die Explosion zugelassen. Durch den Einsatz der Zündschutzart Druckfeste Kapselung erfolgt die Reduzierung der Auswirkungen auf das Innere der Kapselung. Die Anwendung dieser Reihenfolge wird in Kap. 6, „Zündgefahrenbewertung", und Kap. 7, „Mögliche Maßnahmen zur Vermeidung wirksamer Zündquellen", nochmals näher betrachtet.

### 5.3.2 Prinzipien des allgemeinen Maschinenbaus

Wie im Abschnitt „Vorgehensweise" des Abschn. 6.2, „Zündgefahrenbewertung", erläutert, besteht zwischen dem nicht-elektrischen Explosionsschutz und dem allgemeinen Maschinenbau ein bedeutsamer Zusammenhang. Der nicht-elektrische Explosionsschutz kann als Teilgebiet des Maschinenbaus definiert werden. Es ist davon auszugehen, dass die Konstruktionen ein hohes Maß an Sicherheit erfüllen und durch zusätzliche Anpassungen die Anforderungen des Explosionsschutzes erfüllt werden können. Aufgrund der Vielzahl an gesetzlichen und normativen Vorgaben kann in der Konstruktion die Tendenz entstehen, zwingend Zündschutzarten einsetzen zu müssen. Die Folge sind Konstruktionen, die ggf. zu komplex und umfangreich sind, da der Einsatz von einer Zündschutzart nicht erforderlich war. Oftmals können auch sichere Lösungen durch die Einhaltung der Gestaltungsgrundregeln (einfach, eindeutig, sicher), der Gestaltungsprinzipien und der Gestaltungsrichtlinien realisiert werden. Beispielsweise muss bei der Lagerung einer Welle eine exakte Zuordnung der Kräfte erfolgen, um eine exakte Berechnung der Lebensdauer zu realisieren. An dieser Stellen ist daher darauf hinzuweisen, dass auch Standardwerke des Maschinenbaus wie Pahl/Beitz [10] oder Hütte [11, 12] im nicht-elektrischen Explosionsschutz unterstützen können.

### 5.3.3 Individuelle Lösungen

Die Konstruktionen der nicht-elektrischen explosionsgeschützten Geräte sind vielfältig, da die Umsetzung von Funktionen häufig durch individuell entwickelte Wirkprinzipien erfolgt. Zur Beurteilung des Explosionsschutzes müssen in der Zündgefahrenanalyse und -bewertung Gefahren eingeschätzt werden. Grundlage dafür ist ein umfangreiches Wissen über u. a. die Konstruktion, die Werkstoffe, die Berechnungen und Einsatzbedingungen. Daher kann es aufgrund dieser individuellen Lösungen erforderlich sein, Untersuchungen durchzuführen, um dieses Wissen als Entscheidungsgrundlage zu erhalten. Dabei handelt es sich beispielsweise um die Untersuchungen von Materialien zur Schlagfunkenbildung oder die Untersuchung des Oberflächenwiderstands. Dieser zusätzliche Aufwand kann in der Praxis ggf. unterschätzt werden und führt möglicherweise zu erhöhten Kosten bei der Produktentwicklung dieser Individuallösungen.

## Literatur

1. EUROPÄISCHES PARLAMENT UND RAT. RICHTLINIE 94/9/EG DES EUROPÄISCHEN PARLAMENTS UND DES RATES *vom 23. März 1994 zur Angleichung der Rechtsvorschriften der Mitgliedstaaten für Geräte und Schutzsysteme zur bestimmungsgemäßen Verwendung in explosionsgefährdeten Bereichen. ATEX 94/9/EG,* 20. November 2003.
2. RICHTLINIE 2014/34/EU DES EUROPÄISCHEN PARLAMENTS UND DES RATES vom 26. Februar 2014 zur Harmonisierung der Rechtsvorschriften der Mitgliedstaaten für Geräte und Schutzsysteme zur bestimmungsgemäßen Verwendung in explosionsgefährdeten Bereichen (Neufassung). ATEX 2014/34/EU. In: *Amtsblatt der Europäischen Gemeinschaften,* 29. März 2014.
3. ATEX-Leitlinien (1. AUSGABE). *Leitlinien Zur Anwendung Der Richtlinie 94/9/EG des Rates Vom 23. März 1994 zur Angleichung der Rechtsvorschriften der Mitgliedstaaten für Geräte und Schutzsysteme zur bestimmungsgemässen Verwendung in Explosionsgefährdeten Bereichen,* 2000.
4. DIN Deutsches Institut für Normung e. V. DIN EN 13463-1, *Nicht-elektrische Geräte für den Einsatz in explosionsgefährdeten Bereichen – Teil 1: Grundlagen und Anforderungen; Deutsche Fassung EN 13463-1:2009.* Berlin: Beuth Verlag GmbH.
5. DIN Deutsches Institut für Normung e. V. DIN EN ISO 80079-36, *Explosionsfähige Atmosphären – Teil 36: Nicht-elektrische Geräte für den Einsatz in explosionsfähigen Atmosphären – Grundlagen und Anforderungen (ISO 80079-36:2016); Deutsche Fassung EN ISO 80079-36:2016.* Berlin: Beuth Verlag GmbH.
6. DIENSTSTELLEN DER EUROPÄISCHEN KOMMISSION, MITGLIEDER DER „NEW ATEX GUIDELINES EDITORIAL GROUP“, Hg. *ATEX 2014/34/EU Leitlinien. Leitlinie zur Anwendung der Richtlinie 2014/34/EU des Europäischen Parlaments und des Rates vom 26. Februar 2014 zur Harmonisierung der Rechtsvorschriften der Mitgliedstaaten für Geräte und Schutzsysteme zur bestimmungsgemässen Verwendung in Explosionsgefährdeten Bereichen.* 2. Ausgabe, 2017.
7. EUROPÄISCHES PARLAMENT UND RAT. *RICHTLINIE 2006/42/EG DES EUROPÄISCHEN PARLAMENTS UND DES RATES vom 17. Mai 2006 über Maschinen und zur Änderung der Richtlinie 95/16/EG (Neufassung). 2006/42/EG,* 17. Mai 2006.
8. EUROPEAN COMMISSION SERVICES: MARIOA GABRIELLI COSSELLU AN JAN MAYERHÖFER WITH THE PARTICIPATION AND SUPPORT OF THE MEMBERS OF THE ATEX 2014/34/EU WORKING GROUP, Hg. *ATEX 2014/34/EU Guidelines. Guide to application of the Directive 2014/34/EU of the European Parliament and of the Council of 26 February 2014 on the Harmonisation of the Law of the Member States relating to Equipment and protective Systems intended for use in potentially explosive atmospheres.* 4th edition, November 2022.
9. DIENSTSTELLEN DER EUROPÄISCHEN KOMMISSION: MARIO GABRIELLI COSSELLU UND JAN MAYERHÖFEN UNTER BETEILIGUNG UND MIT UNTERSTÜTZUNG DER MITGLIEDER DER ATEX 2014/34/EU, Hg. *ATEX-Leitlinien zur Richtlinie 2014/34/EU. Leitlinie zur Anwendung der Richtlinie 2014/34/EU des Europäischen Parlaments und des Rates vom 26.Februar 2014 zur Harmonisierung der Rechtsvorschriften der Mitgliedstaaten für Geräte und Schutzsysteme zur bestimmungsgemäßen Verwendung in explosionsgefähredeten Bereichen.* 3. Ausgabe, Mai 2020.
10. BENDER, BEATE und GERICKE, KILIAN Hg. *Pahl/Beitz Konstruktionslehre. Methoden und Anwendung erfolgreicher Produktentwicklung.* 9. Auflage. Berlin, Heidelberg: Springer Berlin Heidelberg; Springer Vieweg, 2021. ISBN 978-3-662-57303-7.
11. HENNECKE, MANFRED und SKROTZKI, BIRGIT Hg. *HÜTTE Band 1: Mathematisch-naturwissenschaftliche und allgemeine Grundlagen für Ingenieure.* 35th ed. Berlin, Heidelberg: Springer Berlin/Heidelberg, 2022. Springer Reference Technik SRT ISBN 978-3-662-64368-6.
12. HENNECKE, MANFRED und SKROTZKI, BIRGIT. *HÜTTE Band 2: Grundlagen des Maschinenbaus und ergänzende Fächer für Ingenieure.* 35th ed. Berlin, Heidelberg: Springer Berlin/Heidelberg, 2022. Springer Reference Technik SRT. ISBN 978-3-662-64372-3.

# Zündgefahrenbewertung

# 6

Frank Engelmann und Sabrina Herbst

## Inhaltsverzeichnis



## 6.1 Ziele und Grundlagen

Zentraler Bestandteil des nicht-elektrischen Explosionsschutzes ist die Zündgefahrenbewertung. Mithilfe dieser Methode kann die Einhaltung der in der ATEX-Richtlinie benannten Gesundheits- und Sicherheitsanforderungen für explosionsgeschützte Betriebsmittel geprüft werden. Im Detail ist das Ziel der Zündgefahrenbewertung die Identifizierung aller potenziellen Zündquellen eines Geräts und die daraus folgende Ableitung von Maßnahmen, die ein sicheres Produkt gewährleisten, welches einer Gerätekategorie zugeordnet werden kann.

Eine Benennung dieser Methode erfolgt in der Richtlinie indirekt durch den Artikel 12, der besagt, dass die Konformitätsvermutung bei Produkten vorliegt, welche die Vorgaben der zur ATEX-Richtlinie 2014/34/EU harmonisierten Normen erfüllen [1]. In der Norm ISO 80079-36, die eine harmonisierte Norm zur ATEX-Richtlinie ist [2], wird die Methode der Zündgefahrenbewertung erläutert. Diese Norm und die Norm ISO 80079-37 wurden vom technischen Komitee IEC/TC 31 in Zusammenarbeit mit dem Technischen Komitee CEN/TV 305 erarbeitet. Demzufolge sind diese Normen auch Standards im



F. Engelmann et al., *Nicht-elektrischer Explosionsschutz*,
https://doi.org/10.1007/978-3-662-67887-9_6

IECEx-System. Somit besitzt die Anwendung dieser Methode den Vorteil, dass die Anforderungen von zwei Zertifizierungssystemen erfüllt werden und die Zertifizierung auf internationaler Ebene unter bestimmten Bedingungen vereinfacht ist. Dies begünstigt den weltweiten Vertrieb des Produkts.

Die Umsetzung der Zündgefahrenbewertung in der alltäglichen Praxis stellt oftmals eine umfangreiche Herausforderung dar. Zum einen müssen u. a. Risiken abgeschätzt werden, und zum anderen sind Maßnahmen zu definieren, welche die Sicherheit zuverlässig und kosteneffizient gewährleisten. Darüber hinaus ist eine transparente Arbeitsweise erforderlich, um im möglichen Schadensfall die Vorgehensweise und die getroffenen Entscheidungen nachvollziehbar zu begründen. Die Mitarbeiter, welche die Zündgefahrenbewertung erstellen und bearbeiten, tragen eine hohe Verantwortung. In diesem Kapitel werden die Methodik der Zündgefahrenbewertung und das dazugehörige Berichtsschema anwendungsorientiert vorgestellt. Die umfangreiche Erläuterung der technischen Maßnahmen, welche den Explosionsschutz sicherstellen, erfolgt im anschließenden Kap. 7.

## 6.2 Vorgehensweise

### 6.2.1 Allgemein

Aufgrund der gesetzlichen Vorgaben, z. B. durch die Maschinenrichtlinie 2006/42/EG [3], ist bei der Entwicklung und der Konstruktion von Maschinen, Geräten und Komponenten prinzipiell die Einhaltung von Sicherheits- und Gesundheitsanforderungen zu gewährleisten. Dies gilt grundsätzlich für alle Bereiche (mit seltenen Ausnahmen wie beispielsweise bei Maschinen, die für Forschungszwecke entwickelt wurden). Demnach sollten die Maschinen, die Geräte und die Komponenten eine hohe Zuverlässigkeit und Funktionalität gemäß dem Stand der Technik im Sinne der allgemeinen Sicherheitstechnik vorweisen. Im Rahmen des Explosionsschutzes gilt es, die explosionsgeschützte Auslegung der Maschinen, des Geräts und der Komponenten zu generieren. Das bereits bestehende Sicherheitsniveau muss zusätzlich an die Erfordernisse des Explosionsschutzes angepasst werden. Grundlage dieser Einschätzung ist im nicht-elektrischen Explosionsschutz die Zündgefahrenbewertung. Insofern ergänzt die Zündgefahrenbewertung die durch die Maschinenrichtlinie geforderte Risikobeurteilung (nach mit der Maschinenrichtlinie harmonisierten Norm ISO 12100 [4]) und weist mithilfe dieser Methode die Explosionsgefahren und die dazugehörigen Maßnahmen zur Risikominderung separat auf.

Gemäß der Norm ISO 80079-36 müssen die Geräte „einer formellen dokumentierten Zündgefahrenbewertung unterzogen werden, um alle potenziellen Zündquellen zu ermitteln, die im Normalbetrieb, bei zu erwartenden Störungen und seltenen Störungen auftreten könnten“ [4, S. 20]. Weiterführend definiert die Norm die Anforderungen an das Ergebnis, gibt im Hauptteil jedoch keine Anleitung oder Hinweise zur Durchführung der

Bewertung. Diese können aber dem Anhang B „Erläuterung des Verfahrens der Zündgefahrenbewertung“ entnommen werden. Hervorzuheben ist, dass es sich hierbei um einen als informativ deklarierten Anhang handelt. Zur Einhaltung der Norm kann daher auch eine andere Vorgehensweise der Bewertung genutzt werden. Die wesentlichen Voraussetzungen der Norm an die Zündgefahrenbewertung sind eine formelle Dokumentation und die Anforderungen an das Ergebnis. Da das im Normanhang vorgeschlagene Verfahren und zugehörige Berichtsschema durch Workshops unter der Leitung der Physikalisch-Technischen Bundesanstalt (PTB) mit Geräteherstellern bereits für die Vorgängernorm EN 13463-1 erarbeitet wurde [5], europaweit Einsatz fand und vollumfänglich ohne Anpassungen in die internationale Norm übernommen wurde, bildet dies die Grundlage für dieses Kapitel. Das Bewertungsverfahren nach Anhang B der ISO 80079-36 umfasst fünf Schritte, siehe Abb. 6.1, die mithilfe eines definierten Berichtsschemas in tabellarischer Form durchgeführt sowie dokumentiert werden. Das Berichtsschema und die Inhalte der einzelnen Schritte werden in den folgenden Kapiteln detailliert vorgestellt.

Prinzipiell ist die Zündgefahrenbewertung produktspezifisch durchzuführen. Mit einer Zündgefahrenbewertung kann keine gesamte Produktgruppe (z. B. Pumpe, Getriebe) abgedeckt werden. Die Zündgefahrenbewertung steht in Abhängigkeit zu der Konstruktion eines definierten Produkttyps oder gar eines einzelnen Bauteils des Produkts. Beispielsweise unterscheidet sich in einer Produktreihe von Pumpen insbesondere die Größe, folglich das Volumen und die vorhandene Oberfläche. Diese Parameter wirken sich u. a. maßgeblich auf die Entstehung heißer Oberflächen aus. [6]

Eine wesentliche Anforderung der Zündgefahrenbewertung ist die formelle Dokumentation. Daraus ableitbar ist die Vorgabe, dass die Bewertung transparent und nachvollziehbar sein soll. Inhaltlich wird dieser Punkt durch die Vorgabe von in der Norm ISO 80079-36 definierten Begriffen ergänzt. Dies umfasst zum einen die Arten der Zündquellen und zum anderen die Betriebszustände. Diese Definitionen bilden eine wesentliche Stütze zur Standardisierung der Zündgefahrenbewertung.

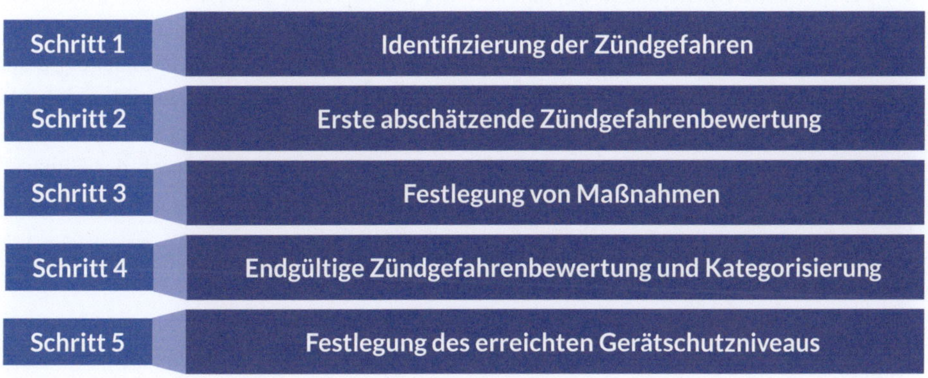


**Abb. 6.1** Bewertungsverfahren nach ISO 80079-36, Anhang B

Das Objekt der Bewertung sind die Zündquellen. Dabei ist jedoch die Art der Zündquelle zu unterscheiden. Fokus der Zündgefahrenbewertung sind die potenziellen Zündquellen der Maschine, des Geräts oder der Komponente.[1] Grundsätzlich existieren unterschiedliche mögliche Zündquellen. Gemäß der Norm ISO 80079-36 sind dies folgende 13 Zündquellen,[2] die detailliert in Kap. 4 vorgestellt werden:

- Heiße Oberflächen
- Flammen und heiße Gase (einschließlich heißer Partikel)
- Mechanisch erzeugte Funken
- Elektrische Quellen
- Streuströme, kathodischer Korrosionsschutz
- Statische Elektrizität
- Blitzschlag
- Elektromagnetische Wellen im Hochfrequenzbereich (HF) von $10^4$ Hz bis $3 \times 10^{11}$ Hz;
- Elektromagnetische Wellen einschließlich optischer Strahlung von $3 \times 10^{11}$ Hz bis $3 \times 10^{15}$ Hz
- Ionisierende Strahlung
- Ultraschall
- Adiabatische Kompression und Stoßwellen
- Exotherme Reaktionen einschließlich Selbstentzündung von Stäuben

Diese 13 Zündquellen treten nicht bei jeder Maschine auf. Mögliche Zündquellen, die an der zu betrachtenden Maschine auftreten können, werden als gerätebezogene Zündquellen klassifiziert. Beispielsweise können in einer Pumpe, bedingt durch unterschiedlichste Ursachen, die Zündquellen heiße Oberflächen, mechanisch erzeugte Funken oder statische Elektrizität entstehen. Der Ausschluss der Zündquellen Blitzschlag oder elektromagnetische Wellen ist bereits im Vorfeld durch das Fehlen einer Ursache möglich. Die Analyse der gerätebezogenen Zündquellen erfolgt ohne die Berücksichtigung der Zündfähigkeit. Diese Betrachtung ist Bestandteil der Analyse der potenziellen Zündquellen. Aus den gerätebezogenen Zündquellen sind die Zündquellen zu bestimmen, welche die Fähigkeit besitzen, die vorherrschende explosionsfähige Atmosphäre zu entzünden. Dazu müssen Kenndaten wie u. a. die Mindestzündtemperatur und die Mindestzündenergie der vorherrschenden explosionsfähigen Atmosphäre bekannt sein. So kann beispielsweise entschieden werden, ob die heiße Oberfläche, verursacht durch die Reibungswärme des beschädigten Lagers XY, die explosionsfähige Atmosphäre, verursacht durch das Benzin,[3]

---

[1] Aufgrund der Übersichtlichkeit wird im Folgenden nur noch das Gerät benannt, obwohl dies auch die Maschine, das Gerät und die Komponenten impliziert.

[2] Die 13 Zündquellen entsprechen auch den Vorgaben der Norm EN 1127-1.

[3] Benzin, Super – Daten aus GESTIS-Datenbank, 26.08.2022 (https://gestis.dguv.de/data?name=531390).

mit einer Mindestzündtemperatur von rund 220 °C entzünden kann. Ist die Entzündung möglich, ist diese Zündquelle – heiße Oberfläche durch beschädigtes Lager XY – als potenzielle Zündquelle zu definieren. Ist die Entzündung nicht möglich, bleibt die Klassifizierung als gerätebezogene Zündquelle bestehen. Anschließend erfolgt die Betrachtung, unter welchen Bedingungen die potenziellen Zündquellen auftreten können und zu wirksamen Zündquellen werden. Im Fall des benannten Beispiels muss das Lager XY in einem definierten Grad beschädigt sein. Hier ist beispielsweise zu bestimmen, wann dieser Grad der Beschädigung, der gefährlich werden kann und die Zündquelle verursacht, erreicht ist. Diese Klassifizierung der Zündquellen, siehe Abb. 6.2, begründet den Fokus der Zündgefahrenbewertung. Durch diese Methode ist zu verhindern, dass potenzielle Zündquellen wirksam werden.

Laut Vorgaben der Norm ISO 80079-36 sind die Betriebszustände im Normalbetrieb und Störungen zu unterscheiden. Erbringt die Maschine ihre bestimmungsgemäße Verwendung innerhalb der vorgesehenen Entwurfsparameter und definierten Systemgrenzen, ist dieser Zustand als Normalbetrieb zu definieren. Zustände, wie Störungen, die eine Abschaltung oder Reparatur bedingen, zählen gemäß Normvorgabe nicht zum Normalbetrieb. Unter dem Begriff der Störung sind alle Zustände zu verstehen, in denen die Maschine die bestimmungsgemäße Funktion aus Sicht des Explosionsschutzes nicht erfüllt. Dabei ist in zu erwartende Störung und seltene Störung zu unterscheiden. Von zu erwartenden Störungen ist bereits bekannt, dass diese Störungen der Maschine oder des Betriebs in der praktischen Anwendung vorkommen – beispielsweise Schmiermittelverlust oder Stromausfall. Seltene Störungen ergeben sich nur unter seltenen Umständen. Zusätzlich ist folgende Konstellation unter dieser Klassifizierung zu berücksichtigen: Zwei voneinander unabhängige, zu erwartende Störungen, die einzeln keine Gefährdung

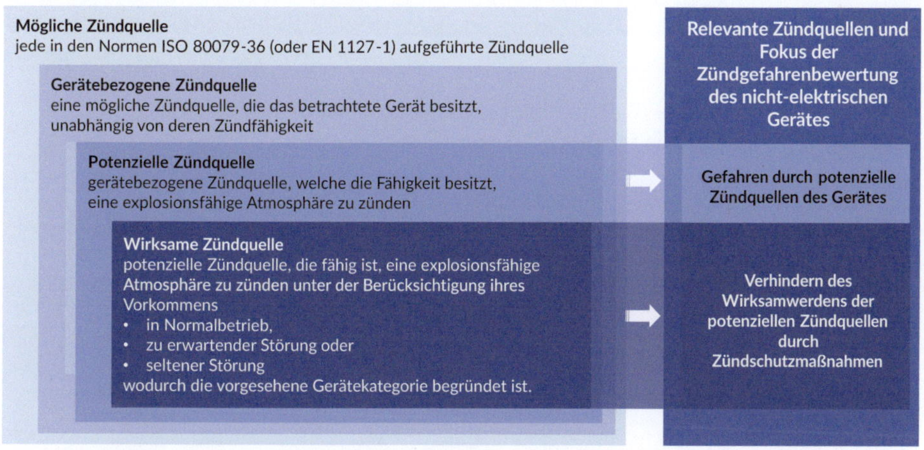


**Abb. 6.2** Klassifizierung der Zündquellen und Zusammenhang mit der Zündgefahrenbewertung in Anlehnung an [6]

darstellen, führen bei gleichzeitigem Auftreten zu einer Zündgefahr. Als Störungen sind u. a. folgende Aspekte zu verstehen [6]:

- Bauteilversagen
- Konstruktionsfehler oder -mängel
- Eigenschaftsveränderungen eines Werkstoffs
- Störungen der Medienzufuhr/Stromversorgung
- Kontrollverlust des Bedienpersonals
- Fehlbedienung
- Fehlerhafte Wartung

Abb. 6.3 fasst die Definitionen der Betriebszustände zusammen.

Wie bereits benannt, fordert die Norm ISO 80079-36 ein definiertes Ergebnis der Zündgefahrenbewertung ein. Das Ergebnis muss die Sicherheit des Explosionsschutzes in Abhängigkeit der Betriebszustände erkennen lassen. Die dafür eingesetzten Maßnahmen sind aufzulisten. Eine Maschine, die das höchste Geräteschutzniveau (Equipment Protection Level [EPL]) – Gerätekategorie 1 erfüllen soll, muss in allen drei definierten Betriebszuständen explosionssicher sein. Die Maschine ist dann in Zone 0 bzw. 20 einsetzbar. Wird der Einsatz in Zone 1 bzw. 21 angestrebt, muss das mittlere Geräteschutzniveau – Gerätekategorie 2 angestrebt werden. Dann sind die Betriebszustände Normalbetrieb und zu erwartende Störungen explosionssicher zu gestalten. Das Mindestschutzniveau für den Explosionsschutz ist beim gewünschten Einsatz in der Zone 2 oder 22 zu avisieren. Hierbei muss ein explosionssicherer Normalbetrieb der Maschine gewährleistet sein. Tab. 6.1 fasst diese Zusammenhänge für die Gerätegruppe II (Gas) und III (Staub) zusammen. [6]

**Betriebszustand**

**Normalbetrieb**
Betrieb des Geräts entsprechend der Auslegungswerte und innerhalb der vom Hersteller festgelegten Grenzen

**Störung**
Zustand, bei dem Geräte oder Komponenten ihre bestimmungsgemäße Funktion in Hinblick auf den Explosionsschutz nicht erfüllen

**zu erwartende Störung**
Störungen oder Gerätefehler, von denen bekannt ist, dass sie in der Praxis üblicherweise vorkommen

**seltene Störung**
Art von Störung, die nur in seltenen Fällen auftritt
ODER
zwei voneinander unabhängig zu erwartende Störungen, die für sich allein genommen keine, aber in Kombination miteinander eine Zündgefahr darstellen

**Abb. 6.3** Definition der Betriebszustände gemäß ISO 80079-36 [6]

**Tab. 6.1** Geforderte Sicherheit in Abhängigkeit der Betriebszustände und Gerätekategorien

| Geforderte Sicherheit des Explosionsschutzes in Abhängigkeit zu den Betriebszuständen der Gerätegruppe II/III | Normalbetrieb | Zu erwartende Störung | Seltene Störung |
|---|---|---|---|
| Gerätekategorie 1G/1D - EPL Ga/Da | X | X | X |
| Gerätekategorie 2G/2D - EPL Gb/Db | X | X | |
| Gerätekategorie 3G/3D - EPL Gc/Dc | X | | |

### 6.2.2 Berichtsschema

Die formelle Dokumentation der Zündgefahrenbewertung in einer übersichtlichen und nachvollziehbaren Art ist eine wesentliche Forderung der Norm ISO 80079-36. Der Bericht zur Zündgefahrenbewertung muss folgende Aspekte zwingend enthalten [6]:

- Grundinformationen
- Identifizierte Zündgefahren und deren Ursachen
- Zündgefahrenbewertung
- Gründe für die Bewertungsergebnisse, sofern diese nicht selbsterklärend sind
- Umgesetzte Maßnahmen zur Eliminierung bzw. Minimierung der identifizierten Zündgefahren
- Übersicht der verbleibenden Gefahren, die Maßnahmen von Anwendern erfordern
- Ergebnis der endgültigen Zündgefahrenbewertung
- Ergebnis des ergebenen EPLs und sicherheitsbezogenen Einschränkungen der bestimmungsgemäßen Verwendung

Wie bereits im vorigen Abschn. 6.2.1 beschrieben, besteht kein standardisiertes Vorgehen, welches in der Norm definiert ist. Jedoch steht ein Vorschlag zur Verfügung, siehe Anhang B der ISO 80079-36. Neben den bereits benannten fünf Schritten ist das dazugehörige, in Tab. 6.2 dargestellte Berichtsschema Teil dieses Vorschlags.

Mithilfe des Berichtsschemas können die fünf Schritte systematisch und methodisch strukturiert erarbeitet werden. Das Berichtsschema enthält Spalten bzw. Zeilen für jeden Arbeitsschritt, die in den nachfolgenden Kapiteln detailliert erläutert werden. Hervorzuheben ist, dass dieses Berichtsschema nach den unternehmensinternen und persönlichen Bedürfnissen angepasst werden kann.

**Tab. 6.2** Vorgeschlagenes Berichtsschema nach ISO 80079-36, Anhang B [6]

| Nr. | 1. Schritt | | 2. Schritt | | | | | 3. Schritt | | | 4. Schritt | | | | | |
|---|---|---|---|---|---|---|---|---|---|---|---|---|---|---|---|---|
| | Zündgefahrenanalyse | | Bewertung der Häufigkeit des Auftretens | | | | | Angewendete Maßnahmen zur Verhinderung des Wirksamwerdens | | | Häufigkeit des Auftretens einschl. aller Maßnahmen | | | | | |
| | a | b | a | b | c | d | e | a | b | c | a | b | c | d | e | f |
| | Potenzielle Zündquelle | Beschreibung/ Primäre Ursache | Bei Normalbetrieb | Bei zu erwartender St. | Bei seltener Störung | Nicht zutreffend | Gründe für die Bewertung | Beschreibung der eingeleiteten Maßnahme | Verweis der Grundlage *(z. B. Norm, Technische Regel, Berechnung, Experiment)* | Technische Dokumentation *(Nachweis der Anpassung)* | Bei Normalbetrieb | Bei zu erwartender St. | Bei seltener Störung | Nicht zutreffend | Resultierende Gerätekategorie/ EPL | Notwendige Einschränkungen |
| 1 | | | | | | | | | | | | | | | | |
| 2 | | | | | | | | | | | | | | | | |
| 3 | | | | | | | | | | | | | | | | |
| 5. Schritt: Resultierende Gerätekategorie/EPL einschließlich aller bestehenden Zündgefahren | | | | | | | | | | | | | | | | |

Auf der europäischen Ebene finden diese Vorgehensweise und das vorliegende Berichtsschema umfangreiche Anwendung in der Praxis, da es bereits Teil des Anhangs der Norm DIN EN 13463-1 war und in Zusammenarbeit zwischen PTB und einigen Herstellern entwickelt wurde [5]. Mit der Übernahme in die internationale Norm ISO 80079-36 ist eine weltweite Nutzung anzustreben. [7]

### 6.2.3 Grundinformationen und Hilfsmittel

Zur Durchführung der Zündgefahrenbewertung sind umfangreiche Informationen über die Maschine, das Gerät oder die Komponente erforderlich. Darauf weist auf die Norm ISO 80079-36 hin. Dort besteht die Forderung, dass die Zündgefahrenbewertung auf folgenden Grundinformationen beruht [6]:

- „Beschreibung des Gerätes
- Bestimmungsgemäße Verwendung wie vom Hersteller vorgeschrieben, z. B. in der Kennzeichnung und in der Betriebsanleitung
- Werkstoffe und deren Eigenschaften
- Konstruktionszeichnungen und -beschreibungen
- alle relevanten zugrunde gelegten Annahmen (z. B. Belastungen, Festigkeiten, Sicherheitsfaktoren und Arbeitszyklus)
- Ergebnisse von Konstruktionsberechnungen
- Ergebnisse von durchgeführten Prüfungen und Untersuchungen
- Anforderungen an Installation, Betrieb und Wartung.“

Darüber hinaus existieren weitere Informationsquellen, die als Hilfsmittel für die Durchführung der Zündgefahrenbewertung genutzt werden können:

- Normen
  - Normen der Explosionsschutzes sowie der Maschinensicherheit
  - Spezifische Normen der Zündschutzarten
  - Produktnormen für spezifische Geräte oder mit ähnlichen Gerätebestandteilen bzw. -funktionen
  - Firmeninterne Normen oder technische Standards
- Technische Regeln, geräte- oder zündquellenspezifische Beispielsammlungen und weitere Veröffentlichungen
- Forschungsberichte
- Analyse bestehender Geräte
- Diskussion mit Experten von Prüfstellen, Forschungseinrichtungen, Hochschulen, Herstellern
- Nutzung weiterer Hilfsmittel bei komplexen Geräten und Anlagen (z. B. Analyseverfahren wie FMEA, Fehlerbaumanalyse usw.)

### 6.2.4 Durchführung

Die Durchführung der Zündgefahrenbewertung sollte im Entwicklungsprozess einer Maschine, eines Geräts oder einer Komponente frühestmöglich starten und begleitend bearbeitet werden. Der Prozess ist von Iterationen geprägt. Die Zündgefahrenbewertung kann ein wesentlicher Bestandteil bei der Entwicklung eines ganzheitlichen Zündschutzkonzepts sein. Hierbei bestehen Analogien zur Durchführung der Risikobeurteilung.

Die Verantwortung der Bearbeitung der Zündgefahrenbewertung sollte bei ein oder zwei verantwortlichen Konstrukteuren oder Projektingenieuren liegen. Hilfreich sind jedoch auch Workshops mit unterschiedlichen Fachdisziplinen der einzelnen Unternehmensbereiche, um alle Gefährdungen zu erkennen und die bestmöglichen Maßnahmen zu definieren.

Es besteht die Gefahr, dass die Zündgefahrenbewertung als Belastung verstanden werden kann. Sie ist aber eine wertvolle Methodik, die Kernkompetenzen und unternehmensspezifisches Know-how transparent bündelt. Somit kann sie ein bedeutsames Werkzeug für das gesamte Unternehmen sein.

### 6.2.5 Schritt 1 Identifizierung der Zündgefahren

Der erste Schritt der Zündgefahrenbewertung dient zur Auflistung aller potenziellen Zündquellen einer Maschine, eines Geräts oder einer Komponente. Abb. 6.4 zeigt das Ergebnis eines fünfminütigen Brainstormings zur ersten Identifizierung der Zündgefahren für ein Rührwerk.

Die Identifizierung der Zündgefahren kann eine sehr umfangreiche und komplexe Aufgabe sein, die es gilt, strukturiert und transparent durchzuführen. Eine geeignete Auswahlliste auf

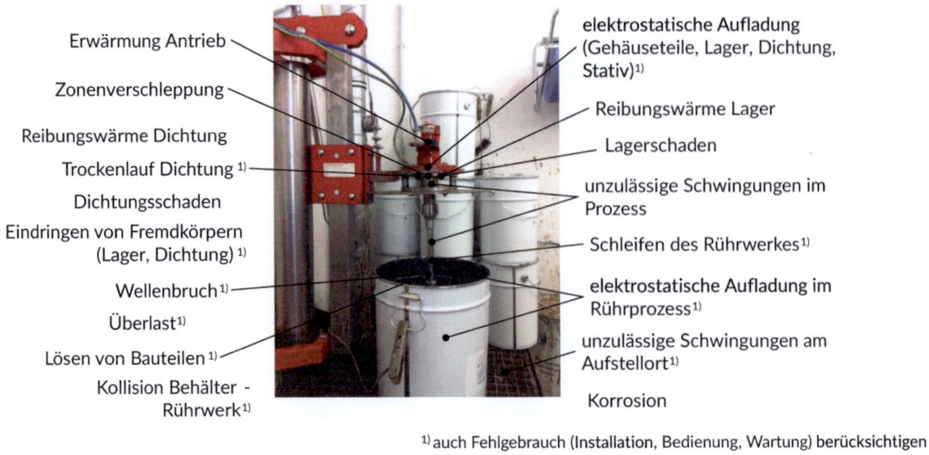


**Abb. 6.4** Ergebnis eines Brainstormings zur Analyse der Zündgefahren

**Tab. 6.3** Auswahlliste zur Analyse der gerätebezogenen Zündquellen am Beispiel „Rührwerk A38" in Anlehnung an [6]

| Projekt: Rührwerk Typ - A38 | | |
|---|---|---|
| **Mögliche Zündquellen** | **Gerätebezogen Ja/Nein** | **Ursache** |
| Heiße Oberflächen | Ja | Relativbewegungen der einzelnen Bauteile, insbesondere in den Lagern, Reibungen (Dichtung/Lager), Fremdkörper, Dichtungsschaden |
| Mechanisch erzeugte Funken | Ja | Laufunruhen, Bauteilkollision, Trockenlauf, unzulässige Schwingungen, Überlast - Bruch, Fremdkörper |
| Flammen, heiße Gase | Nein | Ggf. möglich durch Prozessflüssigkeit |
| Elektrische Funken | Nein | Nicht Vorhanden (gemäß Bedienungsanleitung explosionsgeschützter Motor) |
| Elektrische Streuströme, kathodischer Korrosionsschutz | Nein | Nicht Vorhanden (gemäß Bedienungsanleitung explosionsgeschützter Motor) |
| Statische Elektrizität | Ja | Aufladungsprozesse der Bauteile; Aufladungsprozesse der Prozessflüssigkeit; Aufladungsprozesse während des Rührprozesses |
| Blitzschlag | Nein | Nicht Vorhanden |
| Elektromagnetische Wellen | Nein | Nicht Vorhanden |
| Ionisierende Strahlung | Nein | Nicht Vorhanden |
| Hochfrequente Strahlung | Nein | Nicht Vorhanden |
| Ultraschall | Nein | Nicht Vorhanden |
| Adiabatischer Druck | Ja | Nicht Vorhanden |
| Chemische Reaktion | Ja | Ggf. möglich durch Prozessflüssigkeit |

Basis aller möglichen Zündquellen kann diesen ersten Schritt unterstützen und erleichtern [6]. Gleichzeitig dient die Liste der Dokumentation. Tab. 6.3 zeigt eine mögliche Auswahlliste für die Analyse der gerätebezogenen Zündquellen am Beispiel des Rührwerks.

Ergebnis dieser Auswahlliste sind die gerätebezogenen Zündquellen. Diese sind anschließend auf ihre Zündfähigkeit der vorhandenen explosionsfähigen Atmosphäre zu betrachten. Auch diese Analyse kann in tabellarischer Form dokumentiert werden. Hilfreich sind dabei die sicherheitstechnischen Kennwerte, siehe Kap. 4. Ebenso sind folgende Faktoren zu berücksichtigen [6]:

- Bestimmungsgemäße Verwendung
- Mögliche konstruktive Varianten[4]
- Bedingungen des Betriebs
- Einflüsse der Umgebung
- Parameter der eingesetzten Werkstoffe und mögliche Wechselwirkungen
- Wechselwirkungen mit anderen Bauteilen, Geräten oder Maschinen
- Wechselwirkungen mit Personen
- Kombinationen von Störungen

Anschließend sind die potenziellen Zündquellen unter Angabe einer transparenten Beschreibung bzw. der primären Ursache in das Berichtsschema zu dokumentieren. Hierbei ist darauf zu achten, dass nur Arten der potenziellen Zündquellen nach Norm benannt werden.[5] Die Erläuterung des Auftretens in der Maschine, im Gerät oder die Komponente erfolgt durch die Beschreibung bzw. die Benennung der Ursache. Tab. 6.4 zeigt einen Auszug des Berichtsschemas nach Vollendung des ersten Schritts für das Rührwerk A38.

**Tab. 6.4** Auszug des Berichtsschemas nach erstem Schritt – Beispiel Rührwerk A38

| Nr. | 1. Schritt | |
|---|---|---|
| | Zündgefahrenanalyse | |
| | a | b |
| | Potenzielle Zündquelle | Beschreibung/ Primäre Ursache |
| 1 | Heiße Oberfläche | Relativ-bewegung an Lagerung |
| 2 | Mechanisch erzeugte Funken | Schleifen/ Kollison des Rührwerks am Behälter |
| 3 | Elektrostatische Entladung | isolierte elektrisch leitfähige Teile |

[4] Gegebenenfalls wird hierdurch erst offensichtlich, dass eine spezifische Zündgefahrenbewertung für Varianten notwendig wird.

[5] Es existieren die 13 Arten von Zündquellen – z. B. heiße Oberfläche, adiabatische Kompression usw.

### 6.2.6 Schritt 2: Erste Zündgefahrenabschätzung

Im zweiten Schritt erfolgt die erste Zündgefahrenabschätzung der durch den ersten Schritt analysierten potenziellen Zündquellen. Es ist zu definieren, in welchem Betriebszustand die potenziellen Zündquellen wirksam werden, und dies zu begründen. Im Fokus dieser Betrachtung stehen durch die Norm standardisierte Betriebszustände, siehe Abschn. 6.2.1. Tab. 6.5 zeigt einen Auszug des Berichtsschemas nach Vollendung des zweiten Schritts für das Rührwerk A38.

### 6.2.7 Schritt 3: Festlegung von Maßnahmen

Durch die erste Zündgefahrenabschätzung im zweiten Schritt und die ggf. in der Anforderungsliste als zu erreichende definierte Gerätekategorie ist es möglich abzuleiten, wel-

**Tab. 6.5** Auszug des Berichtsschemas nach zweitem Schritt – Beispiel Rührwerk A38

| Nr. | 1. Schritt | | 2. Schritt | | | | |
|---|---|---|---|---|---|---|---|
| | Zündgefahrenanalyse | | Bewertung der Häufigkeit des Auftretens | | | | |
| | a | b | a | b | c | d | e |
| | Potenzielle Zündquelle | Beschreibung/ Primäre Ursache | Bei Normalbetrieb | Bei zu erwartender Störung | Bei seltener Störung | Nicht zutreffend | Gründe für die Bewertung |
| 1 | Heiße Oberfläche | Relativ-bewegung an Lagerung | | | x | | Erwärmung im Normalbetrieb < 80 % Temperaturklasse T3 |
| 2 | Mechanisch erzeugte Funken | Schleifen/ Kollison des Rührwerks am Behälter | | x | | | Fehlgebrauch bei fehlender oder falsch ausgerichteter Zentrierung möglich |
| 3 | Elektrostatische Entladung | isolierte elektrisch leitfähige Teile | x | | | | bei Normalbetrieb und Reinigung gefährliche Aufladung möglich |

che Zündquellen weiterhin eine Gefährdung darstellen. Diese Gefährdungen sind durch zusätzliche Maßnahmen, die im dritten Schritt festgelegt werden, zu minimieren. In Anlehnung an die Stufen der Sicherheitstechnik und das Prinzip des integrierten Explosionsschutzes ist eine Reihenfolge bei der Auswahl der Maßnahmen einzuhalten. Als Maßnahmen sind nicht allein die Zündschutzarten gültig. Auch andere Schutzmaßnahmen, die eine Explosion in den unterschiedlichen Lebensphasen der Maschine, des Geräts oder der Komponente verhindern, sind einsetzbar. Dazu zählen alle Maßnahmen, die „bei Inbetriebnahme, Wartung und Reparatur, Betrieb, zu Warnhinweisen, experimentellen Untersuchungen zur Erbringung von Nachweisen usw., mit denen die Wahrscheinlichkeit verringert wird, dass die Zündquelle wirksam wird" [6]. Prinzipiell sollte mit den Schutzmaßnahmen zunächst immer versucht werden, das Entstehen einer potenziellen Zündquelle zu verhindern. Dieser Ansatz entspricht der Zündschutzart konstruktive Sicherheit. Ist die Vermeidung der potenziellen Zündquelle nicht möglich, muss das Wirksamwerden verhindert werden. Dafür stellt der Einsatz der Zündschutzart Zündquellenüberwachung eine zielführende Lösung dar. Kann auch das Wirksamwerden der Zündquelle nicht ausgeschlossen werden, gilt es, das Zusammentreffen der Zündquelle mit einer explosionsfähigen Atmosphäre zu vermeiden. Dieses Prinzip kann durch die Zündschutzarten Flüssigkeitskapselung, Überdruckkapselung, Schutz durch Gehäuse und schwadenhemmende Kapselung[6] realisiert werden. Ist das Zusammentreffen der Zündquelle und der explosionsfähigen Atmosphäre nicht zu umgehen, muss versucht werden, die Auswirkungen einer möglichen Explosion zu reduzieren. Dies ist u. a. durch den Einsatz der Zündschutzart druckfeste Kapselung möglich. Nochmals hervorzuheben ist an dieser Stelle, dass neben den Zündschutzarten weitere Maßnahmen zum Schutz vor einer Explosion und ihren Folgen zulässig sind. Die Anwendung einer Zündschutzart ist nicht zwingend erforderlich. Abb. 6.5 stellt die Möglichkeiten der Maßnahmen zusammenfassend dar.

Im Berichtsschema ist der dritte Schritt mithilfe von drei Angaben zu dokumentieren. Neben der Beschreibung der Maßnahme sind Grundlage der Maßnahmenfähigkeit (z. B. Norm, technische Regel, Berechnung, Versuchsreihe) und der Nachweis der Anpassung (z. B. Zeichnungsnummer der angepassten Änderungen, Werkstoffdatenblätter der ausgewählten Werkstoffe) anzugeben. Diese Angaben sollten für jede einzelne potenzielle Zündquelle getätigt werden, um eine transparente und nachvollziehbare Dokumentation zu generieren. Darüber hinaus ist bei der Beschreibung der Maßnahmen zu berücksichtigen, dass erforderliche Spezifikationen vollumfänglich angegeben werden, Nachweise von Versuchen bzw. Experimenten als Bericht vorliegen und spezifische Anforderungen für den Fertigungsprozess des Produkts (z. B. Prüfanforderungen der Qualität) oder den späteren Betrieb (z. B. Informationen für die Betriebsanleitung) gesamtheitlich und transparent festgehalten werden. Tab. 6.6 zeigt einen Auszug des Berichtsschemas nach Vollendung des dritten Schrittes für das Rührwerk A38. [6]

[6] Die Zündschutzart schwadenhemmende Kapselung wird in der internationalen Norm ISO 80079-36 nicht mehr benannt. Sie war jedoch Bestand der Vorgängernorm EN 13463-2 und wird daher aus Gründen der Vollständigkeit ebenfalls benannt.

| | Reihenfolge - Bedingungen | Einsetzbare Schutzmaßnahmen: Zündschutzarten | Einsetzbare Schutzmaßnahmen: Weitere Maßnahmen |
|---|---|---|---|
| 1 | Verhindern des Entstehens der Zündquelle | **Konstruktive Sicherheit „c"**<br>ISO 80079-37 (Vorgängernorm EN 13463-5) | **Jegliche Maßnahmen, die vor einer Explosion schützen in jeder Produktlebensphase – z. B.:**<br>• Organisatorische Maßnahmen bei der Wartung, Instandhaltung oder Reparatur<br>• Auflistung definierter Betriebszustände bei der Durchführung von Instandhaltungsmaßnahmen<br>• Maßnahmen zur Vorgehensweise und Ausstattung bei der Reinigung<br>• Regelmäßige Schulungen und Qualifizierungen |
| 2 | Verhindern des Wirksamwerdens einer Zündquelle | **Zündquellenüberwachung „b"**<br>ISO 80079-37 (Vorgängernorm EN 13463-6) | |
| 3 | Verhindern des Zusammentreffens der explosionsfähigen Atmosphäre und der Zündquelle | **Flüssigkeitskapselung „k"**<br>ISO 80079-37 (Vorgängernorm EN 13463-8)<br>**Überdruckkapselung „p"**<br>IEC 60079-2 (Vorgängernorm-Entwurf EN 13463-7)<br>**Schutz durch Gehäuse „t"**<br>IEC 60079-31<br>*Schwadenhemmende Kapselung „fr"*<br>EN 13463-2 (zurückgezogen-kein Bestandteil der ISO 80079-36) | |
| 4 | Reduzierung der Auswirkung einer Explosion | **Druckfeste Kapselung „d"**<br>IEC 60079-1 (Vorgängernorm-Entwurf EN 13463-3) | |

**Abb. 6.5** Reihenfolge der einsetzbaren Schutzmaßnahmen

**Tab. 6.6** Auszug des Berichtsschemas nach drittem Schritt – Beispiel Rührwerk A38

| Nr. | 1. Schritt: Zündgefahrenanalyse | | 2. Schritt: Bewertung der Häufigkeit des Auftretens | | | | | 3. Schritt: Angewendete Maßnahmen zur Verhinderung des Wirksamwerdens | | |
|---|---|---|---|---|---|---|---|---|---|---|
| | a | b | a | b | c | d | e | a | b | c |
| | Potenzielle Zündquelle | Beschreibung/ Primäre Ursache | Bei Normalbetrieb | Bei zu erwartender Störung | Bei seltener Störung | Nicht zutreffend | Gründe für die Bewertung | Beschreibung der eingeleiteten Maßnahme | Verweis der Grundlage (*z. B. Norm, Technische Regel, Berechnung, Experiment*) | Technische Dokumentation (*Nachweis der Anpassung*) |
| 1 | Heiße Oberfläche | Relativbewegung an Lagerung | | | x | | Erwärmung im Normalbetrieb < 80 % Temperaturklasse T3 | therm. Prüfung nach Abs. 8.2, Begrenzung max. Oberflächentemperatur | DIN EN ISO 80079-36, Abs. 8.2 | Berechnung Lager; Messprotokoll; Prüfberichtsnr. 2022–156 |
| 2 | Mechanisch erzeugte Funken | Schleifen/ Kollison des Rührwerks am Behälter | | x | | | Fehlgebrauch bei fehlender oder falsch ausgerichteter Zentrierung möglich | festmontierte Zentriereinrichtung mit definierter Fügeposition und Endlagenschalter (Zündquellenüberwachung - Zündschutzsystem Typ: b1), Abstand Rührwerk – Behälter > $d_{RW}$ | DIN EN ISO 80079-36; DIN EN ISO 80079-37, Abs. 6.5 | Zeichungsnr.: BG-A38-5-23; Stückliste; Prüfberichtsnr. 2022-164; Techn. Dokumentation + EU-Konformitätserklärung; Überwachungssystem; Betriebsanleitung |
| 3 | Elektrostatische Entladung | isolierte elektrisch leitfähige Teile | x | | | | bei Normalbetrieb und Reinigung gefährliche Aufladung möglich | konstruktiver Potentialausgleich zwischen Teilen; Erdung des Gehäuses; Installationsangaben | DIN EN ISO 80079-36; Nr. 6.7.2 | Zeichnungsnr.: BG-A38-3-2; Stückliste; Werkstoffdatenblätter; Betriebsanleitung |

### 6.2.8 Schritt 4: Endgültige Zündgefahrenbewertung und Kategorisierung

Im vierten Schritt folgt zeilenweise die erneute Bewertung der Wahrscheinlichkeit des Auftretens der potenziellen Zündquelle unter der Berücksichtigung der festgelegten Maßnahme in Abhängigkeit von den standardisierten Betriebszuständen. Durch die Maßnahme sollte die Auftretenswahrscheinlichkeit gesenkt sein. Dies bedeutet, dass beispielsweise eine potenzielle Zündquelle im zweiten Schritt die Bewertung erhält: Auftretenswahrscheinlichkeit „bei einer zu erwartenden Störung“. Diese Bewertung entspricht der Zuordnung zur Gerätekategorie 3 (EPL Gc/Dc – Einsatz in Zone 2 bzw. 22). Durch eine geeignete Maßnahme ist die Senkung der Auftretenswahrscheinlichkeit möglich – die potenzielle Zündquelle könnte nur „bei einer seltenen Störung“ auftreten. Diese Bewertung entspricht der Zuordnung zur Gerätekategorie 2 (EPL Gb/Db – Einsatz in Zone 1 bzw. 21) – für diese potenzielle Zündquelle können ein explosionssicherer Normalbetrieb und explosionssichere zu erwartende Störungen gewährleistet werden. Darüber hinaus sind weitere notwendige Einschränkungen für den explosionssicheren Betrieb, die sich aus der jeweiligen zu betrachtenden potenziellen Zündquelle ergeben, zu dokumentieren. Dies können Einschränkungen vielfältiger Art sein – maximale Umgebungstemperatur, Beschränkung der einsetzbaren Gase bzgl. der Temperaturklasse, maximale Temperatur der Prozessmedien oder Vorgabe von Reinigungs- oder Wartungszyklen. Tab. 6.7 zeigt einen Auszug aus dem Berichtsschema nach Vollendung des vierten Schritts für das Rührwerk A38.

**Tab. 6.7** Auszug des Berichtsschemas nach viertem Schritt – Beispiel Rührwerk A38

| Nr. | 1. Schritt | | 2. Schritt | | | | | 3. Schritt | | | 4. Schritt | | | | | |
|---|---|---|---|---|---|---|---|---|---|---|---|---|---|---|---|---|
| | Zündgefahrenanalyse | | Bewertung der Häufigkeit des Auftretens | | | | | Angewendete Maßnahmen zur Verhinderung des Wirksamwerdens | | | Häufigkeit des Auftretens einschl. aller Maßnahmen | | | | | |
| | a | b | a | b | c | d | e | a | b | c | a | b | c | d | e | f |
| | Potenzielle Zündquelle | Beschreibung/ Primäre Ursache | Bei Normalbetrieb | Bei zu erwartender Störung | Bei seltener Störung | Nicht zutreffend | Gründe für die Bewertung | Beschreibung der eingeleiteten Maßnahme | Verweis der Grundlage (*z. B. Norm, Technische Regel, Berechnung, Experiment*) | Technische Dokumentation (*Nachweis der Anpassung*) | Bei Normalbetrieb | Bei zu erwartender Störung | Bei seltener Störung | Nicht zutreffend | Resultierende Gerätekategorie/ EPL | Notwendige Einschränkungen |
| 1 | Heiße Oberfläche | Relativbewegung an Lagerung | | | x | | Erwärmung im Normalbetrieb < 80 % Temperaturklasse T3 | therm. Prüfung nach Abs. 8.2, Begrenzung max. Oberflächentemperatur | DIN EN ISO 80079-36, Abs. 8.2 | Berechnung Lager; Messprotokoll; Prüfberichtsnr. 2022-156 | | | x | | 2G/Gb | T3 |
| 2 | Mechanisch erzeugte Funken | Schleifen/ Kollison des Rührwerks am Behälter | | x | | | Fehlgebrauch bei fehlender oder falsch ausgerichteter Zentrierung möglich | festmontierte Zentriereinrichtung mit deflnierter Fügeposition und Endlagenschalter (Zündquellenüberwachung – Zündschutzsystem Typ: b1), Abstand Rührwerk – Behälter > $d_{RW}$ | DIN EN ISO 80079-36; DIN EN ISO 80079-37, Abs. 6.5 | Zeichungsnr.: BG-A38-5-23; Stückliste; Prüfberichtsnr. 2022-164; Techn. Dokumentation + EU-Konformitätserklärung; Überwachungssystem; Betriebsanleitung | | | x | | 2G/Gb | - |
| 3 | Elektrostatische Entladung | isolierte elektrisch leitfähige Teile | x | | | | bei Normalbetrieb und Reinigung gefährliche Aufladung möglich | konstruktiver Potentialausgleich zwischen Teilen; Erdung des Gehäuses; Installationsangaben | DIN EN ISO 80079-36; Nr. 6.7.2 | Zeichnungsnr.: BG-A38-3-2; Stückliste; Werkstoffdatenblätter; Betriebsanleitung | | | | x | 1G/Ga | - |

**Tab. 6.8** Auszug des Berichtsschemas nach fünftem Schritt – Beispiel Rührwerk A38

| Nr. | 1. Schritt | | 2. Schritt | | | | | 3. Schritt | | | 4. Schritt | | | | | |
|---|---|---|---|---|---|---|---|---|---|---|---|---|---|---|---|---|
| | Zündgefahrenanalyse | | Bewertung der Häufiagkeit des Auftretens | | | | | Angewendete Maßnahmen zur Verhinderung des Wirksamwerdens | | | Häufigkeit des Auftretens einschl. aller Maßnahmen | | | | | |
| | a | b | a | b | c | d | e | a | b | c | a | b | c | d | e | f |
| | Potenzielle Zündquelle | Beschreibung/ Primäre Ursache | Bei Normalbetrieb | Bei zu erwartender Störung | Bei seltener Störung | Nicht zutreffend | Gründe für die Bewertung | Beschreibung der eingeleiteten Maßnahme | Verweis der Grundlage (*z. B. Norm, Technische Regel, Berechnung, Experiment*) | Technische Doku-mentation (*Nachweis der Anpassung*) | Bei Normalbetrieb | Bei zu erwartender Störung | Bei seltener Störung | Nicht zutreffend | Resultierende Geräte-kategorie/ EPL | Notwendige Einschrän-kungen |
| 1 | Heiße Oberfläche | Relativ-bewegung an Lagerung | | | x | | Erwärmung im Normalbetrieb < 80 % Temperaturklasse T3 | therm. Prüfung nach Abs. 8.2, Begrenzung max. Oberflächen-temperatur | DIN EN ISO 80079-36, Abs. 8.2 | Berechnung Lager; Messprotokoll; Prüfberichtsnr. 2022-156 | | | x | | 2G/Gb | T3 |
| 2 | Mechanisch erzeugte Funken | Schleifen/ Kollison des Rührwerks am Behälter | | x | | | Fehlgebrauch bei fehlender oder falsch ausgerichteter Zentrierung möglich | festmontierte Zentrier-einrichtung mit definierter Fügeposition und Endlagenschalter (Zündquellenüber wachung – Zündschutz-system Typ: b1), Abstand Rührwerk – Behälter > $d_{gw}$ | DIN EN ISO 80079-36; DIN EN ISO 80079-37, Abs. 6.5 | Zeichungsnr.: BG-A38-5-23; Stückliste; Prüfberichtsnr. 2022-164; Techn. Dokumentation + EU-Konformitäts-erklärung; Überwachungs-system; Betriebsanleitung | | | x | | 2G/Gb | - |
| 3 | Elektrostatische Entladung | isolierte elektrisch leitfähige Teile | x | | | | bei Normalbetrieb und Reinigung gefährliche Aufladung möglich | konstruktiver Potentialausgleich zwischen Teilen; Erdung des Gehäuses; Installations-angaben | DIN EN ISO 80079-36; Nr. 6.7.2 | Zeichnungsnr.: BG-A38-3-2; Stückliste; Werkstoffdaten-blätter; Betriebsanleitung | | | | x | 1G/Ga | - |
| 5. Schritt: Resultierende Gerätekategorie/EPL einschließlich aller bestehenden Zündgefahren | | | | | | | | | | | | | | | 2G/Gb | T3 |

## 6.2.9 Schritt 5: Festlegung der finalen Gerätekategorie

Sind alle potenziellen Zündquellen zeilenweise bezüglich der finalen Zündgefahr bewertet, wird durch die ungünstigsten Einzelergebnisse und Einschränkungen das ganzheitliche Ergebnis für die gesamte Maschine, das Gerät oder die Komponente abgeleitet. Zur Veranschaulichung: Ist das Ergebnis der meisten Zündquellen die Gerätekategorie 1 oder 2 (EPL Ga/Da oder Gb/Db) und die finale Bewertung einer einzigen potenziellen Zündquelle weist die Gerätekategorie 3 (EPL Gc/Dc) auf, so gilt die Gerätekategorie 3 auch für das gesamte Gerät. Eine Zusammenfassung der Einschränkung ist ebenfalls zu empfehlen, jedoch bestimmen auch hier die ungünstigsten Bedingungen die Anforderungen des gesamten Produkts. Tab. 6.8 zeigt einen Auszug aus dem Berichtsschema nach Vollendung des fünften Schritts für das Rührwerk A38.

# 6.3 Hinweise zur Bewertung von einzelnen Zündquellenarten

Die Durchführung der Zündgefahrenbewertung ist eine sehr komplexe und spezifische Aufgabe. Sie erfordert Fachkenntnisse im Maschinenbau und Explosionsschutz, detailliertes Wissen über das zu bewertende Produkt sowie Erfahrung. Die Norm 80079-36 umfasst daher in einem zusätzlichen Abschnitt Hinweise zur Bewertung der einzelnen Zündquellenarten. Teilweise sind neben den qualitativen auch quantitative Hinweise in Form von standardisierten Grenzwerten zu entnehmen. Tab. 6.9 gibt einen zusammenfassenden Überblick über inhaltliche Hinweise der Norm ISO 80079-36.

**Tab. 6.9** Überblick der in der Norm ISO 80079-36 beinhalteten Hinweise zur Bewertung von einzelnen Zündquellenarten [6]

| Potenzielle Zündquelle | Hinweise durch ISO 80079-36 |
|---|---|
| Heiße Oberfläche | • Allgemeine Hinweise<br>• Umgebungstemperatur<br>• Hinweise zum Umgang mit der maximalen Oberflächentemperatur – *definierte Grenzwerte*<br>• Sonderfälle: kleine Oberflächen, eingeschlossene Volumen, externe heiße Oberflächen |
| Flammen und heiße Gase (einschließlich heißer Partikel) | • Allgemeine Hinweise |
| Mechanisch erzeugte Funken und heiße Oberflächen | • Allgemeine Hinweise<br>• Bewertung von durch einzelne Schläge erzeugte Funken – *definierte Grenzwerte*<br>• Bewertung von durch Reibung erzeugte Funken und heiße Oberflächen<br>• Äußere Geräteteile, die Leichtmetall enthalten |
| Elektrische Zündquellen, ausgenommen Streuströme | • Allgemeiner Hinweis |
| Elektrische Streuströme, kathodischer Korrosionsschutz | • Innere Quellen<br>• Äußere Quellen |
| Statische Elektrizität | • Allgemeine Hinweise<br>• Erdungsanschlüsse für leitende Teile<br>• Verhinderung des Auftretens von hochwirksamen Mechanismen zur Ladungserzeugung (die zu Gleitstielbüschelentladungen auf nichtleitenden Schichten und Beschichtungen führen)<br>• Geräte der Gruppe I – *definierte Grenzwerte*<br>• Geräte der Gruppe II – *definierte Grenzwerte*<br>• Geräte der Gruppe III |
| Adiabatische Kompression und Stoßwellen | • Allgemeine Hinweise |
| Exotherme Reaktionen, einschließlich Selbstentzündung von Stäuben | • Allgemeine Hinweise und Benennung von möglichen Schutzmaßnahmen |

## 6.4 Bewertungen von elektrischen und nicht-elektrischen Bauteilen

Die Zündgefahrenbewertung ist dem nicht-elektrischen Explosionsschutz zuzuordnen. In der Regel bestehen Maschinen aus elektrischen und nicht-elektrischen Komponenten. Zum einen sind diese einzelnen Komponenten an sich aus Sicht des Explosionsschutzes zu bewerten, und zum anderen müssen mögliche Gefährdungen durch die entstandenen Schnittstellen betrachtet werden. Hier ist es möglich, die Zündgefahrenbewertung und das oben benannte Verfahren zu nutzen. Pro explosionsgeschütztem elektrischen Gerät kann eine Zeile der Zündgefahrenbewertung genutzt werden. Aus der Kennzeichnung der explosionsgeschützten elektrischen Geräte ist die finale Gerätekategorie ableitbar und in die Spalten des vierten Schritts zu übertragen. Gesondert sind die durch die Schnittstellen mögliche entstehende potenzielle Zündquellen zu betrachten.

## 6.5 Vor- und Nachteile der Vorgehensweise

Die vorgestellte Vorgehensweise zur Zündgefahrenbewertung gemäß Anhang B der Norm ISO 80079-36 bedingt eine systematische und strukturierte Durchführung, welche die normativen Anforderungen erfüllt. Es ist möglich, alle Gefährdungspotenziale von potenziellen Zündquellen vollständig zu erfassen. Dazu zählen auch potenzielle Zündquellen, die aufgrund der ersten Zündgefahrenbewertung keine Maßnahme erfordern, bzw. potenzielle Zündquellen, die durch vernünftigerweise vorhersehbaren Fehlgebrauch verursacht werden können. Eine verständliche und transparente Dokumentation aller Aspekte wird durch das empfohlene Berichtsschema sichergestellt. Eingesetzte Maßnahmen sind nachvollziehbar und fundiert begründet. Dadurch stellt das Berichtsschema auch eine maßgebliche Unterstützung bei der Erstellung und Zusammenstellung der technischen Dokumentation, insbesondere der Betriebsanleitung dar.

Durch diese Vorgehensweise besteht die Möglichkeit für nachfolgende Sichtungen, beispielsweise durch neue Mitarbeiter oder einen Staatsanwalt (im Schadensfall), die Gedanken und Entscheidungen ganzheitlich in einer verständlichen Art und Weise zu präsentieren. Die Zündgefahrenbewertung bündelt das Wissen und die technischen Lösungen zum Explosionsschutz für ein Produkt. Sie spiegelt möglicherweise internes firmenspezifisches Know-how wider. Des Weiteren stellt eine bereits erstellte Zündgefahrenbewertung eine Basis für Neubewertungen bzw. Bewertungen bei Änderungen dar. Ebenso ist es möglich, Angebote für Kundenanfragen auf Basis vorhandener Zündgefahrenbewertungen schneller abzuschätzen. Die Zündgefahrenbewertung bietet als unternehmensinternes Werkzeug zahlreiche Potenziale.

Diesen Vorteilen stehen jedoch auch einige Nachteile gegenüber. Der Aufwand für die Durchführung einer Zündgefahrenbewertung kann sehr umfangreich sein. Die Zündgefahrenbewertung und das dazugehörige Berichtsschema sind während des gesamten Produktentwicklungsprozesses zu pflegen. Ebenso besteht die Gefahr, dass ein sehr unübersichtliches Dokument entsteht. Teilweise sind weitere Untergliederungen (z. B. nach Baugruppen) sinnvoll. Insbesondere für Ingenieure, die den Einstieg in die Thematik des nicht-elektrischen Explosionsschutzes wagen, stellt die Zündgefahrenbewertung eine extreme Herausforderung dar. Durch die firmenspezifischen Lösungen stehen der Allgemeinheit kaum Beispiele zur Verfügung. Ebenso existieren nur ausgewählte Hinweise für die Bewertung von Zündquellen und einzelnen Maschinenelementen. Hilfreich wären zusätzliche Leitfäden und die Definition weiterer auf den Explosionsschutz beeinflussender Parameter der einzelnen Maschinenelemente, inkl. dazugehöriger Grenzwerte. Dies bedingt jedoch umfangreiche Forschungstätigkeiten mit zahlreichen Versuchsreihen.

## Literatur


1. RICHTLINIE 2014/34/EU DES EUROPÄISCHEN PARLAMENTS UND DES RATES vom 26. Februar 2014 zur Harmonisierung der Rechtsvorschriften der Mitgliedstaaten für Geräte und Schutzsysteme zur bestimmungsgemäßen Verwendung in explosionsgefährdeten Bereichen (Neufassung). ATEX 2014/34/EU. In: *Amtsblatt der Europäischen Gemeinschaften,* 29. März 2014.
2. EUROPÄISCHE KOMMISSION. *Mitteilung der Kommission im Rahmen der Durchführung der Richtlinie 2014/34/EU des Europäischen Parlaments und des Rates zur Harmonisierung der Rechtsvorschriften der Mitgliedstaaten für Geräte und Schutzsysteme zur bestimmungsgemäßen Verwendung in explosionsgefährdeten Bereichen,* 2018. 12. Oktober 2018.
3. EUROPÄISCHES PARLAMENT UND RAT. *RICHTLINIE 2006/42/EG DES EUROPÄISCHEN PARLAMENTS UND DES RATES vom 17. Mai 2006 über Maschinen und zur Änderung der Richtlinie 95/16/EG (Neufassung). 2006/42/EG,* 17. Mai 2006.
4. DIN Deutsches Institut für Normung e. V., *DIN EN ISO 12100 Berichtigung 1:2013-08, Sicherheit von Maschinen – Allgemeine Gestaltungsleitsätze – Risikobeurteilung und Risikominderung (ISO 12100:2010); Deutsche Fassung EN ISO 12100:2010, Berichtigung zu DIN EN ISO 12100:2011-03.* Berlin: Beuth Verlag GmbH.
5. BEYER, MICHAEL. Systematische Zündgefahrenbewertung an explosionsgeschützten mechanischen Geräten. In: *Technische Überwachung,* 2004, S. 27–31.
6. DIN Deutsches Institut für Normung e. V. DIN EN ISO 80079-36, *Explosionsfähige Atmosphären – Teil 36: Nicht-elektrische Geräte für den Einsatz in explosionsfähigen Atmosphären – Grundlagen und Anforderungen (ISO 80079-36:2016); Deutsche Fassung EN ISO 80079-36:2016.* Berlin: Beuth Verlag GmbH.
7. BEYER, MICHAEL und GRÄTZ, RAINER. *ISO 80079-36 und -37 – Die neuen internationalen Normen für explosionsgeschützte mechanische Geräte:* Physikalisch-Technische Bundesanstalt (PTB), 2016.

# 7 Mögliche Maßnahmen zur Vermeidung wirksamer Zündquellen

Frank Engelmann und Sabrina Herbst

## Inhaltsverzeichnis



## 7.1 Vielfältigkeit der möglichen Maßnahmen

Die Entwicklung von Zündschutzkonzepten für nicht-elektrische Maschinen, Geräte, Baugruppen und Bauteile und die damit verbundene mögliche Definition von Maßnahmen zur Vermeidung wirksamer Zündquellen können durch unterschiedlichste Ansätze vielfältig gestaltet werden. Häufig ist das Ziel, eine einfache und kostengünstige explosionsschutzgerechte Maßnahme abzuleiten und umzusetzen. Dies kann jedoch mit einigen Herausforderungen verbunden sein, siehe Kap. 5. Unter anderem kann die umfangreiche Standardisierung des Explosionsschutzes bei der Lösungssuche zur alleinigen Fokussierung der Zündschutzarten führen. Möglicherweise stellen jedoch Prinzipien des allgemeinen Maschinenbaus die effektivste und kosteneffizienteste Alternative dar – z. B. der


F. Engelmann et al., *Nicht-elektrischer Explosionsschutz*,
https://doi.org/10.1007/978-3-662-67887-9_7

Einsatz von funkenarmen Materialpaarungen oder Lebensdauerberechung. Ebenfalls könnte aus technischer und wirtschaftlicher Betrachtung auch eine Maßnahme des tertiären Explosionsschutzes sinnvoll sein. Diese Beispiele zeigen, dass die Ableitung von Maßnahmen ein breites Lösungsspektrum bietet und dieses auch zu berücksichtigen gilt. Folglich ist das Ziel dieses Kapitels die Darstellung unterschiedlichster Vorgehensweisen zur Definition von Maßnahmen zur Vermeidung wirksamer Zündquellen.

## 7.2 Bedeutsame Zusammenhänge der Prinzipien des integrierten Explosionsschutzes

Gemäß ATEX-Richtlinie 2014/34/EU muss die Entwicklung von Geräten, die in explosionsgefährdeten Bereichen Einsatz finden sollen, unter der Berücksichtigung der Prinzipien des integrierten Explosionsschutzes erfolgen [1]. Die Prinzipien des integrierten Explosionsschutzes umfassen Maßnahmen des primären, des sekundären und des tertiären Explosionsschutzes. Ziel der Maßnahmen des primären Explosionsschutzes ist die Vermeidung der Bildung einer gefährlichen explosionsfähigen Atmosphäre. Ist dies nicht möglich, soll mit Maßnahmen des sekundären Explosionsschutzes die Entzündung der explosionsfähigen Atmosphäre verhindert werden. Kann auch dies nicht umgesetzt werden, so sind durch Maßnahmen des tertiären Explosionsschutzes die Auswirkungen der Explosion auf ein ungefährliches Maß zu beschränken. Kap. 4 stellt die einzelnen Prinzipien des integrierten Explosionsschutzes und die dazugehörigen Maßnahmen umfassend vor. Wesentliche Grundlage der anwendbaren Prinzipien des integrierten Explosionsschutzes bildet die Unterscheidung, ob das Gerät selbst eine explosionsfähige Atmosphäre erzeugt oder in einer bestehenden explosionsfähigen Atmosphäre Einsatz findet.

Erzeugt das Gerät selbst die explosionsfähige Atmosphäre, sind vom Hersteller alle Maßnahmen des integrierten Explosionsschutzes in ihrer Reihenfolge in Betracht zu ziehen. Maßnahmen des primären Explosionsschutzes können beispielsweise eine Inertisierung, die Nutzung von Gaswarngeräten oder auch organisatorische Maßnahmen wie die Minimierung der eingesetzten Menge des gefährlichen Stoffs sein. Ist dies nicht möglich, sind als Maßnahmen des sekundären Explosionsschutzes die Zündschutzarten für elektrische und nicht-elektrische Geräte anzuwenden. Können auch diese die Entstehung einer Explosion nicht verhindern, sind beispielsweise explosionsfeste Bauweisen, Explosionsdruckentlastungen oder explosionstechnische Entkopplungen als Maßnahmen des tertiären Explosionsschutzes zu integrieren.

Wird das Gerät in eine bestehende explosionsfähige Atmosphäre eingesetzt, so sind nur die Maßnahmen des sekundären und tertiären Explosionsschutzes anwendbar. Die Parameter der Umgebungsbedingungen liegen häufig nicht in der Verantwortung des Geräteherstellers. Trotzdem ist das Hinterfragen der Umgebungsbedingungen sinnvoll und notwendig, um ggf. ein Überdenken des primären Explosionsschutzes anzuregen.

Durch diese Zusammenhänge ergeben sich insbesondere im nicht-elektrischen Explosionsschutz vielfältige Möglichkeiten zur Definition von Maßnahmen, die im Rahmen dieses Kapitels dargestellt werden. Eine besondere Herausforderung besteht jedoch in der Dokumentation. Die ATEX-Leitlinien zur ATEX-Richtlinie 2014/34/EU fordern die Durchführung einer Risikobewertung zur Anforderungserfüllung der EU-Richtlinie [2]. Wie Kap. 6 zeigt, ist die Zündgefahrenbewertung ein essenzieller Grundstein des nicht-elektrischen Explosionsschutzes. Ziel dieser Methode sind die Analyse und Bewertung von Zündquellen, sodass diese folglich dem sekundären sowie tertiären Explosionsschutz zugeordnet werden kann. Fällt das Gerät auch unter die Maschinenrichtlinie 2006/42/EG, ist im Rahmen des Konformitätsbewertungsverfahrens eine Risikobeurteilung durchzuführen [3]. Diese umfasst häufig auch die Berücksichtigung der Maßnahmen des primären Explosionsschutzes, da eine Anforderung der Maschinenrichtlinie die Vermeidung jegliches Explosionsrisikos ist. Generell ist zu gewährleisten, dass die Entscheidungen bei der Entwicklung des Konzepts für den Explosionsschutz transparent und nachvollziehbar sind.

## 7.3 Herausforderungen bei der Entwicklung eines explosionsschutzgerechten Produkts

Die gesetzlichen und normativen Forderungen des Explosionsschutzes können einen eingeschränkten Blick bei der Entwicklung von Produkten bedingen. Hervorzuheben ist aber, dass der Explosionsschutz ein Teilgebiet der Sicherheitstechnik ist. Der vorherrschende Rechtsrahmen fordert Produkte, die sicher im Sinne des Stands der Technik sind. Dies bedeutet, dass Bauteile, Baugruppen, Geräte, Maschinen und ganze Anlagen entsprechend des Stands der Technik und unter Beachtung der Einsatzbedingungen für einen sicheren Gebrauch konstruiert werden. Dafür stehen den Konstrukteuren unterschiedlichste bewährte technische Prinzipien und Hilfsmittel bei der gesamten Produktentwicklung (siehe z. B. Pahl/Beitz [4]) zur Verfügung. Im Allgemeinen werden diese bereits im Studium vermittelt. Im Rahmen des Explosionsschutzes ist der bereits bestehende Stand der Sicherheit zu erweitern. Diese grundlegenden Anforderungen werden durch die Anforderungen des Explosionsschutzes ergänzt. Durch konstruktive oder auch organisatorische Maßnahmen ist der geforderte höhere Stand der Sicherheit im Rahmen des Explosionsschutzes zu erreichen. Im Allgemeinen ist zu berücksichtigen, dass durch die gewählten Maßnahmen keine neuen Gefahren entstehen dürfen.

## 7.4 Anforderungen bei der Definition von Maßnahmen

Bei der Definition von Maßnahmen im Bereich des nicht-elektrischen Explosionsschutzes ist der vorherrschende Rechtsrahmen zu berücksichtigen. Ergänzt wird dieser durch harmonisierte Normen. Allgemeine grundlegende Anforderungen stellt die Basisnorm des Explosionsschutzes IEC 60079-0 [5] für alle elektrischen und nicht-elektrischen Geräte auf. Für den nicht-elektrischen Explosionsschutz gilt zusätzlich die ergänzende Basisnorm des nicht-elektrischen Explosionsschutzes, ISO 80079-36 [6]. Für

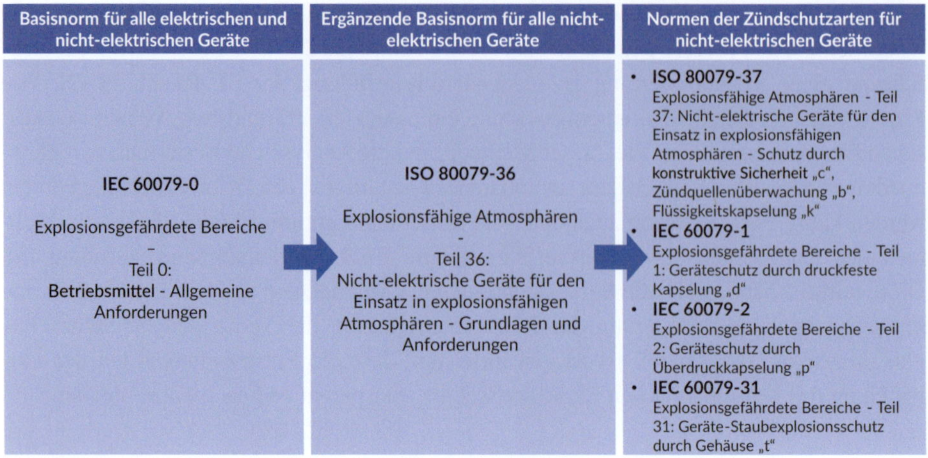


**Abb. 7.1** Struktur der Normen im nicht-elektrischen Explosionsschutz

die Zündschutzarten des nicht-elektrischen Explosionsschutzes sind die entsprechenden spezifischen Normen zu berücksichtigen, siehe Abb. 7.1.

Die Basisnorm IEC 60079-0 des Explosionsschutzes für alle elektrischen und nicht-elektrischen Geräte umfasst allgemeine Definitionen, beispielsweise die Einteilung der Geräte, und die allgemeinen Anforderungen, die für alle Geräte gelten. Die spezifische Basisnorm ISO 80079-36 für alle nicht-elektrischen Geräte stellt die Methode der Zündgefahrenbewertung dar und gibt u. a. Informationen sowie Hinweise zur Bewertung von unterschiedlichen Zündquellen. Darüber hinaus werden die Anforderungen an die Verifizierung, Prüfung, Dokumentation, Anleitung und Kennzeichnung für nicht-elektrische Geräte definiert. Diese zwei Basisnormen können bei der Generierung von Maßnahmen als Hilfsmittel für den Konstrukteur Berücksichtigung finden. Maßnahmen können technische Lösungen auf Basis der Zündschutzarten sein. Deren Anforderungen werden in den spezifischen Normen der einzelnen Zündschutzarten standardisiert. Diese stellen jedoch nur ein ausgewähltes Spektrum der Möglichkeiten dar. Ebenso sind präventive Maßnahmen möglich, wie beispielsweise:

- Die Anwendung bewährter technischer Prinzipien, z. B. Grund- und Gestaltungsregeln
- Auswahl von Gerätearten ohne gerätebezogene Zündquellen
- Bei Zündquellenart: statische Elektrizität – u. a. Begrenzung des Oberflächenwiderstands, Reduzierung der Prozessgeschwindigkeit
- Bei Zündquellenart: mechanisch erzeugte Funken – u. a. Auswahl geeigneter Materialpaarungen
- Organisatorische Maßnahmen – u. a. im Rahmen der Instandhaltung

Hierbei können insbesondere auch die Basisnormen Hinweise für mögliche präventive Maßnahmen geben. Jedoch ist darauf zu achten, dass die ausgewählten Maßnahmen keine neuen Zündgefahren verursachen.

## 7.5 Präventive Maßnahmen für ausgewählte Zündquellen

### 7.5.1 Heiße Oberflächen

Eine sehr häufig auftretende Zündquellenart bei nicht-elektrischen Geräten ist die heiße Oberfläche. Heiße Oberflächen können eine vorhandene explosionsfähige Atmosphäre entzünden. Die detaillierte und umfangreiche Definition dieser Zündquelle ist Kap. 4 zu entnehmen. Die Ursachen heißer Oberflächen sind vielfältig, beispielsweise:

- Sich in Relativbewegung befindliche Bauteile (z. B. Lager, Dichtungen, Riemen, Wellendurchführungen)
- Bauteile zur gezielten Wandlung und Übertragung mechanischer Energie (z. B. Bremsen, Reibungskupplungen)
- Prozessvorgänge (z. B. Schleifen, Bohren)
- Erwärmung im Fehlerfall (z. B. Lagerschäden, Überlast, Eindringen von Fremdkörpern, Trockenlauf)
- Falsche Auswahl der Passung bei der Gestaltung der Bauteile
- Erwärmung durch Prozessmedien oder chemische Reaktionen
- Heizelemente
- Wärmeeinfluss bei Gerätekombination

Die Entzündung einer explosionsfähigen Atmosphäre erfolgt durch das Erreichen der Zündtemperatur des Gases, der Staubwolke bzw. der Staubschicht. Mithilfe dieser sicherheitstechnischen Kenngrößen kann die Gefahr einer heißen Oberfläche charakterisiert werden. Die detaillierte Definition dieser sicherheitstechnischen Kenngrößen ist dem Kap. 4 zu entnehmen.

Eine präventive Maßnahme mit einer hohen Sicherheit zur Vermeidung der Zündquellenart heiße Oberfläche ist die Begrenzung der maximal zulässigen Oberflächentemperatur, die an einem Gerät entstehen darf. Die maximale Oberflächentemperatur ist die höchste Temperatur eines Geräts, welche unter den ungünstigsten Betriebsbedingungen (jedoch innerhalb zulässiger Abweichungen) von irgendeiner Oberfläche des Geräts, eines Schutzsystems oder einer Komponente erreicht werden kann. Diese maximal zulässige Oberflächentemperatur eines Bauteils, einer Baugruppe, eines Geräts, einer Maschine oder einer Anlage muss unterhalb der Zündtemperaturen der zu erwartenden explosionsfähigen Atmosphäre liegen. Jedoch wird die maximal zulässige Oberflächentemperatur von zahlreichen Parametern beeinflusst, siehe Abb. 7.2. Neben der Eigenerwärmung sind des Weiteren die maximale Umgebungstemperatur am Einsatzort, die Erwärmung durch spezifische Betriebsbedingungen, die Erwärmung durch einen Fehlerfall und die Erwärmung durch Gerätekombinationen zu beachten. Gemäß den Vorgaben der Norm ISO 80079-36 ist darüber hinaus ein Sicherheitszuschlag in Abhängigkeit von der Gerätekategorie bzw. des EPL zu integrieren. Insgesamt muss die maximale Oberflächentemperatur des Geräts niedriger als die zu berücksichtigende Zündtemperatur des vorhandenen Mediums sein. Die detaillierten Vorgaben dazu sind der Norm ISO 80079-36 zu entnehmen.

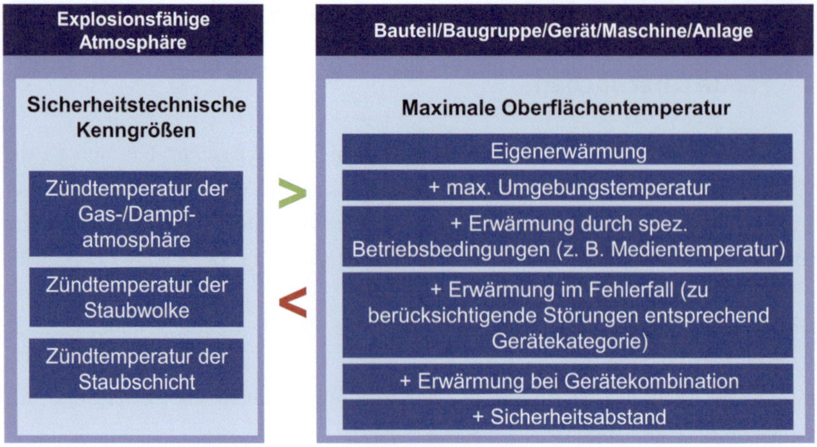


**Abb. 7.2** Zusammenhang der sicherheitstechnischen Kenngrößen und der maximalen Oberflächentemperatur

Geräte mit der Gerätekategorie 3 bzw. dem Schutzniveau EPL Gc und Dc werden hinsichtlich ihrer maximalen Oberflächentemperatur in ihrem Normalbetrieb betrachtet. Bei Geräten mit der Gerätekategorie 2 bzw. dem EPL Gb und Db gilt es, die zu erwartenden Störungen zu berücksichtigen. Geräten mit der Gerätekategorie 1 bzw. dem EPL Ga und Da müssen sowohl die zu erwartenden Störungen als auch die seltenen Störungen in die Ermittlung der maximalen Oberflächentemperatur mit einbeziehen.

Werte für maximal zulässige Oberflächentemperaturen (unter Berücksichtigung aller Parameter und des Sicherheitszuschlags) können anhand der sicherheitstechnischen Kennwerte abgeleitet werden. Bei explosionsfähigen Gasatmosphären, Gerätegruppe II, kann die maximal zulässige Oberflächentemperatur gemäß der Norm ISO 80079-36 [6] auf Basis der Temperaturklassen klassifiziert werden, siehe Tab. 7.1.

Anhand der maximal zu erwartenden Oberflächentemperatur lässt sich jedes Gerät der Gruppe II unter Berücksichtigung des Sicherheitszuschlags für die Zündtemperatur der explosionsfähigen Atmosphäre einer Temperaturklasse zuordnen (Tab. 7.1). Das Gerät wird hinsichtlich der zu erwartenden maximalen Oberflächentemperatur, inklusive des Sicherheitszuschlags mit einer bestimmten Temperatur, einer Temperaturklasse oder für den Einsatz in einer entsprechenden explosionsfähigen Atmosphäre gekennzeichnet. Hängt die maximal zulässige Oberflächentemperatur von spezifischen Einsatzparametern ab, sind die erforderlichen Informationen der Betriebsanleitung zu entnehmen. Das Gerät ist in solchen Fällen gesondert zu kennzeichnen. Detaillierte Informationen dazu sind der Norm ISO 80079-36 zu entnehmen. Ebenso gibt die Norm Hinweise zum Umgang mit Sonderfällen wie kleine Oberflächen oder eingeschlossenen Volumen.

Bei explosionsfähigen Staubatmosphären kann die Ermittlung der maximalen zulässigen Oberflächentemperatur experimentell entsprechend den Vorgaben der Norm

**Tab. 7.1** Maximale Oberflächentemperatur in Abhängigkeit von der Temperaturklasse gemäß ISO 80079-36 [6]

| Temperatur-klasse | Zündtemperaturen des Gases | max. Oberflächen-Temperatur des Gerätes |
|---|---|---|
| T1 | >450 °C | 450 °C |
| T2 | >300 °C bis ≤450 °C | 300 °C |
| T3 | >200 °C bis ≤300 °C | 200 °C |
| T4 | >135 °C bis ≤200 °C | 135 °C |
| T5 | >100 °C bis ≤135 °C | 100 °C |
| T6 | >85 °C bis ≤100 °C | 85 °C |

**Tab. 7.2** Mathematisch ermittelte maximale Oberflächentemperatur in Abhängigkeit von sicherheitstechnischen Kenngrößen nach TRGS 723 [7]

| Kenndaten | Maximal zulässige Oberflächentemperatur des Gerätes in °C | Maximale Oberflächentemperatur des Geräts in °C |
|---|---|---|
| Zündtemperatur der Staubwolke $T_{Zünd}$ | $2/3 \times T_{Zünd}$ | $\leq T_{zul.}$ |
| Zündtemperatur der Staubschicht $T_{Glimm}$ | $T_{glimm/5mm} - 75K$ (maximale Schichtdicke 5 mm) oder Messung | |

ISO 80079-36 oder mathematisch in direkter Abhängigkeit von den sicherheitstechnischen Kenngrößen gemäß den Vorgaben der TRGS 723 [7], siehe Tab. 7.2, erfolgen. Die nach Norm ISO 80079-36 durchgeführten Versuche sind in Form eines technischen Berichts durch den Hersteller in der technischen Dokumentation zu hinterlegen. Die Geräte der Gruppe III werden mit der tatsächlichen maximalen zulässigen Oberflächentemperatur gekennzeichnet. Wie auch bei den Vorgaben der Gerätegruppe II sind Oberflächentemperaturen beeinflussende Parameter und sicherheitsrelevante Angaben gesondert in der Betriebsanleitung zu vermerken. Ebenso ist das Gerät gesondert zu kennzeichnen.

Zur Vermeidung des Auftretens bzw. des Wirksamwerdens einer heißen Oberfläche und der damit verbundenen Zündgefahr können unterschiedliche präventive konstruktive und organisatorische Maßnahmen getroffen werden. Im Folgenden ist eine Auswahl an wirksamen Maßnahmen aufgelistet:

- Begrenzung der Drehzahlen sich in Relativbewegung befindlicher Teile (z. B. Lager, Dichtungen, Riemen, Wellendurchführungen)
- Begrenzen der maximal möglichen Temperaturen von Heizmedien wie Dampf oder Wärmeträgeröl
- Wärmedämmung heißer Oberflächen wie z. B. an Heizelementen oder Pumpengehäuse
- Aktive Kühlung verschiedener Prozessvorgänge, z. B. Schleifen oder Bohren mithilfe von Kühlmitteln, Einsatz von Kühlkörpern
- Passive Kühlung durch eine kühlgerechte Gestaltung der Geometrie

- Kühlung von Bauteilen zur gezielten Wandlung mechanischer Energie wie z. B. Bremsen oder Reibungskupplungen
- Direkte Temperaturüberwachung:
  - Temperaturüberwachung an potenziell gefährdeten Elementen wie z. B. Lager, Dichtungen, Riemen, Wellendurchführungen
- Indirekte Temperaturüberwachung:
  - Überwachung potenzieller Fehlerquellen, welche zur Erwärmung im Fehlerfall führen können, z. B.:
    - Lagerschäden durch Schwingungsmessung
    - Trockenlauf durch Schmiermittelmessung

### 7.5.2 Mechanisch erzeugte Funken

Eine weitere typische Art der potenziellen Zündquellen bei nicht-elektrischen Geräten sind mechanisch erzeugte Funken. Mechanisch erzeugte Funken treten infolge des Abtrennens von Partikeln aus Feststoffen durch Reib-, Schlag- und Abtragvorgänge auf. Detaillierte Informationen zur Definition von mechanisch erzeugten Funken ist Kap. 4 zu entnehmen. Die Ursachen für das Auftreten mechanischer Funken können sehr vielfältig sein, z. B.:

- Schlagende oder schleifende Berührung von bewegten Bauteilen
- Eindringen von Fremdkörpern in bewegte Bauteile
- Kollision durch/mit externen Bauteilen
- Materialermüdung infolge von Nichteinhaltung der Wartungsintervalle
- Falsche Auswahl der Passung bei der Gestaltung der Bauteile
- Berührung von bewegten Bauteilen unter Schmiermittel- oder Kühlmittelverlust
- Bauteilschäden oder Bauteilbruch durch Werkstofffehler, Überlast, Fehlbedienung oder Korrosion (beachte auch Thermitreaktionen)

Die Norm ISO 80079-36 gibt hier umfangreiche Hinweise für die Bewertung von mechanisch erzeugten Funken und die Ableitung von präventiven Maßnahmen [6]. Unter anderem enthält die Norm Grenzwerte für Parameter zur Einschätzung der mechanisch erzeugten Funken als potenzielle Zündquelle. Tab. 7.3 zeigt die Grenzwerte für die Bewertung von durch einzelne Schläge erzeugten Funken als potenzielle Zündquellen gemäß den Vorgaben der Norm ISO 80079-36. Hierbei wird zwischen zwei grundsätzlichen Annahmen (Fall A und Fall B) unterschieden. Sind die Bedingungen der Fälle erfüllt, müssen diese Zusammenstöße zwischen metallischen Bauteilen im Rahmen der Zündgefahrenbewertung nicht betrachtet werden. Sie werden nicht als potenzielle Zündquelle eingestuft. Diese Annahme entspricht dem Stand der Technik. Die Grenzwerte gelten jedoch nicht für mechanisch erzeugte Funken, die von Schleif- oder Reibungsprozessen stammen bzw. im Bergbau entstehen. Im Rahmen von Forschungsprojekten wurden Sonderfälle nach-

**Tab. 7.3** Grenzwerte zur Bewertung von durch einzelne Schläge erzeugten Funken als potenzielle Zündquellen gemäß Norm ISO 80079-36 [6]

| Parameter | Einzelne Schläge erzeugte Funken sind keine potenzielle Zündquellen unter folgenden Bedingungen: | |
|---|---|---|
| | Fall A | Fall B |
| Aufprallgeschwindigkeit | < 1 m/s | < 15 m/s |
| Maximale Schlagenergie | < 500 J | Explosionsfähiger Gastatmosphäre: < 60 J<br>Explosionsfähiger Staubatmosphäre: < 125 J |
| Werkstoffe | Vermeidung spezifischer Werkstoffkombinationen, siehe ISO 80079-36 | Nutzung von Kombinationen funkenarmer Metalle, siehe ISO 80079-36 |

**Tab. 7.4** Grenzwerte der Energie von einzelnen Schlägen zur Einschätzung der Gefahr einer wirksamen Zündquelle für die Gerätekategorie 2G bzw. EPL Gb gemäß Norm 80079-36 [6]

| Gas-gruppe | Grenzwerte der Energie von einzelnen Schlägen für | |
|---|---|---|
| | Funkenarme Metalle | Sonstige Werkstoffe (ausgenommen derer in ISO 80079-36 Abs. 6.4.2.1 a) |
| IIC | 125 J | 10 J |
| IIB | 250 J | 20 J |
| IIA | 500 J | 40 J |
| Diese Kriterien gelten nicht für Atmosphären mit Brenngasen wie Schwefelkohlenstoff, Kohlenmonoxid oderEthylenoxid. | | |

gewiesen, die eine Erzeugung von zündfähigen mechanisch erzeugten Funken bei Relativbewegungen von 1 m/s bzw. auch unter 1 m/s nachweisen konnten [8]. Dies entspricht dem Stand der Forschung.

Die Bewertung von einzelnen Schlagfunken als wirksam werdende Zündquelle erfolgt in Abhängigkeit von der Gerätekategorie bzw. EPL und der Gasgruppe anhand der frei werdenden Energie des Funkens. Tab. 7.4 zeigt die Grenzwerte der Energie von einzelnen Schlägen für funkenarme Metalle und sonstige Werkstoffe als Beispiel der Gerätekategorie 2G/ EPL Gb.

Bei der Bewertung von durch Reibung erzeugte Funken findet häufig auch der Grenzwert der Kontaktgeschwindigkeit von 1 m/s Anwendung. Hier existieren jedoch einige Ausnahmen, die zu prüfen sind. Beispielsweise können explosionsfähige Gasatmosphären mit einer sehr geringen Mindestzündenergie (z. B. Wasserstoff) entzündet werden. Auch abgelagerte Stäube auf minimalen Oberflächen bzw. Räumen (z. B. in Dichtungen oder Lagern) sind genau zu betrachten.

Um das Risiko des Auftretens eines mechanisch erzeugten Funkens als Zündquelle zu reduzieren, sollte prinzipiell die Werkstoffauswahl unter der Berücksichtigung der Hinweise der Norm 80079-36 erfolgen. Durch die korrekte Auswahl kann eine Gefährdung durch diese Zündquelle frühzeitig vermieden werden. Darüber hinaus lassen sich die folgenden Maßnahmen zur Reduktion der Gefahr des Wirksamwerdens der Zündquelle mechanischer Funken einsetzen:

- Verwendung von Kühlmitteln an Orten einer zu erwartenden Funkenbildung wie z. B. an Schleifstellen
- Reduktion der Geschwindigkeit unter 1 m/s bei Bauteilen in Relativbewegung

### 7.5.3 Statische Elektrizität

Die Zündquellenart statische Elektrizität kann bei nicht-elektrischen Geräten eine große Herausforderung darstellen, durch die plötzliche Entladung einer lokalen Ansammlung von Ladungen auf einem Ladungsträger. Weiterführende Informationen zur Definition sind Kap. 4 zu entnehmen. Die Ursachen der statischen Aufladungen bestimmter Flächen oder Komponenten einzelner Geräte, Maschinen und Anlagen sind vielfältig. Mögliche Gründe können u. a. sein:

- Reibungsvorgänge von bewegten Bauteilen, z. B. Riemen oder Dichtungen,
- Reibungsvorgänge von Prozessmedien, z. B. Durchströmung von Leitungen und Rohren, Schütten und Fördern von Prozessstoffen,
- Handhabung und Verarbeitung von Gegenständen geringer Dicke,
- Reibung bei Materialienbereitstellung oder Arbeitsvorbereitung (z. B. Entpacken Folienverpackungen, Abziehen von Schutzfolien),
- Reinigungs-, Wartungs- und Instandhaltungsarbeiten sowie
- Entladungsvorgänge von Personen.

In der Elektrostatik werden die Entladungen in mannigfache Arten unterschieden:

| | |
|---|---|
| • Funkenentladung<br>• Koronaentladung<br>• Büschelentladung | • Gleitstielbüschelentladung<br>• Gewitterblitzähnliche Entladung<br>• Schüttkegelentladung |

Im Bereich von explosionsfähigen Atmosphären können insbesondere Funk-, Gleitstielbüschel-, Schüttkegel- und unter Umständen auch Korona- und Büschelentladungen zur wirksamen Zündquelle werden. Die Norm 80079-36 [6] und die Technische Regel TRGS 727 [9] enthalten umfangreiche und teilweise sehr detaillierte Hinweise zur Definition von präventiven Maßnahmen. Im Folgenden werden die bedeutsamen Entladungsarten in Anlehnung an diese Regelwerke zusammenfassend dargestellt.

**Funkenentladung**
Die Funkenentladung umfasst die Entladung von aufgeladenen, isolierten, leitfähigen Bauteilen und ist zündwirksam sowohl für explosionsfähige Gas- als auch für Staubatmosphären. Funkenentladungen sind die häufigste Ursache für Entzündungen ex-

plosionsfähiger Atmosphären durch die Entladung statischer Elektrizität. Die Gefahr einer Funkenentladung lässt sich anhand der Gegenüberstellung der elektrischen Kapazität eines Körpers und der Mindestzündenergie einer explosionsfähigen Substanz transparent darstellen. Tab. 7.5 zeigt die elektrische Kapazität ausgewählter aufgeladener Körper.

Dem gegenüber können der Tab. 7.6 die Mindestzündenergien ausgewählter Substanzen nach TRGS 727 entnommen werden.

Ein Eimer aus Metall stellt in vielen Betrieben ein häufig eingesetztes Betriebsmittel zum offenen Transport von Flüssigkeiten oder Pulvern dar. Ein metallischer Eimer kann eine Ladungsenergie von rund 0,5 mJ besitzen – beispielsweise durch Relativbewegungen während der Handhabung. Wird der Eimer dann abgestellt, ist das Auftreten einer Funkenentladung möglich. Im Bereich einer explosionsfähigen Atmosphäre kann dies schwerwiegende Folgen nach sich ziehen. Durch die Entladung der Ladungsenergie des Eimers in Höhe von 0,5 mJ werden die meisten Mindestzündenergien der dargestellten Substanzen, siehe Tab. 7.6, überschritten. Beispielsweise besitzt Ethanol mit 0,28 mJ eine Zündenergie, die durch den Entladungsvorgang überschritten wird.

**Tab. 7.5** Kapazitäten ausgewählter Körper mit beispielhafter Aufladung nach TRGS 727 [9]

| Aufgeladener Körper | Kapazität [pF] | Potenzial [kV] | Energie [mJ] |
|---|---|---|---|
| Flansch | 10 | 10 | 0,5 |
| Kleine Metallgegenstände wie z. B. Schaufel, Düsen | 10–20 | 10 | 0,5–1 |
| Eimer | 10 | 10 | 0,5 |
| Kleinbehälter bis 50 l | 50–100 | 8 | 2–3 |
| Metallbehälter von 200 l bis 500 l | 50–300 | 20 | 10–60 |
| Person | 100–200 | 12 | 7–15 |
| Große Anlagenteile, von einer geerdeten Struktur unmittelbar umgeben | 100–1000 | 15 | 11–120 |

**Tab. 7.6** Mindestzündenergien ausgewählter Substanzen nach TRGS 727 [9]

| Substanz | MZE [mJ] | Zündwilligstes Gemisch [Vol.-%] | Gasgruppe nach IEC 60079-0 |
|---|---|---|---|
| Ammoniak | 14 | 20 | IIA |
| Aceton | 0,55 | 6,5 | IIA |
| Essigsäureethylester | 0,46 | 5,2 | IIA |
| Acetaldehyd | 0,38 | – | IIA |
| Ethanol | 0,28 | 6,4 | IIB |
| Benzol | 0,20 | 4,7 | IIA |
| Methanol | 0,20 | 14,7 | IIA |
| Diethylether | 0,19 | 5,1 | IIB |
| Ethen | 0,082 | 8,0 | IIB |
| Acetelyn | 0,019 | 7,7 | IIC |
| Wasserstoff | 0,016 | 22 | IIC |
| Schwefelkohlenstoff | 0,009 | 7,8 | IIC |

Als präventive Maßnahme gegen die Funkenentladung gilt die Erdung aller leitfähigen Bauteile und die Vermeidung der Aufladung auch von Personen durch entsprechende Maßnahmen, wie beispielsweise die Vorschrift zum Tragen von ableitfähiger Kleidung und Schuhwerk, sowie ableitfähige Fußböden. Im Fall des metallischen Eimers ist der Einsatz von Erdungsklammern zu empfehlen. Detaillierte Hinweise können der Norm ISO 80079-36 [6] und insbesondere der Technischen Regel 727 [9] entnommen werden.

**Gleitstielbüschelentladung**

An dünnen isolierenden Schichten können durch die Ausbildung einer Doppelschicht elektrischer Ladungen Gleitstielbüschelentladungen auftreten. Gemäß TRGS 727 sind Voraussetzungen für das Auftreten dieser Ladungsart neben den dünnen isolierenden Schichten oder Schichten, eine hohe Durchschlagsspannung eines Materials, starke ladungserzeugende Prozesse und geringes Absprühen von Ladungen [9]. Gleitstielbüschelentladungen besitzen Energien in Höhe von 1 J oder mehr und sind daher stark zündwirksam sowohl für explosionsfähige Gas- als auch Staubatmosphären. Zu möglichen präventiven Maßnahmen zählen die Beschränkung der Durchschlagsspannung auf maximal 4 kV, die Vermeidung stark ladungserzeugender Prozesse, die Definition einer Mindestschichtdicke und einer maximalen Oberflächenladungsdichte. Weiterführende Informationen können sowohl der Norm ISO 80079-36 [6] als auch der Technischen Regel TRGS 727 [9] entnommen werden.

**Büschelentladung**

Die Entladung von aufgeladenen nicht leitfähigen Oberflächen kann in Form einer Büschelentladung erfolgen. Häufig ist dies zu beobachten, wenn sich geerdete Leiter auf aufgeladene isolierende Objekte zubewegen. Insbesondere bei der Handhabung von großen Mengen an Schüttgut treten Büschelentladungen auf. Die Büschelentladung kann sichtbar und hörbar sein. Im Vergleich zu Funkenentladungen besitzen Büschelentladungen eine geringere Energiedichte. Trotzdem kann eine Vielzahl von explosionsfähigen Gasatmosphären durch diese Entladungsart entzündet werden. Für brennbare Stäube stellt diese Entladungsart kaum eine Gefahr dar. Die sicherheitstechnische Kenngröße zur Beurteilung der Gefährdung dieser Entladungsart ist gemäß TRGS 727 die Mindestzündladung (MZQ), siehe Kap. 4.

Präventive Maßnahmen sind nach der Norm ISO 80079-36 die allgemeine konstruktive Gestaltung gegen die Entstehung von elektrostatischen Ladungen und die Begrenzung der projizierten Fläche für die Gerätegruppe II im Bereich der Geräte, die in explosionsfähigen Gasatmosphären Einsatz finden sollen. Beispielsweise ist für die Gerätekategorie II bzw. EPL Gb im Bereich der Gasgruppe IIB eine projizierte Fläche von maximal 10.000 $mm^2$ zulässig. Ist die frei liegende ebene Kunststoffoberfläche von einem leitfähigen geerdeten Rahmen umfasst, kann der Wert mit dem Faktor 4 multipliziert werden. Detaillierte Informationen sind der Norm ISO 80079-36 zu entnehmen.

**Koronaentladung**

Diese Entladungsart kann an der Oberfläche von leitfähigen Objekten entstehen, die einen Bereich mit einem geringen Krümmungsradius aufweisen, unter der Voraussetzung, dass lokal Feldstärken von über 3 MV/m erreicht werden. Diese Bedingungen führen zu einem begrenzten Bereich des Auftretens. Trotzdem kann das Auftreten dieser Entladungsart insbesondere in der Handhabung von großen Schüttgutmengen mit mittlerem oder hohem spezifischen Widerstand kaum vermieden werden. Die Energiedichte ist ebenfalls geringer als bei Funkenentladungen. In den meisten Fällen besteht keine Gefahr der Entzündung.

**Schüttkegelentladung**

Schüttkegelentladungen können bei den Befüllprozessen von isolierendem Schüttgut auftreten. Das Schüttgut wird beispielsweise durch den Transport hoch aufgeladen und verursacht in einem Silo oder großen Behälter starke elektrische Felder im oberen Bereich der Schüttung. Die Folge sind Schüttkegelentladungen, wenn die Feldstärke an der Innenwand des Silos bzw. Behälters 3 MV/m übersteigt. Schüttkegelentladungen sind zündwirksam sowohl für explosionsfähige Gas- als auch für Staubatmosphären. Präventive Maßnahmen sind die Reduzierung der Transport-/Füllgeschwindigkeit und die Begrenzung des lichten Silodurchmessers. Weiterführende Informationen und Hinweise zur Berechnung der Energie sind der Technischen Regel TRGS 727 [9] zu entnehmen.

Generell sind zur Vermeidung statischer Elektrizität als Zündquelle die Vorgaben zur Erdung und Schaffung eines Potenzialausgleichs von Personen, Gegenständen oder Einrichtungen aus leitfähigem oder ableitfähigem Material, aber auch von Komponenten, welche mit Flüssigkeiten oder Schüttgütern in Kontakt kommen, zu berücksichtigen. Ein bedeutsamer Faktor kann dabei die Auswahl eines geeigneten Werkstoffs sein. Auch dazu geben die Norm ISO 80079-36 [6] und die Technische Regel TRGS 727 [9] umfangreiche Informationen. Im ersten Schritt ist immer zu prüfen, ob leitfähige Werkstoffe eingesetzt werden können. So sind viele Materialien, die in der Vergangenheit als isolierend galten (z. B. Gummi oder Kunststoffe), inzwischen in ableitfähigen Varianten erhältlich. Tab. 7.7 zeigt eine Auswahl leitfähiger Polymere, die in der Industrie eingesetzt werden.

**Tab. 7.7** Leitfähige Polymere

| Leitfähiges Polymer | Kurzzeichen | Monomer | Leitfähigkeit [S/m] | Anmerkungen |
|---|---|---|---|---|
| Polythiophen<br>weitere Derivate:<br>- 3-Hexylthiophen<br>- 3-Octylthiopen<br>- 3-Decylthiophen | PT | Thiophen ($C_4H_4S$) | bis $10^4$ | - hohe Stabilität gegenüber Sauerstoff und Feuchtigkeit<br>- Verwendung als Elektrodenmaterial, Leiter, Halbleiter und Lichtemitter in organischen Leuchtdioden |
| Poly-(3-hexylthiophen-2,5-diyl) | P3HT | Thiophen ($C_4H_4S$) | bis $10^5$ | - organischer p-Halbleiter<br>- Verwendung in fotoaktiven Schichten und der Solarzellentechnologie |

(Fortsetzung)

**Tab. 7.7** (Fortsetzung)

| Leitfähiges Polymer | Kurzzeichen | Monomer | Leitfähigkeit [S/m] | Anmerkungen |
|---|---|---|---|---|
| Poly-(3,4-ethylendioxythiophen) | PEDOT | Ethylen-dioxidthiophen ($C_4H_4S$) | bis $50 \cdot 10^3$ | - hohe thermische Stabilität<br>- Herstellung durch oxidative Polymerisation von Ethylendioxythiophen<br>- Verwendung als Anodenbeschichtung in OLEDs, Mikrobiologie und Solarzellentechnik |
| Polyanilin | PANI | Anilin ($C_6H_5NH$) | bis $50 \cdot 10^3$ | - Herstellung durch elektrochemische oder chemische Oxidation von Anilin<br>liegt als Salz vor<br>- kommerziell uneingeschränkt erhältlich<br>- Verwendung als transparentes Elektrodenmaterial, Endbeschichtung von Leiterplatten und als Korrosionsschutz-Beschichtung von Metallen |
| Polypyrrol | PPy | Pyrrol ($C_4H_5N$) | $5 - 10 \cdot 10^3$ | - Herstellung durch anodische Polymerisation<br>- Verwendung als Ionentauschermaterial, in Batterien, in der Sensortechnik und der Mikrobiologie |
| Polyparaphenylen<br>weitere Derivate:<br>- Polyflourene<br>- Polycarbozole<br>- Indenofluorene | PPP | Poly(1,4-phenylen) | bis $50 \cdot 10^3$ | - Herstellung durch Dotierung von Poly(1,4-phenylen)<br>- Verwendung bei OLEDs als Emittierer des blauen Lichtes ($\lambda_{max}$=449 nm)<br>- Temperaturbeständigkeit bis 500 °C |
| Polypara-phenylenvinylen<br>weitere Derivate:<br>- O-PPVs<br>- S-PPVs | PPV | – | bis $10^4$ | - schwer zu verarbeiten, da unlöslich und unschmelzbar<br>- Verwendung in optisch angeregten Lasern, Displays von Mobilfunktelefonen, Fotovoltaikzellen und organischen Leuchtdioden |

## 7.6 Zündschutzart Konstruktive Sicherheit „c"

### 7.6.1 Definition

Nach der Begriffsdefinition der Norm ISO 80079-37 ist die Zündschutzart konstruktive Sicherheit Ex „c" die „Zündschutzart, bei der konstruktive Maßnahmen angewendet werden, um die Möglichkeit einer Zündung durch heiße Oberflächen, Funken und adiabatische Kompression, hervorgerufen durch sich bewegende Teile, zu vermeiden" [10]. Dies sind die Zündquellenarten, die häufig bei nicht-elektrischen Geräten auftreten. Dennoch sollte das Umsetzungsziel ein ganzheitlicher Ansatz sein, und demzufolge ist ein genereller Schutz gegen das Wirksamwerden aller Zündquellenarten erstrebenswert. Diese Zündschutzart kann bei explosionsfähigen Gas- und Staubatmosphären Anwendung finden.

Das Grundprinzip dieser Zündschutzart besteht aus dem Einsatz konstruktionstechnischer Maßnahmen, um ein Produkt zu entwickeln, bei dem keine potenziellen Zündquellen wirksam werden. Im Speziellen sind durch diese Zündschutzart bereits bei der Konstruktion die explosionsschutzgerechten Anforderungen zu erfüllen. Dies ist beispielsweise durch die Auswahl von geeigneten Materialien, die Dimensionierung den Anforderungen entsprechend oder die Definition von Qualitätsanforderungen bei der Konstruktion, dem Bau und der Fertigung entsprechender Bauteile oder Baugruppen möglich. Anwendbar ist diese Zündschutzart u. a. bei nicht-elektrischen Bauteilen, Baugruppen, Geräten, Maschinen oder Anlagen. Grundsätzlich sind allgemeine Grundanforderungen einzuhalten, die durch die spezifischen Anforderungen verschiedener Maschinenelemente ergänzt werden.

Üblicherweise können typische Zündquellen für verschiedene Maschinenelemente beschrieben werden. Trotzdem ist jede Anwendung als Einzelfall zu prüfen. Insbesondere die Norm ISO 80079-37 [10], aber auch die Norm ISO 80079-36 [6] enthält Auslegungshinweise für z. B. Lager, Übertragungsmittel (Getriebe, Riementriebe, Kettentriebe, hydrostatische und pneumatische Einrichtungen), schaltbare und nicht schaltbare Kupplungen, Bremsen, Federn und Fördergurte. Im Folgenden werden ausgewählte Maschinenelemente und ihre explosionsschutzgerechte Auslegung im Sinne der Zündschutzart konstruktive Sicherheit näher vorgestellt. Die Ausführungen zu den jeweiligen Grundlagen der einzelnen Maschinenelementen beruhen auf dem Buch *Maschinenelemente Kompakt* [11] von Engelmann.

### 7.6.2 Achsen und Wellen

#### 7.6.2.1 Definition

Achsen sind im Allgemeinen rotationssymmetrische Geometrien zur Lagerung von drehbeweglichen Bauteilen wie beispielsweise Laufrädern oder Seilrollen. Definitionsgemäß übertragen sie dabei kein Drehmoment und werden vorwiegend durch Biegemomente und

Querkräfte belastet. Axialkräfte können ebenfalls auftreten, sind aber im Regelfall von untergeordneter Bedeutung.

Prinzipiell wird zwischen feststehenden und umlaufenden Achsen unterschieden. Bei feststehenden Achsen drehen sich die entsprechend gelagerten Bauteile lose auf der ortsfesten Achse. Folglich entsteht die Beanspruchung im Regelfall nur ruhend oder schwellend durch Schub aus den Querkräften und durch Biegung. Umlaufende Achsen definieren sich durch die festsitzenden Bauteile, welche gemeinsam mit der Achse umlaufen, woraus eine Wechsel- und Umlaufbiegung resultiert. Infolgedessen besitzen umlaufende Achsen bei gleicher Form und gleichem Werkstoff infolge der Wechselbelastung eine geringere Tragfähigkeit als feststehende Achsen.

Wellen sind umlaufende Bauteile, die zur Übertragung von Kräften und Drehmomenten dienen. Die Belastungen entstehen durch Torsion, Querkräfte sowie Biegemomente. Axialkräfte können bei bestimmten Übertragungselementen wie Kegelrädern oder schrägverzahnten Stirnrädern auftreten.

#### 7.6.2.2 Dimensionierung

Eine detaillierte Darstellung der Dimensionierung von Achsen und Wellen präsentieren unter anderem Wittel [12] und die Normenreihe DIN 743 Teil 1-3 [13–15]. Das Werk *Maschinendynamik* [16] von Dresig stellt ein Standardwerk zur schwingungstechnischen Analyse von Maschinenteilen dar.

#### 7.6.2.3 Zündquellen

Grundvoraussetzung für einen sicheren Betrieb in explosionsgefährdeten Bereichen ist, dass bei der Dimensionierung alle maßgebenden Lasten und Umgebungsparameter berücksichtigt werden. Werden Achsen und Wellen „innerhalb ihrer Auslegungsparameter“ [17] eingesetzt, ist im definierten Normalbetrieb das Wirksamwerden einer potenziellen Zündquelle kaum zu erwarten. Bei der Verwendung von Wellen zur Kraft- und Momentübertragung ist das Auftreten von zwei Zündquellen bekannt. Die Normen ISO 80079-36 [6] und 80079-37 [10] beschreiben zum einen heiße Oberflächen, aber auch mechanisch erzeugte Funken als potenzielle Zündquellen.

Im Fehlerfall, beispielsweise bei falscher Dimensionierung, Überlast, Dauer- oder Gewaltbruch, können sowohl Wellen als auch Achsen wirksam werdende Zündquellen aufweisen. Im Folgenden werden die Ursachen für das Auftreten von Zündquellen an derartigen Bauteilen detaillierter vorgestellt. Als Grundlage dieser Ausarbeitung dienen die Normen ISO 80079-36 [6] und ISO 80079-37 [10]). Im Allgemeinen ist jedoch nicht auszuschließen, dass auch andere potenzielle Zündquellen auftreten können. Abhängig von der Gerätekonstruktion ist daher immer der Einzelfall zu prüfen.

**Ursachen**

Bedeutsame Zündquellenarten bei Achsen und Wellen sind heiße Oberflächen und mechanisch erzeugte Funken. Die Zündquellenarten werden durch verschiedene Ursachen bedingt. Allgemein lassen sich die potenziellen Zündquellen hinsichtlich ihrer direkten bzw.

**Tab. 7.8** Ursachen für an Wellen häufig hervorgerufenen Zündquellen

| Zündquelle | Ursachen |
|---|---|
| **Heiße Oberflächen** | **Primäre Wirkung**<br>• Überlast der Welle, ggf. auch unter Berücksichtigung falscher Dimensionierung<br>• Reibung von in Relativbewegung befindlichen Teilen (inkl. Wälzlager und Dichtungen der Welle)<br>• Ungewollter Kontaktschluss<br>• Wahl des falschen Passungssystems<br>**Sekundäre Wirkung**<br>• Reibung von in Relativbewegung befindlichen Teilen (anschließender Bauteile) |
| **Mechanisch erzeugte Funken** | **Primäre Wirkung**<br>• Überlast der Welle, insbesondere im plastischen Bereich des Werkstoffs<br>• Korrosion<br>• Mögliche Werkstoffschwächung durch externe Einflüsse (z. B. Fehler beim Härteverfahren)<br>• Zu große Kerbwirkung durch die falsche Wahl der Geometrie<br>**Sekundäre Wirkung**<br>• Reibung von in Relativbewegung befindlichen Teilen (anschließender Bauteile) |

indirekten Wirkung in primäre und sekundäre Zündquellen unterscheiden. Die Gefahr der primären Zündwirkung geht dabei von der Welle selbst aus. Bei sekundären Zündquellen erfolgt die Zündreaktion über eine Folgereaktion der mit der Welle in Verbindung stehender Anschlussteile. Die einzelnen Zündquellen bei Wellen und ihre Ursachen sowie deren Wirkungsweise werden in Tab. 7.8 dargestellt.

### Heiße Oberflächen

Durch auftretende Reibung der sich in Relativbewegung befindlichen Teile kann es zu einer für den Explosionsschutz signifikanten Erwärmung der Oberflächen kommen. Unter Berücksichtigung der Einsatzbedingungen und weiterführenden Anforderungen bei der Auslegung und Dimensionierung sollten im Normalbetrieb heiße Oberflächen kaum auftreten. Grundsätzlich können die Maximalwerte für zulässige Oberflächentemperaturen bei fehlerhafter Auslegung auch ohne weiteren Fehlerzustand überschritten werden.

Bei der Auslegung ist zur Vermeidung heißer Oberflächen die Betrachtung der direkten Kontaktstellen der Welle ein Schwerpunkt. Konkret sind hier Durchführungen, Lager und Dichtungen als primär wirkende Zündquellen zu analysieren. Bei Gleitlagern kann es durch den Ausfall von Schmierung und durch Verunreinigungen der Kontaktflächen zu einem erhöhten Reibmoment, bedingt durch ein verschlissenes Dichtungssystem, zwischen Lager und Welle kommen. Der gleiche Effekt tritt bei falscher Passungswahl auf. Durch Spielüberbrückung der Lager-Welle-Konstruktion kann es ebenfalls zu einem erhöhten Reibmoment kommen. Neben der fehlerhaften Auslegung durch die Konstruktion kann auch eine falsche Konfiguration der Wirkparameter, wie Drehzahl, oder eine Überschreitung der zulässigen Belastungsgrenzen zu einer Erhöhung der Reibmomente führen.

Weiterführend sind die sekundär wirkenden Zündquellen zu berücksichtigen. In diesem Fall geht die Zündgefahr nicht direkt von der Welle aus, sondern wird durch etwaige Anschlussteile hervorgerufen. Verformt sich eine Welle infolge einer fehlerhaften Auslegung oder übermäßigen Belastung, kann es zum Kontaktschluss anschließender Bauteile kommen. Abhängig von der Drehzahl können an diesen Kontaktstellen durch das wirkende Reibmoment heiße Oberflächen auftreten.

**Mechanisch erzeugte Funken**

Ist eine Welle hinsichtlich ihrer Belastung nicht ausreichend dimensioniert, oder die auftretenden Kräfte und Momente überschreiten die Annahmen der Auslegung, können mechanisch erzeugte Funken hervorgerufen werden. Durch das Auftreten zu großer Kräfte und Momente, kann es zur erhöhten elastischen Verformung der Welle bzw. der Achse kommen. Dies kann im Extremfall dazu führen, dass zwischen der Welle/Achse und den Bauteilen in der unmittelbaren Umgebung ein ungewollter Kontakt entsteht, der Reib- oder Schlagfunken hervorruft. Eine weitere Folge kann der Bruch der Welle sein. Gründe für das Versagen der Welle wären eine fehlerhafte Dimensionierung, ein unsachgemäßer Betrieb (z. B. im Bereich der Resonanzfrequenz) oder eine Werkstoffschwächung durch z. B. Korrosion oder mangelnde chemische Beständigkeit. Auch der Einfluss extern wirkender Kräfte kann die Funktion der Welle beeinträchtigen. Durch das Auftreten übermäßiger Schwingungen oder eine Unwucht an den Wellenanschlussteilen kann es zum Bruch der Welle kommen.

Mechanische Schwingungen können ebenfalls zu erhöhten Verformungen führen. Besonders gefährlich werden diese Schwingungen, wenn sie in der Nähe der Eigenfrequenz der Welle/Achse liegen. Aus diesem Grund sollten die entstehenden Maschinenschwingungen auch immer berücksichtigt werden. Die Verformung der Welle hat nicht nur Einfluss auf primäre Zündquellen, sondern ist häufig der Grund für das Auftreten sekundärer Zündquellen. Durch Schwingung bzw. Pendelbewegungen können Anschlussteile der Welle, wie z. B. ein Schaufelrad, mit umliegenden Bauteilen, wie z. B. einem Gehäuse, kollidieren.

Auch die Welle-Nabe-Verbindungen (WNV) sind in Bezug auf eine potenzielle Zündquelle zu prüfen. Besonders kraftschlüssige WNV können bei Überlast durchrutschen, wobei hohe Temperaturen oder im Extremfall auch Funken entstehen können. Bei formschlüssigen WNV kann es bei Überlast zu einem schlagartigen Versagen des Formschlusses kommen, wodurch ebenfalls Funken entstehen können. Hiervon sind im besonderen Maß die gern als Überlastsicherung verwendeten Querstiftverbindungen betroffen.

#### 7.6.2.4 Maßnahmen

Gemäß den Anforderungen der Zündschutzart konstruktive Sicherheit nach der Norm ISO 80079-37 [10] müssen die zum Einsatz kommenden Komponenten eines Geräts, einer Maschine oder Anlage konstruktiv so ausgelegt werden, dass diese während der festgelegten Betriebslebensdauer zu keiner wirksamen Zündquelle werden können. Demnach sind auch die Zündquellen, welche aus dem Versagen der Welle resultieren, im Sinne der konstruktiven Sicherheit durch konstruktive Lösungen zu vermeiden.

Um eine ausreichend große Sicherheit gewährleisten zu können, sollte im Rahmen der konstruktiven Sicherheit ein entsprechender Sicherheitsfaktor bei der Auslegung der Welle festgelegt werden. Diese sorgfältige Auslegung der Welle sollte nach dem Stand der Technik unter Beachtung aller Betriebs- und Umgebungsbedingungen und mit ausreichend hohem Sicherheitsfaktor erfolgen. In der Norm ISO 80079-37 [10] ist die Höhe des Sicherheitsfaktors nicht angegeben, da sich eine allgemeine Aussage an dieser Stelle nicht treffen lässt. Die DIN 743-1 [11] fordert für die Dimensionierung von Wellen/Achsen eine Mindestsicherheit von 1,2. Im Bereich des Explosionsschutzes können Sicherheitsfaktoren auf Basis anderer Teilgebiete des Explosionsschutzes bzw. der Sicherheitstechnik abgeleitet werden. Beispielsweise ist eine Typprüfung der druckfesten Kapselung zulässig, wenn die Überdruckprüfung mit dem Vierfachen des Bezugsdrucks erfolgreich bestanden wird, siehe Norm IEC 60079-1 [18]. Im Bereich von Kraftwerken wird ein Sicherheitsfaktor von 3 bis 4 angenommen. Daher wäre eine Ableitung des Sicherheitsfaktors in Höhe von 3 bis 4 im Bereich des nicht-elektrischen Explosionsschutzes begründbar. Eine individuelle Analyse und Prüfung der Anforderungen sind jedoch vorzunehmen.

Die deutliche Steigerung des Sicherheitsfaktors führt zwangsläufig auch zu einer massiven Gewichtszunahme der Wellen bzw. Achsen. Durch den Einsatz von Hohlwellen bzw. Hohlachsen lässt sich die Gewichtszunahme verringern. In Verbindung mit Welle-Nabe-Verbindungen (WNV) ist bei Hohlwellen darauf zu achten, dass der Bereich unterhalb der Nabe eine genügend hohe radiale Steifigkeit besitzt und nicht durch eventuell verwendete Passfedern zu stark geschwächt wird.

Bei der Konstruktion der Welle und deren umliegenden Bauteilen ist der Abstand zwischen den einzelnen beweglichen und festen Teilen so zu wählen, dass die Wahrscheinlichkeit eines Reibkontakts minimiert wird. Hierbei sind insbesondere die zwangsläufig auftretenden Fertigungstoleranzen zu betrachten. Aufgrund der erhöhten Gefährdung sind die Toleranzen nach dem Worst-Case-Prinzip und nicht nach dem Verfahren der statistischen Tolerierung zu betrachten. Alle weiteren Anschlussteile sind so zu konstruieren, dass möglichst wenig Unwucht auf die Welle wirkt und ungewollte Schwingungen damit verhindert werden.

Der Hersteller sollte versuchen, die von ihm festgelegten Betriebsparameter, wie Drehzahl oder Belastungsgrenzen, lückenlos und vollständig in einer Betriebsanleitung zu dokumentieren, um den sicheren Betriebsbereich eindeutig zu definieren. Um Fehler bei der Fertigung und Montage zu vermeiden, ist es sinnvoll, das Qualitätsmanagement dahin gehend anzupassen. Ebenso sind Materialauswahl und -prüfung von großer Bedeutung. Ist das verwendete Material der Welle bzw. Anschlussteile nicht in der Lage, heiße Oberflächen oder mechanisch erzeugte Funken zu erzeugen, müssen gemäß der Norm ISO 80079-37 [10] keine gesonderten Maßnahmen getroffen werden. Trotzdem ist eine Analyse dieses Sachverhalts zu empfehlen.

### 7.6.3 Wälzlager

#### 7.6.3.1 Definition

Die Hauptaufgabe von Lagern sind die Führung von beweglichen Bauteilen sowie die Aufnahme und Weiterleitung der wirkenden Kräfte. Hierbei sollen sie Bewegungen (Rotation und Translation) in gewünschten Freiheitsgraden ermöglichen und in unerwünschten Freiheitsgraden sperren.

Prinzipiell lassen sich Wälzlager und Gleitlager unterscheiden, siehe Abb. 7.3. Die Bewegung bzw. Kraftübertragung bei Wälzlagern erfolgt über Wälzkörper, die zwischen Ringen oder Scheiben angeordnet sind. Es dominiert Rollreibung, wodurch sich geringe Energieverluste ergeben. Bei Gleitlagern reiben die zueinander beweglichen Flächen direkt aufeinander.

Wälzlager werden bevorzugt als wartungsfreie bzw. wartungsarme Lagerungen unter normalen Anforderungen wie beispielsweise in Getrieben, Werkzeugmaschinen, Förderanlagen oder Fahrzeugen aller Art eingesetzt. Auch bei Spindelführungen oder Drehtürmen kommen sie zur Anwendung, da sie aus dem Stillstand heraus und bei kleinen Drehzahlen reibungsarm laufen und hohe Belastungen ertragen.

Je nach Art der Lagesicherung werden Radial-Wälzlager (Abb. 7.4a) und Axial-Wälzlager (Abb. 7.4b) unterschieden. Während Radial-Wälzlager in Abhängigkeit von der Bauform neben radialen Kräften auch axiale Kräfte aufnehmen können, sind Axial-Wälzlager im Regelfall nur für axiale Belastungen geeignet.

Eine weitere Unterteilung von Wälzlagern erfolgt in Abhängigkeit ihrer Wälzkörpergeometrie (Abb. 7.4c) in:

- Kugellager,
- Zylinderrollenlager,
- Nadellager,
- Kegelrollenlager,
- Tonnenlager.

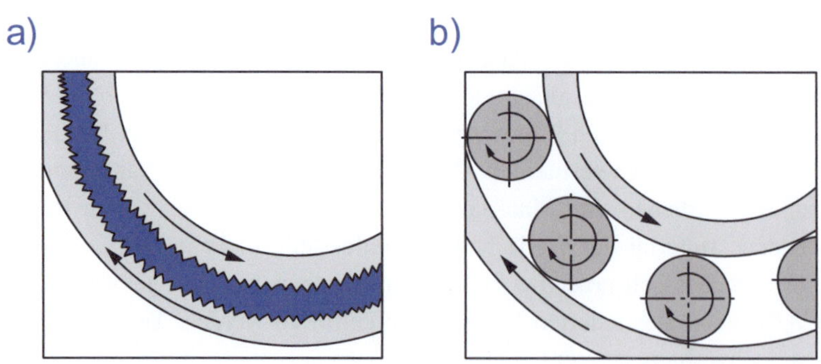


**Abb. 7.3** Lagerungen: (**a**) Gleitlager, (**b**) Wälzlager

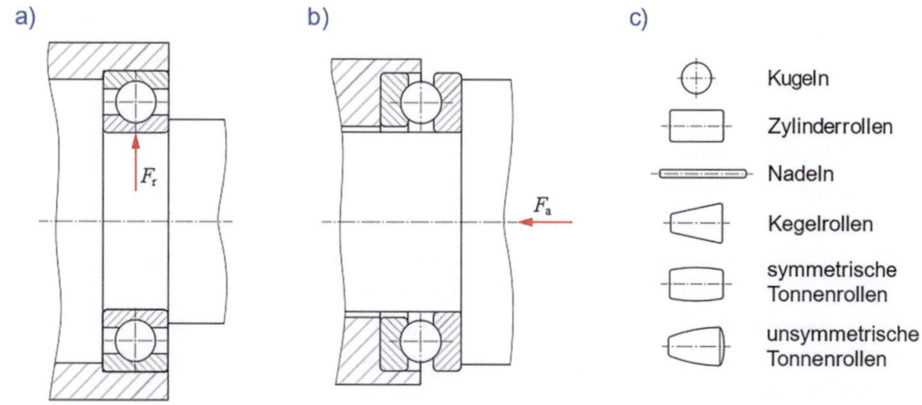


**Abb. 7.4** (**a**) Radial- und Axiallager, (**b**) Axial-Rillenkugellager, (**c**) Wälzkörperformen

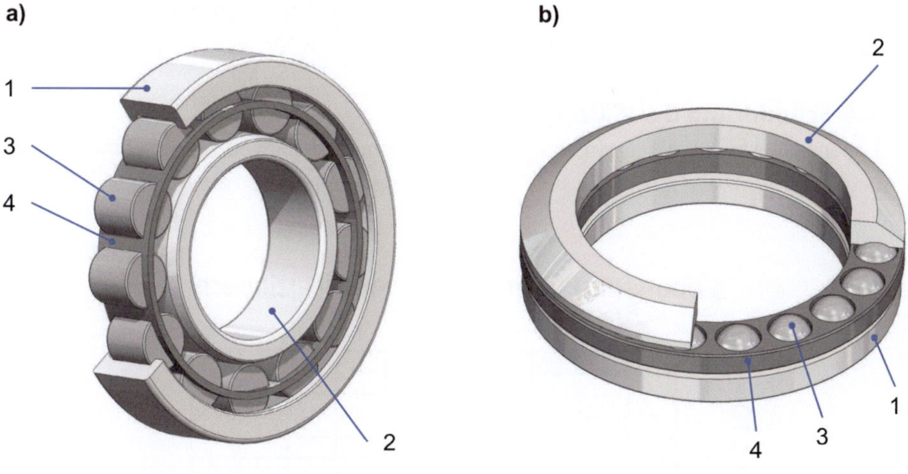


**Abb. 7.5** Grundaufbau eines Wälzlagers nach DIN ISO 5593 (**a**) Radiallager; (**b**) Axiallager

Der grundlegende Aufbau von Wälzlagern ist in Abb. 7.5 dargestellt. Zwischen dem Außenring bzw. dem Gehäusering (Nr. 1 in Abb. 7.5) und dem Innenring bzw. der Gehäusescheibe (Nr. 2 in Abb. 7.5) befinden sich die Wälzkörper (Nr. 3 in Abb. 7.5), die meist von einem Käfig (Nr. 4 in Abb. 7.5) in Position gehalten werden.

#### 7.6.3.2 Lageranordnung und -auswahl

Wesentliche Voraussetzung für die richtige Lageranordnung und -auswahl ist eine umfassende Analyse aller auftretenden Belastungen und sonstigen Anforderungen, insbesondere unter den Aspekten des Explosionsschutzes. Auf Basis dieser Analyse ist die Lageranordnung und -auswahl zu definieren. Dabei unterstützen u. a. die Übersichten in

Werken zu Maschinenelementen wie beispielsweise Roloff/Matek [19] oder Engelmann [11], die als Entscheidungshilfe unterstützen können. Ebenso sind die Vorgaben von Richtlinien und Normen der einzelnen Wälzlagerarten zu berücksichtigen.

#### 7.6.3.3 Dimensionierung

Grundlagen zur Auswahl und Gestaltung von Wälzlagerungen liefern neben den Standardwerken der Maschinenelemente detaillierte Fachbücher zu Wälzlagerungen, wie beispielsweise Dahlke [20]. Details zur Berechnung der Lager können den Normen ISO 76 [21] und ISO 281 [22] entnommen werden. Informationen zu den Lagerbauweisen, deren Maße, Tragfähigkeiten und Beispiele zur Gestaltung der Anschlussgeometrie finden sich in den Herstellerkatalogen, beispielsweise bei Schaeffler KG [23] oder SKF Group [24].

Essenzielle Aspekte der Dimensionierung sind die Tragfähigkeit und die Lebensdauer. Auch hier sind weiterführende Informationen den bereits benannten Standardwerken und Normen zu entnehmen. Aus Sicht des Explosionsschutzes ist zu berücksichtigen, dass mit Betrieb eines Lagers die über seine rechnerische Lebensdauer hinaus die Lagerausfallwahrscheinlichkeit signifikant ansteigt, siehe Abb. 7.6.

#### 7.6.3.4 Schmierung der Wälzlager

Die Lebensdauer von Wälzlagern hängt in entscheidendem Maß von deren Schmierung ab. Während des Wälzvorgangs soll sich zwischen den zueinander beweglichen Teilen im

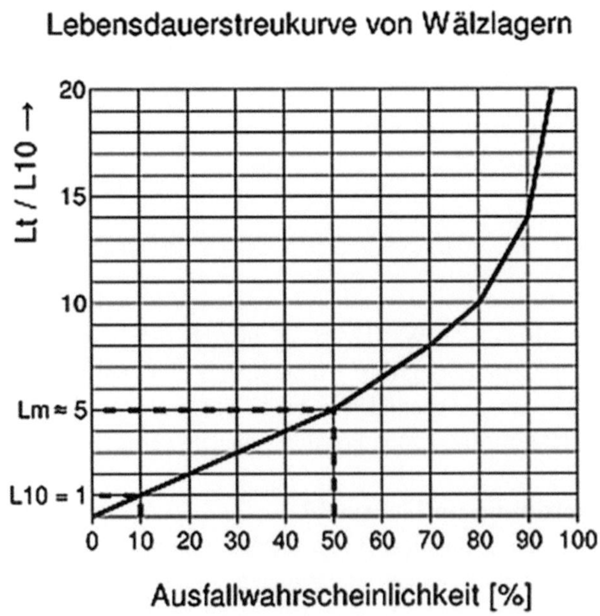


**Abb. 7.6** Lebensdauerstreukurve von Wälzlagern [25]

Lager (Wälzkörper, Laufbahnen und Käfig) ein dünner Schmierstofffilm ausbilden, der die Kontaktflächen voneinander trennt und damit den Verschleiß deutlich reduziert. Zusätzlich soll der Schmierstoff das Lager vor Korrosion schützen, anfallende Reibungswärme abführen, Schwingungen dämpfen und den entstehenden Abrieb abführen (Ölumlaufschmierung) bzw. binden (Dauerschmierung). Lager mit Fettfüllung und Deckscheibe haben zudem in begrenztem Maß eine abdichtende Wirkung.

Die korrekte Auswahl des Schmierverfahrens und des dazugehörigen Schmierstoffs sollte zu Beginn der Lagerauslegung erfolgen. Die Auswahl des geeigneten Schmierverfahrens hängt unter anderem ab von:

- der Größe und Bauform des Lagers,
- den Betriebsbedingungen,
- den Anforderungen an die Laufruhe,
- der Anschlusskonstruktion.

Je nach verwendetem Schmierstoff wird grundsätzlich zwischen Fett-, Öl- und Feststoffschmierung unterschieden, wobei die Feststoffschmierung nur eine untergeordnete Bedeutung besitzt. Die Vor- und Nachteile der Fett- bzw. Ölschmierung sind in Tab. 7.9 aufgelistet.

Um die metallische Berührung von Roll- und Gleitflächen bei Wälzlagern zu reduzieren, werden diese geschmiert. In der Praxis sind ca. 90 % aller Wälzlager fettgeschmiert [26]. Da die Schmierstoffe infolge der thermischen und mechanischen Belastung altern und zusätzlich durch den Abrieb bzw. Schmutzeintrag verunreinigen, ist deren Lebensdauer begrenzt. Ist ein Austausch des Schmierstoffs (Nachschmieren), wie beispielsweise bei zweiseitig abgedichteten Lagern, nicht möglich, kann unter Umständen die Gebrauchsdauer des Schmierstoffs bei der Lebensdauerbetrachtung des Lagers den limitierenden Faktor darstellen.

**Tab. 7.9** Vergleich zwischen Fett- und Ölschmierung

| | Vorteile | Nachteile |
|---|---|---|
| Fett-schmierung | • geringer konstruktiver Aufwand<br>• zusätzliche dichtende Wirkung<br>• geringer Wartungsaufwand (unter Umständen Lebensdauerschmierung)<br>• niedriges Reibmoment | • keine Wärmeabfuhr durch Schmierstoff<br>• kein Abtransport von Verschleißpartikeln und Verunreinigungen |
| Öl-schmierung | • gute Schmierstoffverteilung<br>• Wärmeabfuhr möglich (vor allem bei hohen Drehzahlen wichtig)<br>• Verschleißpartikel und Verschmutzungen werden ausgespült<br>• genau dosierbar (Tropf, Ölnebelschmierung) | • aufwendigere konstruktive Gestaltung (Zuführung und Abdichtung)<br>• bei Minimalschmierung sehr geringe Reibverluste |

#### 7.6.3.5 Wälzlagerschäden

Bei korrektem Einbau und bestimmungsgemäßem Betrieb sind Wälzlager sehr zuverlässig und im Regelfall weitestgehend wartungsfrei. Statistisch gesehen fallen lediglich 0,335 % aller Wälzlager infolge von Herstellungs- oder Werkstofffehlern vorzeitig aus [27]. Der vorzeitige Ausfall eines Lagers deutlich vor der berechneten Lebensdauer $L_{10h}$ wird allgemein als Lagerschaden verstanden. Die häufigsten Ursachen für vorzeitige Lagerausfälle sind in Abb. 7.7 grafisch dargestellt. Die Folge von Lagerschäden können häufig wirksame Zündquellen sein. Aus diesem Grund werden mögliche Arten von Lagerschäden im Folgenden detailliert vorgestellt.

Die auftretenden Lagerschäden lassen sich nach ISO 15243 [30] in sechs unterschiedliche Kategorien einteilen, siehe Abb. 7.8.

**Lagerschäden durch Ermüdung**

Unter Ermüdung wird die Abblätterung der Oberflächenschichten infolge der zyklischen Belastung der Laufflächen verstanden. In Abhängigkeit von dem Ursprung der Schädi-

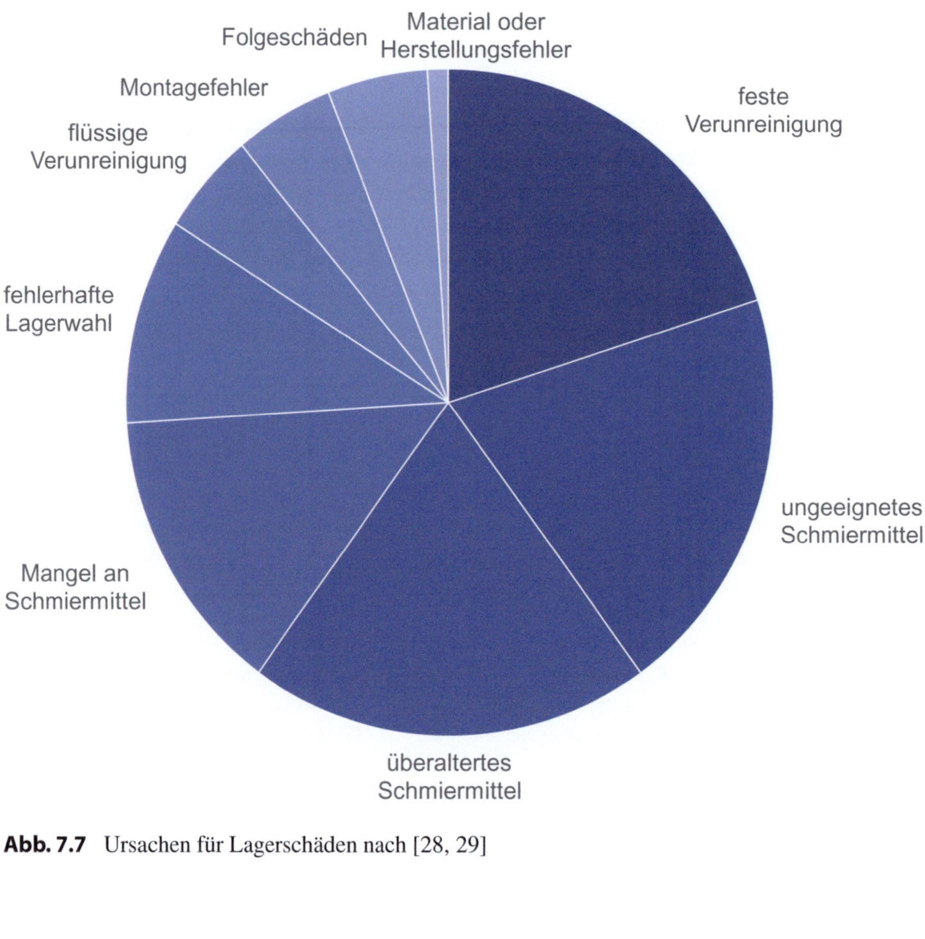


**Abb. 7.7** Ursachen für Lagerschäden nach [28, 29]

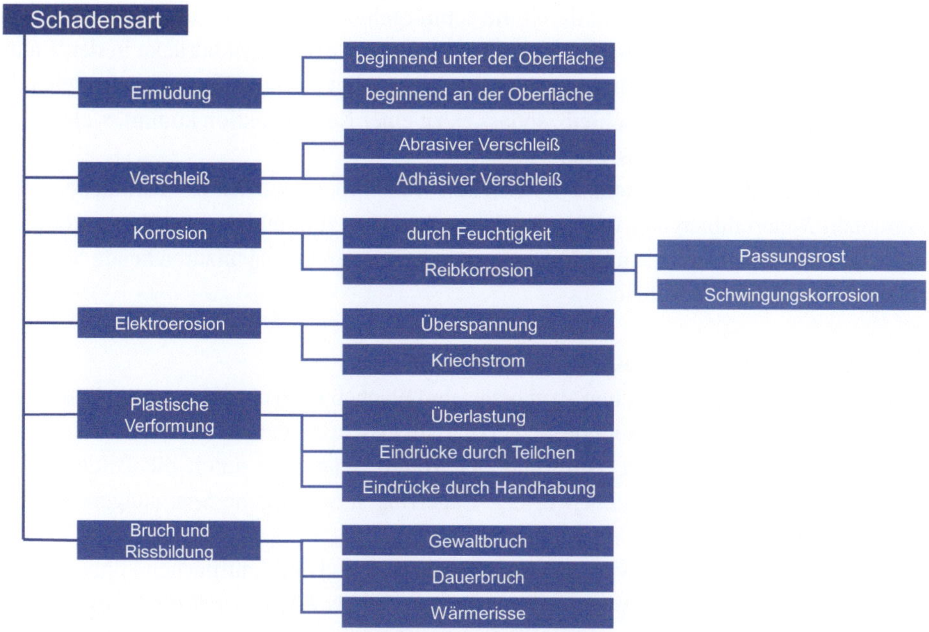


**Abb. 7.8** Schadensarten an Wälzlagern nach ISO 15243 [30]

gung erfolgt weiterhin eine Unterscheidung in Ermüdung beginnend unter der Oberfläche und Ermüdung beginnend an der Oberfläche.

Ermüdung beginnend unter der Oberfläche in Form von Mikrorissen entsteht durch fortlaufendes Überrollen der Laufflächen mit hohen Lasten. Diese Mikrorisse wandern bis zur Oberfläche und führen dort zu Abblätterung, Pitting und Schälung.

Ermüdungen beginnend an der Oberfläche entstehen unter anderem durch Oberflächenzerrüttungen infolge von:

- Mikrorissen an Rauheitsspitzen,
- Mikroausbrüchen an Rauheitsspitzen,
- Zonen mit Mikroausbrüchen.

Eindrückungen durch Schmutzteile oder fehlerhafte Handhabung/Montage können ebenfalls zu Ermüdungserscheinungen an der Oberfläche führen.

**Lagerschäden durch Verschleiß**

Der Materialabtrag an der Kontaktfläche zwischen den Wälzkörpern und den Laufflächen wird Verschleiß genannt. Während Wälzlager stets einem normalen Verschleiß unterliegen, führt ein erhöhter Verschleiß zu einem vorzeitigen Ausfall des Lagers.

Abrasiver Verschleiß entsteht durch die schmirgelnde Wirkung kleinster Partikel zwischen den Kontaktflächen. Diese Partikel bilden beim Überrollen Abdrücke in den Laufflächen bzw. den Wälzkörpern, wodurch diese geschädigt werden. Der dabei entstehende Abrieb beschleunigt den Verschleiß, sodass es zu einer Kettenreaktion kommt, welche die Lebensdauer des Lagers massiv herabsetzt.

Ungewollte Gleitbewegungen zwischen den Wälzkörpern und den Kontaktflächen können einen Materialübergang von einem Kontaktpartner zum anderen auslösen, wodurch ein adhäsiver Verschleiß entsteht. Die Ursachen hierfür sind meist unzureichende Schmierung oder zu hohe Drehzahlen.

**Lagerschäden durch Korrosion**

Mikrogleitbewegungen zwischen zwei belasteten Flächen kann die Bildung von Passungsrost hervorrufen. Vor allem sind die Lagersitze im Gehäuse oder auf der Welle von dieser Art der Korrosion betroffen. Aufgrund der Volumenzunahme durch die Bildung von Eisenoxid im Fügespalt entstehen in den Lagerringen beachtliche Spannungen, die bis zum Bruch führen können.

Mikrogleitbewegungen zwischen den Wälzkörpern und den Laufflächen können ebenfalls eine Art von Reibkorrosion auslösen. Diese wird als *False Brinelling* bezeichnet. In erster Linie sind hiervon stillstehende Lager betroffen, die in Schwingung versetzt werden.

Feuchtigkeitskorrosion wird durch die Wirkung von Wasser oder aggressiven Flüssigkeiten auf das Lager ausgelöst und kann dieses innerhalb kürzester Zeit zerstören.

**Lagerschäden durch Elektroerosion**

Ein zu großer Stromfluss infolge einer Überspannung durch das Lager kann im Kontaktbereich zwischen den Wälzkörpern mikroskopische Lichtbögen auslösen. Diese Lichtbögen erzeugen lokal sehr hohe Temperaturen, welche bis in den Schmelzbereich des Lagerwerkstoffs reichen. Die hohen Temperaturen führen ebenfalls zur thermischen Zersetzung des Lagerschmierstoffs, wodurch dieser seine Schmierfähigkeit verliert.

Kriechströme erzeugen im Kontaktbereich im Vergleich zur Überspannung geringere Temperaturen, welche vorrangig zu einem Härteverlust in der Kontaktzone führen. Vor allem elektrische Anlagen mit Frequenzumrichtern sind für diese Art der Elektroerosion anfällig.

**Lagerschäden durch plastische Verformung**

Wird der Werkstoff des Lagers über seine Streckgrenze belastet, sind plastische Verformungen die Folge. Überlastungen der zulässigen Flächenpressungen erzeugen Wälzkörperabdrücke auf den Laufflächen, wodurch die Laufruhe und die Lebensdauer massiv gemindert werden. Fremdkörper im Lager können beim Überrollen plastische Verformungen auf dem Kontaktpartner hinterlassen. Eindrücke durch unsachgemäße Handhabung entstehen durch fehlerhafte Montage (Druck auf falschen Lagerring) oder Handlingsfehler (Fallenlassen).

**Lagerschäden durch Bruch und Rissbildung**
Zum Bruch oder Riss an Bauteilen des Lagers (der Lagerringe des Lagerkäfigs) kommt es bei einer Überschreitung der Zugfestigkeit des jeweiligen Lagerwerkstoffs. Starke Schläge oder zu starkes Anpressen auf den Lagersitz können zu einem Gewaltbruch bei der Montage oder Demontage des Lagers führen.

Die Überschreitung der Schwingfestigkeit bei einer zyklischen Belastung führt zu einem Ermüdungsbruch. Hierbei entstehen kleine Risse, die sich zunehmend ausbreiten. Wird im verbleibenden Restquerschnitt die Zugfestigkeit überschritten, kommt es auch hierbei zu einem Gewaltbruch.

Starke Gleitreibung zwischen den Kontaktpartnern kann infolge der Reibungswärme zu Wärmerissen führen.

**Lagerschäden durch fehlerhafte Passungen**
Durch die Auswahl von fehlerhaften Passungen können Lageschäden verursacht werden. Zu enge Passungen bedingen ggf. ein unerwünschtes Temperaturverhalten. Die Folge können unterschiedliche Ausdehnungen von Material sein, die schädigend auf das Lager einwirken.

Tab. 7.10 gibt einen zusammenfassenden Überblick zu den Ursachen für Lagerschäden und ihren Auswirkungen.

Im Allgemeinen ist zur Vermeidung von Lagerschäden die Einhaltung folgender Aspekte zu empfehlen:

- genaue Analyse der auftretenden Lagerbelastungen (Kräfte, Drehzahlen, Temperaturen),
- Lager entsprechend den Herstellerangaben verwenden und auslegen,
- Tolerierung der Anschlussmaße (Passungstoleranzen, Wellenversatz/-durchbiegung) beachten,
- elektrischen Stromfluss durch das Lager unterbinden,
- ausreichender Schutz des Lagers vor Feuchtigkeit/Verschmutzung,
- Auswahl eines für die Betriebssituation geeigneten Schmierstoffs,
- ausreichende Schmierung des Lagers sicherstellen,
- Verwendung geeigneter Werkzeuge/Vorrichtungen zur Montage,
- Sauberkeit bei der Montage.

### 7.6.3.6 Zündquellen
Im Allgemeinen sind Lager Maschinenelemente, die bei sorgfältiger Auslegung nach dem Stand der Technik und unter Berücksichtigung aller Betriebs- und Umgebungsbedingungen sowie korrekter Herstellung und Montage für den Einsatz im allgemeinen Maschinenbau sicher sind. Die Ausfallwahrscheinlichkeit bewegt sich auf einem für den allgemeinen Maschinenbau annehmbaren Restrisikoniveau. Durch den Einsatz in explosionsfähigen Atmosphären erhöhen sich die Anforderungen aus der Sichtweise des Explosionsschutzes.

**Tab. 7.10** Matrix der Lagerschäden in Anlehnung an ISO 15243 [30]

| Fehlerursachen | Auswirkungen | | | | | | | | | | | | | | | |
|---|---|---|---|---|---|---|---|---|---|---|---|---|---|---|---|---|
| | Erhöhter Verschleiß | Laufspuren/ Riefenbildung | Fressspuren/ Scheuerstellen | Riffelbildung | Rattermarken | Erhöhte Erwärmung | Pittingbildung | Abplatzungen | Korrosion | Reibkorrosion | Kraterbildung | vollständiger Bruch | Käfigbruch | lokale Abplatzungen | Deformation | Abdrücke |
| Mangelschmierung | x | | x | | | x | x | x | | | | | x | | | |
| Überschmierung | | | | | | x | | | | | | | | | | |
| Ungeeigneter Schmierstoff | x | | x | | | x | x | x | x | | | | | | | |
| Verunreinigter Schmierstoff | x | x | | | | | x | x | x | | | | | | | x |
| Überbelastung | x | | x | | | x | x | x | | | | x | | | x | x |
| Zu hohe Drehzahl | x | | x | | | x | x | x | | | | | x | | x | |
| Schwingungen | x | x | x | | x | | x | x | | x | | x | x | | | |
| Stromfluss durch Lager | | | | | x | | x | x | | | x | | | | | |
| Fehlerhafte Montage | | | x | | | | x | x | | | | x | x | x | x | x |
| Unsaubere Montage | | | | | | | | | | | | | | | | |
| Fluchtungsfehler | x | | x | | | | x | x | | | | | | | x | |
| Falsche Belastung | x | x | | | | x | x | x | | | | x | x | | x | |
| Fehlerhafte Passung | x | x | | | | x | x | x | | x | | x | | x | x | |
| ungenügende Fixierung | x | x | x | | | | x | x | | | | x | | x | x | |
| fehlerhafte Lagerauswahl | x | | x | | | x | | | | x | | x | x | x | | |
| falsche Lagerung | | | x | | x | | | x | | | x | | | | | x |

Ziel ist die Vermeidung von potenziellen Zündquellen, die wirksam werden können. Unter anderem ist eine weitere Minimierung der Ausfallwahrscheinlichkeit erforderlich. Die potenziellen Zündquellen bei Lagern können unterschiedlichste Ursachen haben. Gemäß der Zündgefahrenbewertung sind hierbei die potenziellen Zündquellen im Normalbetrieb, bei zu erwartenden Störungen und bei seltenen Störungen zu betrachten. Dabei sind mögliche Zündquellen selbst, aber auch Zündquellen, die durch Lagerschäden auftreten können, sowie Zündquellen, die aufgrund von Sekundärstörungen in der Anschlusskonstruktion verursacht werden, zu betrachten. Das können beispielsweise der Wärmeeinfluss, unzulässige Belastungen in Funktionsbauteilen durch die Axialdehnung (z. B. Zahneingriff Getriebe; Flucht von Riemen) oder Laufunruhen sein.

Der Normalbetrieb ist gemäß der Norm ISO 80079-36 der „Betrieb des Geräts entsprechend der Auslegungswerte und innerhalb der vom Hersteller festgelegten Grenzen". Ergänzend weist die Norm darauf hin, dass „Störungen, (z. B. Ausfall von Pumpendichtungen, Flanschdichtungen oder die Freisetzung von Stoffen infolge von Havarien), die eine Reparatur oder Abschaltung erfordern", nicht Bestandteil des Normalbetriebs sind. Im Normalbetrieb ist insbesondere das Auftreten der Zündquellenarten heiße Oberfläche, mechanisch erzeugte Funken und statische Elektrizität möglich [10, 31]. Die Entstehung einer wirksamen Zündquelle im Normalbetrieb ist, bei entsprechender Berücksichtigung der Wärmeentwicklung der Lager, vorwiegend bei fehlerhafter Auslegung der Lager bzw. der angrenzenden Geräte und Schutzsysteme möglich. Bei den aufgeführten Zündquellenarten handelt es sich um die bisher als häufig auftretenden bekannten potenziellen Zündquellen. Andere Zündquellenarten wie Blitzschlag oder exotherme Reaktionen können nicht pauschal ausgeschlossen werden. Folglich ist es ratsam, bei der Einschätzung gerätebezogener Zündquellen immer den Einzelfall zu prüfen.

Grundlegend muss schon bei der Auslegung der Lager der spätere Einsatzort bzw. die zu erwartende explosionsfähige Atmosphäre berücksichtigt werden. Die Mehrheit der Wälzlager haben Temperaturgrenzwerte von mindestens 120 °C [32]. Diese Temperaturen treten während des Betriebs infolge von Reibung auf. Bereits Temperaturen ab 85 °C (vgl. Temperaturklasse T6) können in explosionsgefährdeten Bereichen kritisch sein. Um die Entzündung einer explosionsfähigen Atmosphäre zu vermeiden, ist es essenziell, vor Inbetriebnahme des Lagers dessen Reibungsverluste und die daraus resultierende Erwärmung im Normalbetrieb zu bestimmen. Die Reibung innerhalb eines Wälzlagers setzt sich aus den differenten Anteilen der in Tab. 7.11 beschriebenen Faktoren zusammen. Tab. 7.11 beschreibt den Reibungsanteil sowie deren Einflussgröße an der Gesamtreibung.

Weitere Einflussgrößen wie z. B. dynamische Drehzahlen oder Lasten sowie die fehlerhafte Montage können dazu führen, dass die errechneten Parameter für Reibung und Erwärmung erheblich von ihrem tatsächlichen Wert abweichen [32]. Die infolge von Reibung auftretende Wärme muss aus dem Lager abgeführt werden. Bei dauergeschmierten Lagern erfolgt die Wärmeabgabe über freie Konvektion bzw. Wärmestrahlung an die Umgebung und über Wärmeleitung an die direkt in Verbindung stehenden Bauteile wie Gehäuse oder Welle. Dabei ist zu beachten, dass der Wärmestrom in beide Richtungen laufen

**Tab. 7.11** Reibungsanteile und deren Einflussgrößen nach [23]

| Reibungsanteil | Einflussgröße |
|---|---|
| Rollreibung | Größe der Belastung |
| Gleitreibung der Wälzkörper<br>Gleitreibung des Käfigs | Größe und Richtung der Belastung, Drehzahl und Schmierungszustand, Einlaufzustand |
| Flüssigkeitsreibung (Strömungswiderstände) | Bauart und Drehzahl; Art, Menge und Betriebsviskosität des Schmierstoffs |
| Dichtungsreibung | Bauart und Vorspannung der Dichtung |

kann. Dies bedeutet, dass ein kühleres Lager auch Wärme aus der Umgebung oder den Anschlussteilen aufnehmen kann und sich hierdurch erwärmt. Werden die Lager über eine Umlaufschmierung geschmiert, kann ein beachtlicher Teil der anfallenden Verlustleistung über den Schmierstoff abgeführt werden. Generell ist die Wärmeabfuhr stark durch die Temperaturdifferenz zwischen Lager und Umgebung beeinflusst [32]. Das Lager gibt so lange Wärme an seine Umgebung ab, bis sich ein Gleichgewicht zwischen Lager und Umgebung eingestellt hat. Die Lagerbetriebstemperatur $\vartheta_L$ lässt sich über die auftretende Lagerverlustleistung $Q_V$ bestimmen, indem diese mit dem auftretenden Wärmestrom $Q_L$ gleichsetzt ($Q_V = Q_L$) und nach $\vartheta_L$ aufgelöst wird [33]. Weiterführende Details zur Berechnung sind den Normen ISO 732 [33] und ISO 15312 [34] sowie Palmgren [35] zu entnehmen. Es ist anzunehmen, dass die Hälfte der Wärmeabfuhr über den Innenring und die andere Hälfte über den Außenring des Lagers erfolgt [36]. Entscheidend ist dabei die wärmeabführende Fläche $A$ des Lagers, welche für die unterschiedlichen Lagertypen nach der ISO 15312 [34] bestimmt werden kann. Laut der ISO 732 [33] kann für alle Lager mit einer wärmeabführenden Fläche von weniger als 50.000 $mm^2$ ein Wärmeübergangskoeffizient von 0,0003 $W/mm^2K$ angenommen werden. Bei größeren wärmeabführenden Flächen nimmt der Wärmeübergangskoeffizient kontinuierlich ab. Unter Berücksichtigung der zuvor getroffenen Annahmen ergibt sich aus der Gleichsetzung der Lagerverlustleistung und dem Wärmestrom die Lagerbetriebstemperatur $\vartheta L$. Ein Verfahren zur Bestimmung der zulässigen thermischen Betriebsdrehzahl $n_\theta$ ist in der EN 732 beschrieben [33]. Über diesen Ansatz lässt sich unter der Berücksichtigung der in der Norm aufgeführten Parameter die Drehzahl bestimmen, bei der die mittlere Lagertemperatur einen vorgegebenen Wert erreicht. Basierend auf dem Gleichgewicht von Reibleistung und Wärmeabfuhr fließen Faktoren wie der Schmierstoffparameter $K_L$, der Lastparameter $K_P$ sowie das Drehzahlverhältnis $f_n$ in die Berechnung ein. Das komplexe Iterationsverfahren kann im Detail der EN 732 entnommen werden. Trotz Berechnung der Lagerbetriebstemperatur $\vartheta_L$ oder der thermischen Auslegung des Lagers anhand der zulässigen Betriebsdrehzahl $n_\theta$ kann die tatsächliche Lagertemperatur unter bestimmten Bedingungen von der berechneten Betriebstemperatur abweichen, was das Lager unter Umständen zu einer potenziellen Zündquelle werden lässt. Die Berechnungen setzen immer einen idealen Lagerzustand voraus. Falsche Auslegung, fehlerhafte Montage oder auftretende Lagerschäden noch vor oder nach dem Erreichen der errechneten Lebensdauer können zu einem derartigen negativen Effekt führen.

### Ursachen

Die Ursachen für potenzielle Zündquellen bei Wälzlagern sind vielfältig. Diese können sowohl technisch als auch organisatorisch bedingt sein. Eine wesentliche Ursache für potenzielle Zündquellen stellen auftretende Lagerschäden dar. Tab. 7.12 zeigt die möglichen Ursachen für die drei vorrangig auftretenden Zündquellenarten bei Wälzlagern. Diese werden anschließend detailliert erläutert.

### Heiße Oberflächen

Die Erwärmung der Lager während des Normalbetriebs infolge von Relativbewegung der einzelnen Lagerbestandteile wurde im vorherigen Kapitelverlauf bereits ausführlich erläutert. Durch eine fehlerhafte Auslegung der Lager, nicht entsprechend der anliegenden Belastung bzw. Drehzahl, kann es zu einer unerwarteten Erwärmung des Lagers kommen. Eine Überbeanspruchung tritt auf. In diesem Fall wirken zu hohe Kräfte auf das Lager, oder die zulässige Drehzahl wird überschritten. Infolgedessen entsteht eine Erhöhung des jeweiligen Reibmoments, was letztlich eine unvorhergesehene Erwärmung bedingt. Demnach ist die Grundvoraussetzung für die Gestaltung der Lager die detaillierte und fehlerfreie Ermittlung der auftretenden Lagerkräfte, Drehzahlen und Umgebungstemperaturen. Des Weiteren sind Lager stets entsprechend den vom Hersteller angegebenen Parametern auszulegen und zu betreiben.

**Tab. 7.12** Ursachen für an Wälzlager vorrangig hervorgerufenen Zündquellen

| Zündquelle | Ursachen |
|---|---|
| **Heiße Oberflächen** | • Reibung von in Relativbewegung befindlichen Teilen<br>• fehlerhafte Auslegung<br>• unzureichende Wartung<br>• ungenügende oder falsche Schmierung<br>• Spielüberbrückung durch unzulässige Erwärmung<br>• fehlerhafte Montage<br>• Eindringen von Fremdkörpern in den Spalt zwischen drehenden Teilen<br>• Bruch<br>• Nutzung des Lagers über Lebensdauer hinaus |
| **Mechanisch erzeugte Funken** | • Lagerbruch<br>• Reibung von in Relativbewegung befindlichen Teilen<br>• fehlerhafte Auslegung<br>• unzureichende Wartung<br>• ungenügende oder falsche Schmierung<br>• Spielüberbrückung durch unzulässige Erwärmung<br>• fehlerhafte Montage<br>• Eindringen von Fremdkörpern in den Spalt zwischen drehenden Teilen<br>• Nutzung des Lagers über Lebensdauer hinaus |
| **Statische Elektrizität** | • Reibung von in Relativbewegung befindlichen Teilen<br>• fehlende Erdung leitfähiger Teile<br>• Einsatz isolierender Materialien |

Die Wahl der Lagerpassungen ist bei der Auslegung der Anschlusskonstruktion von sehr hoher Bedeutung im Rahmen des Explosionsschutzes. Zu enge Passungen führen zu einem gestörten Temperaturverhalten [29]. Die im Lager auftretende Lagerluft spielt hier eine entscheidende Rolle. Die Lagerluft beschreibt das Maß, um das sich Innen- und Außenring im nicht eingebauten Zustand gegeneinander verschieben lassen. Durch einen festen Sitz des Lagers im Gehäuse oder auf der Welle wird diese Lagerluft reduziert. Im Idealfall reduziert sich die Lagerluft im eingebauten Zustand um 70 % bis 90 % [37]. Ist die Passung zu eng gewählt und geht das Restlagerspiel gegen null, so tritt der oben beschriebene Effekt auf. Auch muss bei der Wahl der Passung die später auftretende Erwärmung berücksichtigt werden. Durch die Erwärmung des Lagers durch anliegende Teile (Gehäuse oder Welle) kann es aufgrund unterschiedlicher Materialausdehnung der Anbauteile zu einer Veränderung der Passungen kommen. In der Regel hat das Gehäuse, bedingt durch seine Masse, eine höhere Wärmekapazität als die Welle. Es ergibt sich ein Temperaturunterschied von bis zu 10 °C zwischen Welle und Gehäuse [37]. Erwärmt sich die Welle mehr oder kühlt das Gehäuse stärker ab, verändert sich auch der Temperaturunterschied zwischen Innen- und Außenring des Lagers. Das Lagerspiel reduziert sich durch die unterschiedliche Erwärmung. Umgekehrt kann es auch zu einem Wärmestau im Lager kommen, wenn der Wärmeabfluss des Lagers an den Anbauteilen nicht gewährleistet werden kann, was ebenfalls einen Einfluss auf die Lagerluft haben kann.

Ein wesentlicher Einfluss entsteht auch durch die Auswahl der Schmierung, siehe Abschn. 7.6.3.4. Vor allem für die Wärmeleitung ist die Wahl des Schmierstoffs entscheidend. Schmierfette bringen zwar einen geringen konstruktiven und Wartungsaufwand mit sich, können jedoch keine Wärmeabfuhr durch den Schmierstoff gewährleisten. Diesen Vorteil bringen hingegen Schmieröle mit sich, wenngleich der Aufwand für Zuführung und Abdichtung erheblich größer ist [32]. Geeignet sind Schmierfette K nach der DIN 51825. Schmieröle müssen den Anforderungen der DIN 51517 oder der DIN 51524 entsprechen. Bei entsprechender Schmierung sind in jedem Fall die spezifischen Gebrauchsdauern und Nachschmierfristen zu berücksichtigen. Durch die Auswahl des falschen Schmierstoffs oder das Nichteinhalten der Nachschmierfristen bzw. Überschreiten der vorgesehenen Gebrauchsdauer kann es zu einer drastischen Verkürzung der Lagerlebensdauer sowie einer unerwarteten Erhöhung der Lagertemperatur kommen [29, 32]. Die hier entstehenden heißen Oberflächen können eine explosionsfähige Atmosphäre zur Zündung bringen.

Treten während des Lagerbetriebs Fremdkörper in das Innere des Lagers ein, so muss mit einer Erhöhung des Reibmoments gerechnet werden und folglich auch mit der Erhöhung der Lagertemperatur. Abb. 7.9 zeigt Eindrücke von unterschiedlichen Fremdkörpern. Die Verschmutzung des Schmierstoffs wird bereits teilweise in der modifizierten Lebensdauerberechnung nach DIN ISO 281 berücksichtigt [38]. Das Ausmaß der Lagerverunreinigung ist stark abhängig von der Menge und Art der in das Lager eingedrungenen Partikel. Hierbei wird zwischen fester und flüssiger Verunreinigung unterschieden. Flüssige Verunreinigungen reduzieren den Schmierstoffgehalt, resultierend kommt es durch eine verschlechterte Schmierung zu einer Erhöhung der Reibmomente. Feste Ver-

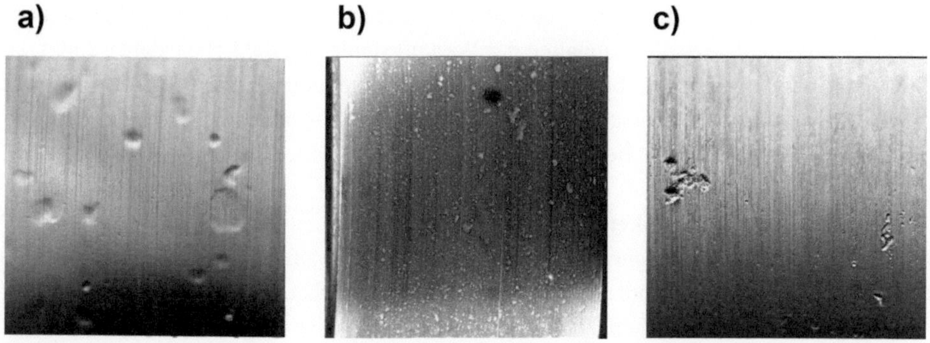


**Abb. 7.9** (**a**) Eindrücke weicher Fremdkörper [29] (**b**) Eindrücke von Fremdkörpern aus gehärtetem Stahl [29], (**c**) Eindrücke harter mineralischer Fremdkörper [29] (Druckfreigabe mit freundlicher Genehmigung der Schaeffler Technologies AG & Co. KG)

unreinigungen schädigen das Lager direkt. Beim Überrollen hinterlassen Feststoffe Abdrücke in den Laufbahnen. Summieren sich die Abdrücke in den Laufflächen, kommt es zu einer Aufrauung der Oberfläche, was wiederum die Reibmomente erhöht und den Abrasivverschleiß begünstigt [29].

Allgemein ist jeder abrasive Verschleiß kritisch zu betrachten, da die sich hier auslösenden Elemente der Lagerringe den oben beschriebenen Effekt mit sich bringen. Zusätzlich kommt es zu einer Erhöhung der Oberflächenrauheit, folglich treten höhere Reibmomente auf. Ein ähnlicher Effekt ist bei Schäden durch Adhäsion zu erwarten. So ist die Ursache hier nicht nur durch externe Einflüsse, wie dem Eindringen von Partikeln in das Lagerinnere, zu erwarten, sondern kann auch durch das Lager selbst verursacht werden. Alle im vorigen Abschn. 7.6.3.5 beschriebenen Wälzlagerschäden nach ISO 15243 sind daher kritisch.

Besonders Schäden durch Gewalt- oder Dauerbruch, häufig infolge von Rissbildung, sind kritisch. Kommt es zum Bruch des Käfigs im Inneren eines Lages, können sich abgelöste Teile zwischen Wälzkörper und Innen- und/oder Außenring klemmen und so das Abrollen der Wälzkörper verhindern. Die Folge ist eine signifikante Erhöhung der Reibwerte und damit eine rasche Erwärmung des Lagers. Weiter kann es unter Umständen zum Bruch der Lagerringe kommen. In diesem Fall ist der Effekt derselbe. Darüber hinaus muss berücksichtigt werden, dass der Komplettausfall eines Lagers eine Auswirkung auf die Anschlusskonstruktion haben kann. So können potenzielle Zündquellen auch an anderer Stelle infolge eines Lagerschadens auftreten. Prinzipiell besteht trotzdem die Möglichkeit, bei Einhaltung aller Anforderungen und unter Berücksichtigung der nicht ausschließbaren Restwahrscheinlichkeiten, einen Lagerschaden als seltene Störung einzustufen.

Weitere Fehler können bei der Montage von Lagern auftreten. Durch den unsachgemäßen Einbau kann es aufgrund von Verkippung und Verschränkung zu einer bedeutsamen Erhöhung der realen Reibmomente und Reibungsleistungen kommen [29, 32]. Eine zusätzliche Sicherung stellt beispielsweise die formschlüssige Lagesicherung des Lagergehäuses durch Stifte dar.

Die regelmäßige Wartung der Lager ist entsprechend den Herstellervorgaben stets zu berücksichtigen, da ein Nichteinhalten der Wartungsintervalle die Lebensdauer durch das Auftreten der oben beschriebenen Fehlerzustände erheblich verringern kann [39]. Die Möglichkeiten, einem Lagerschaden mit Wartung entgegenzuwirken, sind unter dem Abschnitt „Maßnahmen“ beschrieben.

**Mechanisch erzeugte Funken**

Die in Kap. 4 detailliert beschriebene Zündquellenart mechanisch erzeugte Funken tritt infolge mechanischer Arbeit auf. Eine Unterscheidung zwischen Schlag- und Abtragvorgängen sowie Reibung zwischen ähnlichen Eisenmetallen ist möglich [40]. Bei der Betrachtung von Lagern können in erster Linie die abrasiven Lagerschäden, siehe Abschn. 7.6.3.5, Funkenschlag mit sich bringen. Die durch den Abtrennungsvorgang freigesetzte Energie wird zum Teil in den abgetragenen Teilchen für kurze Zeit gespeichert. Die Energie eines mechanisch erzeugten Funkens kann ausreichend sein, um eine explosionsfähige Atmosphäre zu zünden. Im Wesentlichen sind die Ursachen für mechanisch erzeugte Funken identisch zu denen der heißen Oberflächen.

**Statische Elektrizität**

Die elektrostatische Entladung bzw. der Stromdurchgang durch Lager kann unter Umständen zu einer Beschädigung der Laufbahnen und Wälzkörper durch Elektrokorrosion führen. Darüber hinaus hat der Stromfluss im Lager einen negativen Einfluss auf das sich im Lager befindende Schmiermittel [41]. Infolgedessen kommt es zu einer Erhöhung der Reibmomente im Lager. Erhöhte Reibmomente können, wie zuvor beschrieben, zu einer signifikanten Erhöhung der Lagertemperaturen führen. Neben der erhöhten Reibung ist dieser Effekt der Lagererwärmung durch Stromfluss innerhalb des Lagers nicht auszuschließen. Besonders kritisch ist der elektrische Funken aufgrund von elektrostatischer Entladung. Durch einen zu hohen Potenzialunterschied zwischen dem Außen- und Innenring kann es gemäß der ISO 15243 zur elektrischen Funkenbildung kommen [42].

Die Hauptursachen des Stromdurchflusses sind bekannt. Dabei sind vier Ursachen zu differenzieren [43]:

- Asymmetrien im magnetischen Fluss einer elektrischen Maschine (Spannungen zwischen Welle und Gehäuse, die Folge ist ein Stromfluss durch die Wälzlager)
- Ungeschirmte, asymmetrische Kabel ohne ausreichende Erdung der elektrischen Maschine (Spannungen zwischen Wälle und Gehäuse, die Folge ist ein Stromfluss durch die Wälzlager)
- Der Einsatz von Frequenzumrichtern (Frequenzumrichter basieren meist auf dem Prinzip der Pulsweitenmodulation und bedingen so hochfrequente Gleichspannungen)
- Elektrostatische Aufladung der Welle und Gehäuse mit anschließender Entladung über die Lager

Die an den Lagerflächen auftretenden Schäden sind die Folge des beschriebenen Stromflusses. Kommt es zu einer Verdichtung der Stromlinien, ist die lokale Erwärmung innerhalb kurzer Zeit die Folge. Die Temperaturen können so hoch werden, dass die Kontaktflächen aufschmelzen und miteinander verschweißen. So entstehen minimale Krater an der Oberfläche [42].

#### Maßnahmen

Bei der Durchführung der nach Norm ISO 80079-36 [6] geforderten Zündgefahrenbewertung für nicht-elektrische Komponenten in explosionsgeschützten Bereichen, siehe Kap. 6, sollten die in der Norm ISO 80079-37 [10] beschriebenen Anforderungen an Lager Berücksichtigung finden. Im Folgenden werden diese Anforderungen in Anlehnung an die Norm 80079-37 detailliert dargestellt.

Die Grundvoraussetzung des Lagereinsatzes ist die Eignung des Lagers für die auftretenden statischen oder dynamischen Kräfte, für auftretende Drehzahlen und Temperaturen. Diese sind wie oben beschrieben normentsprechend zu bestimmen. Es ist stets darauf zu achten, die nach der Lebensdauerberechnung ermittelte Lebensdauer einzuhalten und unter keinen Umständen zu überschreiten. Die Sicherheitswerte der in die Berechnung einfließenden Parameter sind entsprechend der Zündgefahrenbewertung bzw. der geplanten Zielzone zu wählen. Genaue Vorgaben seitens der Normung bestehen hier nicht. Grundsätzlich sollte jedoch das Risiko auf ein Minimum reduziert werden. Durch die Reduktion der Ausfallwahrscheinlichkeit auf 1 % verringert sich die Lebensdauer nach ISO 281, erweiterter Lebensdauerberechnung, unter sonst gleichen Betriebsbedingungen auf 25 % der nominellen Lebensdauer [22].

Entsprechend den auftretenden Kräften sind die Passungen der Anschlussstellen auszulegen. Einen wesentlichen Einfluss haben hier Grenzabweichungen, Rundheit sowie die Oberflächengüte. Die erwartete Erwärmung im Normalbetrieb gilt es, in jedem Fall zu berücksichtigen. Hinzu kommt eine Betrachtung des Wärmeflusses im Gesamtsystem. Es ist darauf zu achten, dass die Lager die auftretende Wärme in einem geeigneten Maß abführen können. Eine thermische Isolation der Lager gilt es, in jedem Fall zu vermeiden, sodass die maximal zulässige Oberflächentemperatur nicht überschritten wird. Bei der Montage ist die korrekte Ausrichtung der Lager von großer Bedeutung. Das Eindringen von Fremdkörpern in das Lager ist zu vermeiden. Hier kann auf Lager mit entsprechender Dichtung zurückgegriffen werden. Andernfalls sind die Anschlusskonstruktionen so auszulegen, dass das Eindringen von Fest- oder Flüssigmitteln verhindert wird.

Es ist darauf zu achten, dass zwischen dem Lagerinnenring und dem Lageraußenring keine elektrische Potenzialdifferenz entsteht, welche zu einem Stromfluss über die Wälzkörper führt. Sollte eine Potenzialdifferenz unvermeidlich sein, ist auf elektrisch isolierende Lager zurückzugreifen.

Bereits bei der Konstruktion gilt es, die spätere Schmierung entsprechend zu wählen und diese im Lauf der Lagerlebensdauer zu überwachen. Es muss sichergestellt werden, dass zu jeder Zeit ausreichend Schmiermittel vorhanden ist. Dieser Zustand lässt sich beispielsweise über ein beidseitig abgedichtetes Lager mit Lebensdauerschmierung, eine Ölspritzschmierung, ein automatisches Schmiersystem oder ein manuelles Schmiersystem gewährleisten. Andernfalls müssen andere Maßnahmen zur Überwachung der Schmierung getroffen werden. Hier kommt häufig eine sensorbasierte Überwachung zum Einsatz. Die vom Hersteller empfohlenen Wartungsintervalle sind unbedingt einzuhalten. Zusätzliche Wartungsintervalle können zweckmäßig sein.

Beim Auftreten von Lagerschäden oder nach Erreichen der errechneten Lagerlebensdauer sind die betreffenden Lager zu tauschen. Lager sind vor Schwingungen zu schützen. Gerade im Stillstand können Schwingungen zu folgeschweren Lagerschäden führen.

Lagerkäfige sind entsprechend den zu erwartenden Betriebsbedingungen zu wählen. So kommen Massivkäfige beispielsweise bei großen Lagern mit einer hohen Belastung zum Einsatz. Polyamidkäfige eignen sich für den Einsatz bei Wälzlagern, welche hohen Beschleunigungen und Verzögerungen sowie einer Verkippungen der Lagerringe zueinander ausgesetzt sind. Polyamidkäfige verfügen darüber hinaus über sehr gute Gleit- und Notlaufeigenschaften [44].

Bei bestimmten Lagertypen ist eine Einlaufphase notwendig. Dies ist der Betriebsanleitung zu entnehmen. Je nach Einsatzort ist die chemische Verträglichkeit der Lager mit den auftretenden Substanzen zu überprüfen.

Eine geeignete Maßnahme für den Einsatz von Wälzlagern in der Zone 0/20 ist eine sensorbasierte Überwachung hinsichtlich der explosionsschutzkritischen Parameter des Lagers und des Schmierstoffs. Diese Zündquellenüberwachung muss für den Einsatz in explosionsgefährdeten Bereichen ausgelegt sein und darf keine zusätzlichen Zündquellen hervorbringen.

Ein genaues Vorgehen hinsichtlich der Bewertung der einzelnen Wälzlagerschäden wird in der Norm nicht weiter definiert, jedoch sind der beispielhaften Zündgefahrenbewertung im Anhang C der Norm ISO 80079-36 [6] die in Tab. 7.12 dargestellten Bewertungsgrundsätze zu entnehmen.

Generell sind in der Anlagendokumentation zusätzlich bauteilspezifische Angaben zur Sicherung des Explosionsschutzes aufzulisten.

## 7.6.4 Dichtungen

### 7.6.4.1 Definition

Dichtungen sind Bauteile oder konstruktiv gestaltete Elemente zur räumlichen Trennung von festen, flüssigen oder gasförmigen Medien mit dem Ziel, den Stoffaustausch zu verhindern bzw. auf ein zulässiges Niveau (zulässiger Leckageverlust) zu reduzieren. Eine absolute Dichtheit im physikalischen Sinn (vollständiges Unterbinden eines Stoffaustauschs) ist technologisch nicht zu bewerkstelligen, da Diffusionsvorgänge nicht zu unterbinden sind. Weiterführende Informationen zum Thema Dichtungstechnik sind unter anderem bei Müller [45] und Tietze [46] zu finden.

Neben der absperrenden Wirkung erfüllen Dichtungen oftmals weitere Zusatzfunktionen wie beispielsweise Wärmeleitung/-isolierung, elektrische Isolation, Schwingungsdämpfung, Kraftübertragung und Führungsfunktion bzw. Lagefixierung.

Grundsätzlich lassen sich statische und dynamische Dichtungen unterscheiden, wobei jeweils eine weitere Unterteilung in berührende und berührungslose Dichtungen erfolgt, siehe Abb. 7.10. Bei statischen Dichtungen sind die zueinander abzudichtenden Räume bzw. die Dichtflächen gegeneinander nicht verschiebbar. Vorrangig werden berührende Dichtungen verwendet, berührungslose Dichtungen haben nur eine untergeordnete Bedeutung. Sind die Dichtflächen zueinander verschiebbar oder drehbar gelagert, spricht man von dynamischen Dichtungen. Diese können berührend oder berührungslos ausgeführt sein.

Eine absolute Dichtheit im technischen Sinn ist nur durch elastische oder elastisch-plastische Verformungen der sich berührenden Dichtflächen oder durch stoffschlüssige Verbindungen erreichbar. Werden die Dichtungen zur Abdichtung von brennbaren Medien eingesetzt, können diese bei entsprechenden Leckagemengen eine Freisetzungsquelle darstellen. Insbesondere bei berührungslosen Dichtsystemen ist in diesen Fällen die Leckagerate kritisch zu prüfen.

In diesem Zusammenhang sind auch die Definitionen der Fälle „technisch dicht" und „auf Dauer technisch dicht" zu prüfen. Insbesondere im Explosionsschutz können diese Zustände von großer Bedeutung für die Bewertung von Zündquellen und auch Zoneneinteilungen sein. Gemäß TRGS 722 dürfen auf Dauer technisch dichte Anlagenteilen keine Freisetzungen ermöglichen. An diese Definition sind die Anforderungen gekoppelt, dass die Anlagenteile so ausgelegt sind, „dass sie aufgrund ihrer Konstruktion technisch dicht bleiben oder ihre technische Dichtheit durch Wartung und Überwachung ständig gewährleistet wird" [47]. Dazu zählen beispielsweise gemäß TRGS 722 geschweißte Bauteile, Wellendurchführungen mit doppelt wirkender Gleitringdichtung oder gasgeschmierte Dichtungen mit Überwachung des Gasflusses oder -drucks, Flansche mit Schweißlippen-

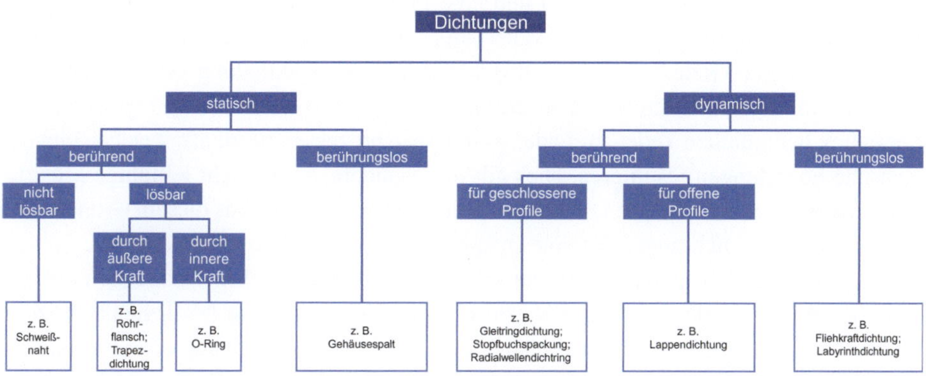


**Abb. 7.10** Einteilung von Dichtungen nach der Art ihrer Beanspruchung

dichtungen oder auch dynamisch beanspruchte Dichtungen, z. B. bei Wellendurchführungen an Pumpen oder selbsttätig nachstellende Stopfbuchspackungen an staubführenden Apparaten – jedoch in Kombination mit entsprechenden organisatorischen Maßnahmen. Bei technisch dichten Anlageteilen können seltene Freisetzungen möglich sein. Dies sind u. a. nach TRGS 722 Flansche mit glatter Dichtleiste und keinen besonderen konstruktiven Anforderungen an die Dichtung, Wellendichtungen, die auf einfachen Wirkprinzipien beruhen, wie z. B. einfach wirkende Gleitringdichtungen oder Stopfbuchsen oder Einstiegs- und Inspektionsöffnungen, die nicht nur selten geöffnet werden. Die TRGS 722 gibt zusätzliche Informationen zu dieser Thematik und beschreibt die zu verwendenden Flanscharten und Dichtungstypen. Quantifizierbare Größen, wie beispielsweise Dichtungskennwerte, wären zur Einschätzung hilfreich.

#### 7.6.4.2 Zündquellen

An Dichtungen können verschiedene potenzielle Zündquellen auftreten. Zu den typischen Zündquellen zählen mechanisch erzeugte Funken und statische Elektrizität sowie heiße Oberflächen [6, 10]. Diese Zündquellenarten können im Normalbetrieb, bei zu erwartenden Störungen oder bei seltenen Störungen verursacht werden. Neben den beschriebenen typischen Zündquellenarten können jedoch auch andere Zündquellenarten auftreten. Dies ist bei der Analyse der gerätebezogenen Zündquellen in Vorbereitung für die Zündgefahrenbewertung, siehe Kap. 6, zu prüfen.

**Ursachen**

Die Ursachen für das Auftreten von Zündquellen an Dichtungen sind vielfältig. Tab. 7.13 zeigt typische Gründe für die Entstehung von Zündgefahren. Darüber hinaus sind weitere, vom Anwendungsfall abhängige Ursachen möglich. Auch hier ist stets der Einzelfall zu betrachten und zu prüfen.

Die Zündquelle statische Elektrizität kann bei statischen und dynamischen Dichtungen auftreten. Nicht geerdete leitfähige Komponenten können sich, unabhängig von ihrer Beweglichkeit, elektrostatisch aufladen und eine Funkenentladung erzeugen. Gleiches gilt für Komponenten aus isolierenden Materialien. Auch diese können sich elektrostatisch aufladen und eine Gleitstielbüschel-, Büschel- oder Koronaentladung verursachen, siehe Abschn. 7.5.3. Des Weiteren besteht die Möglichkeit, dass die Reibung von in Relativbewegung befindlichen Teilen zu Ladungstrennungsprozessen führt, aus welchen elektrostatische Entladungen resultieren. Dies gilt insbesondere, wenn nicht leitfähige Materialien verwendet oder leitfähige Dichtungen nicht geerdet werden. Aus diesem Grund ist bei der Auswahl von Dichtungen auf eine entsprechende Materialauswahl zu achten.

Heiße Oberflächen treten nahezu ausschließlich an dynamischen Dichtungen auf, sofern die Dichtung selbst nicht durch externe Umgebungseinflüsse (z. B. heiße Prozessmedien) erwärmt wird. Bei dynamischen Dichtungen kann die Reibung von in Relativbewegung befindlichen Teilen, wie bspw. zwischen einer rotierenden Welle und der stehenden Dichtlippe eines Radialwellendichtrings, zu einer kritischen Temperaturentwicklung

**Tab. 7.13** Ursachen für die Zündquellen in Dichtungen

| Zündquelle | Ursachen |
|---|---|
| **Statische Elektrizität** | • Reibung von in Relativbewegung befindlichen Teilen<br>• fehlende Erdung leitfähiger Teile<br>• Einsatz isolierender Materialien |
| **Heiße Oberflächen** *(vorrangig bei dynamischen Dichtungen)* | • Reibung von in Relativbewegung befindlichen Teilen<br>• Eindringen von Fremdkörpern in den Spalt zwischen drehenden Teilen<br>• ungenügende Schmierung<br>• unzureichende Wartung<br>• fehlerhafte Konstruktion oder Montage<br>• Nutzung der Dichtung über Lebensdauer hinaus<br>• Spielüberbrückung durch unzulässige Erwärmung |
| **Mechanisch erzeugte Funken** *(vorrangig bei dynamischen Dichtungen)* | • Eindringen von Fremdkörpern in den Spalt zwischen drehenden Teilen<br>• ungenügende Schmierung<br>• unzureichende Wartung<br>• fehlerhafte Konstruktion oder Montage<br>• Nutzung der Dichtung über Lebensdauer hinaus<br>• Spielüberbrückung durch unzulässige Erwärmung |

führen. Da Relativbewegungen im Rahmen der bestimmungsgemäßen Verwendung von dynamischen Dichtungen nicht auszuschließen sind, treten diese folglich im Normalbetrieb auf. Durch eine fehlerhafte Konstruktion oder Montage kann dieser Effekt noch verstärkt werden. Aus diesem Grund ist auf eine korrekte Auswahl, Dimensionierung und Montage von Dichtungen zu achten. Eine weitere Ursache für das Auftreten von heißen Oberflächen ist eine unzureichende Schmierung, welche zu einer unzulässigen Erwärmung durch Reibungseffekte führt. Durch die Auswahl eines falschen Schmiermittels ist eine Verstärkung dieses negativen Effekts möglich. Ebenso kann durch das Eindringen von Fremdkörpern in den Spalt zwischen drehenden Teilen eine unzulässige Erwärmung entstehen. So führen bspw. eindringende Staubpartikel zu einer zunehmenden Verschmutzung des Spalts, woraus erhöhte Reibungseffekte resultieren können. Da im Betrieb von Dichtungen immer ein natürlich bedingter Verschleiß auftritt, der durch ungünstige Anwendungsfälle und Einbausituationen beschleunigt werden kann, ist neben der Einhaltung korrekter Wartungsintervalle die Festlegung und Beachtung der maximalen Lebensdauer von hoher Bedeutung für den Explosionsschutz. Die Nutzung der Dichtungen über die Lebensdauer hinaus kann zu einer massiven Schädigung der Dichtungsbestandteile führen, aus der durch erhöhte Reibungseffekte heiße Oberflächen resultieren können, siehe Abb. 7.11. Mögliche Schäden an Dichtungen sind: Einlauf- und/oder Anlaufspuren, Rissbildung, Ausbrüche und Ausplatzungen, Abrieb, Verhärtungen oder Korrosion/Erosion.

**Abb. 7.11** Defekte Gleitringdichtungen [48]. (Druckfreigabe mit freundlicher Genehmigung der PMD Pumpen- und Maschinenservice Donde)

Durch eine unzureichende Wartung (z. B. Fehler bei der Wartung, Nichteinhaltung der vorgeschriebenen Wartungsintervalle usw.) können die beschriebenen Ursachen begünstigt werden. So wächst durch eine Missachtung der Wartungsintervalle bspw. das Risiko einer ungenügenden Schmierung der Dichtung, und eine ausreichende Schmierung kann nicht mehr sichergestellt werden. Die aufgeführten Ursachen beschreiben Einflüsse, die aus der Dichtung selbst resultieren. Weiterhin sind externe Einflüsse zu berücksichtigen, die sich aus der unmittelbaren Umgebung der Dichtungen ergeben. So kann die unzulässige Erwärmung der Dichtungsumgebung zu einer Materialausdehnung führen, aus der eine Spielüberbrückung innerhalb der Dichtung resultiert. Durch die entstehenden Reibungseffekte können wiederum heiße Oberflächen auftreten. Je nach Anwendungsfall und Einbausituation unterscheiden sich die möglichen externen Einflüsse stark. Externe Einflüsse sind jedoch für den speziellen Anwendungsfall immer zu analysieren und bei der Durchführung der Zündgefahrenbewertung zwingend zu berücksichtigen.

Auch die Zündquellenart mechanisch erzeugte Funken tritt vorrangig an dynamischen Dichtungen auf. In Abhängigkeit von der Geschwindigkeit der Relativbewegung sowie den eingesetzten Werkstoffen können insbesondere durch das Eindringen von Fremdkörpern in den Spalt zwischen drehenden Teilen mechanisch erzeugte Funken entstehen. Auch durch eine ungenügende Schmierung, eine fehlerhafte Konstruktion oder Montage, eine unzureichende Wartung, eine Nutzung der Dichtung über die Lebensdauer hinaus oder eine Spielüberbrückung durch eine unzulässige Erwärmung können je nach Rotationsgeschwindigkeit und Materialien der Dichtung sowie Anschlusskonstruktion mechanisch erzeugte Funken auftreten. Darüber hinaus besteht die Möglichkeit, dass weitere bereits beschriebene Ursachen der Zündquellenart heiße Oberfläche auch die Bildung mechanisch erzeugter Funken bedingen können.

#### 7.6.4.3 Maßnahmen

Ziel der Zündschutzart konstruktive Sicherheit ist eine Konstruktion des Produkts, bei der idealerweise keine potenziellen Zündquellen auftreten bzw. mögliche potenzielle Zündquellen nicht wirksam werden können. Allgemeine Hinweise für nicht-elektrische Betriebsmittel, die in einem explosionsgefährdeten Bereich Einsatz finden sollen, sind der Norm ISO 80079-36 [6] zu entnehmen. Hier sind u. a. auch Informationen zu Dichtungen vorhanden. Konkrete Anforderungen an die Realisierung der Zündschutzart konstruktive Sicherheit mit dem Maschinenelement Dichtungen gibt die Norm 80079-37 [10]. Auf Basis dieser Inhalte können zusammenfassend folgende Empfehlungen zu den Maßnahmen gegeben werden.

Sollen Dichtungen in explosionsgefährdeten Bereichen Anwendung finden, sind diese mit besonderer Sorgfalt nach dem Stand der Technik auszuwählen. Dabei sind zwingend alle Betriebs- und Umgebungsbedingungen zu beachten. Weiterhin ist die maximale Lebensdauer unter der Beachtung des spezifischen Anwendungsfalls so zu berechnen und anzugeben, dass ein sicherer Betrieb der Dichtung während der gesamten Betriebsdauer gewährleistet ist. Des Weiteren ist das Zusammenspiel mit der Anschlusskonstruktion zu analysieren. Einbautoleranzen sind im Sinne des Explosionsschutzes festzulegen.

Kommen ungeschmierte Dichtungen, Manschetten, Bälge oder Membranen in explosions-gefährdeten Bereichen zum Einsatz, dürfen für diese keine Leichtmetalle verwendet werden, um das Zündrisiko durch Reib-, Schlag- oder Abriebfunken zu reduzieren. Kommen nichtmetallische Materialien zum Einsatz, müssen diese soweit gegen Distorsion und Abbau beständig sein, dass die Wirksamkeit des Explosionsschutzes innerhalb der festgelegten Betriebslebensdauer nicht beeinträchtigt wird. Stopfbuchsendichtungen dürfen in explosionsgefährdeten Bereichen nur eingesetzt werden, wenn durch den Hersteller Anweisungen zum Begrenzen der maximalen Oberflächentemperatur im laufenden Betrieb gegeben werden. Ist dies nicht der Fall, muss eine automatische Einrichtung zur Temperaturbegrenzung integriert werden. Geschmierte Dichtungen sind für den Einsatz in explosionsgefährdeten Bereichen konstruktiv so auszulegen, dass immer ausreichend Schmiermittel an den entsprechenden Stellen vorhanden ist. Kann dies nicht sichergestellt werden, ist eine der folgenden Maßnahmen anzuwenden:[1]

- Bereitstellung einer Überwachungseinrichtung, die das Vorhandensein des Schmiermittels sicherstellt
- Bereitstellung einer Temperaturerfassung, die bei einer kritischen Temperaturentwicklung warnen kann

[1] Umfassen die Maßnahmen Überwachungen, so müssen diese entweder kontinuierlich oder durch eine entsprechende Inspektion und Überprüfung erfolgen.

- Konstruktive Auslegung der Dichtung, sodass eine „Trockenlauf-Bauartprüfung" nach der Norm ISO 80079-37 [10] vorgenommen werden kann. Durch diese erfolgt eine Simulation der Erwärmung, die auftreten kann, wenn die vorgesehene Schmierung zwischen feststehenden und beweglichen Dichtungsteilen verloren geht. Dabei darf die maximale Oberflächentemperatur nicht überschritten werden, und es dürfen keine unzulässigen Beschädigungen auftreten.

Sollte der Füllstand des eingesetzten Schmiermittels nicht ohne Weiteres überwacht werden können, muss die Betriebsanleitung alle maßgeblichen Informationen enthalten. Dies gilt beispielsweise für Fett enthaltende Dichtungen, da bei diesen aufgrund der hohen Viskosität des Schmiermediums kein Füllstand abgelesen werden kann. Die eingesetzten Schmier- und Kühlmittel müssen eine Zündtemperatur haben, die mindestens 50 K über der maximalen Oberflächentemperatur des Geräts liegt, in dem die Flüssigkeit zur Anwendung kommt. Außerdem dürfen die eingesetzten Flüssigkeiten im Fall einer Freisetzung nicht zu einer wirksamen Zündquelle, z. B. durch hohe Temperaturen oder elektrostatische Aufladung, führen. Weiterhin sind alle notwendigen Einzelheiten zur korrekten Schmierung, Überwachung und Wartung von Dichtungen in der Betriebsanleitung aufzuführen.

Durch die Verwendung leitfähiger oder ableitfähiger Materialien lässt sich die Zündgefahr der statischen Elektrizität reduzieren. Leitfähige Teile und ableitfähige Materialien sind entsprechend zu erden, damit sich diese nicht gefährlich aufladen können. Detaillierte Hinweise dazu können der Technischen Regel TRGS 727 [9] entnommen werden. Ist der Einsatz von leitfähigen oder ableitfähigen Materialien nicht möglich, können als präventive Maßnahme im Bereich von explosionsfähigen Gasatmosphären die maximal zulässigen projizierten Flächen von nicht leitfähigen Materialien begrenzt werden, siehe Abschn. 7.5.3. Diese beschriebene Maßnahme ist jedoch nur zulässig, wenn keine stark ladungserzeugenden Prozesse auftreten (z. B. Strömen von Flüssigkeiten mit niedriger Leitfähigkeit). Neben der Begrenzung der maximal zulässigen isolierenden Oberfläche bestehen nach der TRGS 727 weitere Möglichkeiten, isolierende Materialien in explosionsgefährdeten Bereichen einzusetzen.

Um die Zündgefahr durch heiße Oberflächen bei vorrangig dynamischen Dichtungen zu vermeiden, ist die an der Dichtung auftretende maximale Oberflächentemperatur zu bestimmen. Je nachdem, welche Gerätekategorie und maximal zulässige Oberflächentemperatur bzgl. der sicherheitstechnischen Kenngrößen erzielt werden soll, sind neben der Bestimmung der maximalen Oberflächentemperatur weitere Maßnahmen notwendig, um die Gefahr durch heiße Oberflächen auf ein vertretbares Maß zu reduzieren. Die Messung hat unter Berücksichtigung der ungünstigsten Bedingungen zu erfolgen. So sind bei der angestrebten Gerätekategorie 3 (EPL Gc oder Dc) der Normalbetrieb, bei Gerätekategorie 2 (EPL Gb oder Db) die zu erwartenden Störungen und bei Gerätekategorie 1 (EPL Ga oder Da) die seltenen Störungen zu berücksichtigen. Zudem müssen bei der Ermittlung der maximalen Oberflächentemperatur alle zusätzlichen Maßnahmen zur Überwachung und Begrenzung der Temperatur sowie die ungünstigste Einbaulage einbezogen werden.

Dem Anhang A der Norm ISO 80079-37 können Zündgefahrenbewertungen für unterschiedliche Dichtungen als Beispiele für die Methodik entnommen werden. Hier wird u. a. der Einsatz von Maßnahmen zur Reduzierung der Zündgefahr durch heiße Oberflächen an einer Gleitringdichtung dargestellt.

Generell sind in der Anlagendokumentation zusätzlich bauteilspezifische Angaben zur Sicherung des Explosionsschutzes aufzulisten.

## 7.6.5 Federn

### 7.6.5.1 Definition

Federn sind Bauteile, die aufgrund ihrer Gestaltung und Formgebung eine besonders hohe elastische Verformung aufweisen.

Sie werden u. a. eingesetzt zur:

- Rückführung eines Bauteils in die Ausgangslage (z. B. Ventilfedern, Rückstellfedern bei Betätigungselementen),
- Speicherung mechanischer Energie (z. B. Uhrenantrieb, Federmotor in Spielzeugautos, Federspeicher in Hydrauliksystemen),
- Abmilderung von Stößen und Schwingungen durch Abfangen der Stoßenergie auf längeren Wegen,
- Aufrechterhaltung einer nahezu konstanten Kraft bei kleinen Wegänderungen (z. B. Federscheiben zur Schraubensicherung, Federn an Kontaktelementen),
- Aufteilung von Kräften (z. B. Federkernmatratzen),
- Erzeugung der Normalkraft bei kraftschlüssigen Verbindungen (z. B. Reibkupplungen, Rutschkupplungen),
- Messung von Kräften oder Momenten (z. B. Federkraftwaage, Drehmomentschlüssel),
- Beeinflussung des Schwingverhaltens von Maschinen (z. B. Vibrationsförderer).

Federn lassen sich in Abhängigkeit von ihrer Form (beispielsweise Tellerfeder, Spiralfeder, Blattfeder), der Belastungsart (beispielsweise Zugfeder, Torsionsfeder, Biegefeder) und des Federwerkstoffs (beispielsweise Metallfeder, Gummifeder) unterscheiden (Abb. 7.12).

### 7.6.5.2 Zündquellen

Die Zündquellenarten heiße Oberflächen, mechanisch erzeugte Funken und statische Elektrizität treten vorrangig auch bei Federn auf [6]. Das Auftreten ist in allen drei Betriebszuständen (Normalbetrieb, bei zu erwartenden Störungen oder bei seltenen Störungen) möglich. Im Allgemeinen können die übrigen Zündquellenarten jedoch nicht vollumfänglich ausgeschlossen werden. Bei der Einschätzung der gerätebezogenen Zündquellen ist daher immer der Einzelfall zu prüfen.

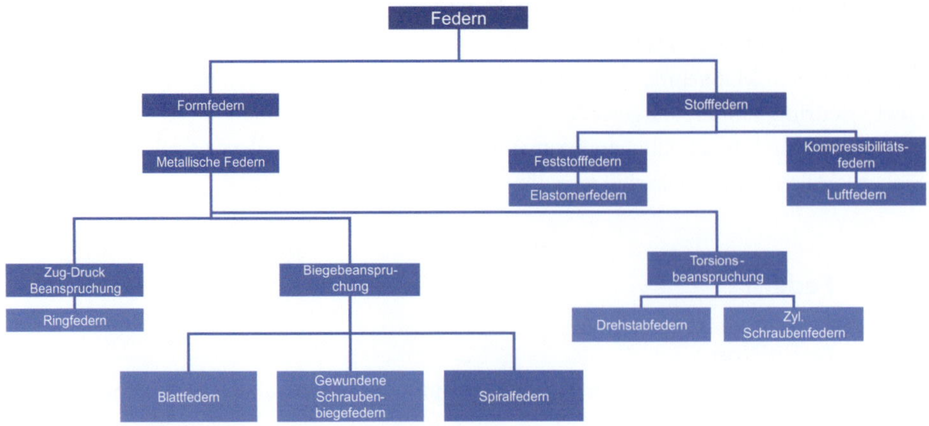


**Abb. 7.12** Übersicht über die Arten der elastischen Federn

**Tab. 7.14** Ursachen für die Zündquellen an Federn

| Zündquelle | Ursachen |
|---|---|
| **Heiße Oberflächen** | • innere und äußere Reibung durch Federbewegung<br>• Eindringen von Fremdkörpern in den Spalt zwischen Federelementen<br>• ungenügende Schmierung<br>• unzureichende Wartung |
| **Mechanisch erzeugte Funken** | • Eindringen von Fremdkörpern in den Spalt zwischen Federelementen (z. B. Wicklungen bei Schraubenfedern oder Innen- und Außenring bei Ringfedern)<br>• Federbruch |
| **Elektrostatische Entladungen** | • fehlende Erdung leitfähiger Teile<br>• Einsatz isolierender Materialien (z. B. bei Elastomerfedern) |

### Ursachen

Für das Auftreten von heißen Oberflächen, mechanisch erzeugten Funken und elektrostatischen Entladungen an Federn gibt es eine Vielzahl unterschiedlicher Ursachen. In Tab. 7.14 sind typische Gründe für die Entstehung dieser Zündgefahren aufgeführt. Darüber hinaus sind weitere, vom Anwendungsfall abhängige Ursachen möglich. Auch hier ist stets der Einzelfall zu betrachten und zu prüfen.

Kommen Federn für dynamische Einsatzfälle mit häufigen Lastwechseln zur Anwendung, besteht durch ihre innere und äußere Reibung (Dämpfungsarbeit) die Gefahr einer kritischen, inneren Temperaturerhöhung. Da die Federbewegung bei dynamischen Einsätzen zur bestimmungsgemäßen Verwendung zählt, können heiße Oberflächen demnach im Normalbetrieb auftreten. Eine mögliche Verstärkung dieses Effekts tritt ein, wenn Fremdkörper (bspw. Staubpartikel) in den Spalt zwischen den sich in Relativbewegung befindenden Federelementen (bspw. zwischen Innen- und Außenring bei Ringfedern) eindringen und die auftretende Reibung erhöhen. Werden geschmierte Federn eingesetzt, kann zudem eine unzureichende Schmierung zur Entstehung heißer Oberflächen führen. Durch die Auswahl eines falschen Schmiermediums kann dieser Effekt noch verstärkt werden. Durch die Missachtung von Wartungsintervallen oder die Durchführung einer fehlerhaften Wartung können die beschriebenen Ursachen begünstigt werden, und heiße Oberflächen entstehen. So wächst durch Nichteinhaltung der Wartungsintervalle bspw. das Risiko eines verschmutzten Spalts. Die aufgeführten Ursachen beschreiben Einflüsse, die aus der Feder selbst resultieren. Weiterhin sind die externen Einflüsse aus der unmittelbaren Umgebung der Feder zu berücksichtigen. So besteht bspw. durch eine unzulässige Erwärmung der Federumgebung die Gefahr, dass sich diese ausdehnt und ihre resultierenden Abmaße den vorgesehenen Bauraum übersteigen. Durch die entstehenden Reibungseffekte können wiederum heiße Oberflächen auftreten. Je nach Anwendungsfall und Einbausituation unterscheiden sich die möglichen externen Einflüsse stark. Sie sind für den speziellen Anwendungsfall zu analysieren und bei der Durchführung der Zündgefahrenbewertung zwingend zu berücksichtigen.

Mechanisch erzeugte Funken können entstehen, wenn es zu einem Federbruch kommt, siehe Abb. 7.13. Hierbei besteht sowohl durch den Federbruch selbst als auch durch die Auswirkungen des Federbruchs auf die Federumgebung (z. B. Schleifen von Bauteilen, welche ihre bestimmungsgemäße Position durch Federbruch verlassen haben) die Gefahr von mechanisch erzeugten Funken.

Die Ursachen für das Auftreten eines Federbruchs sind dabei vielfältig. Zunächst kann aus einer fehlerhaften konstruktiven Auslegung und Dimensionierung ein Bruch der Feder resultieren. Durch unzulässige Belastungen (z. B. Torsionsspannung bei Drehstabfedern), die bei der Auslegung nicht berücksichtigt werden, kann es ebenfalls zu einem Federbruch kommen. So sollte bspw. die Anregungsfrequenz nicht im Bereich der Eigenfrequenz liegen, da andernfalls eine Gefahr durch Resonanzerscheinungen besteht. Weiterhin können bei Schraubenfedern lange Federn oder ungünstige Einspannungen zum Ausknicken der Feder führen. Eine weitere Ursache für das Auftreten eines Federbruchs liegt in einer un-

**Abb. 7.13** Schraubenfedern nach Federbruch [49]. (Druckfreigabe mit freundlicher Genehmigung der TPÜ – Technische Prüf- und Überwachungsgesellschaft mbH)

sachgemäßen Materialauswahl. So kann die Wahl eines zu spröden Werkstoffs oder eine mangelnde Beständigkeit des Materials gegenüber den Umgebungsmedien (insbesondere bei Elastomerfedern) unter Umständen zu einem Federbruch führen. Eine weitere Gefahr besteht durch Fehler im Werkstoff. Aus diesem Grund ist eine hinreichende Qualitätsprüfung sicherzustellen. Neben einer fehlerhaften Konstruktion kann auch eine unzulängliche Montage oder der unsachgemäße Betrieb von Federn einen Federbruch und damit einhergehend mechanisch erzeugte Funken verursachen. Durch mechanische Beschädigungen (z. B. durch unsachgemäßen Einsatz von Werkzeugen) können Federn so stark geschwächt werden, dass ein Federbruch resultiert. Das Auftreten von Korrosion und Schwingverschleiß kann zu einer weiteren Schwächung führen. Beim Einsatz von Federn tritt dementsprechend ein natürlich bedingter Verschleiß auf, welcher durch ungünstige Anwendungsfälle und Einbausituationen beschleunigt werden kann. Daher ist neben der Einhaltung korrekter Wartungsintervalle die Festlegung und Beachtung der maximalen Lebensdauer essenziell für den Explosionsschutz. Eine Missachtung der vorgeschriebenen Wartungsintervalle sowie die Nutzung der Federn über die festgelegte Lebensdauer hinaus kann zu einer massiven Schädigung und Schwächung der Federn führen und damit einen Federbruch verursachen. Eine Zusammenfassung der Ursachen für einen Federbruch kann Tab. 7.15 entnommen werden.

Elektrostatische Entladungen können an Federn auftreten, wenn diese aus isolierenden Materialien gefertigt sind (z. B. bei Elastomerfedern). Durch Ladungstrennungsprozesse können sich die Federn elektrostatisch aufladen und eine Gleitstielbüschel-, Büschel- oder Koronaentladung verursachen. Weiterhin ist das Auftreten von elektrostatischen Entladungen möglich, wenn leitfähige Federn nicht geerdet werden. Sind leitfähige Komponenten nicht mit Erde verbunden, können auch diese sich elektrostatisch aufladen und eine Funkenentladung erzeugen.

### Maßnahmen

Um ein Wirksamwerden der beschriebenen Zündquellen zu vermeiden, müssen verschiedene Maßnahmen angewendet werden. Zum einen sind die in der Norm ISO 80079-36

**Tab. 7.15** Ursachen für einen Federbruch

| Phase | Ursachen für Federbruch |
|---|---|
| **Konstruktion** | – fehlerhafte konstruktive Auslegung und Dimensionierung<br>– fehlerhafte Materialauswahl<br>– Werkstofffehler |
| **Montage** | – fehlerhafte Montage |
| **Betrieb** | – unzulässige Belastung<br>– unzureichende Medienbeständigkeit<br>– mechanische Beschädigung<br>– Schwingverschleiß (Fretting)<br>– Korrosion<br>– unzureichende Wartung<br>– Missachtung der maximalen Lebensdauer |

[6] beschriebenen, allgemeinen Anforderungen an nicht-elektrische Betriebsmittel in explosionsgefährdeten Bereichen umzusetzen. Darüber hinaus gibt die Zündschutzart c „Schutz durch konstruktive Sicherheit" konkrete Anforderungen an Federn vor. Diese werden in der Norm ISO 80079-37 [10] ausgeführt. Grundlegend sind folgende Maßnahmen anzuwenden:

Federn und Dämpfungselemente, die in explosionsgefährdeten Bereichen eingesetzt werden, sind mit besonderer Sorgfalt nach dem Stand der Technik auszuwählen und zu dimensionieren. Dabei sind zwingend alle Betriebs- und Umgebungsbedingungen zu berücksichtigen. Dafür ist eine umfassende Analyse der Einflussparameter erforderlich. Weiterhin ist der sichere Betrieb von Federn während der gesamten Betriebsdauer durch die Berechnung und Angabe einer maximalen Lebensdauer zu gewährleisten, wobei diese unter Berücksichtigung des spezifischen Anwendungsfalls zu ermitteln ist.

Nach Grunewald ist die Entstehung eines zündfähigen Schlagfunkens unterhalb einer Schlagenergie von $E_{min} = 3\ J$ kaum möglich [50]. Folglich kann durch die Begrenzung der gespeicherten Federarbeit die Entstehung von Schlagfunken verhindert werden und stellt eine mögliche präventive Maßnahme dar. In Tab. 7.16 ist die Federarbeit für häufig eingesetzte Federsysteme auszugsweise dargestellt. Bei zylindrischen Schraubenfedern ist ein typischer Schadensfall das Ausknicken. Dies kann durch die Berücksichtigung des Blocksetzens und die Integration von Domen und Hülsen minimiert werden.

Darüber hinaus ist die an Federn und Dämpfungselementen auftretende maximale Oberflächentemperatur unter Berücksichtigung der angestrebten Gerätekategorie und maximal zulässigen Oberflächentemperatur in Abhängigkeit von der sicherheitstechnischen Kenngröße der möglichen vorherrschenden explosionsfähigen Atmosphäre sowie den un-

**Tab. 7.16** Federarbeit für häufig eingesetzte Federsysteme

| Bauart | Bild | Federarbeit |
|---|---|---|
| **Zugfeder aus Draht** | 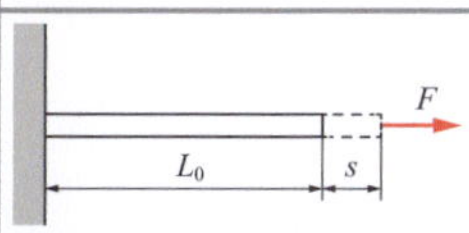  | $W = \frac{F \cdot s}{2} = \frac{V \cdot \sigma^2}{2 \cdot E}$ |
| **Biegebe-anspruchte Federn** | 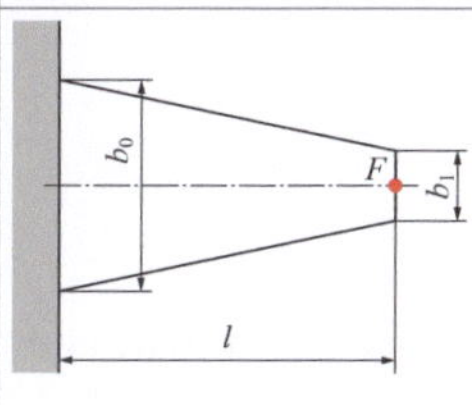  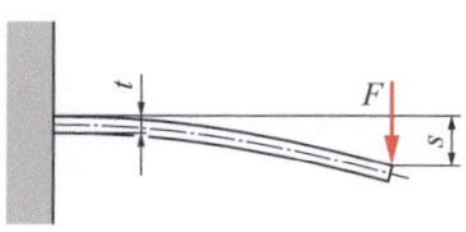  | $W = \psi^* \frac{b_0 \cdot t \cdot l \cdot \sigma_b^2}{18 \cdot E}$ |

(Fortsetzung)

**Tab. 7.16** (Fortsetzung)

| Bauart | Bild | Federarbeit |
|---|---|---|
| **Gewundene Schrauben-feder** | 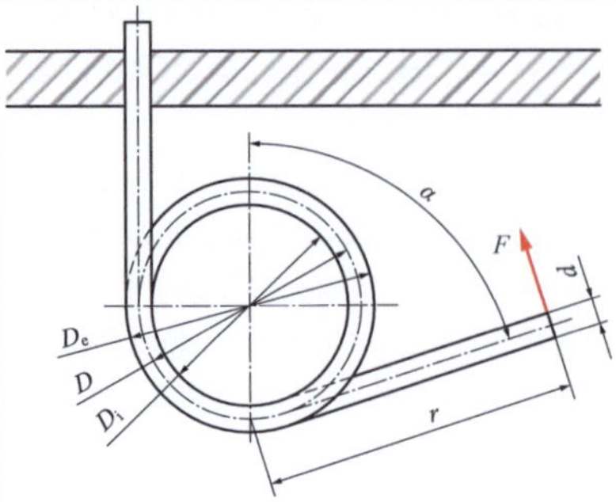 | $W = \frac{F \cdot r \cdot \alpha \cdot \pi}{360}$ |
| **Drehstabfeder** | 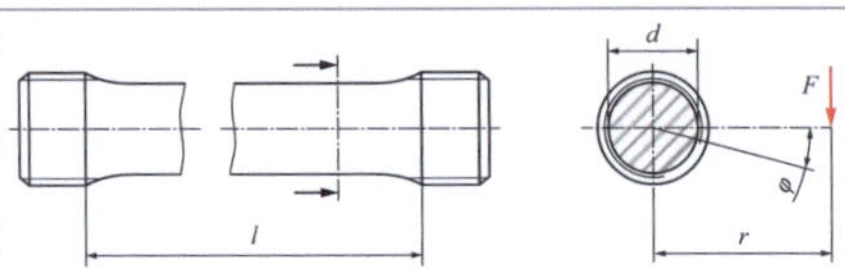 | $W = \frac{16 \cdot l \cdot T^2}{G \cdot \pi \cdot d^4}$ |
| **Zylindrische Schraubenfeder** | 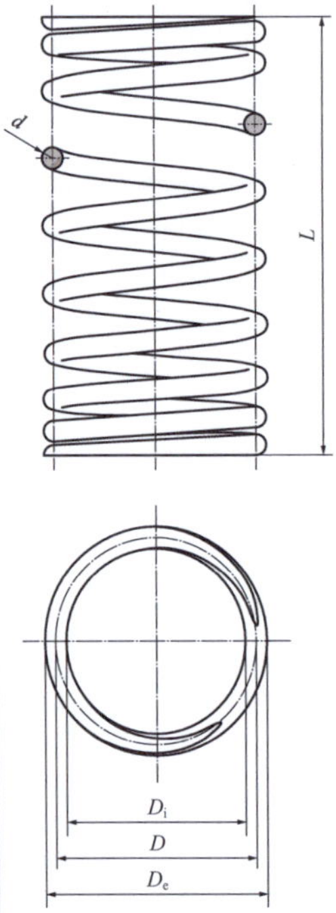 | $W = \frac{4 \cdot D^3 \cdot n \cdot F^2}{G \cdot d^4}$ |

***Formfaktor und Breitenverhältnis zur Berechnung von Blattfedern:**

| $\beta = \frac{b_1}{b_0}$ | 0 | 0,1 | 0,2 | 0,3 | 0,4 | 0,5 | 0,6 | 0,7 | 0,8 | 0,9 | 1 |
|---|---|---|---|---|---|---|---|---|---|---|---|
| $\psi$ | 1,5 | 1,39 | 1,315 | 1,25 | 1,202 | 1,16 | 1,121 | 1,085 | 1,054 | 1,025 | 1 |

günstigsten Bedingungen zu bestimmen. Bei der angestrebten Gerätekategorie 3 (EPL Gc oder Dc) sind der Normalbetrieb, bei Gerätekategorie 2 (EPL Gb oder Db) die zu erwartenden Störungen und bei Gerätekategorie 1 (EPL Ga oder Da) die seltenen Störungen zu berücksichtigen. Außerdem sind die ungünstigste Einbaulage sowie alle zusätzlichen Maßnahmen zur Überwachung und Begrenzung der Temperatur in die Ermittlung der maximalen Oberflächentemperatur einzubeziehen.

Durch die Verwendung leitfähiger oder ableitfähiger Materialien lässt sich die Zündgefahr der statischen Elektrizität reduzieren. Leitfähige Teile und ableitfähige Materialien sind entsprechend zu erden, damit sich diese nicht gefährlich aufladen können. Detaillierte Hinweise dazu können der Technischen Regel TRGS 727 [9] entnommen werden. Ist der Einsatz von leitfähigen oder ableitfähigen Materialien nicht möglich, können als präventive Maßnahme im Bereich von explosionsfähigen Gasatmosphären die maximal zulässigen projizierten Flächen von nicht leitfähigen Materialien begrenzt werden, siehe Abschn. 7.5.3.

Die Hinweise der spezifischen Norm ISO 80079-37 für die Zündschutzart konstruktive Sicherheit speziell für Federn und Dämpfungselemente in explosionsgefährdeten Bereichen sind minimal und umfassen nachfolgende Maßnahme. Sollen Federn und Dämpfungselemente in explosionsfähigen Atmosphären zum Einsatz kommen, müssen diese konstruktiv so ausgeführt sein, dass kein Bestandteil eine unzulässige heiße Oberfläche oder mechanisch erzeugte Funken verursachen kann, wenn sie im Einsatz brechen. Falls erforderlich, sind Federn und Dämpfungselemente dazu mit einer Schmierung oder Kühlung auszustatten. [10]

Generell sind in der Anlagendokumentation zusätzlich bauteilspezifische Angaben zur Sicherung des Explosionsschutzes aufzulisten.

### 7.6.6 Zugmittelgetriebe

#### 7.6.6.1 Definition

Zugmittelgetriebe gehören zu den ältesten eingesetzten Getrieben. Sie werden vorrangig zur Kraftübertragung bei räumlich größeren Abständen oder zum Antrieb von mehreren Wellen verwendet. Ein Zugmittelgetriebe besteht aus mindestens zwei Wellen. Bei Bedarf können weitere Wellen zur Leistungsverzweigung angetrieben oder zusätzliche Spann- bzw. Umlenkrollen eingesetzt werden. In Abhängigkeit vom Durchmesser der einzelnen Räder variiert die Drehzahl der einzelnen Wellen. Bei klassischer Anordnung der Wellen besitzen diese dieselbe Drehrichtung. Über gekreuzte Riemen oder seitliche Montage lässt sich eine Drehrichtungsumkehr realisieren. Abb. 7.14 gibt einen Überblick. Der Bereich des Zugmittelstrangs zwischen den einzelnen Rädern wird Trum genannt. Die Kraftübertragung erfolgt im Wesentlichen über den ziehenden Trum (Lasttrum). Dieser wird demzufolge stärker belastet als der gezogene Trum (Leertrum).

Prinzipiell lassen sich Zugmittel unterscheiden in kraftschlüssige (z. B. Keilriemen, Flachriemen) und formschlüssige Getriebe (z. B. Zahnriemen, Kettentriebe). Moderne

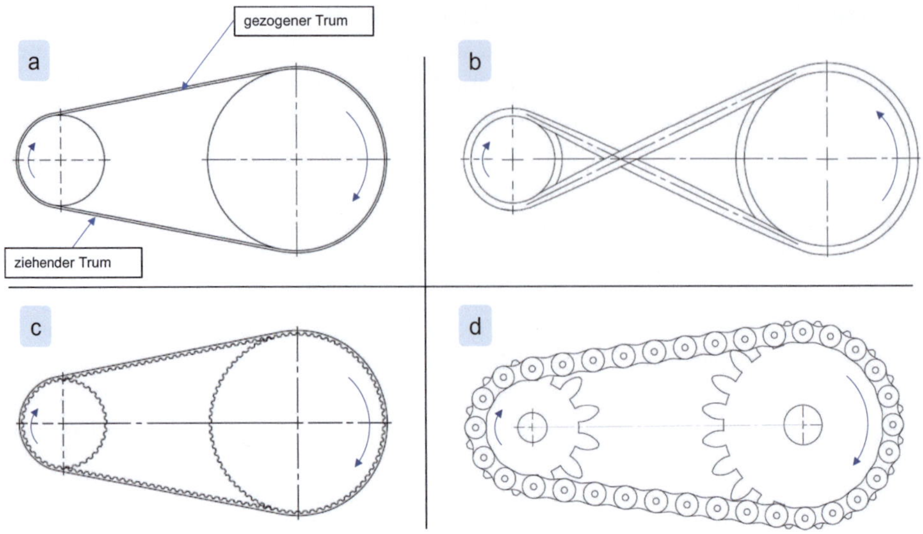


**Abb. 7.14** Bauarten von Zugmittelgetrieben (**a**) Riemengetriebe offen, (**b**) Riemengetriebe gekreuzt (Drehrichtungsumkehr), (**c**) Zahnriemen, (**d**) Kettengetriebe nach [51]

Zugmittelgetriebe mit Ketten als Zugmittel finden einen vielfältigen Einsatz, beispielsweise als Kettenschaltung bei Betriebsmitteln zur Lastaufnahme oder als Gliederkette in Getrieben mit variablem Übersetzungsverhältnis (Continuous Variable Transmission CVT). Riemengetriebe in Form von einfachen Keil- oder Flachriemen werden oft bei höheren Leistungen zur Leistungsverzweigung in Arbeitsmaschinen wie Mähdreschern oder Feldhäckslern verwendet. Hierbei erfüllen sie oftmals zusätzlich die Funktion einer Überlastsicherung, indem sie bei Überlast durchrutschen können und kritische Bereiche vor Beschädigung schützen. In Kraftfahrzeugen finden sie Anwendung zum Antrieb von Nebenaggregaten wie Wasserpumpe oder Lichtmaschine.

#### 7.6.6.2 Dimensionierung

Allgemeinere Berechnungsvorschriften finden sich in der klassischen Literatur zum Thema Maschinenelemente, beispielsweise in den Werken von Schlecht [52] oder Wittel [12]. Im Regelfall bieten die Hersteller von Riemen oder Ketten die entsprechenden Berechnungsgleichungen zur Dimensionierung der Antriebssysteme und dazugehörige Gestaltungsrichtlinien an, siehe [53–55]. Teilweise sind auch eigens entwickelte Berechnungsprogramme frei verfügbar, welche den Konstrukteur unterstützen [56].

#### 7.6.6.3 Zündquellen

Zugmittelgetriebe können sowohl im Normalbetrieb als auch bei zu erwartenden Störungen mehrere Zündquellen aufweisen. Vordergründig sind heiße Oberflächen, elektrostatische Entladungen und mechanisch erzeugte Funken zu nennen. Das Auftreten weiterer potenzieller Zündquellen ist möglich und muss jeweils bei dem spezifischen Einzelfall betrachtet werden.

**Ursachen**

Die häufigsten Ursachen für potenzielle Zündquellen an Zugmittelgetrieben sind in Tab. 7.17 aufgelistet. Die Ursachen der Zündquellenarten können sich zwischen kraftschlüssigen Friktionsgetrieben und formschlüssigen Synchrongetriebe unterscheiden. Die Auflistung ist nicht vollumfänglich und muss im Einzelfall erweitert werden.

Heiße Oberflächen treten insbesondere bei kraftschlüssigen Riemenantrieben (z. B. Keil-, Flach- oder Keilrippenriemen) auf. Grund hierfür ist zum einen der zwangsläufig vorhandene Riemenschlupf. Hierbei wird ein Teil der eingebrachten Leistung in Reibarbeit und damit thermische Energie umgewandelt, die zur Erwärmung der Riemen selbst und der angrenzenden Bauteile führt. Insbesondere bei ungenügender Riemenspannung oder zu hohen Belastungen erhöht sich der Schlupf und damit die Oberflächentemperatur deutlich. Die Temperatur eines kraftschlüssigen Riemenantriebs kann nach

**Tab. 7.17** Ursachen für die Zündquellen in Zugmittelgetrieben

| Zündquelle | Ursachen beim kraftschlüssigen Getriebe | Ursachen beim formschlüssigen Getriebe |
|---|---|---|
| **Heiße Oberflächen** | • Schlupf/Gleitschlupf<br>• Überlast<br>• Fluchtungsfehler bei den Riemenscheiben (erhöhte Walgarbeit)<br>• fehlerhafte Konstruktion (z. B. falsche Geometrie) oder Montage<br>• unzureichende Wartung (Verschlissene Zugmittel)<br>• Korrosion/Verschmutzung | • Überlast<br>• Fluchtungsfehler<br>• fehlerhafte Konstruktion oder Montage<br>• unzureichende Wartung (Verschlissene Zugmittel)<br>• Korrosion/Verschmutzung |
| **Elektrostatische Entladungen** | • Reibung von in Relativbewegung befindlichen Teilen<br>• fehlende Erdung leitfähiger Teile<br>• Einsatz isolierender Materialien | • Reibung von in Relativbewegung befindlichen Teilen<br>• fehlende Erdung leitfähiger Teile<br>• Einsatz isolierender Materialien |
| **Mechanisch erzeugte Funken** | • Spielüberbrückung<br>• Schwingungen<br>• fehlerhafte Konstruktion oder Montage<br>• unzureichende Wartung<br>• Eindringen von Fremdkörpern | • Spielüberbrückung<br>• Kettenschwingungen<br>• Verschleiß (insbesondere durch gelängte Ketten)<br>• Durchrutschen von Ketten (insbesondere bei verschlissenen Kettenritzeln oder beschädigten (Rollenbruch) Ketten)<br>• Kettenbruch<br>• fehlerhafte Konstruktion oder Montage<br>• unzureichende Wartung<br>• Eindringen von Fremdkörpern |

den Vorgaben der ISO 80079-37 an der Grenze seiner Leistungsfähigkeit im Normalbetrieb ca. 50 K über der Umgebungstemperatur liegen [10]. Bei formschlüssigen Synchronriemen liegt die Oberflächentemperatur bis zu 25 K über der Umgebungstemperatur [10]. Wenn es im Fehlerfall zu einer Blockade des Abtriebs, ohne Stillstand des Antriebs, kommt, wird die gesamte eingebrachte Leistung in Wärme umgewandelt, sodass die Oberflächentemperatur die o. g. Werte deutlich übersteigt. Bei der Gestaltung von Keilriemen ist auch darauf zu achten, dass die vom Riemenhersteller angegebenen Mindestbiegeradien nicht unterschritten werden, da ansonsten die Walgarbeit und damit auch der Verschleiß am Zugmittel stark ansteigen. Insbesondere Keilriemen neigen bei Verhärtung durch Überalterung oder fortgeschrittenen Verschleiß zum Durchrutschen und damit zu einer stärkeren Erwärmung. Nicht fluchtende Riemenscheiben erhöhen die Walgarbeit in den Riemen, wodurch ebenfalls mit einer Temperatursteigerung zu rechnen ist. Folgende Punkte können zu nicht fluchtenden Riemenscheiben führen:

- Montagefehler
- Konstruktionsfehler
- Zu große Fertigungstoleranzen
- Verlagerung der Wellen durch zu hohe Betriebskräfte
- Thermische Dehnung der Wellen

Werden die Riemen im Rahmen einer Wartung oder Reparatur ausgetauscht, ist darauf zu achten, dass die Riemen nur durch artgleiche Riemen ausgetauscht werden, da andernfalls die Walgarbeit ebenfalls deutlich ansteigen kann.

An korrekt ausgelegten und gewarteten Kettengetrieben sollten im Normalbetrieb keine wesentlich erhöhten Oberflächentemperaturen auftreten. Bei stark korrodierten oder verschmutzten Ketten kann jedoch eine verstärkte Reibung auftreten. Infolgedessen ist ein Temperaturanstieg der Oberflächentemperatur möglich.

Neben dem Zugmittel selbst können sich auch die Anschlussbauteile nennenswert erwärmen. Insbesondere bei stark vorgespannten Flachriemen können die Lager der Wellen oder der eventuell vorhandenen Umlenk- bzw. Spannrollen derart belastet werden, dass mit einer erhöhten Erwärmung zu rechnen ist.

Neben der Erwärmung kann die Relativbewegung zwischen den Zugmitteln und den in Kontakt stehenden Bauteilen zu einer elektrostatischen Aufladung führen. Insbesondere Riemenantriebe mit nicht leitfähigen Zugmitteln sind hiervon betroffen. Die Gefahr einer statischen Aufladung steigt hierbei mit zunehmender Riemengeschwindigkeit. Weiterführende Details sind der Norm ISO 80079-37 zu entnehmen [10].

Mechanisch erzeugte Funken treten häufig bei Kettengetrieben auf. Während bei korrekter Dimensionierung im Normalbetrieb an üblichen Kettengetrieben im Regelfall keine mechanischen Schlag- oder Reibfunken entstehen sollten, können diese im Fehlerfall durchaus auftreten. Besonders von einer durchrutschenden Kette geht diesbezüglich eine erhöhte Gefährdung aus. Bedingt wird dieser Fehlerfall durch zu niedrige Kettenspannung, die Verlängerung der Kette aufgrund von Verschleiß oder Überlast oder den Verschleiß der

Kettenritzel. Ungenügende Kettenspannung kann neben dem Durchrutschen auch zum Schlagen der Kette führen, sodass diese gegen Bauteile in der unmittelbaren Umgebung stößt oder an diesen reibt. Eine weitere Ursache können gebrochene und damit nicht mehr vorhandene Rollen innerhalb der Kette sein. Wenn mehrere Rollen hintereinander nicht mehr vorhanden sind, kann dies zum Rutschen über das Kettenrad führen. Dieser Fehler ist abhängig von der Anzahl der fehlenden Rollen und dem Durchmesser des Kettenrads und führt zur Erwärmung und Funkenbildung. Weiterhin handelt es sich bei den gebrochenen Rollen um frei bewegliche Metallteile, welche mechanisch erzeugte Funken erzeugen können.

Mechanisch erzeugte Funken können ebenfalls beim Bruch einer Kette auftreten. Dabei kann die Kette unter Umständen derart herumgeschleudert werden, dass sie auch mit weiter entfernten Bauteilen in Kontakt kommt. Daneben treten mechanisch erzeugte Funken auch häufig bei Rollengetrieben durch Verschleiß und Korrosion auf. Die Entstehung dieser mechanisch erzeugten Funken kann häufig sehr unbemerkt erfolgen.

#### 7.6.6.4 Maßnahmen

Das Ziel der einzelnen Maßnahmen besteht darin, die Zugmittelgetriebe derart zu gestalten, dass sie in den explosionsgefährdeten Atmosphären sicher eingesetzt werden können. In Abhängigkeit von der jeweiligen Zone ist bei der Bewertung der Gefährdung entsprechend dem Normalbetrieb die zu erwartende Störung oder auch die seltene Störung bzw. zwei voneinander unabhängige zu erwartende Störungen zu bewerten. Voraussetzung für einen möglichst sicheren Betrieb ist eine entsprechende Dimensionierung nach aktuellem Stand der Technik. Demzufolge sind die allgemeinen Hinweise der Norm ISO 80079-36 [6] sowie die spezifischen Hinweise der Norm ISO 80079-37 [10] zu berücksichtigen. Insbesondere die Norm ISO 80079-37 umfasst detaillierte Hinweise, auf denen die nachfolgenden Maßnahmen basieren. Ebenso müssen die vom Hersteller des Zugmittels vorgesehenen Betriebsbedingungen und Leistungsbereiche unbedingt Beachtung finden. Während Kettengetriebe prinzipiell in allen Zonen verwendungsfähig sind, sind Riemengetriebe nur in den Zonen 1/21 und 2/22 einsetzbar. [10]

Für den Einsatz nach Gerätekategorie 3 (EPL Gc/Dc) ist die im Normalbetrieb auftretende Oberflächentemperatur zu ermitteln und zu bewerten. Insbesondere bei hoch belasteten Riementrieben entstehen auch im Normalbetrieb derart hohe Temperaturen, dass das Zugmittel selbst oder aber die im direkten Kontakt stehende Riemenscheibe zur potenziellen Zündquelle wird. Da die Temperatur des Zugmittels in hohem Maße auch von dem Wärmeabführungsvermögen der Riemenscheiben und den Umgebungsbedingungen abhängig ist, lässt sich die Betriebstemperatur nur durch eine Messung unter Realbedingungen sicher ermitteln. In der Entwurfsphase ist aber davon auszugehen, dass die Riementemperatur bei korrekter Auslegung bei kraftschlüssigen Riemen 50 K und bei formschlüssigen Riemen 25 K über der Umgebungstemperatur liegt. Durch geringe Auslastungen und optimierte Wärmeabfuhr sind Temperaturverringerungen möglich. [10]

Wird eine Einstufung des Getriebes in die Gerätekategorie 2 (EPL Gb/Db) angestrebt, sind die zu erwartenden Störungen zu berücksichtigen. Eine zu erwartende Störung ist beispielsweise ein erhöhter Schlupf oder das Durchrutschen von Riemen und Ketten. Bei kraftschlüssigen Riemen ist in diesen Fällen in erster Linie mit einem deutlichen Temperaturanstieg zu rechen. Bei Synchronriemen kann es im Fall eines Durchrutschens dazu kommen, dass bewegungssynchrone Anlagenteile miteinander kollidieren und hierdurch mechanische Funken entstehen.

Wird im Fehlerfall die maximal zulässige Oberflächentemperatur überschritten (z. B. durch Blockierung einer Abtriebswelle), fordert die Norm ISO 80079-37 [10] eine Einrichtung zur Erkennung des Fehlerfalls. Diese Fehlfunktionen müssen hierbei nicht direkt detektiert werden, ein Nachweis über nachgelagerte Prozessparameter ist ebenfalls zulässig. Dies gilt auch, wenn die Übertemperatur infolge einer falschen Riemenausrichtung entsteht.

Mit elektrostatischer Aufladung ist bei Kettengetrieben im Regelfall nur zu rechnen, wenn einzelne Elemente des Übertragungssystems (beispielsweise Polymerkette, Ritzel oder Lagerstellen) elektrisch isolierend wirken. In diesem Fall ist ein entsprechender Potenzialausgleich zu schaffen.

Bei Riemengetrieben ist darauf zu achten, dass alle Komponenten des Antriebs über einen elektrisch leitfähigen Rahmen oder Ähnliches miteinander verbunden werden. Sollte der elektrische Widerstand größer als 1 MΩ sein, sind die Bauteile gesondert elektrisch zu verbinden. Ein Potenzialausgleich von Anlagenteilen allein über einen leitfähigen Riemen ist nicht zulässig. [10]

Gemäß den Vorgaben der Norm ISO 80079-37 eignen sich elektrisch leitfähige Riemen nach ISO 1813 und ISO 9563 mit einer Riemengeschwindigkeit von maximal 30 m/s (für Riemen mit Riemenverbindern gelten 5 m/s) prinzipiell für den Einsatz in Geräten und Anlagen mit EPL Mb, Gb und Db, wobei eine Anwendung in der Gruppe IIC ausgenommen ist. [10]

Zur Vermeidung von mechanischen Funken ist das gesamte Antriebssystem derart zu gestalten und zu warten, dass es gemäß der geforderten Gerätekategorie (EPL) in den entsprechenden Betriebszuständen zu keinem direkten Kontakt zwischen beweglichen Bauteilen kommt. Sollte der Kontakt nicht vollständig auszuschließen sein, lässt sich die Gefährdung z. B. durch entsprechende Materialwahl (z. B. geeignete Kunststoffe) vermeiden. Bei der Verwendung eines Kunststoffritzels würden beispielsweise im Fall eines Durchrutschens der Kette oder einer Blockade des Abtriebs im Regelfall keine Schlagfunken entstehen. Im Fall eines Kettenbruchs lässt sich die Gefährdung der schleudernden Kette durch entsprechende Prallplatten oder Kettenfangsysteme (z. B. Fanghaken oder Ganggehäuse aus einem nicht funkenschlagenden Werkstoff) verringern. Nach der Norm ISO 80079-37 [10] ist für Kettenantriebe mit mindestens einer potenziellen Zündquelle eine Vorrichtung zur Sicherung des regelkonformen Ketteneingriffs in die dazugehörigen Kettenräder notwendig, wenn die Kettengeschwindigkeit mehr als 1 m/s beträgt. Alternativ kann auch ein System installiert werden, das im Fall eines Durchrutschens oder Kettenbruchs die Antriebsenergie zum Kettenritzel entkoppelt. [10]

Der Einsatz von Gehäusen, mit entsprechendem IP-Schutzgrad zum Schutz des Getriebes verhindern das Eintreten von Fremdkörpern in kritische Bereiche.

Generell sind in der Anlagendokumentation zusätzlich folgende bauteilspezifische Angaben aufzulisten:

- Wartungsintervalle
- Leistungsangaben zur Kraftübertragung
- Maximale Zugmittelgeschwindigkeit
- Vorschriftsmäßiger Riemen- bzw. Kettenspannungsbereich
- Alle notwendigen Eigenschaften des Zugmittels (z. B. Bauart, Länge)
- Bei Riemenantrieben Angaben zur Überprüfung der Erdverbindung

## 7.7 Zündschutzart Zündquellenüberwachung „b"

### 7.7.1 Definition

Die Zündschutzart Zündquellenüberwachung Ex „b" verhindert durch die Überwachung von Parametern, z. B. Temperatur, Geschwindigkeit, Druck, und durch die mögliche Einleitung geeigneter Gegenmaßnahmen das Wirksamwerden potenzieller Zündquellen. Zulässige Überwachungseinheiten sind alle Sensoren, die geeignet sind, die Parameter von potenziell auftretenden Zündquellen zu erkennen und die für das angestrebte Sicherheitsniveau (Gerätekategorie/EPL) ausreichend zuverlässig sind. Bestandteile der Überwachungseinheit, die einen Kontakt zur explosionsfähigen Atmosphäre aufweisen, dürfen selbst keine Zündquelle darstellen. Diese Zündschutzart kann bei explosionsfähigen Gas- und Staubatmosphären Anwendung finden. Die spezifischen Anforderungen an diese Zündschutzart sind der Norm ISO 80079-37 [10] zu entnehmen. Diese bildet auch die Grundlage für diese Kapitel.

Die Norm ISO 80079-37 [10] unterscheidet zwischen zwei möglichen einsetzbaren Zündschutzsystemen: Typ b1 und Typ b2. Diese unterscheiden sich wie folgt:

- **Zündschutzsystem Typ b1**: Sobald ein Überwachungsparameter einen kritischen Wert überschreitet, kommt es zur Einleitung einer Maßnahme, welche die Wahrscheinlichkeit des Wirksamwerdens der Zündquelle verringert, oder es wird eine Warnung ausgegeben, dass sich eine Zündquelle entwickeln kann.
- **Zündschutzsystem Typ b2**: Sobald ein Überwachungsparameter einen kritischen Wert überschreitet (Einfehlersicherheit), wird automatisch eine Maßnahme eingeleitet, die das Wirksamwerden der Zündquelle verhindert.

Zum Einsatz kommt die Zündquellenüberwachung „b" bei Maschinen-, Konstruktionselementen oder Geräten, die durch einzelne oder kombinierte mechanische, elektrische oder visuelle Einrichtungen überwacht werden können.

### 7.7.2 Bestimmung von Überwachungsparametern

Die Überwachungsparameter (wie z. B. Temperatur, Geschwindigkeit, Druck) potenzieller Zündquellen werden infolge von Berechnungen oder experimentellen Ermittlungsmethoden durch den Gerätehersteller festgelegt und in der Bedienungsanleitung als Überwachungsparameter vermerkt. Grundlage der Zündquellenüberwachung sind die normalen Betriebsparameter des Geräts. Je nach Anforderungen des Sicherheitsniveaus ist die Ermittlung von Überwachungsparametern von zu erwartenden oder seltenen Störungen notwendig. Der Auslösewert für Überwachungsparameter muss vor dem Erreichen des Grenzwerts liegen, bei dem eine potenzielle Zündquelle wirksam werden kann. Beispiele für Überwachungsparameter sind:

- maximale Oberflächentemperatur,
- maximal zulässige Überdrehzahl,
- maximal zulässige Schwingung,
- notwendige Mindestmenge an Schmiermittel
- usw.

### 7.7.3 Konstruktion und Einstellungen des Zündschutzsystems

Nach der gültigen Normgebung sind die Betriebseigenschaften der Zündschutzsysteme durch den Hersteller der Zündquellenüberwachung festzulegen. Dabei sollten die folgenden Faktoren berücksichtigt werden:

- die Zeitdauer der Veränderung einer potenziellen Zündquelle zu einer wirksamen Zündquelle,
- die Ansprechzeit des Sensors/Detektors,
- die Ansprechzeit des Zündschutzsystems/der Zündschutzvorrichtung,
- der Niveauunterschied zwischen Parametern im Normalbetrieb und kritischen Parametern (z. B. Normaltemperatur und kritische Temperatur),
- ein notwendiger Sicherheitsfaktor.

Allgemein muss durch eine Bewertung und Betriebserfahrung sichergestellt werden, dass eine Zündschutzvorrichtung die Anforderungen der notwendigen Gerätekategorie/EPLs erfüllt. Kommt ein Gerät zum Einsatz, so müssen unter der Erfüllung des geforderten Zündschutzniveaus folgende Punkte in der Bewertung berücksichtigt werden:

- die Art der zum Schutz der Geräte verwendeten Zündschutzvorrichtungen,
- ob sie einzeln oder mehrfach vorhanden sind (z. B. durch weitere unabhängige Vorrichtungen),
- die individuelle Widerstandsfähigkeit gegen Fehler,

- ob Fehler selbstanzeigend sind oder nicht,
- ob das Zündschutzsystem ausfallsicher ist oder nicht,
- die Ausfallwahrscheinlichkeit für den Fall, dass der Zündschutz zeitgleich mit dem Wirksamwerden der potenziellen Zündquelle (die dadurch geschützt wird) ausfällt, bezogen auf das Geräteschutzniveau (EPL) des Geräts.

## 7.8 Zündschutzart Flüssigkeitskapselung „k"

### 7.8.1 Definition

Mithilfe der Zündschutzart Flüssigkeitskapselung „k" werden potenzielle Zündquellen durch das vollständige oder teilweise Eintauchen bzw. Benetzen von Betriebsmitteln mit einer Schutzflüssigkeit unwirksam. Die auftretende explosionsfähige Atmosphäre wird so von potenziellen Zündquellen getrennt. Darüber hinaus kann die verwendete Schutzflüssigkeit weitere Funktionen erfüllen wie z. B. die Schmierung, die Kühlung oder zur hydraulischen Kraftübertragung. Diese Zündschutzart kann bei explosionsfähigen Gas- und Staubatmosphären Anwendung finden. Die spezifischen Anforderungen an diese Zündschutzart sind der Norm ISO 80079-37 [10] zu entnehmen. Diese bildet auch die Grundlage für dieses Kapitel. Anwendung findet die Flüssigkeitskapselung „k" unter anderem für Tauch- und Hydraulikpumpen, Getriebe, Hydraulikmotoren, Kupplungen oder Bremsen.

### 7.8.2 Konstruktive Anforderungen

Um den geforderten Schutzgrad zu erfüllen, müssen durch den Hersteller die folgenden Parameter bestimmt, festgelegt und dokumentiert werden:

- minimaler und maximaler Füllstand oder, falls günstiger, den maximalen oder minimalen Druck oder Durchfluss der Schutzflüssigkeit,
- minimale und maximale Viskosität der Schutzflüssigkeit (sofern die Schutzflüssigkeit vom Hersteller vorgegeben),
- maximalen Neigewinkel des Betriebsmittels gegenüber der Horizontalen.

Sollte das Sicherheitsniveau durch eine Lageveränderung des Betriebsmittels verringert werden, so muss die ungünstigste zulässige Einbaulage oder der maximal zulässige Neigungswinkel im Betrieb auf dem Gerät sichtbar sein.

Es muss durch die Konstruktion sichergestellt werden, dass potenzielle Zündquellen zu jeder Zeit vollständig eingetaucht oder ständig mit ausreichend Schutzflüssigkeit benetzt sind. Auch in Situationen außerhalb des Regelbetriebs, z. B. beim Anfahren oder Stillstand des Betriebsmittels, bei Turbulenzen oder ungünstigen Füllzuständen. Aus diesen Gründen ist ein geeigneter Geräteaufbau zu definieren. Um das Vorhandensein einer ausreichenden Menge an Schutzflüssigkeit zu gewährleisten, müssen abhängig vom Schutzniveau Überwachungseinrichtungen, Anzeigen oder Messgeräte zur Überwachung der Maximal- und Minimalwerte oder, falls besser geeignet, von Druck und Durchflussrate genutzt werden. Ist mit dem Verlust von Schutzflüssigkeit durch Verdunstung, Kapillar- oder Hebewirkung zu rechnen, so gilt es, diese zu vermeiden oder eine Möglichkeit zur Wiederauffüllung zu schaffen. Abdeckungen, die den Zugang zur Schutzflüssigkeit ermöglichen, sind durch geeignete Maßnahmen vor einer unbeabsichtigten Lockerung zu sichern.

### 7.8.3 Schutzflüssigkeit

Die Schutzflüssigkeit ist so zu wählen, dass sie durch ihre chemischen Eigenschaften und ihre Viskosität zu jedem Zeitpunkt potenzielle Zündquellen durch das vollständige oder teilweise Eintauchen bzw. Benetzen unwirksam macht. Diese darf selbst keine explosionsfähige Atmosphäre verursachen. Entflammbare Flüssigkeiten wie z. B. Öl sind hierdurch nicht ausgeschlossen. Bei der Wahl der Schutzflüssigkeit muss auf mögliche Wechselwirkungen mit anderen verbauten Materialien geachtet werden. Die verwendete Schutzflüssigkeit darf nicht selbst zu einer Zündquelle werden (bspw. durch statische Aufladung oder Selbsterhitzung). Die Schutzflüssigkeit darf bei offenen Gehäusen, an Stellen, an denen diese in Kontakt mit einer explosionsfähigen Atmosphäre kommen könnte, die maximale Oberflächentemperatur des Betriebsmittels nicht übersteigen.

Führen Verunreinigungen, Alterung oder Zersetzung der Schutzflüssigkeit zu einer Verringerung des Schutzniveaus, so muss der Hersteller durch bauliche Maßnahmen oder eine Wartungsanleitung sicherstellen, dass die Schutzflüssigkeit keine Qualitätsverluste erleidet. Bei Geräten mit kontinuierlich fließender Schutzflüssigkeit stellen Filter einen Schutz vor festen Verunreinigungen dar. Ist die Schutzflüssigkeit empfindlich gegenüber atmosphärischem Staub oder Wasserdampf, muss das Gehäuse des Betriebsmittels mindestens den Anforderungen eines IP66-Gehäuses nach IEC 60529 entsprechen. Ist ein entsprechender IP-Schutz nicht gewährleistet, muss eine Schutzflüssigkeit gewählt werden, die durch atmosphärischen Staub und Flüssigkeit nicht negativ beeinträchtigt wird. Eine weitere geeignete Maßnahme zur Aufrechterhaltung der Schutzmittelqualität sind geeignete Wartungs- und Kontrollintervalle zur Überprüfung der Verschmutzung, Zusammensetzung und chemischen Veränderung des Schutzmittels.

## 7.9 Zündschutzart Überdruckkapselung „p"

Die Zündschutzart Überdruckkapselung Ex „p" verhindert durch den geringen und definierten Überdruck eines Zündschutzgases im Gehäuseinneren und einer Begrenzung von dessen Oberflächentemperatur das Wirksamwerden einer explosionsfähigen Gas- oder brennbaren Staubatmosphäre. Durch den Überdruck des Zündschutzgases im Gehäuseinneren wird das Eindringen einer explosionsfähigen Atmosphäre verhindert. Als Zündschutzgas kann Luft oder ein Inertgas (z. B. Stickstoff, Kohlenstoffdioxid, Argon) genutzt werden. Der Überdruck im Inneren des Gehäuses wird durch Verdichter, Lüfter oder Druckgasbehälter aufgebaut und aufrechterhalten. Durch verschiedene Sicherheitseinrichtungen wird die Aufrechterhaltung des Innendrucks sichergestellt. Diese Zündschutzart wird sowohl für elektrische als auch für nicht-elektrische Geräte eingesetzt. Die spezifischen Anforderungen dieser Zündschutzart sind daher der Norm IEC 60079-2 [57] zu entnehmen. Diese bildet auch die Grundlage für diese Kapitel. Ergänzend sind die Anforderungen der Norm ISO 800079-36 [6] zu berücksichtigen.

Die Zündschutzart Ex „p" lässt sich anwenden, wenn im Inneren des Gehäuses im ungestörten Betrieb Zündquellen auftreten. Es muss sichergestellt sein, dass Zündquellen bei einem Druckabfall oder dem Ausfall der Zündschutzgasversorgung im Gehäuseinneren schneller unwirksam werden, als eine explosionsfähige Atmosphäre in das Gehäuse eindringen kann. Häufig kommt die Überdruckkapselung „p" bei komplexen Geräten und Großmaschinen zum Einsatz. [57]

Die Zündschutzart Überdruckkapselung „p" wird abhängig vom angestrebten Geräteschutzniveau, dem Vorkommen einer inneren Freisetzungsquelle sowie der Verwendung zündfähiger Betriebsmittel im Gehäuseinneren in drei Schutzniveaus „pxb", „pyb" und „pzc" unterteilt. Weiterführende Informationen, u. a. zur Definition dieser Schutzniveaus und zur Bestimmung dieser, sind der Norm IEC 60079-2 [57] zu entnehmen.

## 7.10 Zündschutzart Schutz durch Gehäuse „t"

Die Zündschutzart Ex „t" verhindert durch den Einsatz staubdichter IPX5- und IPX6-Gehäuse und einer Begrenzung der Oberflächentemperatur unterhalb der Glimmtemperatur des auftretenden Staubs das Wirksamwerden einer Zündquelle in einer explosionsfähigen Staubatmosphäre. Diese Zündschutzart wird sowohl für elektrische als auch für nicht-elektrische Geräte eingesetzt. Die spezifischen Anforderungen an diese Zündschutzart sind der Norm IEC 60079-31 [58] zu entnehmen. Diese bildet auch die Grundlage für diese Kapitel. Ergänzend sind die Anforderung der Norm ISO 800079-36 [6] zu berücksichtigen.

Die Zündschutzart Ex „t" basiert auf folgenden Schutzmaßnahmen:

- Verhinderung des Eindringens von Staub durch IP-Schutz,
- Festlegung der maximalen Spaltabmessungen von Trennfugen (Stellen, an denen die Oberflächen zweier Teile eines Gehäuses zusammentreffen),
- Festlegung der maximalen Oberflächentemperatur.

Die Zündschutzart eignet sich für Betriebsmittel, bei denen das Auftreten von Zündquellen im Normalbetrieb zu erwarten ist. Hierzu zählen z. B. Reibkupplungen, Bremsen, Katalysatoren sowie Heizpatronen.

Die in der Norm beschriebenen maximal zulässigen Oberflächentemperaturen beziehen sich auf die Verwendung elektrischer Betriebsmittel im Inneren des Gehäuses. Die beschriebenen Verfahren zur Ermittlung der maximalen Oberflächentemperaturen lassen sich ebenfalls für nicht-elektrische Bauteile anwenden.

Weiterführende Informationen sind der Norm IEC 60079-31 [58] zu entnehmen.

## 7.11 Zündschutzart Druckfeste Kapselung „d"

Die Zündschutzart druckfeste Kapselung Ex „d" verhindert durch entsprechende konstruktive Maßnahmen die Ausbreitung einer im Inneren des druckfesten Gehäuses auftretenden Explosion an die unmittelbare Umgebung. Entscheidend hierfür ist eine explosionsdruckfeste Auslegung des Gehäuses in Kombination mit zünddurchschlagsicheren Spalten an allen Gehäuseöffnungen. Die Oberflächentemperatur des Gehäuses muss auch im Fall eines zu erwartenden Fehlers unter der Zündtemperatur des auftretenden Gases liegen. Durch die Zündschutzart Ex „d" lassen sich im Inneren der druckfesten Kapsel herkömmliche und nicht explosionsgeschützte Betriebsmittel einsetzen. Diese Zündschutzart wird sowohl für elektrische als auch für nicht-elektrische Geräte eingesetzt. Die spezifischen Anforderungen an diese Zündschutzart sind der Norm IEC 60079-1 [18] zu entnehmen. Diese bildet auch die Grundlage für diese Kapitel. Ergänzend sind die Anforderungen der Norm ISO 800079-36 [6] zu berücksichtigen. Die Zündschutzart eignet sich für mechanische Betriebsmittel mit Zündquellen im Normalbetrieb, wie z. B. Reibkupplungen, Bremsen, Katalysatoren oder Heizpatronen.

## 7.12 Kennzeichnung

Die grundlegenden Anforderungen an die Kennzeichnung explosionsgeschützter Geräte wird in der ATEX-Richtlinie 2014/34/EU geregelt. Demnach müssen auf jedem Gerät oder Schutzsystem deutlich und dauerhaft die folgenden Mindestangaben in Form eines Typenschilds angebracht werden:

- eingetragener Herstellername oder Handelsmarke inkl. der Anschrift des Herstellers,
- CE-Kennzeichnung,
- Bezeichnung der Serie und des Typs des Geräts oder Schutzsystems (ggf. Chargen- und Seriennummer),
- Baujahr,
- ein spezielles Explosionsschutzkennzeichen nach ATEX-Richtlinie 2014/34/EU,
- Kennzeichnung der Gerätegruppe I, II oder III,
- Kennzeichnung der Gerätekategorie 1, 2 oder 3 sowie
- Kennzeichnung der explosionsfähigen Atmosphäre, in der das Gerät eingesetzt werden kann (G = Gemisch von Luft und Gasen, Dämpfen oder Nebel; D = Staub-Luft-Gemische).

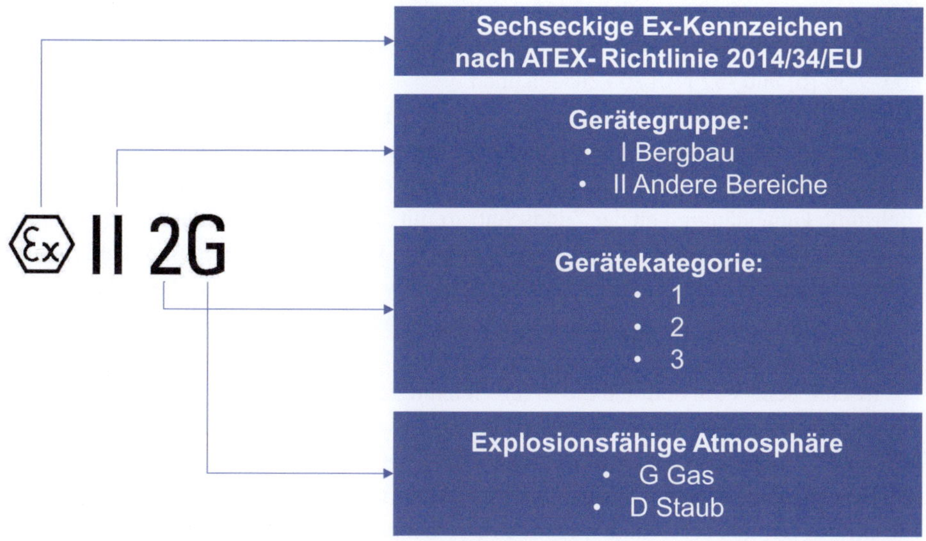


**Abb. 7.15** Schematische Kennzeichnung nach ATEX-Richtlinie [1]

Wie bereits dargestellt, ist gemäß ATEX-Richtlinie 2014/34/EU eine spezielle Explosionsschutzkennzeichnung erforderlich. Alle für den Explosionsschutz einzusetzenden Geräte sind nach der ATEX-Richtlinie 2014/34/EU mit der vorgesehenen Gerätegruppe und der Gerätekategorie inkl. Angabe der explosionsfähigen Atmosphäre zu kennzeichnen. Diese Kennzeichnung ist hinter dem CE-Zeichen und dem sechseckigen Ex-Zeichen aufzuführen. Bei Geräten der Gerätegruppe II ist der Buchstabe für die vorgesehene Umgebungsatmosphäre anzufügen. Abb. 7.15 erläutert den schematischen Aufbau der Kennzeichnung. Die dargestellte Kennzeichnung beschreibt ein für den Explosionsschutz vorgesehenes Gerät aus der Gerätegruppe II (Einsatz in allen Bereichen, ausgenommen Bergwerke). 2G beschreibt die Gerätekategorie 2, sprich den Einsatz bei gelegentlicher gefährlicher explosionsfähiger Atmosphäre. Das G gibt Auskunft über die Einsatzfähigkeit unter Gasatmosphäre.

Des Weiteren können die Geräte nach Vorgaben der Norm IEC 60079-0 [5] gekennzeichnet werden. Aufgrund der Komplexität wird diese Kennzeichnung nicht näher dargestellt und auf den Inhalt der Norm verwiesen. Jedoch ist eine bedeutsame Besonderheit für den Explosionsschutz von nicht-elektrischen Geräten hervorzuheben. Durch die Kennzeichnung nach Norm ist es bei elektrischen Geräten möglich, die eingesetzte Zündschutzart zu erkennen. Bei nicht-elektrischen Geräten ist dies nicht der Fall, da eine einheitliche Darstellung an dieser Stelle durch die Norm definiert wurde.

Die allgemeinen Vorschriften der Kennzeichnung explosionsgeschützter Geräte gemäß Norm sind in der Norm IEC 60079-0 [5] zu entnehmen. Die Anforderungen der Kennzeichnung an nicht-elektrische Geräte oder Schutzsysteme sind in der Norm ISO 80079-36 [6] festgelegt. Bisher wurde die Bezeichnung nicht-elektrischer explosionsgeschützter

Komponenten in der Norm EN 13463-1 ff. geregelt. Nach der Übergangsfrist für die Umstellung Ende Oktober 2019 sind Geräte und Schutzsysteme verbindlich nach ISO 80079-36 [6] und -37 [10] zu kennzeichnen.

Wie bereits benannt, wird (anders als bei Geräten und Schutzsystemen des elektrischen Explosionsschutzes) die genaue Zündschutzart bei nicht-elektrischen Betriebsmitteln nicht detailliert angegeben. Anstelle der Zündschutzart werden alle nicht-elektrischen Betriebsmittel unabhängig von der Zündschutzart mit „Ex h" gekennzeichnet. Die konkreten Zündschutzart oder -arten (z. B. „c", „b" und/oder „k") sind der Betriebsanleitung zu entnehmen. Hierdurch soll der Betreiber angehalten werden, sich mit der Betriebsanleitung auseinanderzusetzen, da diese im nicht-elektrischen Explosionsschutz von besonders hoher Bedeutung ist.

Anschließend kann optional die Kennzeichnung der Gerätegruppe I, II oder III inkl. der Kennzeichnung der Art der explosionsfähigen Gas- oder Staubatmosphäre erfolgen, für welche die Geräte oder Sicherheitssysteme vorgesehen sind. Zusätzlich fordert die Norm eine Kennzeichnung zur Auskunft über die maximale Oberflächentemperatur, die beim Einsatz des Geräts oder Schutzsystems auftreten kann. Abhängig von der Gerätegruppe (II oder III) sind die Anforderungen der Norm unterschiedlich und daher im Einzelnen der Norm ISO 80079-36 [6] zu entnehmen.

Des Weiteren wird das EPL des Geräts angegeben. Abb. 7.16 zeigt beispielhaft den schematischen Aufbau der Kennzeichnung nach Norm.

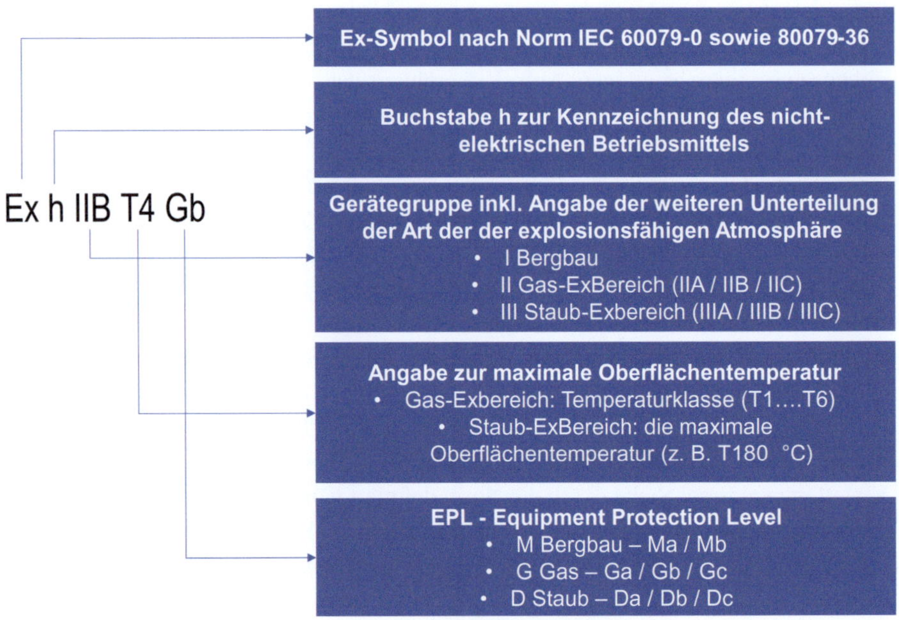


**Abb. 7.16** Beispielhafte schematische Kennzeichnung nach Norm [5, 6]

Weicht die Umgebungstemperatur von den üblichen Bedingungen von –20 °C bis +40 °C ab, so muss eine zusätzliche Kennzeichnung der zulässigen Umgebungstemperatur bei Betrieb auf dem Typenschild und in der Betriebsanleitung vermerkt werden, z. B.:

- Kennzeichnung der Umgebungstemperatur, Ta oder Tamb zusammen mit dem speziellen Bereich, z. B. „–10 °C ≤ Ta ≤ 75 °C" oder das Symbol „X"

Weiter sind die folgenden Informationen auf dem Typenschild zu vermerken:

a) eine Serien- oder Chargennummer,
b) Namen oder die Bezeichnung des Zertifikatausstellers und die Zertifikat-Referenznummer.

Bei besonderen Einsatzbedingungen ist die Referenznummer um das Symbol „X" zu erweitern. Alternativ ist nach Norm auch die Anbringung eines Warnkennzeichens mit entsprechenden Anweisungen zulässig.

Erfordern die spezifischen Normen der einzelnen Zündschutzarten eine besondere Kennzeichnung, so gilt es, diese zu berücksichtigen. Detaillierte Informationen zur Kennzeichnung sind den Normen IEC 60079-0 [5] und ISO 80079-36 [6]zu entnehmen, da in diesem Kapitel nur eine zusammenfassende Darstellung erfolgte.

## Literatur


1. RICHTLINIE 2014/34/EU DES EUROPÄISCHEN PARLAMENTS UND DES RATES vom 26. Februar 2014 zur Harmonisierung der Rechtsvorschriften der Mitgliedstaaten für Geräte und Schutzsysteme zur bestimmungsgemäßen Verwendung in explosionsgefährdeten Bereichen (Neufassung): ATEX 2014/34/EU, in *Amtsblatt der Europäischen Gemeinschaften*, 2014. Zugriff am 21. Juni 2022. [Online]. Available: https://eur-lex.europa.eu/legal-content/DE/TXT/PDF/?uri=CELEX:32014L0034&from=de
2. Dienststellen der Europäischen Kommission, Mitglieder der „New ATEX Guidelines Editorial Group" (NAGEG), Ed., *ATEX 2014/34/EU Leitlinien: Leitlinie zur Anwendung der Richtlinie 2014/34/EU des Europäischen Parlaments und des Rates vom 26. Februar 2014 zur Harmonisierung der Rechtsvorschriften der Mitgliedstaaten für Geräte und Schutzsysteme zur bestimmungsgemäßen Verwendung in explosionsgefährdeten Bereichen,* 2nd ed., 2017.
3. RICHTLINIE 2006/42/EG DES EUROPÄISCHEN PARLAMENTS UND DES RATES vom 17. *Mai 2006 über Maschinen und zur Änderung der Richtlinie 95/16/EG (Neufassung): 2006/42/EG*, 2006.
4. BENDER, BEATE und GERICKE, KILIAN, Eds., *Pahl/Beitz Konstruktionslehre: Methoden und Anwendung erfolgreicher Produktentwicklung,* 9th ed. Berlin, Heidelberg: Springer/Springer Vieweg, 2021.
5. *Explosionsgefährdete Bereiche – Teil 0: Betriebsmittel – Allgemeine Anforderungen (IEC 60079-0:2017); Deutsche Fassung EN IEC 60079-0:2018*, DIN EN IEC 60079-0 (VDE 0170-1), DIN Deutsches Institut für Normung e. V., Berlin, 2019.

6. *Explosionsfähige Atmosphären – Teil 36: Nicht-elektrische Geräte für den Einsatz in explosionsfähigen Atmosphären – Grundlagen und Anforderungen (ISO 80079-36:2016); Deutsche Fassung EN ISO 80079-36:2016*, DIN EN ISO 80079-36, DIN Deutsches Institut für Normung e. V., Berlin, 2016.
7. *Gefährliche explosionsfähige Gemische – Vermeidung der Entzündung gefährlicher explosionsfähiger Gemische*, TRGS 723, Bundesministerium für Arbeit und Soziales, Ausschuss für Gefahrstoffe, 2019.
8. GRUNEWALD, THOMAS; FINKE, ROBERT und GRÄTZ, RAINER. „Forschungsbericht 292: Untersuchungen zur Zündwahrscheinlichkeit und Datenanalyse zur Erfassung der Einflussgrößen mechanisch erzeugter Stahl-Schlagfunken in explosionsfähigen Brenngas-/Luft-Gemischen", Berlin, 2010.
9. Vermeidung von Zündgefahren infolge elektrostatischer Aufladungen, TRGS 727, Bundesministerium für Arbeit und Soziales, Ausschuss für Gefahrstoffe, 2016.
10. *Explosionsfähige Atmosphären – Teil 37: Nicht-elektrische Geräte für den Einsatz in explosionsfähigen Atmosphären – Schutz durch konstruktive Sicherheit „c", Zündquellenüberwachung „b", Flüssigkeitskapselung „k" (ISO 80079-37:2016); Deutsche Fassung EN ISO 80079-37:2016*, DIN EN ISO 80079-37, DIN Deutsches Institut für Normung e. V., Berlin, 2016.
11. ENGELMANN, FRANK. *Maschinenelemente kompakt.* Berlin, Heidelberg: Springer Berlin Heidelberg, 2019.
12. WITTEL, HERBERT; JANNASCH, DIETER; VOSSIEK, JOACHIM und SPURA, CHRISTIAN. *Roloff/Matek Maschinenelemente,* 23 Wiesbaden: Springer Vieweg, 2017.
13. DIN: DIN 743-1*: Tragfähigkeitsberechnung von Wellen und Achsen – Teil 1: Grundlagen*, Berlin.
14. DIN: DIN 743-2*: Tragfähigkeitsberechnung von Wellen und Achsen – Teil 2: Formzahlen und Kerbwirkungszahlen*, Berlin.
15. DIN: DIN 743-3*: Tragfähigkeitsberechnung von Wellen und Achsen – Teil 3: Werkstoff-Festigkeitswerte*, Berlin.
16. DRESIG, HANS und HOLZWEISSIG, FRANZ. *Maschinendynamik 12. Auflage,* 12. Heidelberg, New York, Berlin: Springer 2016.
17. Verordnung zum Schutz vor Gefahrstoffen: (BAuA), 2017.
18. *Explosionsgefährdete Bereiche – Teil 1: Geräteschutz durch druckfeste Kapselung „d" (IEC 60079-1:2014); Deutsche Fassung EN 60079-1:2014 Deutsche Fassung EN 60079-14:2014*, DIN EN 60079-1, DIN Deutsches Institut für Normung e. V., Berlin, 2015.
19. WITTEL, HERBERT; SPURA, CHRISTIAN und JANNASCH, DIETER. *Roloff/Matek Maschinenelemente: Normung, Berechnung, Gestaltung,* 25th ed. Wiesbaden: Springer Fachmedien Wiesbaden GmbH; Springer Vieweg, 2021.
20. DAHLKE, HANS. *Handbuch Wälzlagertechnik: Bauarten-Gestaltung-Betrieb.* Brauenschweig: Vierweg, 1994.
21. *ISO 76: Wälzlager – Statische Tragzahlen*, Berlin.
22. *ISO 281: Wälzlager – Dynamische Tragzahlen und nominelle Lebensdauer*, Berlin.
23. SCHAEFFLER KG, Ed., „Wälzlager: Kugellager, Rollenlager, Nadellager, Laufrollen, Lager für Gewindegetriebe, Spannlager, Gehäuseeinheiten, Lagergehäuse, Zubehör", Herzogenaurach, 2008.
24. SKF Group, Ed., „rolling bearings", 2016.
25. MATEK, WILHEM; MUHS, DIETER; WITTEL, HERBERT und BECKER, MANFRED. *Lager* In: *Roloff/Matek Maschinenelemente*, W. MATEK, D. MUHS, H. WITTEL, und M. BECKER, Eds., Wiesbaden: Vieweg+Teubner Verlag, 1994, pp. 409–500.
26. Kugel- und Rollenlagerwerk Leipzig GmbH, *Schmierung von Wälzlagern.* [Online]. Available: https://www.krw.de/produkte/waelzlagergrundlagen/schmierung-von-waelzlagern/ (Accessed: Nov. 18 2022).

27. BARTZ, WILFRIED J. *Schäden an geschmierten Maschinenelementen: Gleitlager, Wälzlager, Zahnräder,* 3rd ed. Renningen-Malmsheim: Expert-Verlag, 1999.
28. ENGEL, L. und WINTER, H. *Wälzlagerschäden, Antriebstechnik,* 18, 1979.
29. SCHAEFFLER TECHNOLOGIES AG & Co. KG, Ed., „Wälzlagerschäden: Schadenserkennung und Begutachtung gelaufener Wälzlager", Publ.-Nr. WL 82 102/2 DA, FAG, Herzogenaurach, 2000.
30. *ISO 15243: Wälzlager – Schäden und Ausfälle – Begriffe, Merkmale und Ursachen*, Berlin.
31. *Wälzlager – Schäden und Ausfälle – Begriffe, Merkmale und Ursachen*, ISO 15243, DIN Deutsches Institut für Normung e. V., Berlin, 2017.
32. SCHAEFFLER KG, „Wälzlager", Herzogenaurach, 2008.
33. *DIN 732:2010-05, Wälzlager – Thermisch zulässige Betriebsdrehzahl, Berechnung und Beiwerte*, DIN 732:2010-05, Berlin, 2010.
34. *DIN ISO 15312:2019-04: Wälzlager „Thermische Bezugsdrehzahl" Berechnung und Beiwerte (ISO 15312:2003)*, Berlin, 2019. [Online]. Available: https://doi.org/10.31030/3035417
35. PALMGREN, ARVID. *Neue Untersuchungen über Energieverluste in Wälzlagern*, 1957.
36. SCHLEICH, THOMAS J. *Temperatur- und Verlustleistungsverhalten von Wälzlagern in Getrieben*, Dissertation, Fakultät für Maschinenwesen, Technischen Universität Münch, München, 2012.
37. NSK, Ed., „Lagerluft: Die Lagerluft und ihre Normen", TECHNICAL INSIGHT, 2010.
38. Wälzlager, *Dynamische Tragzahlen und nominelle Lebensdauer*, Berlin, 2010. [Online]. Available: https://doi.org/10.31030/1718715
39. JÜRGENSMEYER, WILHELM. *Die Wälzlager*. Berlin, Heidelberg: Springer Berlin Heidelberg, 1937.
40. *Explosionsfähige Atmosphären – Explosionsschutz: Teil 1: Grundlagen und Methodik; Deutsche Fassung EN 1127-1:2019*, DIN EN 1127-1:2019-10, Deutsches Institut für Normung, Berlin.
41. SCHAEFFLER KG, „Stromisolierende Lager: Wälzlager zur Vermeidung von Stromdurchgangsschäden", Herzogenaurach, 2019.
42. Rolling bearings: Damage and failures – Terms, characteristics and causes, ISO 15243, International Standard, Berlin, 2017.
43. GRISSENBERGER, KLAUS. *Elektrisch isoliert: Schutz gegen Lagerschäden durch Stromdurchgang*, In: *konstruktions praxis*. Zugriff am: 29. Juni 2020. [Online]. Available: https://www.konstruktionspraxis.vogel.de/elektrisch-isoliert-schutz-gegen-lagerschaeden-durch-Stromdurchgang-a-481170/
44. FAG OEM und HANDEL AG, Ed., „Die Gestaltung von Wälzlagerungen: Konstruktionsbeispiele aus dem Maschinen-, Fahrzeug- und Gerätebau," Schweinfurt Publ.-Nr. WL 00 200/5 DA.
45. MÜLLER, HEINZ. *Fluid sealing technology: principles and applications*. New York, Basel: Marcel Decker, 1998.
46. TIETZE, WOLFGANG und Riedl, Alexander. *Taschenbuch Dichtungstechnik,* 3rd ed. Essen: Vulkan-Verlag, 2011.
47. Vermeidung oder Einschränkung gefährlicher explosionsfähiger Gemische, TRGS 722, Bundesministerium für Arbeit und Soziales, Ausschuss für Gefahrstoffe, 2022.
48. PMD Pumpen- und Maschinenservice Donde, „Defekte Dichtungen", Mar. 2023.
49. TPÜ – Technische Prüf- und Überwachungsgesellschaft mbH, „Federbruch", Mar. 2023.
50. GRUNEWALD, THOMAS; FINKE, ROBERT und GRÄTZ, RAINER. Untersuchungen zur Zündwahrscheinlichkeit und Datenanalyse zur Erfassung der Einflussgrößen mechanisch erzeugter Stahl-Schlagfunken in explosionsfähigen Brenngas/Luft-Gemischen", BAM Bundesanstalt für Materialforschung und -prüfung Forschungsbericht 292, 2010.
51. SCHLECHT, BERTHOLD. *Maschinenelemente 1 Festigkeit, Wellen, Verbindungen, Federn, Kupplungen*. München, Boston, San Francisco: Pearson, 2007.

52. SCHLECHT, BERTHOLD. *Maschinenelemente 2, Getriebe, Verzahnungen und Lagerungen.* München, Boston, San Francisco: Pearson, 2009.
53. Optibelt GmbH, *TECHNISCHES HANDBUCH KEILRIEMENANTRIEBE.* [Online]. Available: https://www.optibelt.com/fileadmin/pdf/produkte/keilriemen/Optibelt-Technisches-Handbuch-Keilriemen.pdf, Zugriff am 12. Oktober 2022.
54. Optibelt GmbH, *Technisches Handbuch Keilrippenantriebe.* [Online]. Available: https://www.optibelt.com/fileadmin/pdf/produkte/keilriemen/Optibelt-Technisches-Handbuch-Keilriemen.pdf, Zugriff am 12. Oktober 2022.
55. iwis SE & Co. KG, *Handbuch Kettentechnik Konstruktionsunterlagen / Berechnungsbeispiele.* [Online]. Available: https://www.iwis.com/as-handbook/iwis-handbuch-kettentechnik-konstruktionsunterlagen-berechnungsbeispiele.pdf
56. Optibelt GmbH, *SOFTWARE CAP 6.0 / 6.5.* [Online]. Available: https://www.optibelt.com/de/power-transmission/service/software-cap-60-65/, Zugriff am 12. Oktober 2022.
57. *Explosionsgefährdete Bereiche – Teil 2: Geräteschutz durch Überdruckkapselung „p" (IEC 60079-2:2014); Deutsche Fassung EN 60079-2:2014*, DIN EN 60079-2, DIN Deutsches Institut für Normung e. V., Berlin, 2015.
58. *Explosionsgefährdete Bereiche – Teil 31: Geräte-Staubexplosionsschutz durch Gehäuse „t" (IEC 60079-31:2013); Deutsche Fassung EN 60079-31:2014*, DIN EN 60079-31, DIN Deutsches Institut für Normung e. V., Berlin, 2014.

# Instandhaltung 8

Sabrina Herbst und Thorsten Arnhold

**Inhaltsverzeichnis**



## 8.1 Allgemeines

Gemäß der Europäischen Norm EN 13306 werden unter dem Begriff der Instandhaltung alle technischen und administrativen Maßnahmen zusammengefasst, die dem Erhalt oder der Wiederherstellung des funktionsfähigen Zustands eines Objekts dienen [1]. Nach dem Leitfaden zur Europäischen Richtlinie 1999/92/EG über Mindestvorschriften zur Verbesserung des Gesundheitsschutzes und der Sicherheit der Arbeitnehmer, die durch explosionsfähige Atmosphären gefährdet werden können, beinhaltet die Instandhaltung neben der Instandsetzung auch die Wartung sowie die Prüfung bzw. die Inspektion [2].

Eine effektive und effiziente Instandhaltung ist notwendig, da jedes technische System während des Betriebs durch innere und äußere Einflüsse unterschiedlichen Belastungen ausgesetzt wird, welche zu Beanspruchungen des Gesamtbetriebsmittels und seiner Bauteile führen. Diese Beanspruchungen können im Lauf der Betriebszeit eine Veränderung bis hin zum Verlust bestimmter Eigenschaften des Betriebsmittels verursachen. Neben gewollten Beanspruchungen wirken auch ungewollte Beanspruchungen auf die technischen Systeme. Während gewollte Beanspruchungen aus der Funktion eines Betriebsmittels und seiner Bauteile resultieren, entstehen ungewollte Beanspruchungen aus schwer erfassbaren und unerwünschten Belastungen [3].



F. Engelmann et al., *Nicht-elektrischer Explosionsschutz*,
https://doi.org/10.1007/978-3-662-67887-9_8

Die Geschwindigkeit und das Ausmaß der Eigenschaftsveränderungen hängen im Wesentlichen von der Art, der Dauer und der Intensität der Belastung ab. Im Fall von explosionsgeschützten Betriebsmitteln, die häufig auch aufgrund des Einsatzorts extremen Umwelteinflüssen ausgesetzt sind, treten vorrangig folgende Belastungsarten auf:

- Thermische Belastung (hohe und tiefe Umgebungstemperaturen und Temperaturwechsel)
- Mechanische Belastungen (Vibration, mechanische Schläge, Reib- und Schleifvorgänge)
- Chemische und elektrochemische Belastungen (Korrosion, Verätzung)

Die jeweiligen Belastungen können im Betrieb der technischen Systeme selbst entstehen (z. B. mechanische Reibung in Lagern), sich aus den allgemeinen Umgebungsbedingungen ergeben (z. B. Sonneneinstrahlung oder Betauung) oder von benachbarten Betriebsmitteln, Maschinen und Anlagen ausgehen (z. B. Vibrationen).

Hersteller begegnen diesen Tatsachen, indem sie den Sollzustand ihres Betriebsmittels als Summe sämtlicher funktions- und sicherheitsrelevanter Eigenschaften definieren und die zulässigen Betriebs- und Umgebungsbedingungen (zulässige Belastungen) ermitteln. Diese Merkmale und Parameter sind ausreichend und verständlich in der mitgelieferten Produktdokumentation zu beschreiben und den Kunden gemeinsam mit dem Betriebsmittel zu übergeben. Der Sollzustand ist so auszulegen, dass die funktions- und sicherheitsbestimmenden Produkteigenschaften für einen festgelegten Mindestzeitraum erhalten bleiben.

Der Zusammenhang zwischen den in Betracht kommenden Belastungen und dem Beanspruchungsverhalten (Veränderung bis zum Verlust einer oder mehrerer Soll-Produkteigenschaften) ist häufig sehr komplex. Nach Hauptmanns kann der Zusammenhang mit folgendem statistischen Modell beschrieben werden [4, S. 279–286]: Die konkrete Ausprägung der Betriebsmitteleigenschaften und ihrer Belastbarkeit sind aufgrund verschiedener stochastischer Einflüsse (z. B. Abweichungen im Material oder Herstellungsprozess) als Zufallsgrößen aufzufassen, welche durch statistische Verteilungen beschrieben werden können, siehe $g_1(x)$ in Abb. 8.1. Andererseits ist auch die Ausprägung einer bestimmten Belastung stochastischer Natur und lässt sich mittels statistischer Verteilungsfunktion beschreiben, siehe $g_2(y)$ in Abb. 8.1. Das dargestellte Beispiel basiert auf der Annahme von Normalverteilungen, jedoch sind auch andere Verteilungen denkbar. Ein Ausfall tritt auf, wenn die Größe der Belastung die Größe des Widerstands einer Betriebsmitteleigenschaft überschreitet, d. h. wenn sich die beiden Wahrscheinlichkeitsdichtefunktionen $g_1(x)$ und $g_2(y)$ überlappen.

Zur Reduzierung der überschneidenden Flächen können unterschiedliche Maßnahmen angewendet werden. Beispielsweise sind ausreichend große Sicherheitsfaktoren zu wählen, die durch den Einsatz höherwertigerer Werkstoffe oder Dimensionierungsanpassungen erzielbar sind. Dabei ist auch zu berücksichtigen, dass der Widerstand der Beanspruchungsfähigkeit gegenüber der Belastung für eine definierte Mindestbetriebsdauer auszugleichen ist. Da sich die Erhöhung von Sicherheitsfaktoren jedoch in der Regel direkt proportional

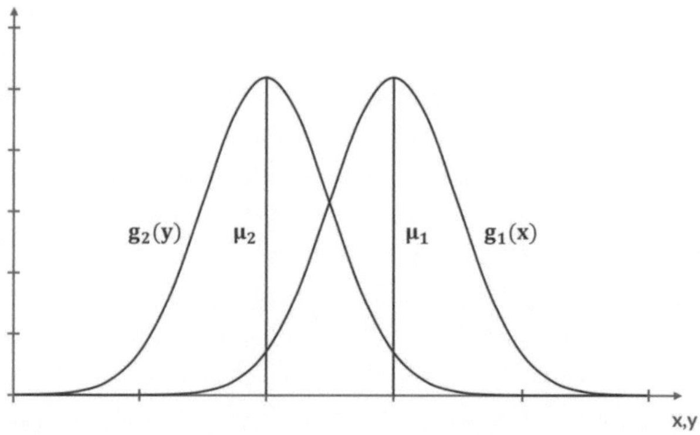


**Abb. 8.1** Mögliches Beispiel durch Annahme einer Normalverteilung der Wahrscheinlichkeitsdichtefunktionen für den Widerstand $g_1(x)$ und der Belastung $g_2(y)$ eines Betriebsmittels mit $\mu_1$ = Mittelwert der Belastbarkeit und $\mu_2$ = Mittelwert der Belastung nach Hauptmanns [4]

auf die Herstellkosten auswirkt, ist dieser Strategie eine ökonomische Grenze gesetzt. Durch geeignete organisatorische und technische Maßnahmen muss daher spätestens vor Ablauf der Mindestbetriebsdauer festgestellt werden, ob der notwendige Abstand der Kurven $g_1(x)$ und $g_2(y)$ vorhanden ist (u. a. durch regelmäßige Prüfungen, siehe Abschn. 8.3) und ggf. der erforderliche Abstand wiederhergestellt werden (Warten und Instandsetzen, siehe Abschn. 8.4).

## 8.2 Rechtliche Grundlagen

Rechtliche Vorgaben zur Instandhaltung von explosionsgeschützten Betriebsmitteln bestehen auf europäischer Ebene durch die EG-Richtlinie 1999/92/EG [5], welche die Mindestvorschriften zur Verbesserung des Gesundheitsschutzes und der Sicherheit der Arbeitnehmer, die durch explosionsfähige Atmosphären gefährdet werden können, definiert. Hervorzuheben ist, dass eine wesentliche Unterscheidung zwischen elektrischem und nicht-elektrischem Explosionsschutz aktuell nicht ersichtlich ist. Die Anforderungen gelten folglich für beide Bereiche.

In Deutschland werden die Vorgaben der EG-Richtlinie 1999/92/EG auf nationaler Ebene durch die Betriebssicherheitsverordnung (BetrSichV) [6] sowie die Gefahrstoffverordnung (GefStoffV) [7] umgesetzt. Auch hier gelten die Vorgaben sowohl für den elektrischen als auch für den nicht-elektrischen Explosionsschutz. Die Betriebssicherheitsverordnung umfasst vorrangig die Bestimmungen zur Durchführung der Instandhaltung. Unter anderem sind nach Definition der Betriebssicherheitsverordnung Anlagen in explosionsgefährdeten Bereichen gemäß § 2 Absatz 14 der Gefahrstoffverordnung überwachungspflichtige Anlagen. Daraus ergeben sich besondere Anforderungen an die Durchführung von Prüfungen, siehe Abschn. 8.3. Die Paragrafen, welche sich auf die Instandhaltung von explosionsgeschützten Betriebsmitteln beziehen, sind Tab. 8.1 zu entnehmen. Die §§ 15 und 16 werden zusätzlich durch die in Anhang 2 Abschnitt 3 Nr. 3, 4 und 5 der BetrSichV definierten Vorgaben ergänzt. Die Gefahrstoffverordnung definiert die Anforderungen im Umgang mit explosionsfähigen Medien als Betreiber. Dazu zählt u. a. die Pflicht zur Erstellung eines Explosionsschutzdokuments.

Sowohl die BetrSichV als auch die GefStoffV werden durch Technische Regeln konkretisiert. Diese werden von fachlichen Ausschüssen, z. B. der Ausschuss für Betriebssicherheit oder Ausschuss für Gefahrstoffe erarbeitet und vom Bundesministerium für Arbeit und Soziales im Ministerialblatt bekannt gegeben. Allgemein kostenfrei abrufbar sind die Technischen Regeln über die Website der Bundesanstalt für Arbeitsschutz und Arbeitsmedizin (BAuA) [8]. Tab. 8.2 gibt einen Überblick über ausgewählte Technische Regeln der Betriebssicherheitsverordnung, die für die Instandhaltung von explosionsgeschützten Betriebsmitteln von großer Bedeutung sind. Da sich der Stand der Technik kontinuierlich weiterentwickelt und die Technischen Regeln entsprechend in regelmäßigen Abständen überarbeitet werden, ist der aktuelle Stand turnusmäßig zu prüfen.

Auf internationaler Ebene sind die jeweils nationalen gesetzlichen Vorgaben zu berücksichtigen. Jedoch greift das IECEx-System (siehe Abschn. 9.2) die Thematik der Instandhaltung auf. Mithilfe der Normen IEC 60079-17 „Electrical installations inspection and maintenance“ [9] und IEC 60079-19 „Electrical installations inspection and maintenance“

**Tab. 8.1** BetrSichV – für die Instandhaltung ausgewählte relevante Paragrafen

| Paragraf | Inhalt |
|---|---|
| **§ 14** | Prüfung von Arbeitsmitteln |
| **§ 15** | Prüfung vor Inbetriebnahme und Wiederinbetriebnahme nach prüfpflichtiger Änderung |
| **§ 16** | Wiederkehrende Prüfung |

**Tab. 8.2** Ausgewählte Technische Regeln der Betriebssicherheitsverordnung in Bezug auf die Instandhaltung explosionsgeschützter Betriebsmittel

| Technische Regel | Inhalt |
|---|---|
| **TRBS 1112** | Instandhaltung |
| **TRBS 1112 Teil 1** | Explosionsgefährdungen bei und durch Instandhaltungsarbeiten – Beurteilungen und Schutzmaßnahmen |
| **TRBS 1123** | Prüfpflichtige Änderungen von Anlagen in explosionsgefährdeten Bereichen – Ermittlung der Prüfnotwendigkeit gemäß § 15 Absatz 1 BetrSichV |
| **TRBS 1201** | Prüfungen und Kontrollen von Arbeitsmitteln und überwachungsbedürftigen Anlagen |
| **TRBS 1201 Teil 1** | Prüfung von Anlagen in explosionsgefährdeten Bereichen |
| **TRBS 1201 Teil 3** | Instandsetzung an Geräten, Schutzsystemen, Sicherheits-, Kontroll- und Regelvorrichtungen im Sinne der Richtlinie 2014/34/EU |
| **TRBS 1203** | Zur Prüfung befähigte Personen |

[10] bestehen bereits auf normativer Ebene Vorgaben für die Instandhaltung für elektrische Geräte. Derzeitig erfolgt die Überarbeitung der IEC 60079-17, um auch die Vorgaben des nicht-elektrischen Explosionsschutzes zu integrieren.

## 8.3 Prüfungen

### 8.3.1 Definition

Gemäß TRBS 1201 über Prüfungen und Kontrollen von Arbeitsmitteln und überwachungsbedürftigen Anlagen umfasst die Prüfung eines Arbeitsmittels [11]:

- die Ermittlung des Istzustands,
- den Vergleich des Istzustands mit dem Sollzustand sowie
- die Bewertung der Abweichung des Istzustands vom Sollzustand.

Der Istzustand ist dabei durch die Prüfung festzustellen, während der Sollzustand vom Arbeitgeber als sicherer Zustand des Betriebsmittels festzulegen ist. Hinweise zur Festlegung des sicheren Sollzustands können der TRBS 1111 [12] entnommen werden.

Sowohl die Europäische Richtlinie 1999/92/EG als auch die Betriebssicherheitsverordnung und die zugehörigen Technischen Regeln richten ihre Forderungen an den Arbeitgeber, d. h. an den Betreiber einer Anlage mit explosionsgefährdeten Bereichen. Dieser hat im Rahmen der Gefährdungsbeurteilung (siehe TRBS 1111) den sicheren Zustand jedes Betriebsmittels festzulegen. Wie in Abschn. 9.1.5 beschrieben, sind jedoch auch Hersteller explosionsgeschützter Betriebsmittel gemäß ATEX-Richtlinie 2014/34/EU [13] in der Pflicht, Angaben zur sicheren Inbetriebnahme, Verwendung, Montage und Demontage, Instandhaltung, Installation und zum sicheren Rüsten bereitzustellen. Darüber hinaus schreibt die Richtlinie 2014/34/EU vor, dass Geräte und Schutzsysteme, die besonderen Prüf- und Wartungsbedingungen unterliegen, gemäß diesen Bedingungen konzipiert und gebaut werden müssen. Für die Festlegung des Sollzustands greifen Anlagenbetreiber daher in der Regel auf die Herstellerinformationen zurück.

### 8.3.2 Prüfplanung

Die Prüfplanung liegt in der Verantwortung des Anlagenbetreibers und erfolgt im Rahmen der Gefährdungsbeurteilung. Arbeitgeber sind gemäß § 3 der BetrSichV verpflichtet, vor der Verwendung von Betriebsmitteln alle auftretenden Gefährdungen zu beurteilen und daraus notwendige sowie geeignete Schutzmaßnahmen abzuleiten. Im Rahmen dieser Gefährdungsbeurteilung ist unter anderem die Art und der Umfang aller erforderlichen Prüfungen sowie die Fristen von wiederkehrenden Prüfungen zu ermitteln und festzulegen, siehe Abb. 8.2. Darüber hinaus ist zu ermitteln und festzulegen, welche Qualifikationen

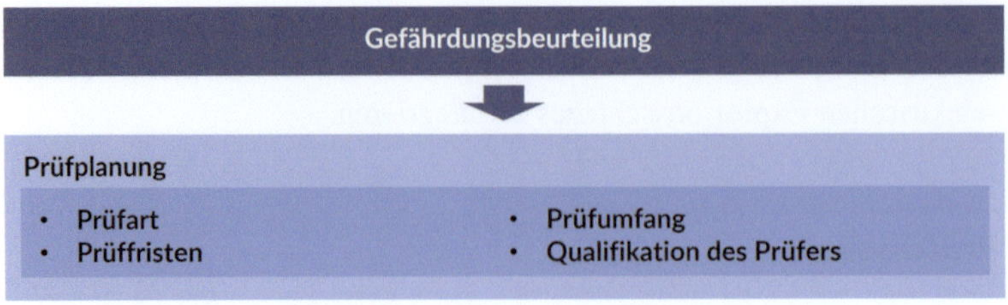


**Abb. 8.2** Prüfplanung

Personen erfüllen müssen, die mit den Prüfungen beauftragt werden. Die Prüfplanung ist im Explosionsschutzdokument zu hinterlegen.

Die Prüfanforderungen ergeben sich unter anderem aus den Vorgaben der Betriebssicherheitsverordnung, den Technischen Regeln zur Betriebssicherheit, den Herstellerangaben in der Gerätedokumentation, den Umgebungs- und Betriebsbedingungen, sowie aus Erfahrungswerten der Anlagenbetreiber. Darüber hinaus können Regelwerke und weitere Erkenntnisse der gesetzlichen Unfallversicherungsträger, der Länder sowie der BAuA und Maßnahmen, die sich in der Praxis bewährt haben (z. B. Veröffentlichungen von Industrieverbänden oder Branchenstandards), herangezogen werden.

#### 8.3.2.1 Prüfarten

Nach TRBS 1201 können Prüfungen in folgende Prüfarten unterschieden werden [11]:

- Ordnungsprüfungen
- Technische Prüfungen

Die Ordnungsprüfung dient dem Abgleich des darstellten Zustands eines Objekts. Im Rahmen von **Ordnungsprüfungen** ist festzustellen, ob

- alle erforderlichen Prüfunterlagen vorhanden und plausibel sind,
- Arbeitsmittel entsprechend der Gefährdungsbeurteilung verwendet werden,
- die festgelegten organisatorischen Maßnahmen ausreichen,
- der Prüfumfang und die Prüffrist definiert sind,
- die technischen Unterlagen mit der Ausführung übereinstimmen,
- das Arbeitsmittel oder die Betriebsbedingungen seit der letzten Prüfung geändert wurden
- die behördlichen Auflagen eingehalten werden.

Bei der **technischen Prüfung** werden die sicherheitstechnisch relevanten Merkmale eines Arbeitsmittels am Objekt selbst geprüft. Hierzu zählen unter anderem folgende Prüfungen:

- äußere oder innere Sichtprüfung,
- Prüfung der Funktionsfähigkeit der Schutz- und Sicherheitseinrichtungen,
- Prüfung mit Mess- und Prüfmitteln,

- labortechnische Untersuchung,
- zerstörungsfreie Prüfung,
- Prüfung mit datentechnisch verknüpften Messsystemen.

In Bezug auf die Prüftiefe der technischen Prüfung hat sich in der Praxis die in der harmonisierten Norm DIN EN IEC 60079-17 [9] vorgenommene Einteilung bewährt:

- **Sichtprüfung:** ohne Nutzung von Zugangseinrichtungen oder Werkzeugen wird festgestellt, ob sichtbare Fehler vorliegen (z. B. Schäden an Gehäusen, fehlende Schrauben, aber auch unzulässige Erwärmung)
- **Nahprüfung:** zusätzlich zu den Aspekten der Sichtprüfung sollen solche Fehler festgestellt werden, die nur unter Verwendung von Werkzeug und/oder Zugangseinrichtungen feststellbar sind
- **Detailprüfung:** zusätzlich zu den Aspekten der Nahprüfung sollen solche Fehler festgestellt werden, die nur durch das Öffnen von Gehäusen und/oder durch Verwendung von Werkzeugen oder Prüfeinrichtungen erkennbar sind

### 8.3.2.2 Prüfzeitpunkt und -umfang

Ein wesentlicher Aspekt im Rahmen der Prüfplanung sind die Prüfzeitpunkte und die Prüfumfänge. Prinzipiell ist eine Unterscheidung in Prüfungen vor der Inbetriebnahme bzw. Wiederinbetriebnahme und wiederkehrende Prüfungen möglich, siehe Abb. 8.3.

Die Prüfung vor Inbetriebnahme bzw. Wiederinbetriebnahme umfasst die Ordnungsprüfung und die technische Prüfung, um die Explosionssicherheit zu gewährleisten. Die Prüfung vor der ersten Inbetriebnahme bzw. der Wiederinbetriebnahme nach einer prüfpflichtigen Änderung hat im Wesentlichen das Ziel, die Richtigkeit der Umsetzung des Explosionsschutzkonzepts zu verifizieren. Die einzelnen installierten Betriebsmittel wurden in der Regel bereits vom Hersteller geprüft, und dieser hat die Konformität mit den geltenden Richtlinien und Normen bestätigt. Im Rahmen der Prüfung ist daher in der Regel nur festzustellen, ob der Zusammenbau und die Installation korrekt erfolgten. In Bezug auf nicht-elektrische Betriebsmittel oder Teile davon muss festgestellt werden, ob die Zündquellenfreiheit auch nach der Installation in der Anlage gegeben ist. Eine sehr detaillierte Festlegung der Prüfung von explosionsgeschützten Anlagen vor der ersten Inbetriebnahme

| Prüfung vor Inbetriebnahme/ Wiederinbetriebnahme | Wiederkehrende Prüfungen |
|---|---|
| • Vor der ersten Inbetriebnahme<br>• Vor der Wiederinbetriebnahme nach prüfpflichtigen Änderungen<br>• Nach Instandsetzung eines Bauteils, welches den Explosionsschutz sichert | • In regelmäßigen Abständen |

**Abb. 8.3** Prinzipielle Unterscheidung der Prüfungen nach Prüfzeitpunkt

**Tab. 8.3** Zusammenfassender Überblick der Anforderungen an Prüfungen vor Inbetriebnahme bzw. Wiederinbetriebnahme gemäß BetrSichV

| Objekt | | Erforderlicher Prüfzeitpunkt | Prüfer |
|---|---|---|---|
| Ganzheitliche Überprüfung der Explosionssicherheit gemäß den Vorgaben des Explosionsschutzdokuments und der Zoneneinteilung | Anlage im explosionsgefährdeten Bereich | Vor Inbetriebnahme<br>nach prüfpflichtiger Änderung | • Zugelassene Überwachungsstelle (ZÜS) oder<br>• Zur Prüfung befähigte Person nach BetrSichV, Anhang 2, Abs. 3, 3.3 |
| | Ex-Lageranlagen > 10.000 l; Füllstellen > 1000 l/h; Tankstellen und Flugfeldbetankungen | Vor Inbetriebnahme<br>nach prüfpflichtiger Änderung | • Zugelassene Überwachungsstelle (ZÜS) |
| Geräte, Schutzsysteme, Sicherheits-, Kontroll- und Regelvorrichtungen nach ATEX-Richtlinie 2014/34/EU, Lüftungsanlagen, Gaswarneinrichtungen und Inertisierungseinrichtungen | | Vor Inbetriebnahme<br>nach prüfpflichtiger Änderung | • Zugelassene Überwachungsstelle (ZÜS) oder<br>• Zur Prüfung befähigte Person nach BetrSichV, Anhang 2, Abs. 3, 3.1 |
| Geräte, Schutzsysteme, Sicherheits-, Kontroll- und Regelvorrichtungen nach ATEX-Richtlinie 2014/34/EU | | Nach Instandsetzung eines Bauteils, welches den Explosionsschutz gewährleistet | • Zugelassene Überwachungsstelle (ZÜS) oder<br>• Zur Prüfung befähigte Person nach BetrSichV, Anhang 2, Abs. 3, 3.2 oder<br>• Hersteller |

bzw. Wiederinbetriebnahme ist in der TRBS 1201 Teil 1 [14] enthalten. Tab. 8.3 gibt einen zusammenfassenden Überblick der Anforderungen an Prüfungen vor Inbetriebnahme bzw. Wiederinbetriebnahme gemäß BetrSichV.

Weiterhin hat der Anlagenbetreiber die Art, den Umfang und die zeitliche Abfolge der wiederkehrenden Prüfungen festzulegen und dafür zu sorgen, dass diese den Vorgaben entsprechend durchgeführt werden. Auch für diese Prüfungen stellt die Zündgefahrenbewertung durch den Hersteller der nicht-elektrischen Betriebsmittel eine wichtige Grundlage dar. Die zeitlichen Abstände zwischen den wiederkehrenden Prüfungen hängen von den in der Anlage vorherrschenden Belastungen und der Beanspruchungsfestigkeit der jeweiligen Betriebsmittel ab. Die Zeiten müssen so bemessen sein, dass es zu keiner unzulässigen Annäherung der beiden Kurven in Abb. 8.1 kommt. Sowohl in der BetrSichV [6], der TRBS 1201 Teil 1 [11] als auch in der Norm IEC 60079-17 [12] werden als maximale Fristen für explosionsgeschützte Betriebsmittel (keine Anlagen) drei Jahre an-

**Tab. 8.4** Zusammenfassender Überblick der Anforderungen an wiederkehrende Prüfungen gemäß BetrSichV

| Objekt | | Frist der wiederk. Prüfung | Prüfer |
|---|---|---|---|
| Ganzheitliche Überprüfung der Explosionssicherheit gemäß den Vorgaben des Explosionsschutzdokuments und der Zonen-einteilung | Anlage im explosionsgefährdeten Bereich | maximal 6 Jahre | • Zugelassene Überwachungsstelle (ZÜS) oder• Zur Prüfung befähigte Person nach BetrSichV, Anhang 2, Abs. 3, 3.3 |
| | Ex-Lageranlagen > 10.000 l; Füllstellen > 1000 l/h; Tankstellen und Flugfeldbetankungen | maximal 6 Jahre | • Zugelassene Überwachungsstelle (ZÜS) |
| Geräte, Schutzsysteme, Sicherheits-, Kontroll- und Regelvorrichtungen nach ATEX-Richtlinie 2014/34/EU | | maximal 3 Jahre | • Zugelassene Überwachungsstelle (ZÜS) oder<br>• Zur Prüfung befähigte Person nach BetrSichV, Anhang 2, Abs. 3, 3.1 |
| Lüftungsanlagen, Gaswarneinrichtungen und Inertisierungseinrichtungen | | jährlich | • Zugelassene Überwachungsstelle (ZÜS) oder<br>• Zur Prüfung befähigte Person nach BetrSichV, Anhang 2, Abs. 3, 3.1 oder<br>• Hersteller |

gegeben. Tab. 8.4 gibt einen zusammenfassenden Überblick der Anforderungen an Prüfungen vor Inbetriebnahme bzw. Wiederinbetriebnahme gemäß BetrSichV wieder.

Die Durchführung der Prüfungen ist entsprechend den Anforderungen der Betriebssicherheitsverordnung zu dokumentieren. Des Weiteren sind die Qualifikationen des Prüfers zu berücksichtigen. Dazu kann unternehmensintern eine zur Prüfung befähigte Person gemäß den einzelnen Anforderungsprofilen (BetrSichV, Anhang 2, Abs. 3) ernannt werden, siehe Abschn. 8.3.2.4.

### 8.3.2.3 Prüfinhalte

Die detaillierten Prüfinhalte hängen vom jeweiligen Anwendungsfall ab und sind durch den Anlagenbetreiber im Rahmen der Prüfplanung festzulegen. Nach TRBS 1201 Teil 1 [14] sind dabei alle Mess- und Prüfaufgaben zu berücksichtigen, welche in der Betriebsanleitung der Hersteller festgelegt wurden, sofern in der Gefährdungsbeurteilung keine anderen Festlegungen getroffen wurden. Weiterhin müssen die Prüfinhalte an die speziellen Belastungen im jeweiligen Betrieb, wie z. B. Korrosion oder Verschleiß, angepasst werden.

In der Praxis bedeutet dies, dass Hersteller im Rahmen der Zündgefahrenbewertung auch das Langzeitverhalten der betrachteten Betriebsmittel hinsichtlich wirksamer Zündquellen und der Maßnahmen zu deren Vermeidung berücksichtigen müssen. In der internationalen Norm ISO 80079-36 [15] heißt es dazu unter dem Abschn. 5.1, dass Einsatzbedingungen, Anweisungen für die Sicherheit und erforderliche Wartungsarbeiten vom Hersteller festzulegen sind. Es wird dabei weiterhin auf die notwendigen Anweisungen in der produktbegleitenden Dokumentation verwiesen. In der Regel setzen Anlagenbetreiber diese Herstellervorgaben direkt in ihren Prüf- und Wartungskonzepten um. Dennoch besteht durch das geltende Recht grundsätzlich die Möglichkeit, von den Herstellervorgaben abzuweichen, falls sich dies im Rahmen der Gefährdungsbeurteilung als erforderlich erweist. Eine solche Abweichung sollte jedoch ausreichend begründet und dokumentiert sein.

Internationale Geltung im Hinblick auf die Prüfinhalte besitzt die Norm IEC 60079-17 [9]. Diese Norm gilt aktuell für den elektrischen Explosionsschutz. Derzeitig wird die Integration des nicht-elektrischen Explosionsschutzes avisiert. Dennoch kann die internationale Norm in weiten Teilen bereits jetzt für Vorgaben zu Prüfungen an nicht-elektrischen Betriebsmitteln übertragen werden. So können beispielsweise die Abschnitte zu den Themen:

- Dokumentation,
- Qualifikation des Personals,
- grundlegende Prinzipien,
- Überprüfung nicht gekennzeichneter Geräte,
- Abnahme von Geräten in Altanlagen und
- Prüftiefe

ohne weitere Ergänzungen bereits jetzt zur Festlegung von Prüfungen an nicht-elektrischen Betriebsmitteln oder Teilen davon Anwendung finden.

Weitere Vorgaben bestehen durch Anhang C: „Beurteilung der Eignung für den Anwendungsfall“ [9]. Darin wird eine Vorgehensweise empfohlen für den Fall, dass Betriebsmittel geprüft werden sollen, für die keine Konformitätsbewertung durch den Hersteller vorliegt oder auffindbar ist. Dies trifft insbesondere auf Altgeräte zu, welche zwar eine langjährige Betriebsbewährung aufweisen, aber dennoch entsprechend den gesetzlichen und/oder normativen Vorgaben regelmäßig geprüft werden müssen.

Weiterhin können für die Festlegung von Prüfinhalten und -umfängen auch die Prüfpläne für die gängigen Zündschutzarten aus dem Bereich des elektrischen Explosionsschutzes herangezogen werden. Da die Zündschutzarten „Druckfeste Kapselung“ (d), „Überdruckkapselung“ (p) und „Schutz durch Gehäuse“ (t) auch für nicht-elektrische Betriebsmittel angewendet werden können [15], dürfen die in der IEC 60079-17 [9] enthaltenen Prüfpläne für die genannten Zündschutzarten ebenfalls verwendet werden. Es ist jedoch vorab zu prüfen, ob die Zündgefahrenbewertung über die Inhalte der Prüflisten hinaus gehende Anforderungen stellt. Für die in der internationalen Norm ISO 80079-37 [16] definierten, speziell für nicht-elektrische Betriebsmittel vorgesehenen Zündschutzarten „Konstruktive Sicherheit“ (c), „Zündquellenüberwachung“ (b) und „Flüssigkeitskapselung“ (k) sind zum Zeitpunkt der Veröffentlichung dieses Fachbuchs noch keine Prüflisten in der IEC 60079-17 [9] enthalten. Bis zur Ausgabe einer neuen Normenedition können für die Festlegung der Prüfinhalte lediglich Analogieschlüsse zu den bereits existierenden Prüflisten sowie die Herstellerangaben inklusive der Zündgefahrenbewertung herangezogen werden.

#### 8.3.2.4 Qualifikation des Prüfers

Aufgrund der essenziellen Bedeutung von Prüfungen für die Gewährleistung des Explosionsschutzes und die damit verbundene Komplexität der Thematik ist die Durchführung sämtlicher Prüftätigkeiten durch kompetentes und erfahrenes Personal zwingend erforderlich.

Nach den Vorgaben der Betriebssicherheitsverordnung sind sowohl Prüfungen vor der Inbetriebnahme bzw. Wiederinbetriebnahme als auch wiederkehrende Prüfungen entweder durch eine zugelassene Überwachungsstelle (ZÜS) oder von einer zur Prüfung befähigten Person durchzuführen. ZÜS müssen dabei ihre Eignung und Kompetenz nachweisen und von der Zentralstelle der Länder für Sicherheitstechnik (ZLS) akkreditiert sein. Eine aktuelle Auflistung aller ZÜS ist der Website der BAuA zu entnehmen [17].

Gemäß Betriebssicherheitsverordnung muss eine zur Prüfung befähigte Person durch ihre Berufsausbildung, ihre Berufserfahrung und ihre zeitnahe berufliche Tätigkeit über die erforderlichen Kenntnisse zur Prüfung von Arbeitsmitteln verfügen. Der Arbeitgeber benennt eine zur Prüfung befähigte Person für einen definierten Fachbereich. Sie unterliegt bei ihrer Prüftätigkeit keinen fachlichen Weisungen durch den Arbeitgeber und darf von diesem aufgrund dieser Tätigkeit nicht benachteiligt werden. Teilweise müssen zur Prüfung befähigte Personen über eine behördliche Anerkennung verfügen [6].

Im Bereich des Explosionsschutzes erfolgt häufig die Unterteilung in eine zur Prüfung befähigte Person für den elektrischen Explosionsschutz und eine zur Prüfung befähigte Person für den nicht-elektrischen Explosionsschutz. Des Weiteren werden nach Vorgaben der Betriebssicherheitsverordnung folgende drei Qualifizierungsstufen klassifiziert:

- Zur Prüfung befähigte Person nach BetrSichV, Anhang 2, Ab. 3, 3.1
- Zur Prüfung befähigte Person nach BetrSichV, Anhang 2, Ab. 3, 3.2
- Zur Prüfung befähigte Person nach BetrSichV, Anhang 2, Ab. 3, 3.3

Daraus ergeben sich unterschiedlichste Qualifizierungsanforderungen, die Abb. 8.4 zu entnehmen sind. Weitere detaillierte Anforderungen an eine zur Prüfung befähigte Person werden in der TRBS 1203 [18] spezifiziert.

<table>
<tr><th>Zur Prüfung befähigte Person</th><th>Anhang 2, Abs. 3, Nr. 3.1</th><th>Anhang 2, Abs. 3, Nr. 3.2</th><th>Anhang 2, Abs. 3, Nr. 3.3</th></tr>
<tr><td>Berufsausbildung</td><td colspan="2">Technische Berufsausbildung<br>oder<br>ausreichende technische Qualifikation</td><td>Einschlägiges Studium oder vergleichbare technische Qualifikation oder langjährige Erfahrung auf dem Gebiet der Sicherheitstechnik</td></tr>
<tr><td>Berufserfahrung</td><td colspan="2">Mind. einjährige Erfahrung mit Herstellung, Zusammenbau<br>oder<br>Instandsetzung der Anlage</td><td>Umfassende Kenntnisse des Explosionsschutzes einschließlich des Regelwerks</td></tr>
<tr><td>Zeitnahe berufliche Tätigkeit</td><td colspan="2">Aktueller Stand der Kenntnisse zum Explosionsschutz (regelmäßige Teilnahme an Schulungen oder Unterweisungen)</td><td>Regelmäßige Fortbildung durch Teilnahme an einschlägigem Erfahrungsaustausch auf dem Gebiet des Explosionsschutzes</td></tr>
<tr><td>Behördliche Anerkennung</td><td>Nicht Erforderlich</td><td>Behördliche Anerkennung</td><td>Nicht Erforderlich</td></tr>
</table>

**Abb. 8.4** Anforderungen an die Qualifizierung zur Prüfung befähigter Personen gemäß BetrSichV

## 8.4 Wartung und Instandsetzung

Nach der Norm DIN 31051 [19] werden unter dem Begriff *Wartung* alle Maßnahmen zur Verzögerung des Abbaus des vorhandenen Abnutzungsvorrats der Betrachtungseinheit zusammengefasst. Sie wird während der Nutzung eines Objekts, z. B. Anlage, Betriebsmittel oder Gerät, angewandt. Die Wartung wird nach allgemeinen technischen Regeln in Kombination mit konkreten Vorgaben des Herstellers durchgeführt. Wartungsarbeiten an nicht-elektrischen Betriebsmitteln können z. B. Reinigungsarbeiten, Justagetätigkeiten, das Nachfüllen von Kühl- und Schmiermitteln oder das Austauschen von Verschleißteilen umfassen. Zur Aufrechterhaltung des notwendigen Explosionsschutzniveaus sind bestimmte Wartungsarbeiten unbedingt erforderlich. So müssen beispielsweise zur Vermeidung von heißen Oberflächen Lager regelmäßig geschmiert werden. Auch wenn bestimmte Wartungsarbeiten als sehr einfach erscheinen und keinen direkten Zusammenhang mit dem Explosionsschutz offenbaren, sind die in diesem Zusammenhang bestehenden Vorgaben und Hinweise des Herstellers zwingend einzuhalten. So kann das Ignorieren des Hinweises, dass nur mit einem feuchten Tuch zu reinigen ist, sehr leicht zum Aufbau von elektrostatischen Oberflächenladungen und somit zur Bildung wirksamer Zündquellen führen. Des Weiteren ist geeignetes Werkzeug zu benutzen, um beispielsweise die Bildung von Funken zu vermeiden.

Nach der TRBS 1201 Teil 3 – Instandsetzung an Geräten, Schutzsystemen, Sicherheits-, Kontroll- und Regelvorrichtungen im Sinne der Richtlinie 2014/34/EU [20] ist unter dem Begriff der Instandsetzung die Wiederherstellung des Sollzustands eines Betriebsmittels zu verstehen. Wird im Zuge der Instandsetzungsmaßnahmen der Schutz vor wirksamen Zündquellen beeinflusst, wie er im Rahmen der Zündquellenbewertung durch den Hersteller festgelegt wurde, so handelt es sich um eine Instandsetzung mit Relevanz für den Explosionsschutz. Die Bandbreite der Möglichkeiten wird durch eine sogenannte erhebliche Modifikation des Betriebsmittels begrenzt. Diese ergibt sich dann, wenn eine oder mehrere grundlegende Gesundheits- oder Sicherheitsanforderungen des Anhangs II der ATEX-Richtlinie 2014/34/EU oder die Integrität einer Zündschutzart berührt ist. In solchen Fällen muss vor der wiederholten Bereitstellung im Markt ein Konformitätsbewertungsverfahren durchgeführt werden.

Als eine der bedeutsamsten Voraussetzungen für die richtige Ausführung von Instandsetzungsarbeiten benennt die TRBS 1201 Teil 3 die Auswahl von Personal durch den Anlagenbetreiber [20]. Dieses sollte durch die fachliche Ausbildung, den Besitz von Spezialkenntnissen und die Fähigkeiten sowie die Erfahrung mit Instandsetzungsarbeiten in der Lage sein, die übertragenen Arbeiten zu beurteilen, durchzuführen und die mögliche Relevanz für den Explosionsschutz zu erkennen. Als weitere wichtige Voraussetzungen werden die Aspekte einer geeigneten technischen Ausstattung sowie einer geeigneten Organisation (inklusive eines Qualitätsmanagementsystems) ergänzt.

Sämtliche Instandsetzungsarbeiten mit Relevanz für den Explosionsschutz müssen abschließend von einer zur Prüfung befähigten Person (siehe Abschn. 8.3.2.4) geprüft werden, die feststellt, dass alle für den Explosionsschutz relevanten Merkmale den Anforderungen entsprechen.

Entscheidungsgrundlagen bezüglich der Relevanz von Instandhaltungsarbeiten für den Explosionsschutz sind in der BetrSichV [6], der TRBS 1201 Teil 3 [20] sowie der TRBS 1123 [21] enthalten.

Im außereuropäischen Bereich wird das Thema Wartung und Instandsetzung (hier Reparatur) sehr umfassend durch die internationale Norm IEC 60079-19 [10] geregelt. Auch hier werden die für den Erhalt des erforderlichen Explosionsschutzniveaus wesentlichen Elemente qualifiziertes Personal, angemessene Ausstattung mit geeigneten Werkzeugen und Messmitteln sowie eine geeignete Aufbau- und Ablauforganisation definiert. Seit 2007 bietet darüber hinaus das IECEx-System eine Zertifizierung von Reparaturwerkstätten auf Basis der o. g. Norm an.

## Literatur


1. DIN Deutsches Institut für Normung e. V. DIN EN 13306, *Instandhaltung – Begriffe der Instandhaltung; Dreisprachige Fassung EN 13306:2017.* Berlin: Beuth Verlag GmbH.
2. KOMMISSION DER EUROPÄISCHEN GEMEINSCHAFTEN, Hg. *Nicht verbindlicher Leitfaden für bewährte Verfahren im Hinblick auf die Durchführung der Richtlinie 1999/92/EG über Mindestvorschriften zur Verbesserung des Gesundheitsschutzes und der Sicherheit der Arbeitnehmer, die durch explosionsfähige Atmosphären gefährdet werden können Europäische Kommission,* 2003.

3. ENGELMANN, FRANK. *Maschinenelemente kompakt.* Berlin, Heidelberg: Springer Berlin Heidelberg, 2019. ISBN 978-3-662-57954-1.
4. HAUPTMANNS, ULRICH. *Prozess- und Anlagensicherheit.* Berlin, Heidelberg: Springer Berlin Heidelberg, 2013. ISBN 978-3-642-37252-0.
5. Richtlinie 1999/92/EG des Europäischen Parlaments und des Rates vom 16. Dezember 1999 über Mindestvorschriften zur Verbesserung des Gesundheitsschutzes und der Sicherheit der Arbeitnehmer, die durch explosionsfähige Atmosphären gefährdet werden können. ATEX 1999/92/EG. In: *Amtsblatt der Europäischen Gemeinschaften,* 28. Januar 2000.
6. Betriebssicherheitsverordnung vom 3. *Februar 2015 (BGBl. I S. 49), die zuletzt durch Artikel 7 des Gesetzes vom 27. Juli 2021 (BGBl. I S. 3146) geändert worden ist.*
7. Gefahrstoffverordnung vom *26. November 2010 (BGBl. I S. 1643, 1644), die zuletzt durch Artikel 2 der Verordnung vom 21. Juli 2021 (BGBl. I S. 3115) geändert worden ist.*
8. BUNDESANSTALT FÜR ARBEITSSCHUTZ UND ARBEITSMEDIZIN. *Rechtstexte und Technische Regeln* [online] [Zugriff am: 29. September 2022]. Verfügbar unter: https://www.baua.de/DE/Angebote/Rechtstexte-und-Technische-Regeln/Rechtstexte-und-Technische-Regeln_node.html
9. International Electrotechnical Commission. IEC 60079-17, *Explosive atmospheres – Part 17: Electrical installations inspection and maintenance.*
10. International Electrotechnical Commission. IEC 60079-19, *Explosive atmospheres – Part 19: Equipment repair, overhaul and reclamation.*
11. Bundesministerium für Arbeit und Soziales, Ausschuss für Betriebssicherheit. TRBS 1201, *Prüfungen und Kontrollen von Arbeitsmitteln und überwachungsbedürftigen Anlagen.*
12. Bundesministerium für Arbeit und Soziales, Ausschuss für Betriebssicherheit. TRBS 1111, *Gefährdungsbeurteilung.*
13. RICHTLINIE 2014/34/EU DES EUROPÄISCHEN PARLAMENTS UND DES RATES vom 26. Februar 2014 zur Harmonisierung der Rechtsvorschriften der Mitgliedstaaten für Geräte und Schutzsysteme zur bestimmungsgemäßen Verwendung in explosionsgefährdeten Bereichen (Neufassung). ATEX 2014/34/EU. In: *Amtsblatt der Europäischen Gemeinschaften,* 29. März 2014.
14. Bundesministerium für Arbeit und Soziales, Ausschuss für Betriebssicherheit. TRBS 1201 Teil 1, *Prüfung von Anlagen in explosionsgefährdeten Bereichen.*
15. DIN Deutsches Institut für Normung e. V. DIN EN ISO 80079-36, *Explosionsfähige Atmosphären – Teil 36: Nicht-elektrische Geräte für den Einsatz in explosionsfähigen Atmosphären – Grundlagen und Anforderungen (ISO 80079-36:2016); Deutsche Fassung EN ISO 80079-36:2016.* Berlin: Beuth Verlag GmbH.
16. DIN Deutsches Institut für Normung e. V. DIN EN ISO 80079-37, *Explosionsfähige Atmosphären – Teil 37: Nicht-elektrische Geräte für den Einsatz in explosionsfähigen Atmosphären – Schutz durch konstruktive Sicherheit „c", Zündquellenüberwachung „b", Flüssigkeitskapselung „k" (ISO 80079-37:2016); Deutsche Fassung EN ISO 80079-37:2016.* Berlin: Beuth Verlag GmbH.
17. BUNDESANSTALT FÜR ARBEITSSCHUTZ UND ARBEITSMEDIZIN. *Zugelassene Überwachungsstellen nach ÜAnlG und BetrSichV* [online] [Zugriff am: 29. September 2022]. Verfügbar unter: https://www.baua.de/DE/Aufgaben/Gesetzliche-und-hoheitliche-Aufgaben/Produktsicherheitsgesetz/Zugelassene-Ueberwachungsstellen.html
18. Bundesministerium für Arbeit und Soziales, Ausschuss für Betriebssicherheit. TRBS 1203, *Zur Prüfung befähigte Personen.*
19. DIN Deutsches Institut für Normung e. V. DIN 31051, *Grundlagen der Instandhaltung:* Beuth Verlag GmbH.

20. Bundesministerium für Arbeit und Soziales, Ausschuss für Betriebssicherheit. TRBS 1201 Teil 3, *Instandsetzung an Geräten, Schutzsystemen, Sicherheits-, Kontroll- und Regelvorrichtungen im Sinne der Richtlinie 2014/34/EU.*
21. Bundesministerium für Arbeit und Soziales, Ausschuss für Betriebssicherheit. TRBS 1123, *Prüfpflichtige Änderungen von Anlagen in explosionsgefährdeten Bereichen – Ermittlung der Prüfnotwendigkeit gemäß § 15 Absatz 1 BetrSichV 2014/34/EU.*

# Rechtlicher Rahmen 9

Sabrina Herbst und Thorsten Arnhold

## Inhaltsverzeichnis



## 9.1 Die Europäische Richtlinie ATEX 2014/34/EU

### 9.1.1 Allgemeines

Die Harmonisierung der Rechtsvorschriften auf europäischer Ebene für elektrische Produkte zum Einsatz in explosionsgefährdeten Bereichen begann Mitte des 20. Jahrhunderts und umfasste neben dem untertägigen Bergbau auch die anderen betroffenen Industrie- und sonstige Bereiche. Eine detaillierte Vorstellung der Historie ist Kap. 3 zu entnehmen. Die damals geltende Rahmenrichtlinie 76/117/EWG und die für den Bergbau geltende Richtlinie 82/130/EWG sollten durch eine einzige harmonisierte Richtlinie ersetzt werden. Mit dem 01.07.2003 galt ausschließlich die Europäische Richtlinie 94/9/EG zur Angleichung der Rechtsvorschriften der Mitgliedstaaten für Geräte und Schutzsysteme zur bestimmungsgemäßen Verwendung in explosionsgefährdeten Bereichen (ATEX-Richtlinie 94/9/EG) [1], mit der schließlich alle nationalen und europäischen Abweichungen beseitigt wurden. Im Zuge der Einführung der neuen Richtlinie wurde außerdem der nicht-elektrische Explosionsschutz erstmalig europaweit geregelt und der Staubexplosionsschutz auf ein mit dem Explosionsschutz von Gasen und Dämpfen gleichrangiges Niveau gehoben. Durch die Einführung der ATEX-Richtlinie 94/9/EG ergaben



F. Engelmann et al., *Nicht-elektrischer Explosionsschutz*,
https://doi.org/10.1007/978-3-662-67887-9_9

sich spürbare Erleichterungen für alle beteiligten Wirtschaftsakteure bei gleichzeitiger Beibehaltung der allgemeinen Sicherheit in explosionsgefährdeten Bereichen.

Die ATEX-Richtlinie 94/9/EG blieb bis zum 19.04.2016 in Kraft und wurde von der ATEX-Richtlinie 2014/34/EU [2] abgelöst. Fundamentaler Grund für die Einführung dieser neuen Fassung war die Umstrukturierung der Rechtsvorschriften auf europäischer Ebene. So wurden neben der ATEX-Richtlinie im Rahmen des neuen Ansatzes „New legislative Framework" (NLF) im europäischen Harmonisierungskonzept eine Vielzahl weiterer Richtlinien an den neuen Ordnungsrahmen zur Verbesserung und Aktualisierung der Regulierungsmethode angepasst. Dabei wurden neue europäische Regelungen zur Akkreditierung von Konformitätsbewertungsstellen, verbesserte Rahmenbedingungen für die Marktüberwachung und eine Einbindung aller beteiligten Wirtschaftsakteure und Vertriebsvorgänge zur Bereitstellung von Produkten auf dem europäischen Binnenmarkt festgelegt.

Durch das Inkrafttreten der ATEX-Richtlinie 2014/34/EU [2] ergaben sich keine Veränderungen hinsichtlich der grundsätzlichen Zielstellungen und Inhalte. Diese wurden jedoch teilweise konkretisiert. Beispielsweise werden mit der Neufassung Anforderungen an alle juristischen und natürlichen Akteure gerichtet, welche Produkte in Verkehr bringen, vertreiben und/oder in Betrieb nehmen. Adressiert werden jetzt nicht mehr nur Hersteller und deren Bevollmächtigte, sondern auch Importeure, Händler und unter bestimmten Umständen auch Endkunden/Betreiber.

Der Richtlinientext kann in den Fassungen aller 27 Sprachen der Mitgliedsländer von der Website der EU kostenfrei bezogen werden. Wesentlich zum Verständnis des Richtlinientextes tragen die Leitlinien zur Richtlinie bei, die von der Dienststelle der Europäischen Kommission mit der Unterstützung der „New ATEX Guidelines Editorial Group" erarbeitet wurden. Die deutsche Übersetzung der aktuellen Ausgabe ist u. a. auf der Website der Berufsgenossenschaft Rohstoffe und chemische Industrie (BG RCI) erhältlich [3, 4]. Die nachfolgenden Ausführungen dieses Unterkapitels orientieren sich an diesen Leitlinien.

Auf nationaler Ebene wird die ATEX-Richtlinie 2014/34/EU in Deutschland durch das Produktsicherheitsgesetz (ProdSG) [5] in deutsches Recht übertragen und durch die Explosionsschutzprodukteverordnung (11. ProdSV) [6] umgesetzt. In diesem Rahmen finden innerdeutsch vor allem harmonisierte EN-Normen Anwendung. Die technische Konkretisierung und spezifischen Umsetzungsempfehlungen der einzelnen Normen können durch entsprechende VDI-Richtlinien und verschiedene Technischen Regeln für Betriebssicherheit bzw. für Gefahrstoffe, kurz TRBS oder TRGS, ergänzt werden.

#### 9.1.1.1 Ziele und Geltungsbereich

Ziel der ATEX-Richtlinie 2014/34/EU ist die Gewährleistung eines standardisierten hohen Niveaus der Sicherheit von Geräten und Schutzsystemen, die in explosionsgefährdeten Bereichen im Rahmen ihrer bestimmungsgemäßen Verwendung Einsatz finden. Zur Erfüllung dieser Anforderungen sind von den jeweiligen Wirtschaftsakteuren definierte

Rechte und Pflichten einzuhalten. Gemäß Artikel 1, Satz 1 der ATEX-Richtlinie 2014/34/EU gilt dies für folgende Produkte [2]:

a) „**Geräte und Schutzsysteme** zur bestimmungsgemäßen Verwendung in explosionsgefährdeten Bereichen;
b) **Sicherheits- Kontroll- und Regeleinrichtungen** für den Einsatz außerhalb von explosionsgefährdeten Bereichen, die jedoch im Hinblick auf Explosionsrisiken für den sicheren Betrieb von Geräten und Schutzsystemen erforderlich sind oder dazu beitragen;
c) **Komponenten,** die zum Einbau in die in Buchstabe a genannten Geräte und Schutzsysteme vorgesehen sind.“

Für die Bestimmung der Gültigkeit der Richtlinie und die korrekte Einstufung in die oben aufgeführten Produktgruppen sind entweder der Hersteller, sein Bevollmächtigter oder die Person, die das Produkt erstmalig auf dem EU-Binnenmarkt in Verkehr bringt, verantwortlich. Die Zuordnung einiger spezieller Produktarten zum Geltungsbereich der Richtlinie ist aus unterschiedlichen Gründen nicht eindeutig. Für diese Grenzfälle finden sich Entscheidungshilfen in den Leitlinien zur ATEX-Richtlinie 2014/34/EU [3, 4].

Produkte, die in den Geltungsbereich der ATEX-Richtlinie 2014/34/EU [2] fallen, müssen zum Zeitpunkt ihrer Bereitstellung auf dem EU-Binnenmarkt die für sie zutreffenden Anforderungen der Richtlinie erfüllen. Als „Bereitstellung“ wird dabei jede entgeltliche oder unentgeltliche Abgabe eines Produkts zum Vertrieb, Verbrauch oder zur Verwendung auf dem Unionsmarkt im Rahmen einer Geschäftstätigkeit definiert. Der Begriff *Inverkehrbringen* hängt unmittelbar mit der *Bereitstellung auf dem Markt* zusammen. Ein Produkt gilt als in Verkehr gebracht, wenn es erstmals auf dem Unionsmarkt bereitgestellt wird. Prinzipiell müssen alle auf dem Markt verfügbaren Produkte zum Zeitpunkt des Inverkehrbringens den geltenden Harmonisierungsrechtsvorschriften der EU entsprechen. [3, 4]

Gegenüber der ATEX-Richtlinie 94/9/EG [1], die sich auf den Begriff des Inverkehrbringens beschränkt, wurde im Rahmen der Neuausgabe der Richtlinie (2014/34/EU) der Oberbegriff der Bereitstellung ergänzt. Die Neufassung der Richtlinie bezieht damit erstmals alle Wirtschaftsakteure in der gesamten Lieferkette ein. So waren Produkte, die von einem Endanwender/Betreiber zur eigenen Nutzung in explosionsgefährdeten Bereichen hergestellt und betrieben wurden, vom Geltungsbereich der ATEX-Richtlinie 94/9/EG ausgenommen. Durch die Ergänzung des Bereitstellungsbegriffs fallen sie nun jedoch in den Anwendungsbereich der neuen ATEX-Richtlinie 2014/34/EU. Die konkreten Pflichten der verschiedenen Wirtschaftsakteure werden in Abschn. 9.1.2 näher erläutert.

Die Einschränkung auf die erstmalige Bereitstellung (Vertrieb und/oder Verwendung) führt zur Schlussfolgerung, die durch den Hinweis § 69 der ATEX-Leitlinie bestätigt wird [3, 4], dass die ATEX-Richtlinie 2014/34/EU für folgende Produkte gilt:

- Neue Produkte, deren Herstellung innerhalb von Europa erfolgt
- Bereits bereitgestellte Produkte, die zum Zweck des Inverkehrbringens auf dem EU-Binnenmarkt oder für eigene Zwecke so wesentlich verändert werden, dass dabei

die grundlegenden Sicherheits- und Gesundheitsanforderungen aus Anhang II berührt werden (quasi-neue Produkte bzw. wesentlich veränderte Produkte)
- Neue oder alte Produkte, deren Einfuhr aus einem Nicht-EU-Land erfolgt
- Neue oder *quasi-neue Produkte*, die ihre Kennzeichnung durch eine andere Person als den ursprünglichen Hersteller erhalten haben

Die „wesentlich veränderten Produkte" werden in den Leitlinien der BG RCI zur ATEX-Richtlinie 2014/34/EU auch als „erheblich modifizierte Produkte" bezeichnet [4]. Diese Begrifflichkeiten sind relevant für die Entscheidung, ob ein Produkt unter den Geltungsbereich der Richtlinie fällt oder nicht. Dabei umfasst eine erhebliche Modifizierung jegliche Veränderung eines Produkts, „die ein oder mehrere der durch die wesentlichen Gesundheits- und Sicherheitsanforderungen abgedeckten [...] Merkmale oder die Integrität der Zündschutzart berührt" [4, S. 37]. Diese Entscheidungsregel ist auf neu verwendete Altprodukte, reparierte Produkte sowie Ersatzteile anzuwenden.

Von der ATEX-Richtlinie 2014/34/EU konkret ausgenommen sind [2–4]:

- Medizinische Geräte
- Geräte und Schutzsysteme, deren Explosionsgefahren durch Sprengstoffe oder chemisch instabile Substanzen hervorgerufen werden
- Geräte für den häuslichen und nicht kommerziellen Gebrauch
- Persönliche Schutzausrüstung im Sinne der Richtlinie 89/686/EWG
- Seeschiffe und Offshoreanlagen sowie die dort eingesetzte Ausrüstung
- Allgemeine Personen- und Güterbeförderungsmittel, die nicht in explosionsgefährdeten Bereichen eingesetzt werden sollen
- Geräte zur Wahrung der wesentlichen Sicherheitsinteressen in einem Land.

#### 9.1.1.2 Geräte und Schutzsysteme

Unter dem Begriff *Geräte* fasst die ATEX-Richtlinie gemäß Artikel 2 „Maschinen, Betriebsmittel, stationäre und ortsbewegliche Vorrichtungen, Steuerungs- und Ausrüstungsteile sowie Warn- und Vorbeugungssysteme [zusammen], welche einzeln oder kombiniert zur Erzeugung, Übertragung, Speicherung, Messung, Regelung und Umwandlung von Energie und/oder zur Verarbeitung von Werkstoffen bestimmt sind und die eigene potenzielle Zündquellen aufweisen und dadurch eine Explosion verursachen können" [2]. Diese Geräte werden in explosionsgefährdeten Bereichen oder angrenzend an diese eingesetzt. Dabei ist entscheidend, ob eine potenzielle Zündquelle, die von dem betrachteten Gerät ausgeht, eine Schnittstelle zu einem explosionsgefährdeten Bereich hat und unter Umständen eine explosionsfähige Atmosphäre zünden kann. Mit dieser Definition fallen sowohl elektrische als auch nicht-elektrische Geräte unter den Anwendungsbereich ATEX-Richtlinie 2014/34/EU.

Als eigene potenzielle Zündquellen müssen bis auf den Gewitterblitz alle in Kap. 4 aufgeführten Arten betrachtet werden. Entsprechend den Leitlinien, siehe § 41, ist eine Besonderheit durch die Gefährdungen aufgrund von elektrostatischen Aufladungen zu berücksichtigen: „Stellt der Prozess oder der Betrieb die einzige Quelle der elektrostatischen Aufladung dar, gelten die (betrachteten) Gegenstände nicht als solche, die über eine eigene Zündquelle verfügen und sie fallen nicht unter den Geltungsbereich der 2014/34/EU." [4, S. 53] Dennoch ist diese Zündquelle zu betrachten und kann nicht generell als nicht sicherheitsrelevant eingestuft werden. In diesem Zusammenhang ist insbesondere der Betreiber im Rahmen der Erfüllung der Richtlinie 1999/92/EG [7] dafür verantwortlich, diese Zündgefahren zu vermeiden.

Die Definition des Begriffs *Gerät* umfasst Einzelgeräte und die Kombination mehrerer Bauteile (Einzelgeräte und/oder Komponenten). Darunter sind demnach Baugruppen zu verstehen. Eine alleinstehende Definition dieses Begriffs erfolgt durch die ATEX-Richtlinie 2014/34/EU nicht. Bezug nehmend auf die Konformitätsbewertung ist die Vorgehensweise bei Einzelgeräten transparent und eindeutig. Sollen Baugruppen in explosionsfähigen Umgebungen eingesetzt werden, ist die Entscheidung über die richtige Durchführung des Konformitätsbewertungsverfahrens komplex und führt in der Praxis zu großen Herausforderungen. Die zu erfüllenden Anforderungen von Baugruppen gemäß der ATEX-Richtlinie 2014/34/EU werden in den Leitlinien detailliert dargestellt. Tab. 9.1 zeigt die Zusammenfassung dieser Informationen in Anlehnung an den § 44 der Leitlinien [4]. Grundlegend ist hervorzuheben, dass der Einsatz von Bauteilen mit bereits vorhandener ATEX-Konformitätserklärung und Bauteilen ohne ATEX-Konformitätserklärung zu unterscheiden ist. Des Weiteren stellt die Bewertung von Schnittstellen einen bedeutsamen Bereich dar, da durch den Zusammenbau keine neue Zündgefahren entstehen dürfen. Prinzipiell bieten sich zur Überprüfung und zur Dokumentation der Analyse die Methoden der Zündgefahrenbewertung an. Insbesondere das Vorgehen zur Nutzung der Methode bei elektrischen und nicht-elektrischen Bauteilen wird in Abschn. 6.4 näher dargestellt. Zusätzlich ergeben sich häufig auch zu berücksichtigende Zusammenhänge mit der Maschinenrichtlinie.

Als **Schutzsysteme** definiert die ATEX-Richtlinie 2014/34/EU „alle Vorrichtungen, [...], die anlaufende Explosionen umgehend stoppen und/oder den von einer Explosion betroffenen Bereich begrenzen sollen und als autonome Systeme gesondert auf dem Markt bereitgestellt werden" [2]. Beispiele für typische Schutzsysteme sind:

- Flammendurchschlagsicherungen,
- Berstscheiben und ähnliche Explosionsentlastungssysteme
- Feuerlöschsperren
- Explosionsunterdrückungssysteme.

Schutzsysteme werden vollständig oder teilweise in explosionsgefährdeten Bereichen eingesetzt. Im Hinblick auf den Explosionsschutz erfüllen Schutzsysteme in erster Linie eine Sicherheitsfunktion. Daher müssen sie im Einklang mit den wesentlichen Gesundheits- und Sicherheitsanforderungen aus Anhang II der ATEX-Richtlinie stehen. Dies gilt unabhängig davon, ob sie eigene potenzielle Zündquellen aufweisen oder nicht. Genau wie Geräte müssen sie gemäß Artikel 16 der ATEX-Richtlinie 2014/34/EU gekennzeichnet werden [2].

**Tab. 9.1** Überblick zu den Anforderungen an Baugruppen gemäß der Leitlinie zur ATEX-Richtlinie 2014/34/EU [4]

| Konstellation | | | | | |
|---|---|---|---|---|---|
| 1. Bauteile | Baugruppe besteht aus ... | Geräten, Schutzsystemen, Vorrichtungen (Artikel 1 Absatz 1) **mit CE-Kennzeichnung (mit beiliegender EU-Konformitätserklärung)** sowie Komponenten, denen eine schriftliche Konformitätsbescheinigung beiliegt (Artikel 13 Absatz 3). (Bauteile mit nachgewiesener Konformität) (*) | | Geräten, Schutzsystemen, Vorrichtungen (Artikel 1 Absatz 1), einschließlich der **ohne CE-Kennzeichnung, sowie Komponenten ohne schriftliche Konformitätsbescheinigung** (Artikel 13 Absatz 3). (Bauteile ohne nachgewiesene Konformität) | |
| 2. Konfiguration | Baugruppe wird in Verkehr gebracht als .... | genau definierte Konfiguration(en) | ein „modulares System" von Bauteilen, die speziell für einen konkreten Zweck auszuwählen und zu konfigurieren sind, möglicherweise durch den Anwender/Installateur | genau definierte Konfiguration(en) | ein „modulares System" von Bauteilen, die speziell für einen konkreten Zweck auszuwählen und zu konfigurieren sind, möglicherweise durch den Anwender/Installateur |
| 3. Ergebnis | Hersteller darf Konformität voraussetzen für ... | alle Bauteile | alle Bauteile | nur Bauteile mit nachgewiesener Konformität | nur Bauteile mit nachgewiesener Konformität |
| 4. Konformitätsbewertung | Bestandteile der Konformitäts-bewertung | Die Konformitätsbewertung muss die gesamte Konfiguration in Hinblick auf alle Risiken abdecken, die unter Berücksichtigung der bestimmungsgemäßen Verwendung unter Umständen aus der Wechselwirkung der kombinierten Bauteile entstehen können. *Siehe auch Anmerkung (*)* | Die Konformitätsbewertung muss mindestens diejenigen der möglichen und nützlichen Konfigurationen abdecken, die als ungünstigste Konfiguration angesehen werden in Hinblick auf alle Risiken, die sich unter Berücksichtigung der bestimmungsgemäßen Verwendung unter Umständen aus der Wechselwirkung der kombinierten Bauteile ergeben können. Siehe auch Anmerkung (*) | Die Konformitätsbewertung muss einschließen: - alle Teile ohne nachgewiesene Konformität bezüglich aller Risiken und - alle Konfigurationen bezüglich aller Risiken, die sich unter Umständen aus der Wechselwirkung der kombinierten Bauteile ergeben können, und zwar in beiden Fällen unter Berücksichtigung der bestimmungsgemäßen Verwendung. | Die Konformitätsbewertung muss einschließen: - alle Teile des „modularen Systems" ohne nachgewiesene Konformität bezüglich aller Risiken und - mindestens diejenigen der möglichen und nützlichen Konfigurationen, die in Hinblick auf alle Risiken, die sich unter Umständen aus der Wechselwirkung der kombinierten Bauteile ergeben können, als ungünstigste Konfiguration angesehen werden, und zwar in beiden Fällen unter Berücksichtigung der bestimmungsgemäßen Verwendung. |
| 5. Zur Verfügung stellende Informationen | Informationen sind zur Verfügung zu stellen: a) durch EU-Konformitätserklärung b) Durch Installations- und Betriebsanleitungen | a) Identifizierung der Teile der Baugruppe, die eigenständige ATEX-Geräte darstellen und separat beurteilt wurden; b) Installations- und Betriebsanleitungen, die ausreichend sind, um sicherzustellen, dass die entstehende Baugruppe alle relevanten wesentlichen Gesundheits- und Sicherheitsanforderungen der Richtlinie 2014/34/EU erfüllt. | a) Identifizierung der Teile des "modularen Systems", die eigenständige ATEX-Geräte darstellen und separat beurteilt wurden; b) Anweisungen für die Auswahl der Bauteile, die für den erforderlichen Zweck zu kombinieren sind, und Installations- und Betriebsanleitungen, die ausreichend sind, um sicherzustellen, dass die entstehende Baugruppe alle relevanten wesentlichen Gesundheits- und Sicherheitsanforderungen der Richtlinie 2014/34/EU erfüllt. | a) Identifizierung der Teile der Baugruppe, die eigenständige ATEX-Geräte darstellen und separat beurteilt wurden; b) Installations- und Betriebsanleitungen, die ausreichend sind, um sicherzustellen, dass die entstehende Baugruppe alle relevanten wesentlichen Gesundheits- und Sicherheitsanforderungen der Richtlinie 2014/34/EU erfüllt. | a) Identifizierung der Teile des „modularen Systems", die eigenständige ATEX-Geräte darstellen und separat beurteilt wurden; b) Anweisungen für die Auswahl der Bauteile, die für den erforderlichen Zweck zu kombinieren sind, und Installations- und Betriebsanleitungen, die ausreichend sind, um sicherzustellen, dass die entstehende Baugruppe alle relevanten wesentlichen Gesundheits- und Sicherheitsanforderungen der Richtlinie 2014/34/EU erfüllt. |

*(*) Anmerkung: Eine schriftliche Bescheinigung der Konformität für eine Komponente kann im Allgemeinen nicht die Sicherheit der Geräte garantieren, in die die Komponente eingebaut wird, da nicht alle Einsatzzwecke der Komponente vorausgesehen werden können. In diesem Fall wird im Bedarfsfall eine weitere Untersuchung und Bewertung der Baugruppe durch eine notifizierte Stelle durchgeführt.*

Werden Schutzsysteme als integraler Bestandteile von Geräten bzw. Gerätekombinationen eingesetzt, verlieren sie ihre Autonomie. In diesem Fall müssen sie weiterhin die Anforderungen des Anhangs II erfüllen, werden aber hinsichtlich der Konformitätsbewertung und Kennzeichnung als Bestandteil des Geräts behandelt. Dies bedeutet, dass diese Schutzsysteme keine eigene Kennzeichnung erhalten, sondern von der Gerätekennzeichnung mit abgedeckt sind.

#### 9.1.1.3 Sicherheits-, Kontroll- und Regeleinrichtungen

Sicherheits-, Kontroll- und Regeleinrichtungen fallen in den Anwendungsbereich der ATEX-Richtlinie, wenn sie im Hinblick auf Explosionsrisiken für den sicheren Betrieb von Geräten und Schutzsystemen erforderlich sind oder dazu beitragen [2]. Sie sind für die Montage außerhalb von explosionsgefährdeten Bereichen bestimmt, können unter Umständen jedoch auch innerhalb von explosionsgefährdeten Bereichen angeordnet werden. In diesem Fall dürfen sie allerdings keine zusätzlichen Zündquellen verursachen und können separat durch eine Zündschutzart gesichert werden, z. B. indem sie durch ein druckfestes Gehäuse gekapselt werden. Typische Beispiele für derartige Sicherheits-, Kontroll- und Regeleinrichtungen sind Überlastsicherungseinrichtungen für explosionsgeschützte Motoren oder Trockenlaufschutzeinrichtungen von explosionsgeschützten Pumpen. Im Hinblick auf den nicht-elektrischen Explosionsschutz sind besonders die Temperaturüberwachungs- und Begrenzungseinrichtungen an mechanisch bewegten Teilen wie Gleitlagern zu nennen, die im Rahmen der Zündschutzart „Zündquellenüberwachung" eingesetzt werden.

#### 9.1.1.4 Komponenten

Komponenten sind gemäß Artikel 2 der ATEX-Richtlinie 2014/34/EU „Bauteile, die für den sicheren Betrieb von Geräten und Schutzsystemen erforderlich sind, ohne jedoch selbst eine autonome Funktion zu erfüllen." [2] Sie können sowohl in Geräten als auch in Schutzsystemen eingebaut sein und erfüllen nur in Kombination mit diesen eine sicherheitsrelevante Funktion. Typische Produktbeispiele für Komponenten, die in den Anwendungsbereich der ATEX-Richtlinie fallen, sind:

- Reihenklemmen in erhöhter Sicherheit
- Mechanische Taster oder Leuchtmelder zum Einbau in explosionsgeschützte Gehäuse
- Druckfest gekapselte Leergehäuse
- Betriebsgeräte für Leuchten
- Maschinenelemente wie Kupplungen, Lager oder Bremsen als Bestandteil von explosionsgeschützten Geräten (Maschinen)
- Gabeln von Gabelstaplern

Komponenten im Sinne der ATEX-Richtlinie müssen nach denselben Verfahren hinsichtlich ihrer Konformität mit den Anforderungen der Richtlinie wie Geräte und Schutzsysteme bewertet werden. Im Gegensatz zu diesen entfällt jedoch die CE-Kennzeichnung nach ATEX.

#### Maschinen im Kontext der ATEX-Richtlinie

Wie bereits in Abschn. 9.1.1.2 dargestellt, zählen Maschinen gemäß der Begriffsdefinition der ATEX-Richtlinie 2014/34/EU zum Oberbegriff *Geräte* und fallen damit in den Anwendungsbereich [2]. Hierbei sind jedoch einige Besonderheiten hinsichtlich der Gültigkeit zu beachten.

Maschinen, die auf dem europäischen Markt in Verkehr gebracht und/oder in Betrieb genommen werden, fallen unter den Anwendungsbereich der Maschinenrichtlinie 2006/42/EG [8]. Diese definiert einheitliche Anforderungen an die Sicherheit und den Gesundheitsschutz von Maschinen und ermöglicht damit den freien Handel im Europäischen Wirtschaftsraum.

In Bezug auf den Explosionsschutz definiert die Maschinenrichtlinie in Anhang I (Grundlegende Sicherheits- und Gesundheitsanforderungen) unter Abschn. 1.5.7, dass eine Maschine „so konstruiert und gebaut sein [muss], dass jedes Explosionsrisiko […], das von der Maschine selbst oder von Gasen, Flüssigkeiten, Stäuben, Dämpfen und anderen von der Maschine freigesetzten oder verwendeten Stoffen ausgeht [zu vermeiden ist]" [8]. Geschlossene Maschinen mit einer innen liegenden explosionsfähigen Atmosphäre, die nicht nach außen gelangen kann und die nicht in explosionsgefährdeten Bereichen aufgestellt werden soll, fällt formal nicht unter den Anwendungsbereich der ATEX-Richtlinie. Das immanente Explosionsrisiko wird dementsprechend alleine durch die Maschinenrichtlinie abgedeckt. Die ATEX-Richtlinie einschließlich der darin enthaltenen Forderungen bezüglich der Konformitätsbewertung gilt in diesem Fall nicht. Jedoch müssen in jenen Bereichen einer Maschine, in denen das Risiko der Bildung einer gefährlichen explosionsfähigen Atmosphäre besteht, Geräte eingebaut werden, welche die Anforderungen der ATEX-Richtlinie erfüllen. [2, 8]

Wenn eine Maschine bestimmungsgemäß in einer explosionsfähigen Atmosphäre eingesetzt werden soll, gilt die ATEX-Richtlinie 2014/34/EU nach Anhang I, Abschn. 1.5.7 vollumfänglich. Sie ist dann in Kombination mit der Maschinenrichtlinie anzuwenden, die alle sonstigen von der Maschine ausgehenden Gefährdungen abdeckt. Dies betrifft auch den Fall, dass sich durch betriebsnotwendige Öffnungen zum Be- und Entladen der Maschine explosionsgefährdete Bereiche im Umkreis der Öffnungen ergeben. [2, 8]

Im Zusammenhang mit der Maschinenrichtlinie steht auch die Risikobeurteilung. Insbesondere im Bereich des nicht-elektrischen Explosionsschutzes können häufig Fragen im Zusammenhang mit der Zündgefahrenbewertung auftreten. Die Risikobeurteilung und die Zündgefahrenbewertung sind zwei Methoden und Dokumente, die eigenständig durchzuführen sind. Die Risikobeurteilung dient zur Analyse und Bewertung aller grundlegenden Sicherheits- und Gesundheitsanforderungen gemäß der Maschinenrichtlinie 2006/42/EG. Die Zündgefahrenbewertung ist als detaillierte Ergänzung des Explosionsschutzes, insbesondere des nicht-elektrischen Explosionsschutzes, anzusehen. Eine Zusammenführung beider Methoden ist nicht üblich.

Gemäß den Anforderungen der Norm 1127-1 [9] muss für die Risikobewertung von nicht-elektrischen Geräten die Risikobewertung nach ISO 80079-36 [10] Anwendung finden – somit die Zündgefahrenbewertung. Darüber hinaus gilt nach Norm 1127-1: „[F]ür andere Situationen muss die Risikobewertung unter Beachtung der folgenden Punkte in Übereinstimmung mit EN ISO 12100:2010 und/oder EN 15198:2007 vorgenommen werden, es sei denn, dass andere Normen angegeben werden können, die zweckmäßiger sind:

a) Identifizierung von Explosionsgefahren und Bestimmen der Wahrscheinlichkeit des Vorhandenseins einer gefährlichen explosionsfähigen Atmosphäre […];
b) Identifizierung von Explosionsgefahren und Bestimmen der Wahrscheinlichkeit des Vorhandenseins von potenziellen Zündquellen […];
c) Abschätzung der möglichen Auswirkungen einer Explosion im Falle von Zündung […];
d) Beurteilen des Zündrisikos und ob das vorgesehene Maß an Sicherheit erreicht wurde;
e) Berücksichtigen von Maßnahmen zur Verringerung der Risiken […].“

Demnach wird ein Freiraum bei der Gestaltung der Risikobewertung unter der Berücksichtigung der Bedingungen gegeben.

## 9.1.2 Wirtschaftsakteure und Regulierer

### 9.1.2.1 Wirtschaftsakteure

Während in der ATEX-Richtlinie 94/9/EG nur die Hersteller und ihre in der Gemeinschaft niedergelassenen Bevollmächtigten adressiert wurden [1], definiert die Neufassung der Richtlinie (2014/34/EU) die Aufgaben und Pflichten sämtlicher in der Lieferkette vertretenen Wirtschaftsakteure [2]. Durch diese Konkretisierung konnte ein Graubereich geschlossen werden, der hinsichtlich importierter explosionsgeschützter Produkte gewisse Fehlinterpretationen zuließ.

#### Hersteller

Als Hersteller gilt gemäß Artikel 2 der ATEX-Richtlinie 2014/34/EU „jede natürliche oder juristische Person, die ein Produkt herstellt bzw. entwickeln oder herstellen lässt und dieses Produkt unter ihrem eigenen Namen oder ihrer eigenen Handelsmarke vermarktet oder es für seine eigenen Zwecke verwendet“ [2]. Dies bedeutet, dass auch Endanwender, welche eigene Betriebsmittel zur Verwendung in explosionsgefährdeten Bereichen entwickeln, herstellen und anschließend selbst nutzen (= Betreiber), unter den Geltungsbereich der ATEX-Richtlinie fallen.

Erfolgt die Veränderung eines unter den Geltungsbereich der Richtlinie fallendes Produkt so wesentlich, dass die grundlegenden Sicherheits- und Gesundheitsanforderungen aus Anhang II der Richtlinie davon berührt werden, um es anschließend im EU-Markt in

Verkehr zu bringen oder es selbst zu benutzen, gilt der Verantwortliche gemäß der ATEX-Richtlinie 2014/34/EU auch als Hersteller.

Für Hersteller ergeben sich folgende Pflichten gemäß § 74 der Leitlinien [3, 4]:

- Durchführung einer Analyse zur Feststellung der Anwendbarkeit der ATEX-Richtlinie
- Konzeption und Bau des Produkts in Übereinstimmung mit den wesentlichen Gesundheits- und Sicherheitsanforderungen aus Anhang II
- Einhaltung der vorgeschriebenen Konformitätsbewertungsverfahren, siehe Abschn. 9.1.6
- Ausstellung und Unterzeichnung der EU-Konformitätserklärung oder der Konformitätsbescheinigung (für Komponenten)
- Kennzeichnung und Bereitstellung einer Betriebsanleitung, welche die bestimmungsgemäße Verwendung des Produkts definiert

Mit der Ausstellung der EU-Konformitätserklärung übernimmt der Hersteller die volle Verantwortung dafür, dass sein Produkt die Anforderungen der ATEX-Richtlinie erfüllt.

### Bevollmächtigter

Als Bevollmächtigten definiert die ATEX-Richtlinie 2014/34/EU im Artikel 2 „jede in der Union ansässige natürliche oder juristische Person, die von einem Hersteller schriftlich beauftragt wurde, in seinem Namen bestimmte Aufgaben zu übernehmen" [2]. Der Hersteller, der in diesem Fall in der Regel außerhalb der EU ansässig ist, bevollmächtigt eine Person oder mehrere Personen schriftlich, in seinem Namen und im Hinblick auf bestimmte ihm auferlegte Pflichten tätig zu werden. Der Rahmen, in dem sich der Bevollmächtigte bei der Ausübung dieser Tätigkeiten bewegen kann, wird einerseits durch die zutreffenden Artikel der Richtlinie und andererseits durch die Vollmacht des Herstellers definiert. So könnte die Beauftragung durch den Hersteller z. B. laut § 56 der Leitlinien lauten, „die Prüfungen innerhalb der EU durchzuführen, die EU-Konformitätserklärung zu unterzeichnen, die CE-Kennzeichnung anzubringen sowie die technische Dokumentation innerhalb der EU zur Verfügung der zuständigen Behörden zu halten" [4]. Die Beauftragung des Bevollmächtigten kann von Fall zu Fall variieren, muss aber gemäß Artikel 7 der ATEX-Richtlinie mindestens folgende Aufgaben beinhalten [2]:

- Die Bereithaltung der EU-Konformitätserklärung oder der Konformitätsbescheinigung sowie der relevanten technischen Dokumentation für die nationalen Marktaufsichtbehörden über einen Zeitraum von zehn Jahren nach Inverkehrbringen des Produkts
- Die Aushändigung aller erforderlichen Informationen und Unterlagen zum Nachweis der Konformität eines Produkts im Fall eines begründeten Verlangens einer zuständigen Behörde
- Die Kooperation mit den zuständigen Behörden bei allen Maßnahmen zur Abwendung von Risiken, die mit dem Produkt verbunden sind und zum Aufgabenbereich des Bevollmächtigten gehören

### Einführer

Einführer ist gemäß Artikel 2 der ATEX-Richtlinie 2014/34/EU „jede in der Union ansässige natürliche oder juristische Person, die ein Produkt aus einem Drittstaat auf dem Unionsmarkt in Verkehr bringt" [2]. Damit stellen Einführer das Bindeglied zwischen einem außerhalb der EU ansässigen Hersteller und dem europäischen Binnenmarkt dar. Sie haben zu gewährleisten, dass alle in der Richtlinie festgelegten Bestimmungen bezüglich der Konformitätsbewertung, Kennzeichnung sowie der technischen Produktdokumentation erfüllt werden, bevor das betreffende Produkt in Verkehr gebracht wird. Bestehen Zweifel, dass diese Bestimmungen nicht eingehalten oder die Sicherheits- und Gesundheitsanforderungen der Richtlinie nicht erfüllt werden, darf der Einführer das Produkt nicht in der EU in Verkehr bringen.

Darüber hinaus sind Einführer für die Beobachtung der vom Produkt ausgehenden Risiken verantwortlich. Dazu führen sie Stichprobenprüfungen an im Markt bereitgestellten Produkten durch. Darüber hinaus nehmen sie Beschwerden von Endkunden auf und verfolgen sowie dokumentieren diese angemessen. Über diese Vorgänge informieren sie alle betroffenen Händler.

Ergeben sich im Zuge der Produktbeobachtung Zweifel an der Konformität der importierten Produkte, haben Einführer mit angemessenen Korrekturmaßnahmen darauf zu reagieren. Dies kann bis zum Rückruf der jeweiligen Produkte führen. Über diese Vorgänge und die eingeleiteten Korrekturmaßnahmen sind die zuständigen nationalen Behörden zu informieren.

Einführer halten über einen Zeitraum von zehn Jahren nach Inverkehrbringen die Konformitätserklärungen und Konformitätsbescheinigungen für die Marktüberwachungsbehörden bereit und haben diesen auf Verlangen alle technischen Unterlagen vorzulegen.

Für den Nachweis dieser Verantwortlichkeit müssen die Namen und sonstigen Angaben der Einführer in leicht verständlicher Art und Weise auf dem Produkt und/oder der Verpackung bzw. der begleitenden Produktdokumentation angegeben werden.

### Händler

Als Händler gilt gemäß Artikel 2 der ATEX-Richtlinie 2014/34/EU „jede natürliche oder juristische Person in der Lieferkette, die ein [explosionsgeschütztes] Produkt auf dem Markt bereitstellt, mit Ausnahme des Herstellers oder des Einführers". Händlern wird durch die Richtlinie eine Sorgfaltspflicht zur Sicherstellung der Erfüllung aller relevanten Anforderungen der Richtlinie auferlegt. So haben sie vor dem Inverkehrbringen von Produkten folgende Aspekte gemäß Artikel 9 der ATEX-Richtlinie zu überprüfen [2]:

- Ist das Produkt mit einer CE-Kennzeichnung versehen?
- Ist dem Produkt eine Konformitätserklärung bzw. Konformitätsbescheinigung beigelegt?
- Ist dem Produkt eine vollständige technische Dokumentation (inkl. Betriebsanleitung und Sicherheitsinformationen) in einer Sprache beigelegt, die von den Endnutzern im Zielmarkt leicht verstanden werden kann?
- Haben Hersteller und Einführer die für sie geltenden Pflichten der Richtlinie erfüllt?

Sollte ein Händler Zweifel bezüglich der Konformität der Produkte mit der Richtlinie haben, ist er verpflichtet, das Inverkehrbringen solange zu unterlassen, bis diese durch geeignete Korrekturmaßnahmen des Herstellers, seines Bevollmächtigten oder des Einführers beseitigt sind. Sollten die Zweifel aufgrund sicherheitstechnischer Bedenken entstanden sein, hat der Händler außerdem die zuständigen Marktaufsichtsbehörden zu informieren. Diese Pflichten betreffen auch bereits in Verkehr gebrachte Produkte, bei denen sich Mängel einstellen, welche die Konformität des Produkts mit der Richtlinie aufheben. Im Gegensatz zu Einführern besteht für Händler allerdings keine Verpflichtung zur aktiven Produktbeobachtung.

Händler sind jedoch wie Einführer dazu verpflichtet, den nationalen Behörden auf ihr begründetes Verlangen hin sämtliche Informationen und Dokumente zum Nachweis der Konformität zur Verfügung zu stellen. Eine Verpflichtung zur zehnjährigen Aufbewahrung der relevanten Dokumente besteht allerdings nicht.

Sowohl für Einführer als auch für Händler gilt, dass sie für die Zeitspanne, in der sich die Produkte in ihrem Verfügungsbereich befinden (Transport, Lagerung usw.), gewährleisten müssen, dass die dabei herrschenden Bedingungen die Konformität der Produkte mit den Anforderungen der Richtlinie nicht negativ beeinflussen.

#### 9.1.2.2 Regulierer und Prüfstellen

Unter dem Oberbegriff *Regulierer* werden an dieser Stelle die von den EU-Mitgliedsstaaten benannten Behörden zusammengefasst, die als Marktüberwachungsbehörden für die Aufsicht des europäischen Binnenmarktes hinsichtlich Konformität und Risikofreiheit der darin verwendeten Produkte zuständig sind und die Bewertung und Benennung von unabhängigen notifizierten Stellen (= Konformitätsbewertungsstellen) vornehmen. Neben den notifizierenden Behörden zählen dazu die notifizierten Stellen, die in der großen Mehrheit privatrechtliche Organisationen sind, die wegen ihrer Fachkompetenz und Unabhängigkeit ausgewählt werden.

##### Notifizierende Behörde

Gemäß ATEX-Richtlinie 2014/34/EU haben die einzelnen europäischen Mitgliedsstaaten eine notifizierende Behörde zu benennen, welche für die Einrichtung und Durchführung der erforderlichen Verfahren für die Bewertung, Notifizierung und Überwachung von Konformitätsbewertungsstellen zuständig ist [2]. Dabei muss sichergestellt sein, dass zwischen den notifizierenden Behörden und den notifizierten Stellen keinerlei Interessenkonflikte bestehen. Notifizierende Behörden dürfen weder selbst Konformitätsbewertungsaktivitäten durchführen noch Beratungsleistungen kommerzieller Art am Markt anbieten. Sie haben sicherzustellen, dass jede Entscheidung über die Notifizierung einer Konformitätsbewertungsstelle von kompetenten Personen getroffen wird. Ihre Arbeit soll sich durch Neutralität und Objektivität auszeichnen. Bei der Entscheidung über die Notifizierung einer Konformitätsbewertungsstelle ist das Vieraugenprinzip anzuwenden, d. h., diejenige(n) Person(en), welche die Bewertung vorgenommen hat (haben), darf (dürfen) nicht diejenige(n) sein, welche die finale Entscheidung über die Notifizierung trifft (treffen). In Deutschland ist die Zentralstelle der Länder für Sicherheitstechnik (ZLS) mit Sitz in München notifizierende Behörde. [2–4]

#### Notifizierte Stelle

Notifizierte Stellen oder auch Konformitätsbewertungsstellen haben die Aufgabe, Produkte, die in den Anwendungsbereich der ATEX-Richtlinie 2014/34/EU fallen, hinsichtlich ihrer Konformität mit den Anforderungen der Richtlinie und dabei speziell mit dem Anhang II (wesentliche Gesundheits- und Sicherheitsanforderungen) zu überprüfen. Teilweise kann diese Überprüfung in ausgewählten Gerätekategorien verpflichtend sein, siehe Abschn. 9.1.6. Dazu müssen Konformitätsbewertungsstellen über die erforderlichen Mittel zur angemessenen Erledigung der technischen und administrativen Aufgaben verfügen, die mit der Konformitätsbewertung verbunden sind. Dazu müssen sie Zugang zu allen benötigten Ausrüstungen oder Einrichtungen haben und über ausreichend kompetentes Personal verfügen. Es ist jedoch nicht erforderlich, dass eine notifizierte Stelle über sämtliche Mittel und Kompetenzen verfügt, um den gesamten Geltungsbereich der Richtlinie abzudecken. Die Beschränkung auf bestimmte Teilbereiche ist zulässig, für diese sind jedoch alle erforderlichen Kompetenzen und Mittel nachzuweisen. Beispielsweise können sich Konformitätsbewertungsstellen auf ausgewählte Zündschutzarten oder bestimmte Produktgruppen fokussieren. [2–4]

Führungsgrundsätze, Strukturen und Prozesse müssen zum einen die vollständige Unabhängigkeit der notifizierten Stelle von Gegenständen und Auftraggebern ihrer Konformitätsbewertung sicherstellen, zum anderen eine hohe, wiederholbare und vergleichbare Ausführungsqualität sowohl für die technischen als auch für die administrativen Tätigkeiten aufweisen. Darüber hinaus fordert die ATEX-Richtlinie eine gegenseitige Überprüfung der Arbeitsergebnisse und die strikte Vertraulichkeit im Umgang mit den Kunden, die in der Regel in Konkurrenz zueinander stehen. [2–4]

Konformitätsbewertungsstellen dürfen Aufträge an Unterauftragnehmer vergeben, sind aber dafür verantwortlich, dass ihre Ausführung sämtlichen Anforderungen der Richtlinie entspricht. Des Weiteren sind notifizierte Stellen angehalten, aktiv in der Entwicklung und Weiterentwicklung von Normen mitzuwirken. Für den Abgleich der Arbeitsweisen und den Austausch von Wissen und Erfahrung wurde eine Koordinierungsgruppe durch die Europäische Kommission eingerichtet, welche regelmäßig tagt. [2–4]

Jeder notifizierten Stelle wird eine eigene Kennnummer von der Europäischen Kommission zugewiesen. Wurde die Konformität eines Produkts mit der ATEX-Richtlinie durch eine notifizierte Stelle bestätigt, ist diese Kennnummer im Rahmen der Kennzeichnung anzugeben. Die Kommission veröffentlicht außerdem eine Liste aller notifizierten Stellen auf ihrer Website. [2–4]

### 9.1.3 Bestimmungsgemäße Verwendung

Der vollständige Titel der ATEX-Richtlinie 2014/34/EU lautet: „Richtlinie zur Harmonisierung der Rechtsvorschriften der Mitgliedsstaaten für Geräte und Schutzsysteme zur bestimmungsgemäßen Verwendung in explosionsgefährdeten Bereichen" [2]. Der darin enthaltene Begriff der *bestimmungsgemäßen Verwendung* nimmt eine zentrale Rolle im gesamten Sicherheitskonzept ein. Nur wenn ein explosionsgeschütztes Produkt bestimmungsgemäß verwendet wird, ist davon auszugehen, dass die wesentlichen Gesundheits- und Sicherheitsanforderungen der Richtlinie erfüllt werden.

Als bestimmungsgemäße Verwendung gilt laut Artikel 2 der ATEX-Richtlinie 2014/34/EU „die Verwendung eines Produkts in einer Art und Weise, die vom Hersteller dadurch vorgegeben wird, dass er das Gerät einer bestimmten Gerätegruppe und -kategorie zuordnet oder alle Angaben macht, die für den sicheren Betrieb des Schutzsystems, des Geräts oder der Komponente notwendig sind" [2].

Die Begriffe *Produkt*, *Geräte*, *Schutzsystem* und *Komponente* werden in der Richtlinie sowie dem zugehörigen Leitfaden in diesem Zusammenhang jedoch unpräzise verwendet. Nicht nur Geräte müssen einer Gerätegruppe und -kategorie (siehe Abschn. 9.1.5) zugeordnet werden, sondern alle Produkte, die eine eigene Zündquelle aufweisen. Ebenso fehlleitend ist die Verwendung der Konjunktion „oder" in der Definition. In der Praxis haben Hersteller keine Wahl zwischen der Angabe einer Gerätekategorie oder sonstigen Angaben zum sicheren Betrieb. Die Angabe von Gerätegruppen und -kategorien ist für die überwiegende Zahl der unter den Geltungsbereich der ATEX fallenden Produkte obligatorisch und muss durch weitere sicherheitsrelevante Angaben zur bestimmungsgemäßen Verwendung ergänzt werden.

Bei der Beschreibung der bestimmungsgemäßen Verwendung haben Hersteller die nach menschlichem Ermessen vorhersehbaren Nutzungsbedingungen zu berücksichtigen. Sie müssen daher nicht nur die von ihnen vorgesehene bestimmungsgemäße Verwendung eines Geräts beachten, sondern haben sich in den durchschnittlichen Benutzer eines Produkts hineinzuversetzen. Dabei müssen sie sich vorstellen, wie dieser das Produkt wahrscheinlich nutzen wird. Dies beinhaltet insbesondere den vernünftigerweise vorhersehbaren Missbrauch der Produkte. [2–4]

Diese Forderungen erscheinen auf den ersten Blick sehr umfassend und schwer greifbar. Begriffe wie *menschliches Ermessen* oder *vernünftigerweise vorhersehbarer Missbrauch* sind nicht eindeutig definiert und führen häufig zur Verunsicherung der Hersteller. Diese sind jedoch bereits seit langer Zeit im Rahmen der Produkthaftung zu derartigen Betrachtungen verpflichtet, sodass diesbezüglich in der Praxis ein reicher Wissens- und Erfahrungsschatz vorliegt. Darüber hinaus findet die Berücksichtigung von möglichem Missbrauch auch in einigen Normen Anwendung. Zum Beispiel fordert die Norm IEC 60079-0 [11], dass Verriegelungen, sofern sie zur Aufrechterhaltung der Zündschutzart dienen, so ausgeführt sein müssen, dass sie nicht unter Verwendung von herkömmlichen Werkzeugen aufgehoben werden können.

Neben der konsequenten Normenanwendung sollten Hersteller außerdem weitere Informationsquellen wie die enge Kommunikation mit bestehenden und potenziellen Kunden sowie die Erkenntnisse nutzen, die sich aus der Produktbeobachtungspflicht ergeben.

### 9.1.4 Betriebsanleitung

Die Angaben zur bestimmungsgemäßen Verwendung sind im Rahmen der Betriebsanleitung zu dokumentieren. Prinzipiell muss zu jedem Gerät oder Schutzsystem eine Betriebsanleitung vorhanden sein, welche mindestens Angaben zu folgenden Aspekten enthalten muss[2–4]:

- Angaben zur Kennzeichnung
- Angaben zur sicheren Inbetriebnahme, Verwendung, Montage und Demontage, Instandhaltung, Installation und zum sicheren Rüsten
- Angaben zur Entscheidungsfindung, ob die Verwendung eines Produkts in dem vorgesehenen Bereich gefahrlos möglich ist
- Elektrische Kenngrößen und Drücke, maximale Oberflächentemperaturen und andere erforderliche Kenngrößen

Falls erforderlich, sind außerdem besondere Bedingungen für die Verwendung anzugeben. Dabei sind auch Hinweise auf sachwidrige Verwendung, die erfahrungsgemäß vorkommen kann, darzustellen. [2–4]

Hersteller, Einführer und Händler sind verpflichtet, sicherzustellen, dass jedem in Verkehr gebrachten Produkt eine Betriebsanleitung beigefügt ist, die in einer Sprache verfasst wurde, die von den Verbrauchern und sonstigen Endnutzern leicht verstanden werden kann. Die Betriebsanleitung sowie alle Sicherheitsinformationen und Kennzeichnungen müssen transparent, verständlich und deutlich sein. [2–4]

### 9.1.5 Gerätegruppen und Gerätekategorien

Je nach Einsatzort und den dort vorherrschenden Explosionsrisiken werden Produkte gemäß ATEX-Richtlinie 2014/34/EU in Gerätegruppen und Gerätekategorien eingeteilt. Dabei werden Geräte, die in Untertagebetrieben von Bergwerken und deren Übertageanlagen eingesetzt werden sollen, die durch Grubengas und/oder brennbare Stäube gefährdet werden können, in der Gerätegruppe I zusammengefasst. Geräte, die zur Verwendung in den übrigen Bereichen, die durch eine explosionsfähige Atmosphäre gefährdet werden können, bestimmt sind, werden der Gerätegruppe II zugeordnet. Innerhalb dieser Gerätegruppen werden die Geräte in Abhängigkeit des erforderlichen Maßes an Sicherheit in Gerätekategorien eingeteilt. [2]

**Tab. 9.2** Gerätekategorien in der Gerätegruppe I

| Gerätegruppe | Gerätekategorie | Maß an Sicherheit | Einsatz |
|---|---|---|---|
| I | M1 | Sehr hoch | Weiterbetrieb bei seltenen Gerätestörungen |
| | M2 | Hoch | Abschaltung beim Auftreten explosionsfähiger Atmosphäre |

In der Gerätegruppe I wird zwischen den Gerätekategorien M1 und M2 unterschieden, siehe Tab. 9.2. Die Gerätekategorie M1 umfasst Geräte, die ein sehr hohes Maß an Sicherheit gewährleisten und so gestaltet sein müssen, dass sie selbst bei seltenen Gerätestörungen in vorhandener explosionsfähiger Atmosphäre weiterbetrieben werden können. Produkte der Gerätekategorie M2 müssen ein hohes Maß an Sicherheit gewährleisten und sind so ausgelegt, dass sie beim Auftreten einer explosionsfähigen Atmosphäre abgeschaltet und damit die potenziellen Zündquellen deaktiviert werden. [2–4]

Produkte in der Gerätegruppe II werden in die Gerätekategorien 1, 2 und 3 eingeteilt [2–4]:

**Gerätekategorie 1** Diese Produkte sind konstruktiv so gestaltet, dass sie ein sehr hohes Maß an Sicherheit gewährleisten. Sie sind zur Verwendung in Bereichen bestimmt, in denen eine explosionsfähige Atmosphäre ständig, langzeitig oder häufig vorhanden ist, und müssen auch bei selten auftretenden Störungen das erforderliche Maß an Sicherheit gewährleisten. Dies wird u. a. erreicht, indem:

- beim Versagen einer apparativen Schutzmaßnahme mindestens eine zweite unabhängige apparative Schutzmaßnahme die erforderliche Sicherheit gewährleistet oder
- beim Auftreten von zwei unabhängigen Fehlern die erforderliche Sicherheit gewährleistet wird.

**Gerätekategorie 2** Diese Produkte sind konstruktiv so gestaltet, dass sie ein hohes Maß an Sicherheit gewährleisten. Sie sind zur Verwendung in Bereichen bestimmt, in denen eine explosionsfähige Atmosphäre gelegentlich auftritt. Es wird gefordert, dass die apparativen Explosionsschutzmaßnahmen auch bei häufigen Gerätestörungen oder Fehlerzuständen, die üblicherweise zu erwarten sind, das erforderliche Sicherheitsniveau gewährleisten.

**Gerätekategorie 3** Produkte dieser Gerätekategorie besitzen ein Normalmaß an Sicherheit. Sie sind zur Verwendung in Bereichen bestimmt, in denen eine explosionsfähige Atmosphäre nur selten und während eines kurzen Zeitraums auftritt. Sie sind konstruktiv so zu gestalten, dass im Normalbetrieb keine Zündquellen auftreten.

Explosionsgefährdete Bereiche werden je nach Wahrscheinlichkeit und Zeitdauer des Vorhandenseins von explosionsfähiger Atmosphäre in die Zonen 0/20, 1/21 und 2/22 ein-

**Tab. 9.3** Gerätekategorien in der Gerätegruppe II

| Gerätegruppe | Gerätekategorie | Maß an Sicherheit | Vermeidung wirksamer Zündquellen | Vorhandensein explosionsfähiger Atmosphäre | Einsatz in Zonen |
|---|---|---|---|---|---|
| II | 1 | Sehr hoch | Bei seltenen Gerätestörungen | Ständig, langzeitig oder häufig | 0/20<br>1/21<br>2/22 |
| | 2 | Hoch | Bei üblichen Gerätestörungen | Gelegentlich | 1/21<br>2/22 |
| | 3 | Normal | Im Normalbetrieb | Selten | 2/22 |

geteilt, siehe Kap. 4. Prinzipiell gilt, dass in Zonen mit sehr großem Explosionsrisiko Produkte mit einem sehr hohen Maß an Sicherheit einzusetzen sind, während Produkte mit einem niedrigeren Schutzniveau in Bereichen mit geringerem Explosionsrisiko verwendet werden können, siehe Tab. 9.3. [2–4]

### 9.1.6 Konformitätsbewertungsverfahren

Vor dem Inverkehrbringen ist für jedes explosionsgeschützte Betriebsmittel gemäß Richtlinie 2014/34/EU ein Konformitätsbewertungsverfahren durchzuführen [2]. Dieses soll sicherstellen, dass Betriebsmittel mit den in der Richtlinie genannten Gesundheits- und Sicherheitsanforderungen übereinstimmen. Die dabei durchzuführenden Schritte hängen von der angestrebten Gerätekategorie und der Art des Betriebsmittels ab, siehe Abb. 9.1. Die detaillierten Anforderungen können den Anhängen der Richtlinie entnommen werden. [2]

#### 9.1.6.1 Vorgehen für Gerätekategorie 1

Für Betriebsmittel der Gerätekategorie 1 ist eine EU-Baumusterprüfung durchzuführen. Dafür müssen Hersteller einen Antrag bei einer notifizierten Stelle einreichen, der neben den technischen Unterlagen auch eine Aufstellung der vollständig oder teilweise angewandten harmonisierten Normen zu enthalten hat. Wurden die wesentlichen Gesundheits- und Sicherheitsanforderungen nicht durch die in den harmonisierten Normen beschriebenen Zündschutzarten, sondern durch andere Lösungen erfüllt, muss den Unterlagen eine Beschreibung dieser Lösungen beigelegt werden. Die Prüfung wird anhand eines repräsentativen Baumusters durchgeführt, das der Hersteller der notifizierten Stelle zur Verfügung zu stellen hat. [2–4]

Im Zuge der EU-Baumusterprüfung wird dann der technische Entwurf des Produkts untersucht. Die notifizierte Stelle prüft, ob die für das Produkt geltenden Anforderungen erfüllt sind und das Muster mit den technischen Unterlagen übereinstimmt. Durch geeignete Untersuchungen kontrolliert sie, ob die Normen korrekt umgesetzt wurden bzw. ob die vom Hersteller gewählten Lösungen die wesentlichen Gesundheits- und Sicher-

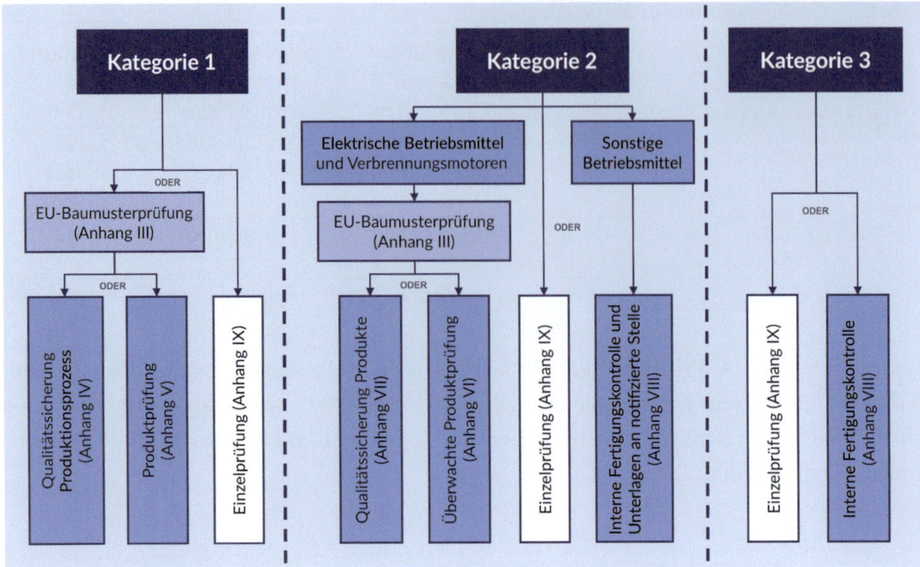


**Abb. 9.1** Konformitätsbewertungsverfahren nach Richtlinie 2014/34/EU

heitsanforderungen der Richtlinie erfüllen. Über diese Tätigkeiten und die erzielten Ergebnisse verfasst die notifizierte Stelle einen Prüfbericht und stellt dem Hersteller, sollte das Baumuster den Anforderungen der Richtlinie entsprechen, eine EU-Baumusterprüfbescheinigung aus. Bei einem negativen Ergebnis hat der Hersteller die aufgedeckten Mängel zu beseitigen und das Produkt erneut bei der notifizierten Stelle vorzustellen. Erst nachdem alle Mängel beseitigt wurden, stellt diese die erforderliche EU-Baumusterprüfbescheinigung aus. [2–4]

Für Geräte der Kategorie 1 muss zusätzlich zur EU-Baumusterprüfung eine Qualitätssicherung des Produktionsprozesses nach Anhang IV der Richtlinie oder eine Produktprüfung nach Anhang V angewendet werden. Nach erfolgreicher Durchführung des Konformitätsbewertungsverfahrens stellt der Hersteller die EU-Konformitätserklärung selbstständig aus. [2–4]

#### 9.1.6.2 Vorgehen für Gerätekategorie 2

Bei Betriebsmitteln der Gerätekategorie 2 ist das anzuwendende Konformitätsbewertungsverfahren von der Betriebsmittelart abhängig. Für elektrische Betriebsmittel und Verbrennungsmotoren ist neben der in Abschn. 9.1.6.1 erläuterten EU-Baumusterprüfung eine Qualitätssicherung der Produkte nach Anhang VII der Richtlinie 2014/34/EU oder eine überwachte Produktprüfung nach Anhang VI durchzuführen. Die EU-Konformitätserklärung wird auch hier durch den Hersteller ausgestellt. [2–4]

Handelt es sich bei dem zu zertifizierenden Produkt um ein nicht-elektrisches Betriebsmittel, ist die Durchführung einer EU-Baumusterprüfung nicht erforderlich. Um die Konformität für Betriebsmittel dieser Art erklären zu können, bedarf es einer internen Fertigungskontrolle nach Anhang VIII und das Hinterlegen der technischen Dokumentation bei einer notifizierten Stelle. Im Zuge der internen Fertigungskontrolle verpflichtet sich der Hersteller unter anderem, technische Unterlagen zu erstellen, anhand derer das Produkt auf die betreffenden Anforderungen hin untersucht und bewertet werden kann. Die technischen Unterlagen sind an eine notifizierte Stelle zu übermitteln, um diese dort zentral zu hinterlegen. Weitere Anforderungen sind dem Anhang VIII der Richtlinie 2014/34/EU zu entnehmen. [2–4]

#### 9.1.6.3 Vorgehen für Gerätekategorie 3

Bei elektrischen und nicht-elektrischen Betriebsmitteln der Gerätekategorie 3 ist ebenfalls eine interne Fertigungskontrolle nach Anhang VIII ausreichend, um die Konformität erklären zu können. Eine Übermittlung der Unterlagen ist nicht notwendig. Es genügt, wenn der Hersteller die technischen Unterlagen selbstständig verwahrt. [2–4]

#### 9.1.6.4 Konformität durch Einzelprüfung

Alternativ können Betriebsmittel aller Gerätekategorien auch einer Einzelprüfung unterzogen werden. Dazu müssen Muster und die technischen Unterlagen an eine notifizierte Stelle gesendet werden. Für die Unterlagen gelten dabei dieselben Anforderungen wie bei der internen Fertigungskontrolle nach Anhang VIII. Die notifizierte Stelle prüft die Konformität des Produkts mit den Gesundheits- und Sicherheitsanforderungen der Richtlinie 2014/34/EU. Kommt sie zu der Erkenntnis, dass das Produkt die Anforderungen erfüllt, händigt sie eine Konformitätsbescheinigung aus. Diese gilt jedoch nur für das unmittelbar geprüfte Betriebsmittel. [2–4]

## 9.2 Globale Konformitätsbewertung mit dem IECEx-System

### 9.2.1 Allgemeines

Auch außerhalb von Europa existieren gesetzliche oder vergleichbare Regelungen in den einzelnen Ländern. Diese sind in ihrem Umfang und Inhalt zwar vergleichbar, unterscheiden sich jedoch im Detail erheblich, sodass die Anerkennung der einzelnen Gesetze und Regeln grenzübergreifend nicht ohne Einschränkungen möglich ist. Das Ziel der Internationalen Elektronischen Kommission (IEC) ist die Entwicklung von weltweit gültigen Normen auf dem Gebiet der Elektrotechnik. An diesen Normen orientieren sich häufig europäische und nationale Normen. Teilweise werden die IEC-Normen auch vollständig übernommen. Häufig weichen nationale Normen jedoch im Detail von den IEC-Normen ab. Dies verursacht insbesondere bei international agierenden Unternehmen einen enormen Entwicklungs- und Zulassungsaufwand. Die IEC versucht im Bereich des Explosionsschutzes eine internationale Lösung zu entwickeln. Durch die Gründung des International Electrotechnical Commission System for Certification to Standards Relating to Equipment for Use in Explosive Atmospheres (kurz IECEx) wurde ein globales Zertifizierungskonzept geschaffen, welches auf den internationalen Normen der IEC und ISO basiert.

### 9.2.2 Historie

Wie der Historie, siehe Kap. 3, detailliert zu entnehmen ist, erfolgten in den 1990er-Jahren in Europa die Vorbereitungen für einen vollständig harmonisierten Binnenmarkt für explosionsgeschützte elektrische und nicht-elektrische Produkte. Davon inspiriert, stellte sich eine Reihe europäischer und außereuropäischer Experten damals die Frage, ob eine Umstellung der heterogenen, national geprägten Konformitätsbewertungslandschaft auf ein homogenes, harmonisiertes System nicht auch auf globaler Ebene möglich sein könnte. Infolge dieser Überlegungen entstand innerhalb des Technischen Komitees (TC) 31 bei der IEC eine Arbeitsgruppe mit der Aufgabe, ein weltweites Konformitätsbewertungssystem für explosionsgeschützte Produkte zu entwickeln. Das erste offizielle Treffen dieser Arbeitsgruppe fand 1996 in London statt. Dies war die Geburtsstunde des IECEx-Systems. Zu den ersten Herausforderungen zählte die Findung einer ausreichenden Anzahl an Mitgliedsländern, die bereit waren, an der Gestaltung geeigneter Strukturen und grundlegender Regelungen mitzuarbeiten. Während die ATEX-Richtlinie einen verbindlichen Rechtsrahmen innerhalb der EU darstellt, beruht das IECEx-System auf Freiwilligkeit und gegenseitiger Anerkennung. Zu geltendem Recht erklärt wurde das IECEx-System bislang nur in wenigen Ländern. Dennoch führte die Einführung der ATEX-Richtlinie 94/9/EG auch zu einem Wachstum in der Nutzung des IECEx-Systems. So erhöhte sich die Anzahl der veröffentlichten IECEx-Zertifikate im Jahr des Inkrafttretens der ATEX-Richtlinie von elf auf 98 und wächst seitdem kontinuierlich an.

Anders als in Europa, wo sich die Standardisierung auf die Konformitätsbewertung im Zuge der Inbetriebnahme bzw. das Inverkehrbringen der Produkte beschränkt, wurden die Aktivitäten auf Wunsch von Endkunden aus der Prozessindustrie bei IECEx bereits nach einigen Jahren auf weitere Stufen des Lebenszyklus explosionsgeschützter Produkte ausgeweitet. So entstand 2007 das IECEx-Service Facility Scheme, das sich mit der Konformitätsbewertung von Dienstleistern wie Reparaturwerkstätten beschäftigt. 2010 wurden schließlich die ersten Personen bezüglich ihrer Kompetenz zur Durchführung von Arbeiten für und in explosionsgeschützten Bereichen im Rahmen des Scheme for certification of personnel competence geprüft. Ende 2019 gab es weltweit bereits mehr als 3000 zertifizierte Fachleute für Explosionsschutz. Im Zuge dieser Diversifikation entwickelte sich das im Folgenden erläuterte, übergeordnete IECEx-System.

### 9.2.3 Organisation des IECEx-Systems

Das IECEx-System ist eine Teilorganisation der IEC, welche sich als weltweite Organisation mit der Normung der Funktionalität und Sicherheit von elektrischen und elektronischen Produkten beschäftigt. Neben der Erstellung und Pflege von Standards in mehr als 200 Technischen Committees (TC) und Sub Committees (SC) werden im Rahmen von bislang vier Systemen Konformitätsbewertungen von Produkten, Dienstleistungen

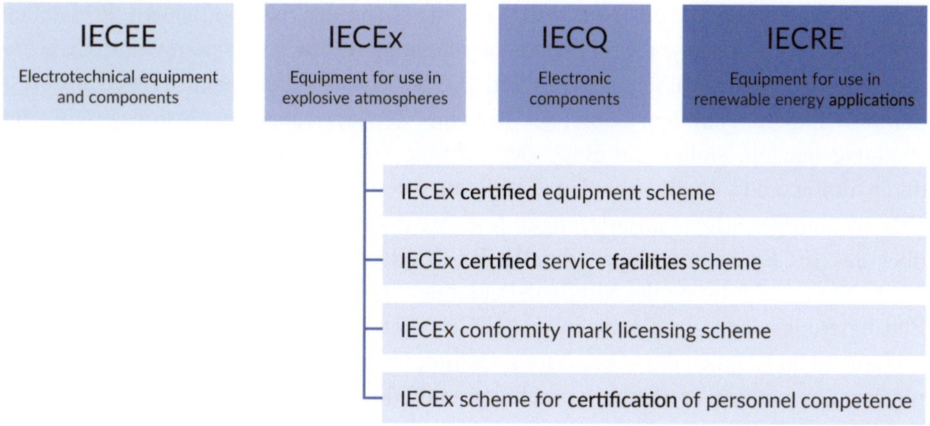


**Abb. 9.2** Organisation des IEC-Systems

und persönlichen Fachkompetenzen bearbeitet, siehe Abb. 9.2. Als eines der vier Systeme konzentriert sich das IECEx-System auf das Themengebiet des Explosionsschutzes. Zunächst lag auch hier der Schwerpunkt im Bereich des elektrischen Explosionsschutzes. Mit der Veröffentlichung der internationalen Normen für den nicht-elektrischen Explosionsschutz (ISO 80079-36 [10] und ISO 80079-37 [12]) wird auch dieser als Bestandteil im IECEx-System integriert. Das IECEx-System untergliedert sich in die Teilsysteme Equipment Scheme, Conformity Mark License Scheme, Services Scheme und Certified Persons Scheme, siehe Abb. 9.2. Alle vier Hauptsysteme werden vom Conformity Assessment Board (CAB) gesteuert, welchem jeweils ein Vertreter der 15 IEC-Mitgliedsländer – darunter Deutschland – angehört. Der Chairman und der Executive Sekretär des IECEx-Systems berichten zweimal jährlich dem Board über die wichtigsten Aktivitäten.

Grundlegende Entscheidungen innerhalb des IECEx-Systems werden einmal im Jahr im Rahmen der IECEx Management Comitee (ExMC) Meetings getroffen. Dazu kann jedes der derzeit 35 Mitgliedsländer eine dreiköpfige Delegation entsenden und mit einer Länderstimme für oder gegen bestimmte Vorschläge stimmen. Das unterjährige operative Geschäft wird im Wesentlichen durch das IECEx-Sekretariat in Sydney betrieben.

Wesentliche Aufgaben sind dabei:

- Koordination der Assessments der Zertifizierungsstellen (Certification Bodies – ExCBs) sowie der Prüflaboratorien (Test Labs – ExTLs),
- Pflege der Struktur und des Inhalts der IECEx-Homepage als der zentralen Informationsplattform,
- Pflege der Online-Zertifikate-Datenbank,
- Sicherstellung der korrekten Umsetzung aller Qualitäts- und Compliance-Regeln,
- Klärung von Streitfällen zwischen Herstellern und Zertifizierungsstellen.

Das IECEx-System ist ein Netzwerk von unabhängigen internationalen Prüfstellen (ExCB und ExTL), die vor ihrer ersten Anerkennung im IECEx-System von IECEx-Assessoren systematisch überprüft werden. Die Assessoren, bei denen es sich um ausgewählte Experten auf dem Gebiet der Tests und Zertifizierungen explosionsgeschützter Produkte handelt, stellen auf Basis der Prüfung von eingereichten Unterlagen sowie durch umfassende Audits bei den Kandidaten den Grad der Erfüllung der vom IECEx-System gestellten Anforderungen fest. Sie erstellen einen Assessmentbericht, der über das IECEx-Sekretariat an die IECEx-Mitgliedsländer zur Abstimmung verteilt wird. Wenn die Mehrheit der Mitgliedsländer den Bericht bestätigt, wird die betreffende Zertifizierungs- oder Prüfstelle in das IECEx-Netzwerk aufgenommen und kann anschließend im Rahmen des vereinbarten Geltungsbereichs (Scope) Typprüfungen an explosionsgeschützten Produkten vornehmen und/oder IECEx-Zertifikate ausstellen. Die ExCBs und ExTLs arbeiten operativ selbstständig mit den Herstellern explosionsgeschützter Produkte zusammen, werden aber vom IECEx-Sekretariat regelmäßig überwacht. Zur planmäßigen Überwachung gehören die Wiederholungsaudits durch IECEx-Assessoren nach fünf Jahren und die Überprüfung der relevanten Dokumente nach 2,5 Jahren. Darüber hinaus werden etwa 10 % der von den ExCBs und ExTLs ausgestellten IECEx-Zertifikate und Test Reports durch das IECEx-Sekretariat zufällig ausgewählt und auf ihre inhaltliche und formelle Richtigkeit überprüft.

Zur Gewährleistung der erforderlichen Qualität und Vergleichbarkeit der Prüf- und Zertifizierungsergebnisse finden regelmäßige Abstimmungs- und Schulungsveranstaltungen im Rahmen der sogenannten Ex-TAG (Technical Advicory Group) statt, in der alle ExCBs und ExTLs vertreten sind. Außerdem werden im Rahmen des sogenannten Proficiency-Test-Programms die Ergebnisse von speziellen standardisierten Typprüfungen zwischen allen ExTLs verglichen und die jeweiligen Kompetenzen zur Prüfungsdurchführung anschließend in Workshops abgeglichen. Die Teilnahme an diesen Programmen ist für alle ExTLs obligatorisch.

Eine Datenbank für sämtliche gültige IECEx-Zertifikate kann der Website des IECEx entnommen werden. Neben zahlreichen anderen Informationen finden die Nutzer auf der Website außerdem sämtliche Dokumente des IECEx-Systems zum kostenlosen Download. Die Hierarchie dieser Dokumente ist wie folgt gestaltet:

- IECEx Rules of Procedure: allgemeine Grundregeln für die Arbeit des IECEx-Systems, die Rechte und Pflichten der beteiligten Nutzergruppen, die organisatorische Einbindung in IEC u. a.
- Operational Documents (ODs): Diese Dokumente regeln detailliert und präzise sämtliche Aktivitäten und Strukturen innerhalb des IECEx-Systems.
- IECEx-Guidelines: Dabei handelt es sich um vereinfachte Darstellungen der wichtigsten Prozesse im IECEx-System, die es neuen Nutzern erleichtern sollen, einen Einstieg in Prüf- und Zertifizierungsprozesse zu finden.

## 9.3 Vergleich zwischen ATEX und IECEx

Prinzipiell unterscheiden sich die Konformitätsbewertungsverfahren unter ATEX und IECEx in den anzuwendenden Anforderungen. Während die ATEX-Richtlinie die Einhaltung der in Anhang II aufgeführten Gesundheits- und Sicherheitsanforderungen für die Konzeption und den Bau von explosionsgeschützten Geräten fordert, bezieht sich das IECEx-System auf internationale Normen. Für eine Zertifizierung nach IECEx ist die Einhaltung der zutreffenden Normen zwingend erforderlich. Im Wesentlichen sind dies die von IEC TC 31 herausgegebenen Dokumente der Normenreihen IEC 60079 und ISO 80079.

Bei der Verwendung von IEC-Normen kann die gleiche Prüfung sowohl für eine IECEx- als auch für eine ATEX-Zertifizierung herangezogen werden. Die ATEX-EU-Baumusterprüfung kann auf einem IECEx Test Report (ExTR) basieren, wohingegen eine ATEX-Dokumentation nicht für eine IECEx-Zertifizierung ausreicht.

Während die Konformitätserklärung im Rahmen der ATEX-Richtlinie durch den Hersteller selbst erfolgt, muss jedes IECEx-Produktzertifikat auf Basis einer gültigen Norm durch eine IECEx-Zertifzierungsstelle (ExCB) ausgestellt werden. Eine weitere Besonderheit des Explosionsschutzes bei IEC gegenüber der ATEX-Richtlinie sind die Geräteschutzniveaus (Equipment Protection Level [EPL]). In Analogie zur ATEX-Richtlinie 2014/34/EU [2] ergeben sich die Zuordnungen nach Tab. 9.4.

Eine kompakte Zusammenfassung der wesentlichen Unterschiede zwischen der Zertifizierung nach der ATEX-Richtlinie 2014/34/EU und dem IECEx-System kann Tab. 9.5 entnommen werden. Für weiterführende detaillierte Informationen wird auf die IECEx-Publication „IEC System for Certification to Standards relating to Equipment for use in Explosive Atmospheres“ [13] verwiesen.

**Tab. 9.4** Zusammenhang zwischen Gerätekategorien, Schutzniveaus und Zonen

| Gerätekategorie | Schutzniveau (EPL) | Maß an Sicherheit | Einsetzbar in Zonen |
|---|---|---|---|
| **Schlagwettergefährdete Grubenbaue** | | | |
| **M1** | Ma | sehr hoch | Weiterbetrieb bei Ex-Atmosphäre |
| **M2** | Mb | hoch | Abschalten bei Ex-Atmosphäre |
| **Gase, Dämpfe, Nebel** | | | |
| **1G** | Ga | sehr hoch | 0, 1, 2 |
| **2G** | Gb | hoch | 1, 2 |
| **3G** | Gc | normal | 2 |
| **Stäube** | | | |
| **1D** | Da | sehr hoch | 20, 21, 22 |
| **2D** | Db | hoch | 21, 22 |
| **3D** | Dc | normal | 22 |

**Tab. 9.5** Unterschiede zwischen IECEx und ATEX nach [13]

| **Organisation** | **IECEx-System** | **ATEX 2014/34/EU** |
|---|---|---|
| | • Vertreter der Industrie (Hersteller, Zertifizierungsstellen, Betreiber, Regulierungsbehörden usw.) | • Vorgabe des Europäischen Parlaments und des Europäischen Rates (gesetzlich verpflichtend) |
| **Ziele** | • Standardisierung auf internationaler Ebene – Schaffung eines einzigen, weltweit anerkannten Zertifikats für jedes Gerät und jede Serviceleistung in explosionsgefährdeten Bereichen | • Standardisierung auf europäischer Ebene der Sicherheitsanforderungen der Geräte für den Einsatz in explosionsgefährdeten Bereichen,<br>• Beseitigung von Handelshemmnissen<br>• Verbesserung der Sicherheit von Geräten und Arbeitnehmern |
| **Gültigkeit** | • International – in beteiligten Ländern<br>Produkte mit IECEx-Zertifikat werden in den meisten Ländern akzeptiert. | • Ländern der Europäischen Union<br>• In manchen asiatischen Ländern dient die ATEX-Richtlinie als Grundlage für nationale Zertifikate. |
| **Anwendungsbereiche** | • Elektrische und nicht-elektrische Geräte aus der Gas-/Staubindustrie<br>• Dienstleistungen | • Elektrische und nicht-elektrische Geräte aus der Gas-/Staubindustrie<br>• Für Betreiber gilt EG-Richtlinie 1999/92/EG. |
| **Normen und Standards** | • Nur internationale, anerkannte Normen, z. B. IEC<br>• Die Einhaltung dieser Normen ist obligatorisch. | • Jede anerkannte Norm kann angewendet werden, sofern sie die grundlegenden Gesundheits- und Sicherheitsanforderungen der Richtlinie erfüllt (harmonisierte Normen).<br>• Die Einhaltung von EN-Normen ist nicht obligatorisch. Alternative Lösungen werden unter Berücksichtigung der Gesundheits- und Sicherheitsanforderungen der Richtlinie akzeptiert. |

(Fortsetzung)

**Tab. 9.5** (Fortsetzung)

| | | |
|---|---|---|
| **Zertifizierungsorgane und Strukturen** | Alle ExCBs und ExTLs unterliegen der folgenden Bewertung:<br>• Erste Beurteilung durch ein dreiköpfiges IECEx-Bewertungsteam vor der Aufnahme in das IECEx<br>• Jährliche Überwachung von ExCBs und ExTLs<br>• 5-Jahres-Neubewertung für alle ExCBs und ExTLs | • Notifizierende Behörden und notifizierte Stellen, die durch individuelle Nominierung der Regierungen der EU-Länder benannt werden<br>• Ein gemeinsames Bewertungssystem existiert nicht.<br>• Überwachung in Abhängigkeit von den nationalen Regierungen |

## Literatur


1. EUROPÄISCHES PARLAMENT UND RAT. RICHTLINIE 94/9/EG DES EUROPÄISCHEN PARLAMENTS UND DES RATES vom 23. *März 1994 zur Angleichung der Rechtsvorschriften der Mitgliedstaaten für Geräte und Schutzsysteme zur bestimmungsgemäßen Verwendung in explosionsgefährdeten Bereichen. ATEX 94/9/EG,* 20. November 2003.
2. RICHTLINIE 2014/34/EU DES EUROPÄISCHEN PARLAMENTS UND DES RATES vom 26. Februar 2014 zur Harmonisierung der Rechtsvorschriften der Mitgliedstaaten für Geräte und Schutzsysteme zur bestimmungsgemäßen Verwendung in explosionsgefährdeten Bereichen (Neufassung). ATEX 2014/34/EU. In: *Amtsblatt der Europäischen Gemeinschaften,* 29. März 2014.
3. EUROPEAN COMMISSION SERVICES: MARIO GABRIELLI COSSELLU AND JAN MAYERHÖFER WITH THE PARTICIPATION AND SUPPORT OF THE MEMBERS OF THE ATEX 2014/34/EU WORKING GROUP, Hrsg. *ATEX 2014/34/EU Guidelines. Guide to application of the Directive 2014/34/EU of the European Parliament and of the Council of 26 February 2014 on the Harmonisation of the Law of the Member States relating to Equipment and protective Systems intended for use in potentially explosive atmospheres.* 4th edition, November 2022.
4. DIENSTSTELLEN DER EUROPÄISCHEN KOMMISSION: MARIO GABRIELLI COSSELLU UND JAN MAYERHÖFEN UNTER BETEILIGUNG UND MIT UNTERSTÜTZUNG DER MITGLIEDER DER ATEX 2014/34/EU, Hrsg. *ATEX-Leitlinien zur Richtlinie 2014/34/EU. Leitlinie zur Anwendung der Richtlinine 2014/34/EU des Europäischen Parlaments und des Rates vom 26.Februar 2014 zur Harmonisierung der Rechtsvorschriften der Mitgliedstaaten für Geräte und Schutzsysteme zur bestimmungsgemäßen Verwendung in explosionsgefähredeten Bereichen.* 3. Ausgabe, Mai 2020.
5. *Produktsicherheitsgesetz vom 27. Juli 2021 (BGBl. I S. 3146, 3147), das durch Artikel 2 des Gesetzes vom 27. Juli 2021 (BGBl. I S. 3146) geändert worden ist. ProdSG.*
6. *Explosionsschutzprodukteverordnung vom 6. Januar 2016 (BGBl. I S. 39), die durch Artikel 25 des Gesetzes vom 27. Juli 2021 (BGBl. I S. 3146) geändert worden ist. 11. ProdSV.*
7. RICHTLINIE 1999/92/EG DES EUROPÄISCHEN PARLAMENTS UND DES RATES vom 16. Dezember 1999 über Mindestvorschriften zur Verbesserung des Gesundheitsschutzes und der Sicherheit der Arbeitnehmer, die durch explosionsfähige Atmosphären gefährdet werden können. ATEX 1999/92/EG. In: *Amtsblatt der Europäischen Gemeinschaften,* 28. Januar 2000.

8. EUROPÄISCHES PARLAMENT UND RAT. *RICHTLINIE 2006/42/EG DES EUROPÄISCHEN PARLAMENTS UND DES RATES vom 17. Mai 2006 über Maschinen und zur Änderung der Richtlinie 95/16/EG (Neufassung). 2006/42/EG,* 17. Mai 2006.
9. DIN Deutsches Institut für Normung e. V. DIN EN 1127-1, *Explosionsfähige Atmosphären – Explosionsschutz – Teil 1: Grundlagen und Methodik; Deutsche Fassung EN 1127-1:2019.* Berlin: Beuth Verlag GmbH.
10. DIN Deutsches Institut für Normung e. V. DIN EN ISO 80079-36, *Explosionsfähige Atmosphären – Teil 36: Nicht-elektrische Geräte für den Einsatz in explosionsfähigen Atmosphären – Grundlagen und Anforderungen (ISO 80079-36:2016); Deutsche Fassung EN ISO 80079-36:2016.* Berlin: Beuth Verlag GmbH.
11. DIN Deutsches Institut für Normung e. V. DIN EN IEC 60079-0 (VDE 0170-1), *Explosionsgefährdete Bereiche – Teil 0: Betriebsmittel – Allgemeine Anforderungen (IEC 60079-0:2017); Deutsche Fassung EN IEC 60079-0:2018.* Berlin: Beuth Verlag GmbH.
12. DIN Deutsches Institut für Normung e. V. DIN EN ISO 80079-37, *Explosionsfähige Atmosphären – Teil 37: Nicht-elektrische Geräte für den Einsatz in explosionsfähigen Atmosphären – Schutz durch konstruktive Sicherheit „c", Zündquellenüberwachung „b", Flüssigkeitskapselung „k" (ISO 80079-37:2016); Deutsche Fassung EN ISO 80079-37:2016.* Berlin: Beuth Verlag GmbH.
13. IECEX SECRETARIAT. *IEC System for Certification to Standards relating to Equipment for use in Explosive Atmospheres. An Informative Guide comparing various elements of both IECEx and ATEX.* 3.0. Auflage, 12/2018.

# Stichwortverzeichnis





F. Engelmann et al., *Nicht-elektrischer Explosionsschutz*,
https://doi.org/10.1007/978-3-662-67887-9

MIX
Papier aus verantwortungsvollen Quellen
Paper from responsible sources
FSC® C105338

If you have any concerns about our products,
you can contact us on
**ProductSafety@springernature.com**

In case Publisher is established outside the EU,
the EU authorized representative is:
**Springer Nature Customer Service Center GmbH**
**Europaplatz 3, 69115 Heidelberg, Germany**

Printed by Libri Plureos GmbH
in Hamburg, Germany